KAMPF FLUGZEUGE

KAMPF FLUGZEUGE

DIE BESTEN JÄGER UND JAGDBOMBER DER WELT – VON 1914 BIS HEUTE

JIM WINCHESTER

Parragon

Bath • New York • Singapore • Hong Kong • Cologne • Delhi
Melbourne • Amsterdam • Johannesburg • Auckland • Shenzhen

Entwurf und Realisation: Amber Books Ltd., London

Parragon
Queen Street House
4 Queen Street
Bath BA1 1HE, UK

Deutsche Fassung: Thema media Publishing
unter Mitarbeit von Horst D. Wilhelm (Fachübersetzung),
Markus Piorkowski, Peter Randau, Robert Fischer (Redaktion)

Koordination: trans texas publishing, Köln

ISBN 978-1-4454-3522-0
Printed in China

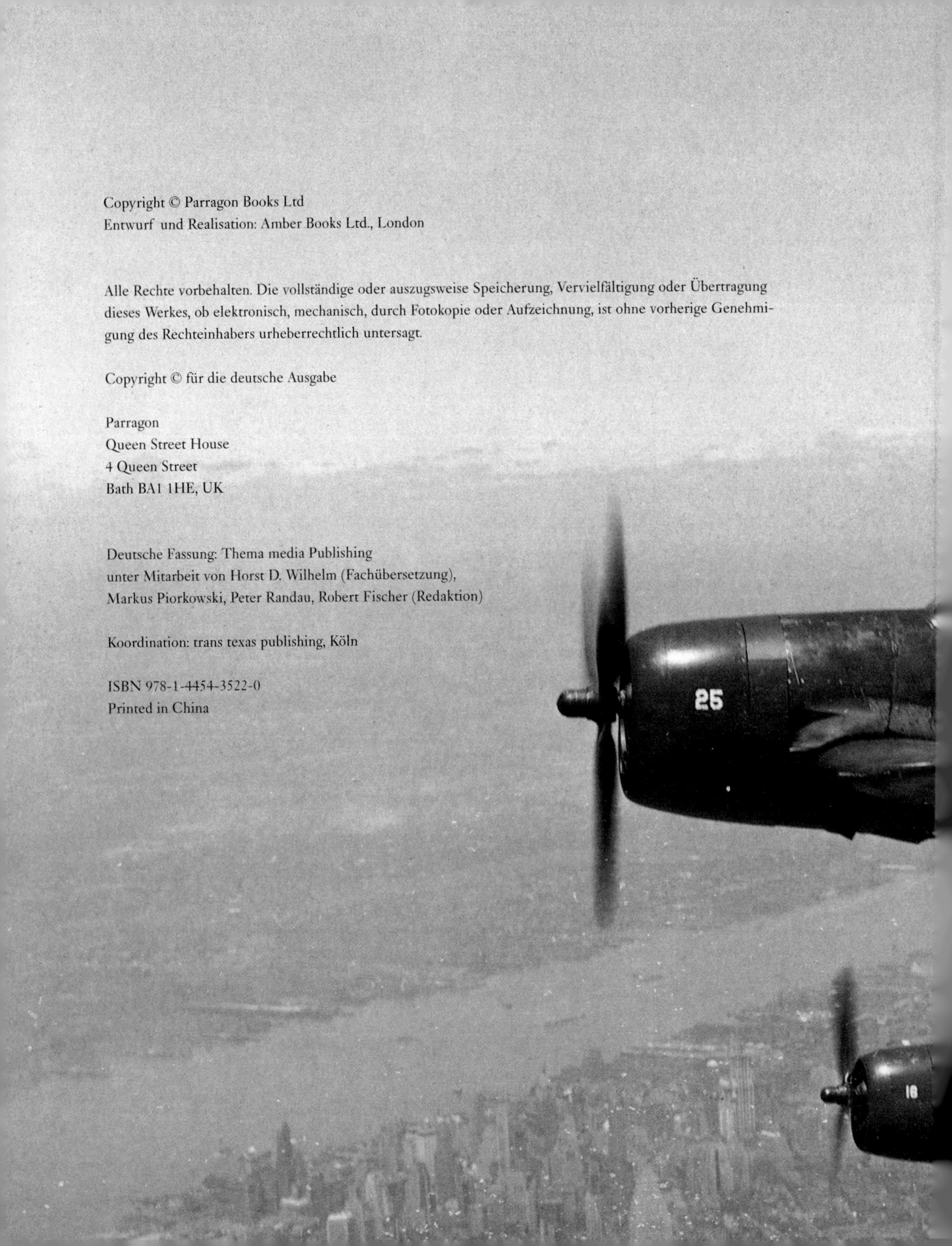

Inhalt

Einleitung

Seit im Ersten Weltkrieg Aufklärungsflugzeuge mit Maschinengewehren bewaffnet wurden, haben Jäger und Jagdbomber in jedem größeren bewaffneten Konflikt eine entscheidende Rolle gespielt.

Unter „Jäger" versteht man heute ein Flugzeug, dessen Kampfauftrag primär auf die Vernichtung anderer Flugzeuge – vor allem feindlicher Jäger – ausgerichtet ist. Hervorgegangen ist der Jäger aus zweisitzigen Aufklärern des Ersten Weltkrieges. Bei Kriegsausbruch 1914 noch unbewaffnet, bekämpften sich die Flieger anfangs mit Pistole, Gewehr, Karabiner und Abwurfkörpern. Schon bald aber wurden starre und schwenkbar lafettierte Maschinengewehre zur Standardbewaffnung.

Die ersten deutschen Jagdstaffeln (Jasta) wurden im Sommer 1916 formiert. Sie dienten ausschließlich der Bekämpfung feindlicher Flugzeuge und waren Vorbild für alle Jagdstaffeln weltweit. Mit ihnen nahm der Kampf um die Luftherrschaft über dem Schlachtfeld seinen Anfang.

In den Jahren zwischen den Weltkriegen kam eine neue taktische Aufgabe hinzu: Neben den über der Front Streife bzw. Sperre fliegenden Jägern tauchten „Abfangjäger" auf. Sie sollten schnell in große Höhen steigen und anfliegende Bomber vernichten. Die in den USA geschaffenen „Verfolgungsjäger" hatten ähnliche Aufgaben.

Als Anfang des Zweiten Weltkrieges Flugzeuge auch für den Einsatz von Bomben und Raketen ausgerüstet wurden, vermischten sich die Definitionen von Jäger und Bomber. Der Jagdbomber war geboren: Nach Erringen der Luftherrschaft konnte er in den Bodenkampf eingreifen.

Unmittelbar nach Kriegsende wandelten sich die Jäger erneut zu Abfangjägern. Ihr Auftrag: die Ausschaltung von Nuklearwaffen tragenden Feindbombern. Später rüstete man viele davon zur Bekämpfung von Bodenzielen um. Gleiches geschah Ende der 1980er- und in den 1990er-Jahren, als Luftverteidigungs- und Luftüberlegenheitsjäger mit Präzisionswaffen bestückt wurden. Umgekehrt traten aber auch Maschinen wie der Harrier auf den Plan, die speziell zur Luftnahunterstützung und Gefechtsfeldabriegelung konstruiert waren. Doch auch von ihm existieren nun Varianten mit Waffensystemen, die sowohl im Nächstbereich als auch jenseits der Sichtweite wirksam sind.

Vom Maschinengewehr zur Lenkwaffe

Herz eines jeden Jägers ist seine Bewaffnung. „Echte" Jagdflugzeuge entstanden erst, als das gesteuerte (synchronisierte) Schießen durch den Propellerkreis möglich wurde. Zwar denkt man bei solchen gesteuerten MG zunächst an Doppeldecker des Ersten Weltkrieges, doch auch auf Jägern des Zweiten Weltkrieges, so auf der Curtiss P-40, Mitsubishi Zero und Focke-Wulf Fw 190, kamen sie noch zum Einsatz.

Die meisten US-Jagdeinsitzer im Zweiten Weltkrieg hatten sechs 12,7-mm-MG als Standardbewaffnung. Tausende von Mustang, Hellcat, Warhawk, Corsair und andere Jäger waren mit einem solchen „Sextett" bestückt und verfeuerten in nur drei Sekunden ein Geschossgewicht von rund 7 kg. Andere Länder gaben 2-cm-Kanonen für Sprenggranaten den Vorzug, was z. B. die Focke-Wulf Fw 190 in die Lage versetzte, den Gegner in drei Sekunden mit einem Geschossgewicht von 12 kg zu überschütten. Mit vier 2-cm-Hispano-Kanonen lag auch das Geschossgewicht einer Tempest V bei 12 kg, während die vier 3-cm-MK 108 der Me 262 im gleichen Zeitraum ein Geschossgewicht von 44 kg herausschleuderten. Der Treffer eines einzigen 3-cm-Geschosses konnte eine B-17 zum Absturz bringen.

Nachdem sich ungelenkte Raketen gegen geschlossene Bomberformationen bewährt hatten, experimentierten die Deutschen gegen Kriegsende auch mit Luft-Luft-Lenkwaffen (AAM). Dennoch blieben Rohrwaffen auch im folgenden Jahrzehnt

Rechts: *Jagdbomber F-35 für alle Teilstreitkräfte (Joint Strike Fighter). Für viele Luftstreitkräfte repräsentiert sie die Zukunft und hat ähnlich gute Erfolgsaussichten wie die F-16.*

Oben: *Die grundlegenden Taktiken des Luftkampfes stammen noch aus dem Ersten Weltkrieg – z. B. von Flieger-Assen wie Amerikas Eddie Rickenbacker.*

Rechts: *April 1938. Am Vorabend des Zweiten Weltkrieges hatten die meisten Nationen ihre Jagddoppeldecker durch einsitzige Eindecker ersetzt. Hier eine Hurricane von No. 111 Squadron.*

die erste Wahl. Danach setzte man eine Zeit lang ganz auf Bordraketen. Sie waren zwar ungelenkt, dafür steuerte aber das Trägerflugzeug sein Zielgebiet bereits radar- und bodengelenkt an. Der echte Ernstfall für diese Luft-Boden-Raketen trat nie ein, abgefeuert wurden sie wohl nur vereinzelt in Vietnam und in Nahost.

Luft-Luft-Lenkwaffen kamen erstmals 1958 bei den Spannungen zwischen China und Taiwan zum Einsatz. Schon bald war man von ihnen so überzeugt, dass die nächste Generation von US-Jägern teils ganz ohne Rohrwaffen ausgerüstet wurde. Die Briten verzichteten mit einer Ausnahme sogar ganz auf neue Jägerprojekte und konzentrierten sich ganz auf Boden-Luft-Lenkwaffen (SAM).

Sowjets (und Franzosen) hielten an Rohrwaffen fest. Beim Nahostkonflikt der 1960er-Jahre waren Maschinengewehre und -kanonen die vorherrschenden Luftkampfmittel. In Vietnam wurden die fortschrittlichen US-Jäger wegen ihrer noch mangelhaften Luft-Luft-Lenkwaffen oft in Kurvenkämpfe mit den wendigeren MiG verwickelt.

Verglichen mit den Lenkwaffen der 1950er- und 1960er-Jahre sind die heutigen AAM äußerst präzise. Dank helmmontierter Visiere und Schubvektorsteuerung können selbst Ziele bekämpft werden, die weit außerhalb der Flugrichtung oder sogar über der Schulter des Piloten „stehen".

Über den Nutzen von Rohrwaffen in Jagdflugzeugen gehen die Meinungen auseinander. So beschlossen die Briten, bei den meisten ihrer Eurofighter Typhoon ganz darauf zu verzichten, während amerikanische Hornet und Tomcat in Afghanistan und im Irak erstmals Rohrwaffen gegen Bodenziele einsetzten. Die F/A-22 Raptor und F-35 Joint Strike Fighter sollen nun mit M61A2-Bordkanonen ausgerüstet sein, eine Weiterentwicklung der in den 1950er-Jahren eingeführten Vulcan mit rotierendem Rohrbündel.

Die Evolution des Jagdflugzeugs

Die Marketingabteilungen heutiger Kampfflugzeughersteller unterscheiden im Wesentlichen fünf Generationen von Nachkriegsjägern. Jäger

L1559
L1560

der ersten Generation waren frühe Jets wie F-86 Sabre, Hunter sowie MiG-15 und -17. Die zweite Generation war gewöhnlich überschallschnell und verfügte über integrierte Elektronik und Lenkwaffen. Beispiele sind F-4 Phantom, MiG-21 und Mirage III. Mit den Jägern der dritten Generation wie F-16, Mirage 2000 und MiG-29 erschienen digitale Elektronik, integrierte Systeme, häufig wurden sie auch schon mit elektronischen Signalen (Fly-by-wire) gesteuert. Die vierte Generation umfasst moderne Jäger wie Gripen, F/A-22 und Typhoon. Typisch für sie sind gewisse Stealth-Fähigkeiten sowie völlig integrierte Waffen-, Steuerungs-, Display- und Sensorsysteme (auch Sensorkorrelation genannt). Vor allem russische Flugzeugbauer bezeichnen ihre jüngsten Prototypen als fünfte Generation, die alle oben genannten Fortschritte mit schubvektorgesteuerter Triebwerktechnik verbindet. Trotz aller technischer Fortschritte fliegen rund um den Globus immer noch Jäger der zweiten und ersten Generation.

Wachsende Komplexität

Dauerte der Bau eines Jagdflugzeuges früher wenige Monate, so hat man heute den Eindruck, dass ein moderner Jäger vom Reißbrett bis zur Auslieferung an die Staffel fast 20 Jahre benötigt. Die Gründe dafür sind sicher in der wachsenden Komplexität und der immer anspruchsvolleren Hochtechnologie zu suchen, aber nicht allein darin. Während im Krieg Flugzeuge schnellstmöglich an die Front gebracht werden müssen, unterliegen sie im Frieden den Zwängen wechselnder Wehretats. In „ruhigen" Zeiten sind Regierungen eher geneigt, Beschaffungsvorhaben von Jägern mit einem Stückpreis von 30 bis 100 Mio. US-Dollar zu kürzen oder über mehrere Jahre zu strecken. Die Daten in diesem Buch belegen das: Die Albatros D I brauchte keinen Monat vom Werksprototyp bis an die Front, die Supermarine Spitfire 17 Monate, die Focke-Wulf Fw 190 schon 27, die MiG-21 rund drei Jahre, die F-16 fünf und die Dassault Rafale – je nachdem

Unten: *Convair F-106. Bis Ende der 1950er-Jahre waren überschallschnelle, mit Raketenwaffen ausgerüstete Jäger eingeführt.*

welchen Prototyp man wählt – acht oder 15 Jahre. Sieht man sich allerdings den Eurofighter an, so muss sogar die Rafale als Schnellschuss gelten!

Die Rolle des Jagdfliegers

Vor nicht allzu langer Zeit war man noch überzeugt davon, angesichts der zunehmenden Automatisierung von Flug- und Waffensystemen seien die Tage des zweisitzigen Jägers gezählt. Praktisch alle Superfighter der heutigen Generation wurden ursprünglich als Einsitzer konzipiert, und die wenigen Zweisitzer sollten primär als Trainer für das neue Flugzeugmuster eingesetzt werden. Inzwischen reduzieren die meisten Luftstreitkräfte zwar ihre Jagdflugzeugbestände, erhöhen jedoch die Zahl ihrer „reinen" Jäger. Ob Rafale, Super Hornet, Gripen, Su-27 und jetzt auch Typhoon und MiG-29, von allen existieren inzwischen vollwertige, kampfstarke Zweisitzer, sodass ihre Anzahl heute weit über den ursprünglichen Planungen liegt. Zweisitzer übernehmen Sonderaufgaben und dienen als fliegende Kommandozentralen für Luftoperationen und unbemannte Fluggeräte. Ausnahmen sind die F/A-22 und F-35 (Joint Strike Fighter), die nur als Einsitzer konstruiert wurden. Allerdings bleibt abzuwarten, wie sich diese Typen zukünftig entwickeln.

Die nächste Jägergeneration operiert vielleicht unbemannt, vom Boden über Video oder Satellit gesteuert. Im Irakkrieg 2003 spielte der Luftkampf praktisch keine Rolle – Saddam Husseins Luftwaffe blieb am Boden. Allerdings ereignete sich von der Weltöffentlichkeit kaum bemerkt im Vorfeld der heißen Phase ein vielleicht bezeichnender Vorfall: In der südlichen Flugverbotszone feuerte eine unbemannte US-Drohne Predator eine Stinger AAM auf eine irakische MiG-29. Die Lenkrakete der irakischen MiG war jedoch schneller! Es wird noch etwas dauern, bis die Historiker den ersten Abschuss verzeichnen können, bei dem der „Pilot" sicher in einem anderen Land oder sogar in einem anderen Kontinent sitzt.

Oben: *Die Entwicklung von Luft-Luft-Lenkwaffen revolutionierte den Luftkampf. Abgebildet ist eine F-16 mit AIM-120 AMRAAM (eine moderne AAM mittlerer Reichweite).*

Fokker E I – E III

Anthony Fokkers Eindecker gelten als die Urahnen der deutschen Jagdflugzeuge. Mit ihnen begann der Wettlauf der kriegführenden Nationen mit immer neuen Konstruktionen um die Lufthoheit an der Westfront.

FOKKER E III

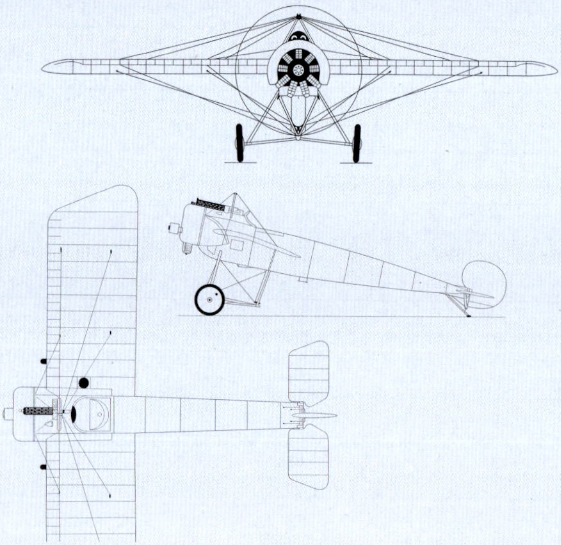

Besatzung: 1

Triebwerk: ein Oberursel-U-1-Umlaufmotor mit 75 kW (100 PS)

Höchstgeschwindigkeit: 150 km/h

Einsatzradius: 120 km

Dienstgipfelhöhe: 3600 m

Gewicht: Flugmasse 610 kg

Bewaffnung: ein gesteuert durch den Propellerkreis schießendes LMG 08/15, Kaliber 7,92 mm

Abmessungen: Spannweite 9,50 m; Länge 7,20 m; Höhe 2,40 m

Rechts: *Diese E III wurde im Januar 1916 ausgeliefert, an der Front beschädigt, im Fokker-Werk repariert und im August erneut in Dienst gestellt.*

Rechte Seite: *Bruno Loerzer vor der 20. seriengefertigten E III. Mit 44 Luftsiegen zählte er zu den zehn erfolgreichsten deutschen Assen des Ersten Weltkrieges.*

Das erste Jagdflugzeug im eigentlichen Sinne war die Morane Saulnier Type L von 1915. Der berühmte französische Vorkriegsflieger Roland Garros ließ eines dieser urspünglich als Aufklärer konzipierten Flugzeuge mit einem starr nach vorn gerichteten, ungesteuert durch den Propellerkreis schießenden Maschinengewehr (MG) bestücken. Hatten die Besatzungen bisher noch mit Handfeuerwaffen oder beweglich montierten Flieger-MG kämpfen müssen, sollten die Piloten ihre Gegner nun direkt mit dem Flugzeug anvisieren können. Nun steht einem solchen in Flugrichtung schießenden MG unweigerlich der eigene Propeller im Weg. Um die Gefahr für Pilot und Flugzeug gering zu halten, griffen Garros und Flugzeugbauer Saulnier zu einer simplen Lösung: Schlanke Propellerblätter mit stählernen Ablenkflächen, die auftreffende Geschosse exakt und kontrolliert abprallen ließen.

Die so umgerüstete Morane-Saulnier Type L verfehlte ihre Wirkung nicht, doch bald nachdem

IM COCKPIT DES EINDECKERS

Oben: *Stolz posiert Max Immelmann, der „Adler von Lille", vor dem Wrack eines von ihm abgeschossenen britischen Aufklärers B.E.2.*

Engpässe bei der Motor- und Maschinengewehrproduktion verzögerten die Aufstellung der deutschen Jagdfliegerwaffe. So konnten die ersten E I anfangs nur den zwei erfahrensten Piloten jeder Fliegerabteilungen zugeteilt werden. Den ersten offiziell bestätigten Abschuss mit einer E I erzielte Leutnant Wintgens am 15. Juli 1915. Sein Opfer war eine Voisin. Bei Feldfliegerabteilung 67 erhielten Leutnant Max Immelmann und Oswald Boelcke eine E I und errangen am 1. bzw. 19. August 1915 ihre ersten Siege. Da gegnerische Jäger keine leichte Beute waren, attackierten sie lieber zweisitzige Aufklärer. Dabei flog einer der beiden seitlich versetzt über dem Gegner und schützte den angreifenden Kameraden vor unliebsamen Überraschungen.

Doch nicht immer jagten die beiden gemeinsam. Immelmann berichtet über einen Kampf in seiner E III mit einem zweisitzigen britischen Aufklärer B.E.2c am 21. September 1915. Er startete um 9 Uhr von Douai, um einem zweisitzigen Artillerieflugzeug Geleitschutz zu geben. Da er seinen Schützling am Treffpunkt nicht fand, kurvte er suchend etwa eine Stunde umher, den Blick meist nach rechts gerichtet. Instinktiv kurz nach links schauend, erkannte er „hinter mir einen angreifenden, nur noch 400 m entfernten Bristol-Doppeldecker. Ich kurve ihm entgegen, bin 10–12 m über ihm. Ich sause wie der Blitz an ihm vorbei [...] und überrasche ihn. Er hatte seine Kurve noch nicht abgeschlossen, und sein Beobachter feuerte wie wild. Ich greife von der Flanke her an. Durch eine Wendung „rutscht" er kurz aus meinem Visier, aber wenige Sekunden später habe ich ihn wieder. Ich eröffne das Feuer auf 100 m und nähere mich vorsichtig. Als ich nur noch 50 m entfernt bin, hat mein MG kurz Ladehemmung."

Der Tod des „Adlers von Lille"

„Währenddessen knattert das MG meines Gegners, und ich erkenne, dass der Beobachter immer nach 50 Schuss die Trommel wechseln muss [...] Sorgfältig zielend feuere ich noch mal 200 Schuss – dann hat mein MG erneut Ladehemmung. Mit einem Blick erkenne ich, dass ich keine Munition mehr habe und [...] muss den Kampf abbrechen." Der Kontrahent entschwindet nach Westen. Immelmann dreht weiter seine Kurven, obwohl er wehrlos ist. Plötzlich erkennt er 1000 Meter tiefer seinen Gegner von eben: „Er macht den Eindruck einer flügellahmen Krähe. Manchmal fliegt er ein Stück; dann fällt er ein Stück [...] Dann sehe ich [...] eine dicke Wolke aufsteigen, wo er auf den Boden prallt." Als er neben dem Wrack landet, findet er den Beobachter verwundet und von Deutschen gefangen genommen, der Pilot ist tot. Die B.E.2c vom *No. 10 Squadron* des britischen *Royal Flying Corps* (RFC) war Immelmanns dritter Abschuss von insgesamt 17.

Immelmann findet am 18. Juni 1916 den Tod. In seiner E III wirft er sich mit einem Kameraden drei britischen F.E.2b der *No. 25 Squadron* entgegen. Kaum hat das Knattern der MG eingesetzt, da bricht Immelmanns Eindecker mitten auseinander. Obwohl das RFC einem Piloten den Abschuss zuspricht, scheint Immelmanns MG-Steuerung versagt und den eigenen Propeller zerschossen zu haben. Heute ist ein Geschwader der deutschen Luftwaffe nach ihm benannt, und jeder Kunstflieger kennt die „Immelmann-Kehre", eine hochgezogene 180°-Figur, bei der das Flugzeug sich rechts- oder linksherum um die eigene Flügelspitze dreht und in entgegengesetzter Richtung weiterfliegt.

Links: Ursprünglich als unbewaffneter Trainer E I gebaut, war dies eine der ersten Maschinen die zum Jagdeinsitzer E III umgerüstet wurden.

Garros Anfang 1915 an die Front zurückgekehrt war, verließ ihn das Glück: Als er am 19. April einen Bahnhof angriff, geriet er ins Abwehrfeuer, musste notlanden und wurde gefangen genommen. Bei der Untersuchung der Trümmer lüfteten deutsche Spezialisten das Geheimnis seines MGs und Propellers. Doch ließ sich das Prinzip nicht übernehmen: Die deutschen Stahlmantelgeschosse waren härter als die französischen Kupferprojektile und durchschlugen Stahlabweiser und Propeller. Um eine Lösung zu finden, lud man u. a. den in Indonesien geborenen Niederländer Anthony Fokker ein, dessen Flugzeugwerke sich damals in Schwerin befanden. Fokker, der bisher nur relativ schlichte Ausbildungsflugzeuge wie die „Spinne" gebaut hatte, empfahl, die Mängel der französischen Bewaffnung durch Einbau eines gesteuerten (synchronisierten) MGs zu lösen. Er nahm ein „Parabellum"-MG mit in sein Schweriner Werk, machte sich mit den Konstruktionsmerkmalen vertraut und entwickelte – gestützt auf Patente von August Euler (1910) und Franz Schneider (1913) – in nur zwei Tagen eine Steuerung, die die Schussfolge des MGs sperrte, sobald ein Propellerblatt vor die Mündung trat. Fokker baute Unterbrechervorrichtung und MG in einen seiner zum Jagdeinsitzer umgerüsteten Aufklärer M5 ein und gab ihm die Werksbezeichnung M5K/MG (K = kurze Tragfläche, MG = Maschinengewehr). Von dieser Maschine bestellte die deutsche

Links: Obwohl er in der Geschichte der Jagdflugzeuge eine bedeutende Rolle gespielt hat, war der Eindecker als Replika nie sehr beliebt. Es existieren nur sehr wenige flugtaugliche Nachbildungen.

Oben: *Der bekannte Film-Pilot Doug Bianchi ließ sich in England diesen Nachbau anfertigen. Vor allem die Bespannung ist sehr authentisch gehalten.*

Fliegertruppe 30 Stück, die ab Juni 1915 als Fokker E I (E = Eindecker) ausgeliefert wurden.

Die E I war als Mitteldecker konstruiert. Eine Besonderheit war die Flügelverwindung. Der Vorderholm der Tragfläche war über und unter dem Rumpf fest verspannt. Die Kabel des Hinterholms verliefen an der Unterseite der Tragfläche zu einem Hebel unter dem Rumpf, der sich über Seilzüge vom Steuerknüppel nach links und rechts schwenken ließ. Die Gegenkabel auf der Oberseite waren über eine Rolle an einem Aufbau vor dem Cockpit so verbunden, dass bei Bewegung des Steuerknüppels nach links der linke Flügel negativ und der rechte positiv verwunden wurde.

Der Rumpf der E I war nicht wie sonst üblich in Holz-, sondern in Stahlrohrbauweise konzipiert. Als Antrieb diente ein Oberursel-U0-Umlaufmotor (60 kW/80 PS), ein luftgekühlter Siebenzylinder-Sternmotor. Bis Juni 1916 wurden insgesamt 54 E I von der deutschen Fliegertruppe und Marine sowie von der Österreichisch-Ungarischen Luftfahrttruppe in Dienst gestellt.

Unterdessen tauchte bald das Nachfolgemodell E II auf, das bei gleicher Motorisierung eine etwas kürzere Spannweite hatte, aber etwas länger und schwerer war als die Vorgängerin. Auf Basis des

Oben: *Eine E III, vermutlich im Fokker-Werk Schwerin fotografiert, mit ungewöhnlich spitzer Propellerhaube.*

Rechts: *RFC-Techniker überprüfen eine erbeutete, wieder flugtauglich gemachte E III. Es ist vermutlich der einzige Fokker-Eindecker, der bis heute überlebt hat.*

Links: *Anthony Fokker (mit dem Rücken zur Kamera) erläutert dem Deutschen Kronprinzen die E III. Gut zu sehen: der Neunzylinder-Umlaufmotor Oberursel U I.*

U 0 (übrigens eine lizenzgefertigte französische Konstruktion) schuf die Motorenfabrik Oberursel dann durch Hinzufügen zweier Zylinder den Neunzylinder U I (75 kW/100 PS). Musste nun eine E II zur Überholung oder Reparatur, wurde sie auch gleich auf den leistungsstärkeren U I umgerüstet und erschien bei erneuter Auslieferung an die Fliegertruppe in den Fokker-Werkslisten als E III. Ihre Abmessungen blieben unverändert.

Letzte Serienversion der Eindecker war die etwas längere (7,50 m) E IV. Sie war mit dem noch stärkeren, aber unzuverlässigen Motor Oberursel U III (110 kW/150 PS) ausgestattet und hatte als erster Jagdeinsitzer zwei MG als Standardbewaffnung. Dies hatte sich zur Erhöhung der Feuerdichte und wegen häufiger Ladehemmungen als dringend notwendig erwiesen. Doch selbst mit Doppel-MG konnte sich die E IV kaum gegen die moderneren Maschinen der Gegner behaupten – nur 49 Stück gelangten an die Front. Es kursiert auch das Foto einer E IV mit drei starr lafettierten MG. Ob sie in dieser Form wirklich eingesetzt wurde, ist zweifelhaft. Von den 409 gebauten Fokker-Eindeckern hat nur eine E III überlebt. Vom RFC im April 1916 erbeutet, hing sie viele Jahre lang im Londoner Science Museum.

Unten: *Dieser Nachbau einer der letzten E III zeigt die charakteristischen Konstruktionsmerkmale, so z. B. den V-förmigen Strebenaufbau der Flügelverwindungssteuerung auf dem Vorderrumpf, durch den die Steuerkabel liefen.*

SPAD VII – XIII

Jäger der SPAD-Serie flogen viele französische Asse ebenso wie britische, italienische und andere alliierte Piloten. In enger Beziehung stehen SPAD jedoch mit Eddie Rickenbacker, Frank Luke und anderen Assen der amerikanischen Fliegertruppe.

SPAD XIII

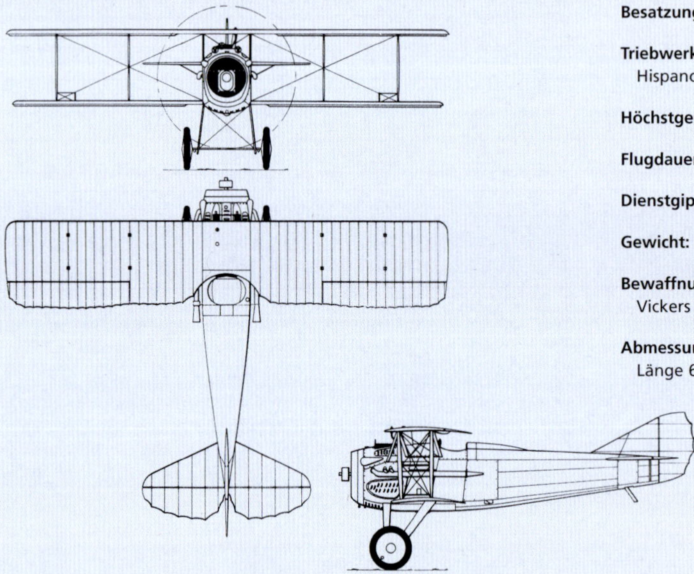

Besatzung: 1

Triebwerk: ein Achtzylinder-Reihenmotor Hispano-Suiza 8Be mit 164 kW (220 PS)

Höchstgeschwindigkeit: 218 km/h

Flugdauer: 1 Stunde 40 Minuten

Dienstgipfelhöhe: 6650 m

Gewicht: Flugmasse 856 kg

Bewaffnung: zwei Maschinengewehre Vickers Kaliber 7,7 mm

Abmessungen: Spannweite 8,10 m; Länge 6,30 m; Höhe 2,35 m

***Rechte Seite:** Die Motorverkleidung mit ihren jalousienartigen Kühlschlitzen war eines der auffälligsten Merkmale der SPAD-Jäger. SPAD dienten bis Mitte der 1930er-Jahre auch in der Tschechoslowakei. Dieses Exemplar gehört heute der Tschechischen Republik.*

Als Blickfang für eine Warenausstellung in einem Pariser Kaufhaus ließ der französische Unternehmer und Seidenmagnat Armand Deperdussin 1910 eine Flugzeugattrappe bauen. Von diesem Apparat war er dermaßen begeistert, dass er dessen Konstrukteur, Louis Béchereau, engagierte und mit dem Bau einer flugtauglichen Version beauftragte, die *Société Provisoire de Aéroplanes Deperdussin* (SPAD) gründete und auf diese ungewöhnliche Art ins Flugzeuggeschäft einstieg.

Erst baute Béchereau zweisitzige Zugpropellerflugzeuge, so genannte „Kanzeltypen". Der Beobachter bzw. Bordschütze und ein schwenkbar lafettiertes Maschinengewehr waren in einer kleinen Gondel vor dem Motor untergebracht. Ende 1915 wendete sich Béchereau herkömmlicheren Konstruktionen zu und baute die SPAD V. Mit Firmentestpilot Bequet am Steuer, absolvierte die SPAD V im April 1916 ihren Erstflug. Das Modell entsprach dem Forderungskatalog der französischen *Aviation Militaire*: ein Aufklärer, der quasi um den von einem erfolgreichen Rennwagenmotor abgeleiteten Achtzylinder-V-Motor Hispano-Suiza (112 kW/150 PS) herum gebaut werden sollte. *Aviation Militaire* be-

Oben: Auf diesem Feldflugplatz einer US-Staffel stehen einige S.VII und (rechts) eine Nieuport 17.

Oben: Auf dieser SPAD warf sich das US-Fliegerass A. Raymond Brooks in die Schlacht. Die restaurierte Maschine flog viele Jahre für das Old Rhinebeck Aerodrome Museum in New York.

Rechts: Zu den 1919 als Besatzer nach Deutschland verlegten US-Verbänden, gehörten auch die grellbunt bemalten SPAD XIII der 94th Aero Squadron.

stellte eine Version mit größerer Flügelfläche unter der Typenbezeichnung SPAD VII im Mai.

Deperdussin war inzwischen in finanzielle Schwierigkeiten geraten und wurde wegen umfangreicher Betrügereien verurteilt, woraufhin seine Firma – einschließlich Louis Béchereau – 1916 von einem Syndikat unter Führung von Louis Blériot übernommen wurde. „SPAD" stand fortan für *Société Pour Aviation et ses Dérivés*.

Probleme bei der Synchronisierung von Motor und Maschinengewehr beim Schießen durch den Propellerkreis verzögerten die Auslieferung der 268 im Mai 1916 bestellten S.VII. Einige wenige Maschinen konnten die französischen Jagdstaffeln zwar im September 1916 in Dienst stellen, die wirkliche Umrüstung – meist verbunden mit der Ausmusterung der Nieuport 17 – begann aber erst 1917. Die SPAD stürzte besser als die Nieuport, war viel robuster, aber nicht ganz so wendig.

Die S.VII war als stoffbespannte Holzkonstruktion gebaut, Metallplatten verdeckten den Motorbereich. Der Rumpf verjüngte sich zu einem drei-

IM COCKPIT DER SPAD

Wie die Franzosen ersetzten auch die Amerikaner ihre Nieuport mit S.XIII, von denen sie insgesamt 893 einführten. Frank Luke holte vier Flugzeuge und 14 Ballons mit S.XIII vom Himmel, Edward „Eddie" Rickenbacker, das führende US-Ass des Krieges, errang sogar alle seine 26 Luftsiege mit S.XIII. Es war am 25. September 1918, als Rickenbacker, frisch zum Captain befördert und mit dem Kommando über die 94th Aero Squadron betraut, zwei von fünf Jägern Fokker D VII eskortierte LVG-Fotoaufklärer bemerkte.

„Ich stieg so hoch ich konnte und stellte bald erleichtert fest, dass sie mich aus den Augen verloren hatten und ich ein gutes Stück in ihrem Rücken stand. Ich stellte den Motor ab, drückte meine Nase nach unten und stürzte mich aus der Sonne heraus schnurstracks auf die nächste Fokker." Der Gegner war völlig überrascht, Rickenbacker gab einen langen Feuerstoß ab und beobachtete wie die Fokker südlich Étain aufschlug. „Ursprünglich hatte ich geplant, sofort wieder hochzuziehen, wenn ich den ersten Kerl abgefertigt hatte, und den Angriff der verbliebenen Fokker dort oben zu erwarten. Als ich jedoch erkannte, dass mein Angriff die Boches völlig überrascht hatte, änderte ich die Taktik, stieß durch ihre Formation hinab und stürzte mich auf die Fotoaufklärer." Die Zweisitzer gaben sich gegenseitig Feuerschutz und vereitelten einige Angriffe bis sich Rickenbacker entschloss, „einen kecken Angriff zu fliegen und, sollte er misslingen, hinter die eigenen Linien zurückzukehren, solange es noch nicht zu spät war. Ich ließ meine Widersacher nicht aus den Augen und erkannte, wie sich plötzlich eine Lücke von kaum 45 Metern zwischen ihnen öffnete. Ich ließ mich seitlich abrutschen, bis ich eine LVG zwischen mir und den anderen hatte, fing meine SPAD elegant ab und eröffnete das Feuer. Der nächste Boche flog direkt durch meinen Feuerstoß, und gerade als ich den Finger vom Abzug nahm, sah ich ihn in Flammen aufgehen." Da sich die Fokker inzwischen zum Angriff formiert hatten, „gab ich Gas und wendete mich den eigenen Linien zu."

Mit 26 Luftsiegen war Eddie Rickenbacker das erfolgreichste US-Ass des Ersten Weltkrieges. Seine beiden Abschüsse vom 25. September 1918 brachten ihm die *Medal of Honour*. Die amerikanischen Flieger schätzten die SPAD, und mehr als 430 S.XIII wurden nach dem Waffenstillstand in die USA überführt. Andere wurden nach Spanien, Polen, in die Tschechoslowakei und sogar nach Japan exportiert. In Frankreich dienten S.XIII bis 1923. Insgesamt sind mehr als 7000 S.XIII gefertigt worden.

Oben: *„Ballonknacker" Frank Luke von der 27th Aero Squadron posiert hier vor seiner bei Blériot gebauten SPAD XIII. Allein im August und September 1918 vernichtete er 14 Fesselballons und vier Flugzeuge.*

eckigen Seitenleitwerk mit großer Höhenflosse und Höhenruder. Die S.VII war ein einstieliger Doppeldecker mit einem Stützstrebenpaar je Seite, doch innere Gelenkstreben, die als Bindeglieder für Spanndrähte und Steuerseile dienten und die strukturelle Festigkeit erhöhten, ließen sie auf den ersten Blick zweistielig wirken. Ihre Tragflächen hatten ein bemerkenswert dünnes Profil. Querruder gab es nur im Oberflügel. Lange Auspuffrohre reichten auf jeder Rumpfseite vom Motor bis hinter das Cockpit. Bewaffnet war die S.VII mit einem gesteuerten Vickers-MG Kaliber 7,7 mm.

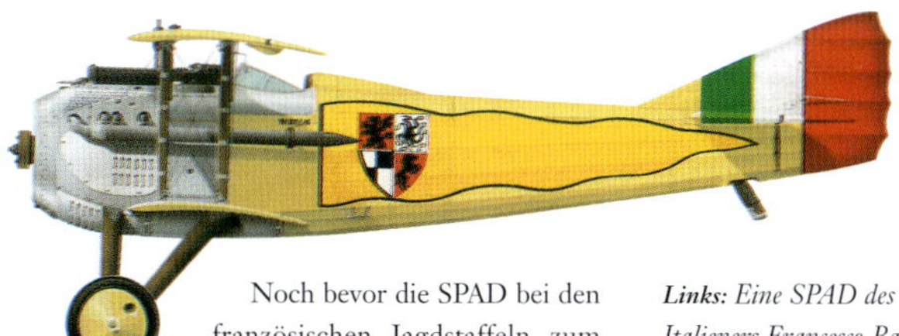

Noch bevor die SPAD bei den französischen Jagdstaffeln zum Einsatz kam, erhielten die Briten im September 1916 einige Maschinen zu Testzwecken. Nur einen Monat später erteilten auch sie einen Erstauftrag über 30 S.VII. Obwohl auch hier die

Links: *Eine SPAD des Italieners Francesco Baracca der 91. Squadriglia. Im Wappen ist als persönliches Emblem ein tänzelndes Pferd zu erkennen.*

Oben: *Dieser Blick auf eine SPAD VII zeigt die komplexe Konstruktion. Originale SPAD waren mit Baumwoll-Musselin bespannt. Ein Spannlacküberzug verlieh dem Stoff eine glatte Oberfläche.*

Auslieferung schleppend voranging, war *No. 19 Squadron* im Februar 1917 einsatzbereit. Die für das *Royal Flying Corps* (RFC) bestimmten S.VII baute die Firma *Blériot and SPAD* mit Sitz in Brooklands, Surrey. „Britische" SPAD galten jedoch als langsamer und minderwertiger als die französischen Modelle, dienten oft als Trainer oder wurden im Nahen Osten eingesetzt. Zwei britische Firmen fertigten insgesamt 220 SPAD, während Frankreich dem RFC weitere 185 lieferte.

Im August 1917 hatten die Franzosen fast 500 S.VII in Dienst gestellt. Es wurde Brauch, die Jagdstaffeln nach ihren Flugzeugen zu benennen. So hieß beispielsweise die berühmte *Escadrille Cigognes* (Störche) SPA3. Die Bezeichnungen wurden auch dann noch beibehalten, als die Verbände mit ganz anderen Typen nachgerüstet wurden, und gelten z. T. bis heute. Spätere S.VII erhielten den Hispano-Suiza 8Ab (134 kW/180 PS). Ihren Ruhm verdanken die SPAD berühmten französischen Flieger-Assen wie Nungesser, Fonck und Guynemer. Auch Italiens Ass Francesco Baracca liebte seine SPAD VII. Verdrängt durch modernere Varianten, dienten die französischen S.VII als Trainer und erfüllten diese Aufgabe bis 1928.

Auch die Russen erhielten (und bauten) S.VII, rund 200 gingen an die Jagdstaffeln der *American Expeditionary Force*. Sieben Flugzeugwerke in Frankreich, zwei in Großbritannien und eines in Russland bauten insgesamt etwa 5820 S.VII.

Problematisch war die Bewaffnung der S.VII. Das Flugzeug hatte nur ein MG, während die deutschen Gegner meist mit zwei MG bestückt waren. Von Georges Guynemer angeregt, entwickelte Louis Béchereau speziell für eine Hotchkiss-Kanone Kaliber 37 mm die etwas größere S.XII. Zwischen den Zylindern des neuen Hispano-Suiza 8C-Motors (149 kW/200 PS) eingebaut, feuerte diese einschüssige Kanone durch die hohle Propel-

Rechts: *Drei amerikanische SPAD XIII nach dem Krieg. Bei der Maschine im Vordergrund ist am Unterflügel das US-Hoheitsabzeichen der Nachkriegszeit deutlich erkennbar.*

lernabe. Flügelenden, Seiten- und Höhenleitwerk waren leicht abgerundet und der Unterflügel etwas rückwärts gestaffelt. Obschon Guynemer mit dem Prototyp der S.XII einige Luftsiege glückten, überstieg die Handhabung dieses Typs die Fähigkeiten der meisten Piloten. So strömten beim Schießen mit der Kanone Pulvergase ins Cockpit, Zielen war schwierig und Nachladen fast unmöglich. Die wenigen S.XII, die an die Front gelangten, wurden fast ausschließlich von Assen wie René Fonck und Georges Madon geflogen. Wegen der schweren Kanone war die S.XII kopflastig und schwierig zu fliegen. Der Kanonenverschluss ragte zwischen den Knien des Piloten so tief ins Cockpit hinein, dass der Steuerknüppel durch eine Hebelsteuerung Bauart Deperdussin ersetzt werden musste.

Die endgültige S.XIII erschien im März 1917. Sie war größer und schwerer als die S.XII, hinter dem Cockpit befand sich ein ausgeprägter Höcker, und die Flügel waren nicht gestaffelt. Besonders wichtig war die Bewaffnung mit zwei gesteuerten Vickers-MG mit je 400 Schuss. Die Bordkanone war gestrichen, den V8-Motor (149 kW/200 PS) behielt man bei. Die *Aviation Militaire* bestellte insgesamt 270 Maschinen, das RFC orderte 160. Die Auslieferung erfolgte jedoch nur schleppend, und viele Maschinen wurden vorrangig für französische Staffeln abgezweigt. So kam es, dass S.XIII nur bei einer britischen Staffel *(No. 23 Squadron)* zum Kampfeinsatz kamen.

Sobald die Kinderkrankheiten kuriert waren, rüsteten die Franzosen großflächig auf S.XIII um. Sie diente bei mehr als 80 Staffeln, und alle großen Flieger steigerten die Zahl ihrer Luftsiege. Schließlich führte Fonck mit 73 Abschüssen die Liste der alliierten Asse an. Guynemer errang den ersten Sieg mit einer S.XIII im August 1917. Viele folgten – insgesamt verzeichnete er 53 Abschüsse bevor er am 11. September 1917 im Luftkampf fiel und an unbekanntem Ort begraben wurde.

***Oben:** In einem Museum in Ravenna steht eine SPAD VII des erfolgreichsten italienischen Jagdfliegers Francesco Baracca.*

***Unten:** Juli 1917. Georges Guynemer erläutert einem französischen General seine SPAD XIII.*

Albatros-Jagdeinsitzer

Obschon hervorragend konstruiert, konnten gewisse Mängel an Albatros' Jagdeinsitzern der D-Serie nie ganz behoben werden. Dennoch wurde dieser Typ zum meistgebauten deutschen Jäger und als Waffe vieler Asse berühmt.

ALBATROS D V

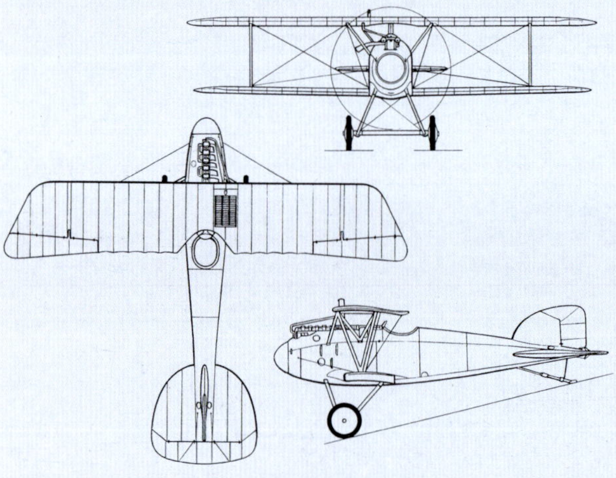

Besatzung: 1

Triebwerk: ein Reihenmotor-Daimler D IIIa mit 120 kW (160 PS)

Höchstgeschwindigkeit: 170 km/h (106 mph)

Flugdauer: 2 Stunden

Dienstgipfelhöhe: 5500 m

Gewicht: Flugmasse 920 kg

Bewaffnung: zwei gesteuert durch den Propellerkreis schießende LMG 08/15 Kaliber 7,92 mm

Abmessungen: Spannweite 9,05 m, Länge 7,40 m; Höhe 2,70 m

Rechte Seite: *Eine zum Einschießen der Bordwaffen aufgebockte Albatros D V mit ihrem charakteristischen asymmetrischen Auspuffrohr. Im Spätherbst 1917 wurde diese Maschine von Vizefeldwebel Barth bei Jasta 10 geflogen.*

Die aerodynamisch hervorragend gestalteten Albatros-Jagdflugzeuge zählten zu den besten des Ersten Weltkrieges. Der in abgerundeter Sperrholz-Schalenbauweise konzipierte Rumpf geht auf einen bereits 1913 von Robert Thelen entworfenen Renndoppeldecker zurück, dem die Militärs damals allerdings keinerlei Aufmerksamkeit geschenkt hatten. Dies änderte sich 1916, als Thelen – inzwischen Chefkonstrukteur der Albatros-Flugzeugwerke – die alten Pläne in wesentlichen Teilen für den Bau eines neuen Jagdeinsitzers übernahm. Die Albatros D I sollte Deutschlands Antwort auf die wendigen alliierten Jäger der Typen Nieuport XI und Airco D.H.2 sein, die im zweiten Halbjahr 1915 an der Front erschienen waren.

Die ersten D I kamen im August 1916 zum Einsatz. Die Produktion lief sofort auf Hochtouren, und bereits Anfang September konnte Jasta 2 die ersten von 50 georderten Exemplaren in Dienst stellen. Angetrieben wurden die D I entweder von einem Benz Bz III (110 kW/150 PS) oder einem wassergekühlten Reihenmotor-Daimler D III (120 kW/160 PS). Trotz atemberaubend guter Flugleistungen ersetzte man die D I schnell durch die D II, bei der u.a. der Oberflügel tiefer angeordnet war, was die Sicht nach schräg oben verbesserte. Wichtigste Neuerung allerdings waren zwei LMG 08/15 Kaliber 7,92 mm in Zwillingslafettierung. Sie machten die D II zu einem der ersten Jäger mit zwei Maschinengewehren. Mit einer schnell wachsenden Flotte von D II (im

Januar 1917 standen bereits 214 Stück im Fronteinsatz) erkämpften sich die deutschen Jagdflieger bald die Lufthoheit.

Typisch für die D II und alle ihre Nachfolger war ein stromlinienförmiger, sich verjüngender Sperrholzrumpf mit ovalem Querschnitt. Eine neue Propellerhaube unterstrich diese schlanke Erscheinung zusätzlich. Die Vorderkante der Höhenflosse war bereits stark abgerundet, während ihre Flügelspitzen noch rechteckig blieben und erst bei den späteren Jägern der D-Serie ihre typische abgerundete, nach hinten außen überhängende Form erhielten.

Doch Robert Thelen und sein Team ruhten nicht und entwarfen schon bald – als Reaktion auf die leistungsstärkeren modernen Nieuport-Modelle – die D III. In Anlehnung an die französischen Maschinen versah man sie mit einem deutlich schmaleren Unterflügel, was die Wirkung der Querruder und den Kurvenradius

IM COCKPIT DER ALBATROS

Oben: *Offiziere von Richthofens Jasta 11 sind bei Kortrijk (Courtrai) zum Empfang von General Ludendorff in Flandern angetreten. Im Hintergrund eine fast völlig rot angemalte D V.*

In seiner unvollendeten und nach Kriegsende von seinem Bruder Bolko ergänzten Autobiografie „Der rote Kampfflieger" berichtet Manfred von Richthofen über einen Luftkampf, der Ende April 1917 stattfand. Gerüchte über das „Anti-Richthofen-Geschwader" tat Richthofen als Witz ab und schrieb: „Es ist mir lieber, die Kundschaft kommt zu mir, als dass ich zu ihr hingehen muss", und fährt dann fort:

„Wir flogen an die Front in der Hoffnung, unsere Gegner zu finden. Nach etwa zwanzig Minuten kamen die ersten an und attackierten uns [...] Das war uns seit langer Zeit nicht mehr passiert [...] Es waren drei SPAD-Einsitzer, die sich infolge ihrer guten Maschinen uns sehr überlegen glaubten. Es flogen zusammen: Wolff (Kurt), mein Bruder (Lothar) und ich. Drei gegen drei, das passte also ganz genau. [...] Ich kriegte meinen Gegner vor und konnte noch schnell sehen, wie mein Bruder und Wolff sich jeder einen dieser Burschen vorbanden. Es begann der übliche Tanz, man kreist umeinander [...] der gute Wind kam uns zu Hilfe. Er trieb uns Kämpfende von der Front weg, Richtung Deutschland.

Meiner war der Erste, der stürzte. Ich hatte ihm wohl den Motor zerschossen. Jedenfalls entschloss er sich, bei uns zu landen. Pardon kenne ich nicht mehr, also attackierte ich ihn noch ein zweites Mal, worauf das Flugzeug in meiner Geschossgarbe auseinander klappte. Die Flächen fielen wie ein Blatt Papier, jede einzeln, und der Rumpf sauste wie ein Stein brennend in die Tiefe. Er fiel in einen Sumpf. Man konnte ihn nicht mehr ausgraben. Ich habe nie erfahren, wer es war, mit dem ich gekämpft habe. [...] Gleichzeitig mit mir hatten Wolff und mein Bruder ihre Gegner angegriffen und nicht weit von dem meinigen zur Landung gezwungen."

Der Fremde, den Richthofen hier abgeschossen hatte, war Lieutenant Richard Applin von der in Vert Gallant stationierten *No. 19 Squadron.* Applin flog eine SPAD VII, war 23 Jahre alt und hatte insgesamt nur 75 Flugstunden absolviert. Einer der zur Landung gezwungenen Piloten erlag seinen Verletzungen, der andere geriet in Gefangenschaft.

verbesserte. Allerdings war der Sturzflug mit der D III nicht ungefährlich. Auf nur einen Holm gebaut, verdrehte sich bei Belastung der Unterflügel, flatterte und brach gelegentlich sogar ab.

Im Januar 1917 übernahm Manfred von Richthofen die mit D III ausgerüstete Jasta 11 und ließ seine Maschine grellrot anmalen. Da das Gerücht kursierte, die Engländer hätten ein Anti-Richthofen-Geschwader formiert, befürchteten seine Kameraden, dies würde ihn verraten, und überzeugten ihn, alle Maschinen der Staffel in der auffälligen Farbe zu bemalen. Bald waren die „Roten" beim britischen *Royal Flying Corps* (RFC) als „Richthofens Fliegender Zirkus" berüchtigt, während er selbst als „Roter Baron" in die Luftfahrtgeschichte einging.

Seinen ersten Luftsieg mit einer D III errang Richthofen am 23. Januar 1917 über eine F.E.8 und seinen zweiten am nächsten Tag, als er eine F.E.2b vom Himmel holte. Dabei brach der D III in 300 m Höhe eine Tragflächenverstrebung. Zitat Richthofen: „Wie durch ein Wunder erreichte ich die Erde, ohne dabei kaputt zu gehen." Da ähnliche Unfälle auch mit anderen D III geschahen, ergingen Warnungen an die Piloten, eine gewisse Geschwindigkeit beim Sturzflug nicht zu überschreiten – was für ein Jagdflugzeug sicher keine Auszeichnung darstellt. Dennoch blieb die D III bis in den Sommer 1917 hinein der überlegene Jäger. Eine wichtige Verbesserung an späteren Serienmaschinen der D III betraf den Kühler. Er wurde von der Mittellinie des Oberflügels nach rechts verlegt, damit nach einem Treffer austretendes kochend heißes Wasser nicht den dahinter sitzenden Piloten gefährdete.

Während Albatros bemüht war, die Mängel zu beheben, wechselte Richthofen zur älteren, aber zuverlässigeren Halberstadt D II. Mit ihr erzielte er elf Abschüsse, bevor er im März 1917 zur (modifizierten) Albatros D III zurückkehrte.

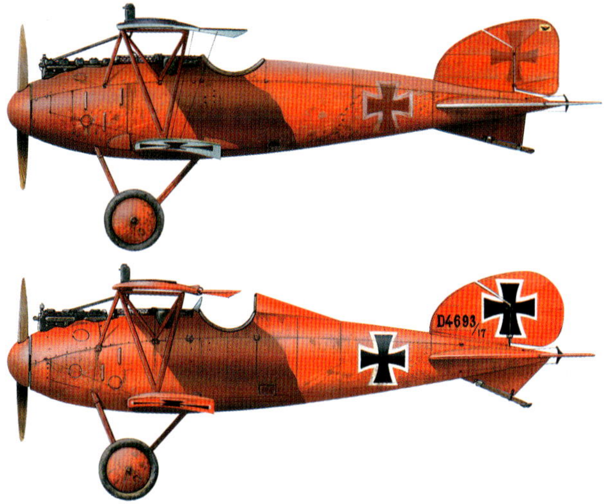

Oben: *Nicht nur der „Rote Baron" ließ seine Maschine leuchtend rot lackieren. Den oberen der beiden abgebildeten Albatros-Jäger flog sein Staffelkamerad Karl Allmenröder 1917. In der D V darunter errang Manfred von Richthofen vielleicht ein halbes Dutzend seiner 80 Luftsiege.*

Links: *Diese D Va der Jasta 29 ist einer der beiden „überlebenden" Albatros-Jagdeinsitzer der D-Serie und heute im Australian War Memorial in Canberra ausgestellt.*

Rechts: *Bodenpersonal unterstützt eine D I auf dem Weg zum Startpunkt. Die D I war die erste ihrer Art. Verglichen mit den Nachfolgemodellen hatte sie eine deutlich kleinere Spannweite.*

Unten: *Nicht nur an der Westfront tobten Luftkämpfe. Diese D Va wurde in Palästina erbeutet und von den Briten übernommen.*

Parallel arbeitete man bei Albatros schon länger an der D IV: Die aerodynamisch verfeinerte Zelle der D II sollte einen vollverkleideten Daimler-Getriebemotor erhalten. Getestet wurden zwei-, drei- und vierblättrige Propeller, doch wegen zu starker Vibrationen stellte man das Projekt ein.

Das letzte Modell der Serie war die D V, bei der es sich im Wesentlichen um eine leichtere und verbesserte D III handelte. Albatros verband die Zelle der D IV mit den Flügeln und der Höhenflosse der D III sowie einer neuen, größeren Seitenflosse. Zur Sichtverbesserung wurde der Oberflügel nochmals tiefer angesetzt. Als Antrieb diente ein Daimler D IIIa (120 kW/160 PS), dessen Leistung später durch Kompressionserhöhung noch auf 134 kW/180 PS gesteigert werden konnte. Obschon ca. 20 km/h schneller als die D III, brachte die D V fliegerisch keine nennenswerten Verbesserungen, weil sie immer noch die strukturellen Schwächen der D III aufwies. Dennoch

***Links:** Neugierig beäugen britische Infanteristen diese hinter ihren Linien zur Landung gezwungene D III. Man beachte das pastillenförmige Tarnmuster auf den Flügeln.*

blieben die D V und die verstärkte D Va die meistgebauten Albatros-Jäger mit einer geschätzten Zahl von mehr als 2200 Maschinen bis zum Mai 1918.

Albatros setzte die Jägerentwicklung auch nach der D V fort, erreichte allerdings nie mehr die Erfolge der D II und D III. Versuche mit dem Dreideckermodell Dr I sowie der D VI und D VII missglückten und gelangten nicht über das Prototypenstadium hinaus.

Manfred von Richthofen errang 48 seiner 80 Luftsiege mit Albatros-Jägern: 17 mit D II, 23 mit D III, sechs mit D V und zwei mit D Va. Nach Kriegsende wurde eine D Va aus seiner Staffel in der Deutschen Luftfahrtsammlung in Berlin ausgestellt, fiel dort aber Bombenangriffen des Zweiten Weltkrieges zum Opfer. Nur zwei authentische D Va haben überlebt und sind im *National Air and Space Museum*, Washington D.C., USA, bzw. in Canberra, Australien, zu besichtigen.

***Unten:** Im Ersten Weltkrieg bedeuteten schlechte Wetterverhältnisse meist das Aus für den Flugbetrieb. Den Piloten dieser D III scheint die geschlossene Schneedecke hingegen wenig zu beeindrucken.*

Sopwith Camel

Die Sopwith Camel war zwar einer der wendigsten Jäger aller Zeiten, doch verlangten ihre heiklen Flugeigenschaften hohes fliegerisches Können. Durch Unfälle starben fast ebenso viele Camel-Piloten wie durch Feindjäger.

Rechte Seite: *Nachbau einer Camel in der Bemalung von Lieutenant L. S. Breadner, einem Kanadier der No. 3 Squadron des Royal Naval Air Service.*

Rechts: *Diese Camel der „Naval Ten" No. 10 Squadron RNAS wurde von belgischen Feldflugplätzen aus eingesetzt.*

Bis Ende 1916 hatte die *Sopwith Aviation Co.*, Kingston-on-Thames, für *Royal Flying Corps* (RFC) und *Royal Naval Air Service* (RNAS) drei hervorragende Flugzeuge zur Serienreife gebracht: die 1 ½ Strutter (als leichter Bomber), die Triplane (die ausschließlich bei der Marine flog) und die Pup. Letztere hatte zwar prächtige Flugeigenschaften und war allseits beliebt, doch war sie einfach zu schwach, um sich gegen die Mitte 1916 an der Front kämpfenden deutschen Jagdaufklärer behaupten zu können. Mit ihrem Neunzylinder-Sternmotor Le Rhône (60 kW/80 PS) war sie untermotorisiert und mit nur einem 7,7-mm-MG Vickers zu leicht bewaffnet.

Während Pup und Triplane im Dezember 1916 noch in Dienst gestellt wurden, hatten die Konstrukteure in Kingston unter Leitung von Herbert Smith bereits einen neuen Jagddoppeldecker geschaffen – mit größerer Motorleistung und stärker bewaffnet. Die neue Maschine, genannt Sopwith F.1, baute auf der Pup auf, erhielt jedoch einen nach rückwärts leicht abfallenden Heckrumpf. Die Hauptmasse (Motor,

SOPWITH CAMEL

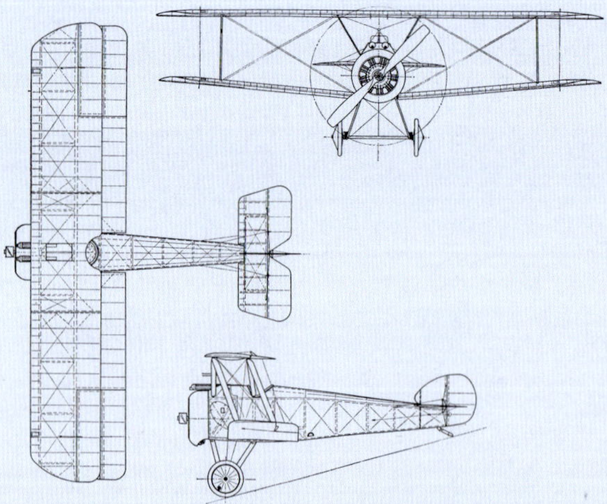

Besatzung: 1

Triebwerk: ein Neunzylinder-Umlaufmotor Clerget 9B mit 97 kW (130 PS)

Höchstgeschwindigkeit: 185 km/h

Flugdauer: 2 Stunden, 30 Minuten

Dienstgipfelhöhe: 5273 m

Gewicht: Flugmasse 659 kg

Bewaffnung: zwei 7,7-mm-MG Vickers

Abmessungen: Spannweite 8,53 m; Länge 5,71 m; Höhe 2,59 m

B6401

Oben: Start vom Flugzeugträger HMS Pegasus. Die 2F.1 Camel war der erste trägergestützte Jäger. Über dem Oberflügel ein Lewis-MG.

Unten: 1918. Von einem geschleppten Leichter wie diesem startete Lieutenant Stuart Culley und vernichtete ein deutsches Luftschiff.

Pilot, Tank, Bewaffnung) war im Vorderrumpf auf einer Länge von nur 2,10 m konzentriert. Luftwirbel, die auftraten, weil die MG sehr weit vorwärts lafettiert waren, leitete man mittels einer abgerundeten Verkleidung um das Cockpit herum. Weil ihre Form entfernt an Kamelhöcker erinnerte, blieb der Spitzname „Camel" haften. Am 16. Dezember 1916 startete der berühmte Testpilot Harry Hawker mit der ersten F.1 zum Jungfernflug. Nur einen Monat später bestellte RNAS 50 Stück. Insgesamt wurden mehr als 5700 F.1 gebaut; viele von Subunternehmern.

Die Camel war ein konventioneller Doppeldecker. Bei identischer Fläche und Spannweite waren die Flügel nur mäßig gestaffelt. Um die Sicht nach oben zu verbessern, waren im Oberflügel zwei transparente Felder sowie eine Aussparung angeordnet. Ohne die Modellbezeichnung zu ändern, flogen Camel mit den gerade verfügbaren Motoren. Die ersten Serienmaschinen erhielten den Neunzylinder-Umlaufmotor Clerget 9B (97 kW/ 130 PS), andere den Bentley B.R.1 (112 kW/150 PS) oder Le Rhône (82 kW/110 PS). Später wurde noch ein stärkerer Le Rhône (104 kW/140 PS) verfügbar. Die Piloten zogen den zuverlässigeren Le Rhône dem Clerget vor, und bei beiden Modellen schätzte man die in Frankreich produzierten mehr als die heimischen englischen.

Das RFC übernahm seine ersten Camel Ende Mai 1917 in Frankreich, und bis Ende Juli hatte die *No. 70 Squadron* komplett von 1 1/2 Strutter auf Camel umgerüstet. Weitere Lieferungen an die Front verzögerten sich, weil die britische Heimatverteidigung nach den Angriffen deutscher Gotha-Bomber auf London viele Camel für sich beanspruchte. Bis Ende 1917 mussten sich die Frontverbände mit Clerget-Motoren begnügen, die von Le Rhône angetriebenen Camel wies man primär den Staffeln der Heimatverteidigung zu. Ihre Feuertaufe erhielt die Camel beim RNAS. Es war Schwarmführer Alexander Shook der *No. 4 (Naval) Squadron*, der in der ersten Juniwoche 1917 einen feindlichen Jagdaufklärer abschoss und einen zweiten nahe Ostende zur Landung zwang. Zwar waren die deutschen Bomber über London fast so schnell verschwunden, wie sie erschienen waren, aber an der Westfront blieben die Gothas aktiv. So kam es, dass am 4. Juli fünf „*Naval 4*"-Piloten nordwestlich Ostende 16 Gotha-Bomber angriffen und – ohne eigene Verluste – mindestens vier davon schwer beschädigten.

Die bereits erwähnte Konzentration der wichtigsten Massen um den Schwerpunkt trug maßgeblich zur legendären Wendigkeit der Camel bei. Ihre Motorisierung erwies sich jedoch als sehr sensibel. Beim Start neigte sich das Flugzeug nach links, sodass der Pilot stark gegensteuern musste, um nicht die Flügelspitze in den Boden zu rammen. Das Drehmoment des Umlaufmotors hatte weiterhin zur Folge, dass die Camel Rechtskurven sehr eng nehmen konnte, aber mit der Tendenz, nach vorn abzukippen. Die Linkskurven hingegen waren weiträumiger, aber mit der Neigung zum

IM COCKPIT DER SOPWITH CAMEL

Links: *Zusätzlich zur Standardbewaffnung mit zwei Vickers-MG, erhielten diese RNAS-Camel ein flügellafettiertes Lewis-MG.*

Mit 29 Luftsiegen war Arthur Cobby das Ass der Asse im *Australian Flying Corps* (AFC). Gemeinsam mit H. G. Watson von *No. 3 Squadron AFC* stieß er am 15. Juli 1918 über Armentiéres auf deutsche Pfalz-Jäger. „Sie flogen südöstlich der Front in 2000 m Höhe und hielten Kurs auf diese stark zerstörte Stadt. Wir stiegen über die Wolken und pirschten uns aus östlicher Richtung an. Die Wolken waren vereinzelte Kumulus, und als wir nahe genug heran waren, drückten wir die Nasen nach unten und stießen mit Vollgas in die Wolken – Watties Flügelspitze berührte fast die meine. Wir kamen etwas weiter östlich, in etwas überhöhter Position heraus und griffen sofort an. Es waren noch andere Feindjäger in der Nähe, auch einige „Tripes" [Dreidecker, Anm. d. Red.], die wir seit einiger Zeit nicht mehr gesehen hatten. Wir waren fast hinter den Pfalz, drehten etwas ein und stürzten genau hinter die beiden letzten. Mit meinem ersten Feuerstoß schickte ich meinen Gegner brennend zu Boden. Auch Wattie musste getroffen haben, denn sein Mann stieg zuerst steil hoch und trudelte – als die Strömung abriss – abwärts."

Unten: *Der berühmte Filmpilot Frank Tallman, hier in der Uniform eines RFC-Offiziers, inspiziert die ölverschmierte Motorhaube seiner Camel.*

„Zum Beobachten blieb mir nicht viel Zeit. Ich wandte mich dem neben mir fliegenden Gegner zu und eröffnete das Feuer. Er reagierte mit einer halben Rolle, und ich zog über ihn hinweg. Als ich zum erneuten Angriff wendete, sah ich, dass ich mir die Munition sparen konnte. Seine rechte Tragfläche war zerstört, und das Flugzeug brach auseinander. Das wohl bekannte pop-pop-pop von MGs über mir schreckte mich auf. Über die Schulter blickend sah ich, wie sich die „Tripes" auf uns stürzten. Auch Wattie sauste in einer kühnen Kurve an mir vorbei, wobei er seine MGs abschoss, um meine Aufmerksamkeit zu erwecken und nach oben deutete. Kopfschüttelnd zeigte ich nach unten, was so viel bedeutet wie „nichts zu machen", warf meinen Bus in eine halbe Rolle, zog den Knüppel an den Bauch und stürzte mich senkrecht in die Wolken. Erst 1300 m tiefer fühlte ich mich sicher und fing ab. Mein Manöver erscheint gefährlicher als es in Wirklichkeit war, weil die (Fokker) Dreidecker strukturell schwach waren und sich bei langen Sturzflügen oft zerlegten."

Rechts: *Eine der wenigen authentischen, noch flugtauglichen Camel und die einzige bei Sopwith gebaute. Sie diente 1917 bei No. 10 Squadron.*

Steigflug. Bei schlecht angesetzten Rechtskurven geriet die Camel schnell ins Trudeln, was besonders in niedriger Höhe verhängnisvoll war.

Nachdem einige US-Piloten bei britischen RFC-Staffeln auf Camel geschult worden waren, rüsteten auch ein paar amerikanische Fliegerverbände ab Mitte 1918 auf Camel um. Ass der Asse unter den amerikanischen Camel-Piloten war Elliot Springs von der *148th Aero Squadron* mit zwölf Luftsiegen, davon zehn über Fokker D VII, dem vermutlich besten Jäger des Krieges.

Oben: *Heute „wohnt" eben jene Camel (mit Le Rhône Motor) in den USA. Geschätzter Wert: über 1,6 Mio. US-Dollar.*

Unter den RNAS-Bestellungen waren auch 150 Camel 2F.1. Sie hatten kürzere Flügel, ein abnehmbares Rumpfheck und als Motor gewöhnlich den Bentley BR.1. Sie operierten von küstengestützten Fliegerhorsten, aber auch von Leichtern, Kreuzern und den neuen Trägern HMS *Argus*, *Pegasus* und *Eagle*. Am 11. August 1918 startete Lieutenant S. D. Culley von einem Leichter und zerstörte das deutsche Marineluftschiff L53. Seine Camel steht im *Imperial War Museum* London.

Als die Camel erschienen, hatten die deutschen Tagbomber ihre Angriffe auf London eingestellt, setzten ihre Nachtangriffe jedoch fort. Viele Camel wurden deshalb der Heimatverteidigung als „Nachtjäger" zugeteilt. Um eine Blendung des Piloten durch die Mündungsfeuer seiner MG zu vermeiden, wurden die zwei Vickers- oft durch zwei, auf der oberen Tragfläche montierte Lewis-MG ersetzt. Damit der Pilot bei Ladehemmung die MG erreichen konnte, wanderte der Sitz weiter nach hinten. Gelegentlich wurde ein zusätzliches Lewis-MG in einem 45-Grad-Winkel an der Steuerbordseite des Cockpits angebracht. Camel-Nachtjäger waren auch in Frankreich erfolgreich; hier allerdings meist mit Standardbewaffnung.

Die Camel errang mehr Luftsiege als jeder andere alliierte Jäger, doch ihre Piloten zahlten einen hohen Tribut: 413 starben im Kampf, 385 bei Unfällen ohne Feindeinwirkung. Insgesamt erzielten Camel-Piloten 1294 Abschüsse, die meisten der Kanadier Donald MacLaren von der *No. 46 Squadron* mit 54 Siegen.

Zur Reduzierung der Flugunfälle, die bereits bei der Schulung passierten, baute man eine Hand

***Links:** Eine F.1 Camel der No. 44 Squadron: Schön zu sehen, auf wie engem Raum die Hauptmassen um den Schwerpunkt der Maschine konzentriert waren – ein Hauptgrund für ihre Wendigkeit.*

voll Camel zu Doppelsitzern um. Um Raum für das zweite Cockpit zu schaffen, mussten die MG aus- und ein kleinerer Tank eingebaut werden. Die umgerüsteten Maschinen hatten deshalb eine Flugdauer von nur etwa 20 Minuten.

Wer genau am 21. April 1918 Manfred von Richthofen abschoss, darüber gehen die Meinungen der Historiker bis heute auseinander. Außer Zweifel steht, dass es im Kurvenkampf mit Camel der *No. 209 Squadron Royal Air Force* (formiert durch Verschmelzung von RFC und RNAS am 1. April 1918) geschah. Richthofen war offenbar gerade dabei, Lieutenant Wilfried „Wop" May als jüngstes Opfer auf seine Abschussliste zu setzen, als ihn dessen Fliegerkamerad, der kanadische Captain Roy Brown aus der Luft und australische MG-Schützen vom Boden aus kurzer Distanz unter Feuer nahmen.

***Links:** Hier klar erkennbar: die Höcker, der die Camel ihren Namen verdankt. Sie wurden zur Verbesserung der Aerodynamik links und rechts von den MG als Verkleidungen montiert.*

Fokker Dr I Dreidecker

Der berühmte Fokker Dreidecker wurde nur in kleinen Stückzahlen gebaut. In den Händen erfahrener Piloten eine tödliche Waffe, stellte er wegen seiner strukturellen Mängel aber stets auch eine Gefahr für die eigenen Männer dar.

Rechts: *Mit dem Dreidecker 425/17 errang der „Rote Baron" im April 1918 seine letzten Luftsiege.*

Rechte Seite: *Als Antwort auf die überlegenen Sopwith-Dreidecker (Triplane) der Alliierten konstruierte Fokker die Dr I.*

Obschon allgemein als der typische deutsche Jäger des Ersten Weltkrieges eingestuft, war der Fokker Dreidecker fast schon veraltet, als er an die Front kam. Seinen Ruhm verdankt er vor allem der Verbindung mit einigen der erfolgreichsten Piloten, wie zum Beispiel Manfred von Richthofen, dem „Roten Baron".

Vom Erfolg seiner Eindecker beflügelt, konzentrierte sich Anthony Fokker auf die Konstruktion von Doppeldeckern. Jedoch kann keiner seiner Entwürfe als großer Wurf gelten. Wegen des unzureichenden Leistungsvermögens und immer schlechter werdender Werkstattarbeit (Fokker

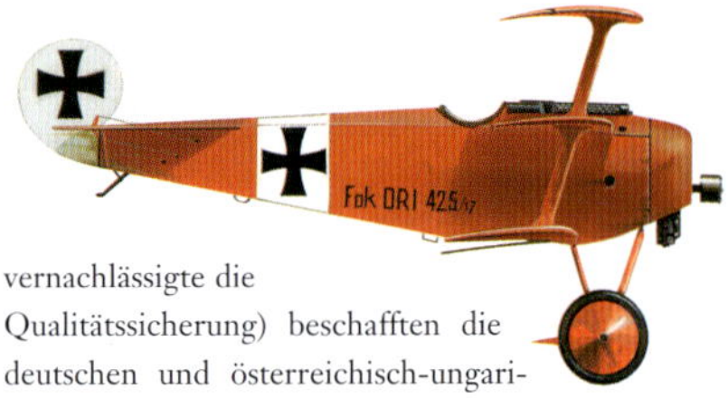

vernachlässigte die Qualitätssicherung) beschafften die deutschen und österreichisch-ungarischen Fliegertruppen nur wenige Exemplare. Zahlreiche Unfälle führten dazu, dass die Flugzeuge ab Anfang 1917 nicht mehr an der Front, sondern nur in Flugschulen geflogen werden durften. Bis April 1917 waren die Fokker vollkommen aus den Frontstaffeln verschwunden.

FOKKER DR I

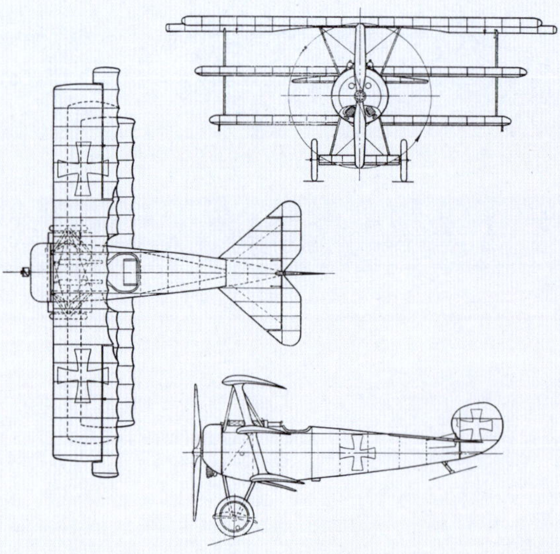

Besatzung: 1

Triebwerk: ein Neunzylinder-Umlaufmotor Oberursel UR II mit 82 kW (110 PS)

Höchstgeschwindigkeit: 185 km/h

Flugdauer: 1 Stunde

Dienstgipfelhöhe: 6100 m

Gewicht: Flugmasse 584 kg

Bewaffnung: zwei starre (synchronisierte, durch den Propellerkreis feuernde) LMG 08/15 Kaliber 7,92 mm

Abmessungen: Spannweite 7,19 m oben, 6,22 m Mitte, 5,72 m unten; Länge 5,77 m; Höhe 2,95 m

IM COCKPIT DER FOKKER DR I

Oben: *Mithilfe eines Rauchgenerators täuscht der Pilot dieses Nachbaus einer Dr I den Abschuss seiner Maschine vor.*

Unten: *Flieger bugsieren die F I von Werner Voss über die Piste. Mit dieser Maschine schoss er 1917 zehn Flugzeuge ab.*

Im Frühling 1918 war die Glanzzeit der Dr I vorbei, und die meisten Piloten wollten sie möglichst schnell gegen D VII oder andere, bessere Doppeldeckertypen tauschen. Nur wenige der erfahrenen Piloten behielten ihre Dreidecker. Einer von ihnen war Josef Jacobs, der Führer von Jasta 7, der seine Dr I bis Kriegsende flog. Am 19. Juli 1918 notierte er in seinem Tagebuch: „Ich startete mit meiner Kette zur Front. Im leichten Dunst erkannte ich Zwei- und Einsitzer. Sie näherten sich aus Richtung Bailleul, flogen knapp unter den Wolken in rund 1500 Meter Höhe und wurden von deutscher Flak beschossen. Kaum hatte ich meine Kameraden mit einer roten Leuchtkugel gewarnt, als sich auch schon ein Schwarm SEs aus den Wolken heraus wild feuernd auf uns stürzte. Ich nahm eine aufs Korn, wurde jedoch von drei anderen von rückwärts angegriffen, und da mich gleichzeitig drei Bristol-Jäger schießend passierten, suchte ich mein Heil im Sturzflug. Inzwischen war eine zweite SE-Formation sowie zwei deutsche Jasta erschienen, und es entwickelte sich eine wilde Kurbelei.

In einem Augenblick hatte ich diesen Gegner im Visier, um ihn schon im nächsten Augenblick aus den Augen zu verlieren. Plötzlich bemerkte ich einen Gegner, der eine Fokker verfolgte. Ich schoß, und der Engländer drehte ab. Ein zweiter kam ihm zu Hilfe, aber schnell hatte ich ihn „eingepackt" und blieb an ihm dran. Ich folgte ihm mit 50 Meter Abstand, und als er abhauen wollte, verpaßte ich ihm so viele Löcher, dass er Richtung Deutschland abdrehte und zur Landung ansetzte. Sehr langsam gleitend übersprang er eine Straße, zog etwas hoch und überschlug sich. Ich beobachtete, wie der Pilot heraussprang und – verfolgt von einigen Soldaten – zu einem verlassenen Schützengraben lief.

Zu Hause gelandet, fuhr ich zur Absturzstelle. Es war eine nagelneue SE.5a mit einem amerikanischen 1st Lieutenant. Sein Name war A. M. Roberts *(No. 74 Squadron)*. Er war seit drei Monaten an der Front und von der Geschwindigkeit meines Dreideckers überrascht. Er bedauerte Richthofens Tod sehr. Er schenkte mir seine Kartentasche mit Reißverschluß."

Jacobs überlebte den Krieg und stand schließlich mit 47 Luftsiegen an fünfter Stelle der deutschen Jagdflieger. Er gilt als erfolgreichster Dr-I-Pilot. Andere Flieger-Asse, die viele ihrer Abschüsse mit Dr I erzielten, waren Voss, Göring und Udet.

Das Konzept für die neuen Fokker-Mehrdecker stammte von Reinhold Platz. Er war seit Juli 1916 Chefkonstrukteur im Fokker-Werk Schwerin und arbeitete an neuen, fortschrittlichen Sperrholzkonstruktionen (bezeichnet V 1 – V 3; „V" stand für Versuchmaschine), als er von Fokker mit dem Entwurf eines herkömmlicheren Doppeldeckers in Leichtbauweise (V 4) beauftragt wurde. Die Rumpfkonstruktion von Platz' Prototyp bestand aus einem stoffbespannten, geschweißten Stahlrohrgerüst, die Tragflächen waren als stoffbespannte Holzkonstruktionen konzipiert. Der Oberflügel wies eine viel größere Spannweite als der Unterflügel auf und zeichnete sich durch die auffälligen, überlappenden Querruder aus.

Während eines Frontbesuchs im April 1917 lernte Fokker, selbst ein meisterhafter Flieger, den großen Baron von Richthofen kennen, der damals bereits annähernd 60 Luftsiege in Halberstadt- und Albatros-Doppeldeckern für sich verbuchen konnte. Der „Rote Baron" war erst kürzlich einer Sopwith Triplane entkommen. Er schilderte Fokker die überlegenen Flugleistungen des Gegners und drängte auf die Entwicklung einer gleichwertigen Maschine. In sein Werk zurückgekehrt, befahl Fokker Platz, die Arbeit an seiner V 4 aufzugeben und sich stattdessen auf die Konstruktion eines Dreideckers zu konzentrieren. Da bis Ende Juli 1917 keine Sopwith Triplane als Kriegsbeute geborgen werden konnte, blieb Fokker und Platz keine andere Wahl, als den Dreidecker komplett neu zu entwickeln.

Ohne Übertreibung kann festgehalten werden, dass die Sopwith Triplane in Deutschland ein wahres Dreideckerfieber auslöste. Fast jeder Flugzeugbauer stürzte sich auf den Dreidecker oder musste sich auf ihn stürzen. Unter ihnen waren auch die Hersteller Siemens-Schuckert und Pfalz, denen die Inspektion der Fliegertruppen (IdFlieg) den Bau von je drei Dreideckern befahl.

Währenddessen rüstete Platz im Fokker-Werk Schwerin seine V 4 zum Dreidecker um. Als Tragwerk wählte er schlanke, nach hinten gestaffelte, selbsttragende Flächen mit von oben nach unten abnehmender Spannweite. Das Höhenleitwerk erhielt ein bewegliches Ruder, während das Seitenruder („Komma"-Typ) vom Eindecker E III übernommen wurde. Diese neue Konstruktion erhielt die Bezeichnung V 5. Nach erfolgreicher Flugerprobung ordnete Anthony Fokker den Bau von zwei weiteren Exemplaren an.

Zur Flugerprobung unter Frontbedingungen wurden die ersten beiden Vorserienmaschinen mit der militärischen Bezeichnung F I Ende August 1917 zu den Jagdstaffeln Jasta 11 (von Richthofen) und Jasta 10 (Werner Voss) verlegt. Am 1. September errang der „Rote Baron" mit der F I seinen ersten Luftsieg (sein 60. insgesamt). Sein Gegner flog eine R.E.8. Ein zweiter folgte wenig später. Voss erzielte mit seiner F I insgesamt zehn Abschüsse, ehe er am 23. September auf einen Jagdverband von S.E.5 der alliierten

Links: Auch dieser Nachbau erinnert an die legendäre Fokker des „Roten Barons". Die Dr-I-Replik entstand in den 1960er-Jahren in den USA. Leider fehlt bei dieser Version der charakteristische Umlaufmotor.

Unten: Zwei Dreidecker von Richthofens Jasta 11 im flandrischen Schlamm. Hier muss jeder anpacken.

Oben: *Diesem Nachbau fehlt der richtige Motor. Die Originale der Dr I flogen mit Stern- oder Umlaufmotoren.*

No. 56 und *No. 60 Squadron* stieß. Nachdem er seinen Gegnern zahlreiche Treffer zugefügt hatte, wurde er schließlich von Second Lieutenant Arthur Rhys-Davids abgeschossen und stürzte bei Frezenberg ab. Bis zu seinem Tod hatte er 48 Luftsiege errungen.

Als Richthofen nach Deutschland zurückkehrte, übernahm Oberleutnant Kurt Wolff die F I der Jasta 11. Auch er erzielte mit der Maschine 33 Siege, bis er am 15. September von einer Sopwith Triplane abgeschossen wurde. Obwohl nun beide F I verloren waren, bewertete man die Fronterprobung als insgesamt zufrieden stellend.

In der Heimat hatte man in der Zwischenzeit bereits mit der Serienfertigung des nun unter der Bezeichnung Dr I (sprich „Dre I") geführten Dreideckers begonnen. Bereits im September 1917 wurden die ersten 20 Maschinen des ersten Bauloses ausgeliefert und ab Mitte Oktober beim neu formierten JG 1, dem ersten deutschen Jagdgeschwader, in Dienst gestellt. Es stand unter dem Kommando von Manfred von Richthofen.

Die Dr I war nahezu baugleich mit den V 5/F I, hatte jedoch eine größere Spannweite sowie jeweils einen Schleifsporn an der Unterseite der Flügelspitzen. Angetrieben wurde sie von einem Neunzylinder-Umlaufmotor Oberursel UR II (82 kW/110 PS). Dank der durch die drei Tragflächen geschaffenen starken Kastenkonstruktion (zwei waren direkt mit dem Rumpf verstrebt) konnte auf Spanndrähte – wie man sie bei anderen zeitgenössischen Typen häufig fand – fast ganz verzichtet werden. Das Fahrwerk bestand aus zwei V-Streben, die über einen Kasten miteinander verbunden waren, in dem eine gummigefederte Achse schwang. Dessen tragflächenförmige Verkleidung sollte den Auftrieb verstärken.

Die Qualität der Verarbeitung ließ nach wie vor zu wünschen übrig. Als Heinrich Gontermann (38 Luftsiege), Kommodore von Jasta 15, seinen Piloten die Wendigkeit seiner neuen Dr I vorführen wollte, löste sich die oberste Tragfläche, und die Maschine stürzte ab. Gontermann starb noch an der Unfallstelle. Nur einen Tag später zerlegte sich auch die Maschine von Leutnant Pastor von Jasta 11 in der Luft, woraufhin alle Dr I bis auf weiteres Flugverbot erhielten. Erst als bei allen Maschinen die Flügelholme ersetzt worden

Rechts: *Die rote Dr I von Manfred von Richthofen zählt zu den auffälligsten Flugzeugen aller Zeiten.*

Links: *Obwohl nur wenige Dr I an die Front kamen, erzielten die Piloten mit ihnen große Erfolge. Von Richthofen schwärmte: „Dr I sind beweglich wie der Teufel und steigen wie die Affen.“*

waren, gab man die Maschinen wieder für den regulären Flugbetrieb frei.

Deutsche und alliierte Piloten erkannten schnell die Wendigkeit und das exzellente Steigvermögen der Dr I. Sie stieg in weniger als drei Minuten auf 1000 m und war im Sturzflug schneller als die meisten ihrer Gegner. Dennoch war sie im Horizontalflug den alliierten Jägern unterlegen und erreichte eine geringere Dienstgipfelhöhe. Als unproblematisch erwies sich die Umstellung der Piloten auf den neuen Umlaufmotor mit seinem gewöhnungsbedürftigen Kreiseleffekt. Sie hatten mehr Probleme mit dem Landeanflug, denn häufig nahmen Böen, die seitlich auf den lang gestreckten, schlanken Rumpf einwirkten, dem Seitenruder jegliche Wirkung. Zudem unterbrach der Mittelflügel in der Landeabstimmung den Luftstrom zum Höhenruder.

Dennoch wurde die Dr I von den deutschen Flieger-Assen, allen voran Manfred von Richthofen, aber auch Ernst Udet und Hermann Göring, wegen ihrer Wendigkeit gern geflogen.

Im April 1918 kehrte von Richthofen an die Front zurück und erzielte zwei weitere Siege mit einer Albatros D Va, ehe er wieder eine eigene Dr I erhielt. Von den fünf Dr I, die Richthofen während seiner Karriere flog, waren übrigens nur zwei rot gestrichen. Am 21. April 1918 – weit hinter der britischen Front im erbitterten Duell mit überlegenen Kräften – fiel er einer einzigen Kugel zum Opfer. Bis heute wird darüber gestritten, wer die Kugel abfeuerte: der kanadische Sopwith-Camel-Pilot Roy Brown *(No. 210 Squadron)* oder australische Schützen. Kein Tod fand im Krieg so viel Beachtung wie das Ende von Richthofens.

Von den 323 Dr I, die Fokker bis 1918 baute, überstand keine den Krieg. Von Richthofens Maschine fiel nach dem Absturz Souvenirjägern zum Opfer. Teile davon finden sich in Museen rund um den Globus. Der Rest wurde bei einem Bombenangriff auf Berlin im Jahr 1944 zerstört. Heute existieren nur noch Nachbauten.

Unten: *Eine schwarze Dr I in ähnlicher Bemalung wie die des Josef Jacobs, dem erfolgreichsten aller Fokker-Dreidecker-Piloten.*

Hawker Fury

Kaum ein Flugzeug versinnbildlichte zwischen den beiden Weltkriegen so sehr den Geist der Royal Air Force wie die schöne Hawker Fury. Der von einem Reihenmotor angetriebene Doppeldecker gehörte zu den beliebtesten Jagdflugzeugen aller Zeiten.

HAWKER FURY MK I

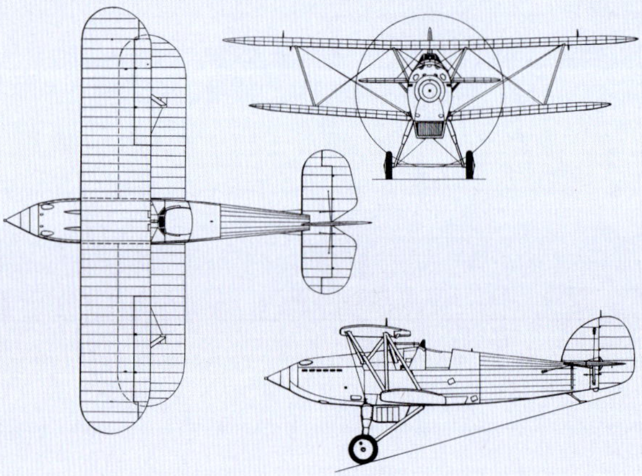

Besatzung: 1

Triebwerk: ein Zwölfzylinder-Reihenmotor (V-Form) Rolls-Royce Kestrel III.S mit 392 kW (533 PS)

Höchstgeschwindigkeit: 333 km/h

Reichweite: 492 km

Dienstgipfelhöhe: 8230 m

Gewicht: Flugmasse 1583 kg

Bewaffnung: zwei Vickers-MG Kaliber 7,7 mm

Abmessungen: Spannweite 9,15 m; Länge 8 m; Höhe 2,89 m

Rechte Seite: *K1926 war die erste seriengefertigte Fury I. Ausgeliefert wurde sie 1932 an die No. 1 Squadron in Tangmere. Man beachte die Dioptervisierung mit Perlkorn.*

Obwohl sie nur eine von vielen erfolgreichen Konstruktionen des Flugzeugherstellers Hawker war, stellte die schlanke Fury den Gipfel der Doppeldeckerentwicklung in den 1930er-Jahren dar. Vor allem in der Zeit zwischen den Weltkriegen diente der Jäger, dessen Konstruktionsprinzip auf den Leichtbomber Hart von 1928 zurückgeht, als Trainer für den Fliegernachwuchs der RAF.

Die Fury zeichnete sich durch einen neuartigen und in Leichtbauweise konstruierten V-12-Motor der Marke Rolls-Royce Kestrel aus. Die schlanke Bauart erlaubte es, den Vorderrumpf der Maschine aerodynamisch so günstig zu gestalten, dass sie um mehr als 50 km/h schneller fliegen konnte als die Fairey Fox oder andere vergleichbare Flugzeuge mit Sternmotor und sogar einigen zeitgenössischen Jägern davonflog.

Hawker-Chefkonstrukteur Sydney Camm hatte die Fury gemäß eines Forderungskatalogs der RAF von 1927 auf der Grundlage der Hart entwickelt. Der erste Prototyp flog im März 1929 (das genaue Datum scheint ebenso wie der Name des Piloten verloren gegangen zu sein) unter dem Namen Hornet. Erst 1930 wurde sie in Fury umbenannt. Die erste Serienmaschine erhob sich schließlich am 25. März 1931 in die Lüfte. Im Cockpit saß

Rechts: *Eine Hawker Fury II aus den 1930er-Jahren in den Farben der No. 41 Squadron aus Catterick.*

K
1926
K1926

Rechts: Nach dem Ausbruch der Sudetenkrise 1938 erhielten die Fury der RAF einen erdbraun-grünen Tarnanstrich.

Gerry Sayer. Die Maschine wirkte größer, als sie in Wirklichkeit war, und unterschied sich auch strukturell deutlich von der älteren Hart. Die Konstruktion war eine Mischung aus Metall, Holz und Stoff. Stromlinienförmige Alubleche umschlossen den Motor, dessen Kühlerwanne an der Rumpfunterseite zwischen den Fahrwerkstreben platziert war. Das Cockpit war offen, und vor der Frontscheibe hatte man ein Zielfernrohr montiert. Die Bewaffnung bestand aus zwei

IM COCKPIT DER HAWKER FURY

Oben: Die Squadron No. 43 „Kampfhähne", zu erkennen an der schachbrettartigen Markierung, mit neun Hawker Fury.

Flight Lieutenant Theodore McEvoy, 1934 in Tangmere bei *No. 43 Squadron* stationiert, hatte mit seiner Fury ein aufregendes Erlebnis. „Die Fury ließ sich wunderbar fliegen: Man konnte fast behaupten, dass sie keine Schwächen hatte. Ich kannte allerdings auch eine, die etwas aus der Art schlug. Dennoch liebte ich sie. Einmal monatlich mussten wir trudeln üben. So auch am 17. Dezember 1935 mit Fury K1934. Aus ca. 6600 m ließ ich die Maschine trudeln. Doch nach einigen Umläufen stoppte auf einmal der Propeller, und das Trudelverhalten änderte sich abrupt. Dies, so dachte ich, musste das gefürchtete Flachtrudeln sein. Aber ich hatte ja immer noch ein gutes ‚Polster' an Höhe zur Verfügung und blieb ruhig. Als ich dann aber Gegenruder gab und den Knüppel in die Mitte nahm, reagierte die Maschine nicht, sondern trudelte weiter. Ich versuchte, den Anstellwinkel zu ändern, und drehte das Trimmrad bis zum Anschlag – vergeblich. Ebenso gut hätte ich alle Steuersysteme abstellen können.

Als der Höhenmesser 10 000 Fuß (ca. 3500 m) anzeigte und ich immer weiterstürzte, hatte ich bereits alle bekannten Tricks versucht und beschloss auszusteigen. Ich öffnete die Gurte, löste mich von Sauerstoff und Funkgerät und stand auf. Da plötzlich nahm die Fury ihre Nase steil nach unten. Ich spürte, dass sie nun wieder ‚normal' war. Zwar hielt ich noch den Steuerknüppel, da ich jedoch die Höhenflossentrimmung vorwärts gedreht hatte, stürzte die Fury immer steiler, und es war absehbar, wann mich die Fliehkraft hinauskatapultieren würde. Da der Leistungshebel noch auf Vollgas stand und der Zündschalter eingeschaltet war, begann der Propeller, sich zu drehen, und der Motor startete.

Mit Vollgas stürzte die Fury weit über die Vertikale hinaus, und hätte ich losgelassen, hätte ich die Maschine mit großem Schwung verlassen. Ich konnte weder Gashebel noch Schalter erreichen oder den Höhenmesser sehen. Was ich jedoch deutlich erkennen konnte, war der nahe Erdboden. Mit der Kraft der Verzweiflung schaffte ich es, mich ins Cockpit zu ziehen, den Gashebel zurückzuschieben und meine Fury – knapp über dem Erdboden abzufangen.

Später überführten wir die Fury zum RAE (Luftfahrtforschungs- und Entwicklungsanstalt). Aber alle Tests blieben erfolglos. Auch ich versuchte denselben Trick später noch mehrmals mit anderen Fury – ohne Ergebnis. Nur K1934 hatte diese merkwürdige gefährliche Veranlagung."

***Links:** Die Stromlinienform der Fury wird nur durch den großen Kühler zwischen den Fahrwerkstreben unterbrochen. Man beachte die polierte Motorverkleidung.*

unter der Motorhaube verborgenen Vickers-MG Kaliber 7,7 mm. Der Kestrel IIIS leistete stolze 392 kW (533 PS) und trieb einen hölzernen Watts-Zweiblattpropeller an.

Da viele der produzierten Kestrel-Motoren für die Hart abgezweigt wurden, lief die Fertigung der Fury nur schleppend an. Zudem trug der komplizierte, flüssigkeitsgekühlte Kestrel zum hohen Preis bei. Der lag mit 4800 Pfund um 2700 Pfund höher als der für eine Bristol Bulldog.

Die Fury I wurde im Mai 1931 bei *No. 43 Squadron* erstmals in Dienst gestellt. Daneben flogen Maschinen dieses Typs in zwei weiteren Verbänden, der *No. 1* und *25 Squadron*. Kurzzeitig setzten auch *Squadron No. 41, 73* und *87* die Fury ein. Indem die RAF die Maschine auch als Abfangjäger einsetzte, „modernisierte" sie zugleich ihre Taktik und legte das bisherige Konzept der ständigen Patrouillenflüge zu den Akten.

1931 erreichte die Fury im Horizontalflug eine Höchstgeschwindigkeit von 333 km/h. Damit war sie das schnellste Flugzeug der RAF und das erste in Serie produzierte Kampfflugzeug, das über 330 km/h flog. Im gleichen Jahr erreichten jedoch zivile Flugzeuge bei Luftrennen schon Geschwindigkeiten von mehr als 650 km/h!

Wie die anderen RAF-Jäger jener Jahre hatte auch die Fury einen silberglänzenden Anstrich. Erst als während der Sudetenkrise 1938 ein Krieg mit Deutschland drohte, erhielten alle Flugzeuge der RAF einen erdbraun-grünen Tarnanstrich. Später sollten alle Fury-Jagdstaffeln auf Hurricane und Spitfire umgerüstet werden.

Um die Zahl der Jagdstaffeln zu erhöhen und die Zeit bis zur Indienststellung der Spitfire- und Hurricane-Jäger zu überbrücken, hatte die RAF schon früher ein Fertigungslos über 99 Fury II (Auslieferung im Juli 1936) bestellt. Die Fury II wurde von dem stärkeren Kestrel VI (477 kW/

***Unten:** Die „Highspeed-Fury" K3585 mit ihren nach hinten abfallenden Unterflügeln diente in erster Linie als Versuchsträger für neue Triebwerke.*

Oben: *Die Fury II war mit einem stärkeren Motor und größerem Tank ausgestattet. Zu erkennen ist sie an den Radverkleidungen. Einige der neueren Modelle verfügten über ein Spornrad.*

640 PS) angetrieben, hatte eine größere Kraftstoffkapazität und erreichte 357 km/h. Typisch für das erste Baulos waren Radverkleidungen, die jedoch später wieder entfernt wurden, weil Gras und Schlamm sie schnell verstopften. Ein weiteres Merkmal war das Spornrad, das aber nur bei einigen der neueren Modelle zu finden ist. Ab November 1936 rüstete auch *No. 25 Squadron* auf die Fury II um. Es war die einzige Staffel, die fabrikneue Maschinen erhielt, obwohl sie ihre Flugzeuge später an die *No. 41 Squadron* abgeben musste.

Die Fury galt als eines der schönsten Flugzeuge, die jemals gebaut wurden. Als Waffenplattform nicht sonderlich stabil, begeisterte sie dennoch durch ihre einzigartigen Kunstflugeigenschaften. Die Maschinen waren die Stars der von 1931 bis 1937 stattfindenden Hendon Air Displays. Anlässlich der Luftfahrtschau von 1933 gaben neun Fury ihr Debüt als Kunstflugformation. Beim Start

Rechts: *Die Hawker PV.3 war eine Weiterentwicklung der Fury. Angetrieben wurde sie von einem dampfgekühlten Goshawk-Motor.*

waren alle Maschinen an den Flügelspitzen durch Seile miteinander verbunden. Erst in der Luft löste sich die Formation in drei Schwärme auf und zeigte Flugfiguren mit Loopings und Rollen.

Die Fury wurde in sechs Länder exportiert. Norwegen, Portugal und Spanien beschafften eine kleinere Anzahl. 24 Maschinen, angetrieben von Bristol-Mercury- beziehungsweise Hornet-Sternmotoren der Marke Pratt & Whitney, wurden in den Iran geliefert. Zehn für Spanien bestimmte Fury erhielten freitragende Fahrwerke und Hispano-Suiza-12XBr-Motoren.

Als die Achsenmächte am 6. April 1941 mit dem Angriff auf Jugoslawien begannen, betrieb die jugoslawische Luftwaffe eine bunte Mischung aus britischen, deutschen, französischen und italienischen Kampfflugzeugen. Zu ihnen gehörten auch zehn Fury II mit freitragendem Tragwerk aus britischer Produktion sowie 43 weitere, die von den dortigen Herstellern Ikarus und Zmaj in Lizenz gefertigt worden waren. Insgesamt waren zwei Staffeln mit je 15 Fury II ausgerüstet. Obwohl frühzeitig vor der Attacke gewarnt worden war, fielen elf der Maschinen den deutschen Messerschmitt Bf 109E und Bf 110 zum Opfer. Die Deutschen verloren gerade einmal zwei Bf 110; eine durch den Rammstoß einer Fury.

Der zweiten jugoslawischen Staffel erging es nicht besser. Vor den Deutschen zurückweichend, flogen sie lediglich einige Entlastungsangriffe. Eine Maschine ging durch Beschuss verloren und eine weitere wurde von einer italienischen Cr.42 abgeschossen. Fluguntauglich gewordene Fury verbrannte man. Die übrigen sollten am Tag des Waffenstillstands (17. April 1941) zerstört werden. Dennoch erbeutete Italien einige Maschinen.

1935 bestellte auch Südafrika sieben Fury mit Kestrel-Motoren. Anfangs als Schulflugzeuge eingesetzt, waren sie bei Kriegsausbruch dennoch die modernsten Jäger, die den südafrikanischen Luftstreitkräften (SAAF) zur Verfügung standen. Im Rahmen des Feldzuges gegen die Italiener in Ostafrika verlegte die SAAF im Mai 1940 sechs Fury nach Mombasa. Dass die Maschinen nicht mehr auf dem Stand der Technik waren, erschien auf diesem Kriegsschauplatz ein vertretbares Risiko zu sein, und so übernahm die SAAF zwischen August 1940 und Januar 1941 noch 22 weitere Fury von der RAF. Bei ersten Luftkämpfen mit italienischen Bombern im August 1940 schossen sie eine Caproni Ca.133 ab und vernichteten weitere Flugzeuge durch Bordwaffenbeschuss. Im Oktober 1940 holten sie eine zweite Caproni vom Himmel. Sechs Monate später kehrten die Maschinen nach Südafrika zurück, wo sie Mitte 1943 ausgemustert wurden.

Bei der RAF war die Fury bereits mit der Indienststellung der Spitfire und Hurricane außer Dienst gestellt, und man hatte mehr als 140 von ihnen den Flugschulen zugewiesen.

Oben: *Die Fury war bei Kunstfliegern beliebt und wurde bei Veranstaltungen wie der Flugschau „Hendon Air Pageant" präsentiert.*

Unten: *Die Fury kam in den verschiedensten Staaten zum Einsatz. Portugal beschaffte drei Maschinen, die technisch etwa der Fury I entsprachen.*

Polikarpow I-16

Mit so abschätzigen Spitznamen wie „Ratte", „Esel" und „Fliege" bedacht, war die Polikarpow I-16 für ihre Zeit sehr fortschrittlich und wendig. Tausende wurden gebaut und in den ersten Kriegsjahren von ungelerntem Personal in Stand gehalten.

POLIKARPOW I-16 TYP 24

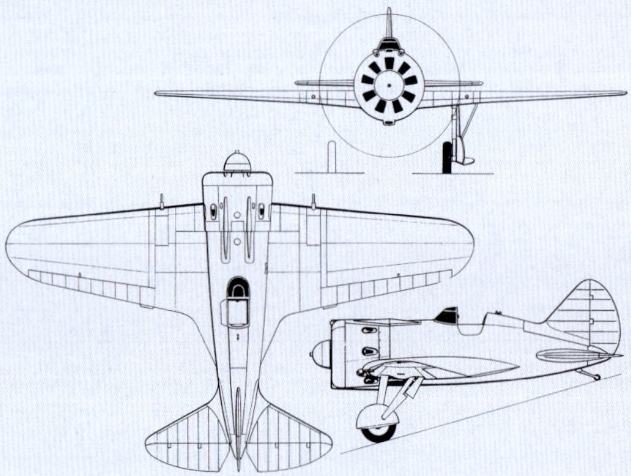

Besatzung: 1

Triebwerk: ein Neunzylinder-Sternmotor Schwezow M-63 mit 850 kW (1100 PS)

Höchstgeschwindigkeit: 489 km/h

Einsatzradius: 354 km

Dienstgipfelhöhe: 8900 m

Gewicht: Flugmasse 1912 kg

Bewaffnung: vier MG Kaliber 7,62 mm

Abmessungen: Spannweite 8,88 m; Länge 6,10 m; Höhe 2,41 m

Rechte Seite: *Finnische Truppen entdeckten diese I-16 mit Wintersichtschutz in spektakulärer Lage. Offenbar verunglückte die Maschine bei der Landung.*

Die gedrungene Polikarpow I-16 wirkt heute – auch im Vergleich mit anderen Jägern der 1930er-Jahre – sehr altmodisch. Doch als die „Rata" (Ratte) erstmals in China und über den Schlachtfeldern des Spanischen Bürgerkrieges auftauchte, war dieser Tiefdecker der erste seriengefertigte Jäger, der über ein einziehbares Fahrwerk verfügte. Trotz des offenen Cockpits und der Gemischtbauweise diente die kleine I-16 als Vorlage für viele später entwickelte Jagdflugzeuge.

Seit 1932 hatte Polikarpow als Leiter des Zentralen Konstruktionsbüros (TsKB), an der Entwicklung des neuen Jägers gearbeitet. Mit dem wegweisenden Projekt, das unter der Bezeichnung TsKB-12 (Zentrales Konstruktionsbüro, Flugzeug Nr. 12) geführt wurde, kehrte er nun dem Prinzip des als Doppeldecker konzipierten Jagdflugzeugs zugunsten des Tiefdeckers den Rücken.

Der Erstflug der neuen Maschine erfolgte im Dezember 1933 mit Pilot Walerij Tschkalow. Nur wenige Wochen zuvor hatte die I-16 beim russischen Militär die mit ihr im Wettbewerb stehende ANT-31 oder I-14 von Pawel Suchoi – ebenfalls ein Tiefdecker mit Einziehfahrwerk – aus dem Rennen geworfen.

Rechts: *Nationalspanische Truppen erbeuteten gegen Ende des Bürgerkriegs diese I-16 Typ 10.*

49

***Oben:** Einige im Winter 1939/40 erbeutete I-16 gelangten in finnischen Besitz. Das Kufenfahrwerk ermöglichte Einsätze bei Eis und Schnee.*

***Unten:** Die meisten I-16 waren mit Schwezow M-62-Motoren ausgerüstet. Unter der Bezeichnung ASch-62 sind einige davon noch heute im Einsatz.*

Angetrieben wurde die TsKB-12 von einem Neunzylinder-Sternmotor der Marke Schwezow M-22 (358 kW/480 PS), einer lizenzgefertigten Weiterentwicklung des französischen Gnôme-Rhône 9ASB. Später wurden die ersten TsKB-12-Prototypen in I-16 („I" steht für „Istrebitel" = Jäger) umbenannt und nahmen Anfang 1935 als I-16 Typ 1 ihren Dienst auf.

Der Rumpf der Maschine bestand aus einem in Halbschalenbauweise konstruierten Schichtholzrumpf, Tragflächen aus Metall und einem mit Stoff bespannten Seitenleitwerk. Den Sternmotor umschloss eine große Verkleidung aus Metall, die auch dessen Stirnseite verdeckte. Regelbare Lufteinlässe an der Stirnplatte dienten der Kühlluftregulierung und leiteten die Luft durch spezielle Kanäle direkt um die Zylinder. Der Zweiblatt-Metallpropeller saß hinter einer Abdeckung auf einem großen Spinner. Obwohl die I-16 auf den ersten Blick eher plump wirkte, verbarg sich hinter dem klobigen Design ein wohl überlegter konzeptioneller Gedanke. Zwar erhöhte die große, flache Nase den Luftwiderstand erheblich, doch gelang es Polikarpow, diesen negativen Effekt auszugleichen, indem er die Auspuffstutzen ringförmig um die Motorverkleidung anordnete. Der dadurch erzeugte Zusatzschub genügte, um den erhöhten Luftwiderstand auszugleichen. Die Bewaffnung bestand gewöhnlich aus vier 7,62-mm-MG (SchKAS); zwei waren im oberen Bugbereich lafettiert und feuerten durch den Propellerkreis, während die anderen beiden in den Tragflächen eingebaut waren. Anstelle Letzterer verfügten einige Modelle sogar über zwei 2-cm-Kanonen (SchWAK).

Auf dem schlichten Instrumentenbrett fehlte der künstliche Horizont. Eine Neuerung war das einziehbare Fahrwerk, das mithilfe einer Handkurbel und Seilzügen ein- und ausgefahren werden konnte, sodass die Haupträder im Flug in Schächten unterhalb des Cockpits verschwanden. Das Einziehen erforderte 44 Umdrehungen der Handkurbel!

***Rechts:** Bei dem Projekt „Sweno" wurden zwei I-16 unter einen TB-3-Bomber gehängt. Dies ermöglichte Langstreckenangriffe durch die schnellen, flinken Jäger.*

IM COCKPIT DER POLIKARPOW I-16

Die letzten flugtauglichen I-16 dienten bis 1952 in Flugschulen der spanischen Luftwaffe. Damit wäre ihre Karriere eigentlich zu Ende gegangen, hätte nicht der neuseeländische Geschäftsmann Tim Wallis die Idee gehabt, sechs I-16 Typ 24 in modernen Flugzeugwerken nachbauen zu lassen. Mit Ausnahme der Holzteile wurden so viele Originalteile wie möglich verwendet. Der erste Nachbau flog im September 1995. Als Triebwerk diente der Asch-62 aus einem Doppeldecker des Typs An-2, der in Russland und anderen Ländern bis heute häufig anzutreffen ist.

Oben: *Bei Landungen mit großem Anstellwinkel war die Sicht nach vorne eingeschränkt. Sanfte Landungen waren deshalb sehr schwierig.*

Mark Hanna, ein ehemaliger Jet-Pilot und erfahrener Flieger historischer Militärflugzeuge, bot sich an, eine der Nachbauten zu fliegen. „Wie fühlt sie sich an? Wir halten den Knüppel leicht nach vorne gedrückt (man bedenke: Es gibt keine Höhenrudertrimmung) – das Rollverhalten ist sehr gut, etwa 100 bis 120 Grad/sec, und auch das Kippverhalten ist sehr effektiv. Die *Rata* erweist sich als ideale Kunstflugmaschine – obschon, wenn sie im Sturzflug die Grenze von 400 km/h übersteigt, der Druck auf den Knüppel nachlässt und – wenn 430 km/h erreicht sind – er sogar leicht zurückgezogen werden muss, um die Richtung der Maschine beizubehalten. Ein Nachteil, den man beim Kunstflug nicht außer Acht lassen darf. Die I-16 beschleunigt im Sturzflug rasant und erscheint – auch vom Erdboden aus gesehen – sehr schnell. Ein Strömungsabriss meldet sich bei der Maschine rechtzeitig durch starke Rüttelbewegungen des Leitwerks an, ehe sie gleichmäßig und sicher nicht abrupt über den linken Flügel abkippt. Es macht Spaß, die I-16 aus einer engen Kurve schnell in die entgegengesetzte Richtung zu ziehen. Für den Luftkampf ist sie also ideal geeignet. Ihr traumhaftes Flugverhalten, das offene Cockpit, der Lärm und das Rütteln machen den Flug mit einer I-16 zu einem besonderen Erlebnis. Beim Rollen muss mit etwas Ruder ausgeglichen werden, um die Maschine in der Balance zu halten. Ich habe das Gefühl, dass sich die Rata leicht und sehr präzise in ungesteuerte schnelle Rollen reißen lässt. Auch das Steigflugverhalten ist exzellent und ermöglicht spektakuläre Leistungen."

Links: *Mit ihrem offenen, Cockpit muss die I-16 ein unvergleichliches Fluggefühl vermittelt haben. So jedenfalls berichten es die Piloten der wenigen nachgebauten Modelle.*

***Oben:** Der Prototyp der I-16 erinnerte mehr an ein Rennflugzeug als an einen Jäger. Man beachte die Seilzüge zum Ein- und Ausfahren des Fahrwerks.*

Auf die Typ-1-Prototypen folgte als erste Hauptserie der Typ 4. Ausgestattet mit einem M-25-Motor (lizenzgefertigter Wright Cyclone SR-1820-F3 mit 522 kW/700 PS), verlängerter Cowling und zum ersten Mal auch den beiden Flügel-MG Kaliber 7,62 mm ging diese Version 1935 als Typ 5 in Serie. Mit 434 km/h war sie das schnellste Jagdflugzeug der Welt. Zwei Jahre später erschien der verbesserte Typ 10 mit stärkerer Angriffsbewaffnung. Einige Maschinen wurden von Hispano-Suiza in Spanien lizenzgefertigt, allerdings erhielten diese Cyclone-Motoren. Die Folgemuster Typ 12 und 17 verfügten statt der beiden Flächen-MG über die gefürchteten 2-cm-Kanonen.

Durch Nachrüstungen und Verbesserungen immer schwerer geworden, benötigte die I-16 dringend einen stärkeren Motor. Den erhielt sie 1939 für Typ 18 in Form des M-62 mit 677 kW (920 PS) und für Typ 24 durch den M-63 mit 810 kW (1100 PS). Typ 24 hatte zwei 2-cm-Kanonen in den Tragflächen, während Typ 27 mit einem 12,7-mm-MG im Bug und zwei 7,62-mm-MG bestückt war und an Unterflügelstartschienen ungelenkte Raketen mitführen konnte. Von den zweisitzigen Trainern I-16UTI oder UTI-4 und Typ 15 UTI wurden 1640 Stück gebaut.

Die sowjetische Luftwaffe stellte die I-16 im Mai 1935 der Öffentlichkeit vor. Obwohl von einigen westlichen Beobachtern als nicht viel mehr als eine verbesserte Kopie der Boeing P-26 „Peashooter" abgetan, hatten beide nur wenig gemeinsam. So war die I-16 beispielsweise um mehr als 80 km/h schneller als die Boeing.

Ab Oktober 1936 wurden ungefähr 475 Typ 5 an die spanischen Republikaner geliefert, die ihr ob ihres Aussehens den Namen „Rata" (Ratte) gaben. Andere Spitznamen waren z.B. „Mosca" (Fliege) und „Ishak" (kleiner Esel). Häufig von sowjetischen Piloten geflogen, kam es bald zu Luftkämpfen mit den nationalistischen Bombern und Jägern. Schnell lernten die Piloten, sich nicht auf direkte Luftkämpfe mit Fiat-Doppeldeckern CR.32 einzulassen. Stattdessen griffen Russen und Italiener zunehmend aus überhöhenden Positionen an. Während die I-16 jedoch anschließend zu einem neuen Angriff steil hochzogen, blieben die Fiat am Gegner und versuchten, ihre überlegene Wendigkeit zu nutzen. Die deutschen Piloten der Heinkel-Jagddoppeldecker He 51B lernten schnell, dass es gesünder war, den Polikarpow aus dem Weg zu gehen.

Auch China erhielt viele I-16 und setzte sie ab 1939 zum Teil mit russischen Piloten gegen die

Japaner ein. Ihr einziger Vorteil im Kampf mit den japanischen Ki-27 (Heerestyp 97) und den trägergestützten A5M war das Einziehfahrwerk. Meist blieben die japanischen Piloten Sieger. Die Sowjets verbesserten jedoch bald ihre Taktik, und als im September 1939 der Waffenstillstand unterzeichnet wurde, waren ihre Verluste kaum höher als die japanischen. Eine wahre Heldentat vollbrachte ein sowjetischer Pilot, als er mit seiner I-16 im Feuerbereich japanischer Infanterie auf dem Schlachtfeld landete, seinen mit dem Fallschirm abgesprungenen Kommodore im Cockpit auf den Schoß nahm und wieder startete.

Bei Ausbruch des deutsch-sowjetischen Krieges 1941 flogen die sowjetischen Jagdflieger größtenteils I-16 (rund 60 Prozent!) und Doppeldecker I-153. War die I-16 1936 revolutionär gewesen, so betrieben 1941 alle Krieg führenden Nationen Jagdeindecker, die fast alle stärker bewaffnet und schneller waren und bessere Steig- und Sturzflugeigenschaften besaßen. Obschon die deutsche Luftwaffe in den ersten Tagen und Wochen des Krieges tausende Flugzeuge vernichtete, blieben viele I-16 noch bis 1943 im Fronteinsatz.

I-16 wurden auch beim Projekt „Sweno" (russ. Kette) benutzt. Bei dieser Versuchsserie wurden von Bombern so genannte Parasitjäger gestartet. Ziel der Versuche war, Kampfflugzeuge an weit entfernte Punktziele heranzutragen und nach dem Einsatz wieder aufzunehmen. Vater der Idee war der Ingenieur Wachmistrow. Bei ersten Tests 1931/32 gelang zwei I-16 der Start von den Flügeln eines Bombers TB-1 (Kombination S-1). Im Rahmen der Kombination S-6 *Awiamatka* (Mutterflugzeug) startete im November 1935 ein TB-3-Bomber, auf dessen Tragflächen zwei I-5 standen. Zwei weitere I-16 waren untergehängt. Im Flug klinkte sich noch eine I-Z unter dem TB-3-Fahrwerk ein. Die Tests endeten 1939 mit S-7 und drei im Flug aufnehmbaren I-16 unter einer TB-3. Wie die Versuche zeigten, war es den Jagdfliegern kaum möglich, sich nach erfolgtem Einsatz wieder einzuklinken. Dennoch wurde „Sweno 6" (TB-3 mit mehren untergehängten Sturzkampfbombern I-16 Typ 5 SPB) nach Kriegsausbruch mehrfach erfolgreich eingesetzt.

Oben: *Unter Aufsicht des Piloten arbeiten sowjetische Fabrikarbeiter an einer I-16. Der Rumpf bestand hauptsächlich aus Schichtholz, während das Leitwerk eine stoffbespannte Metallkonstruktion war.*

Links: *Die Dienstzeit der I-16 begann und endete in Spanien. Gemeinsam mit einem Doppeldecker I-153 flog die I-16 noch in den 1950er-Jahren.*

Gloster Gladiator

Die Gladiator war der letzte Jagddoppeldecker der RAF. Obwohl veraltet, kämpfte sie im Zweiten Weltkrieg an vielen Fronten – unter anderem in Norwegen und im Nahen Osten. Später wurde sie durch Spitfire und Hurricane ersetzt.

GLOSTER GLADIATOR I

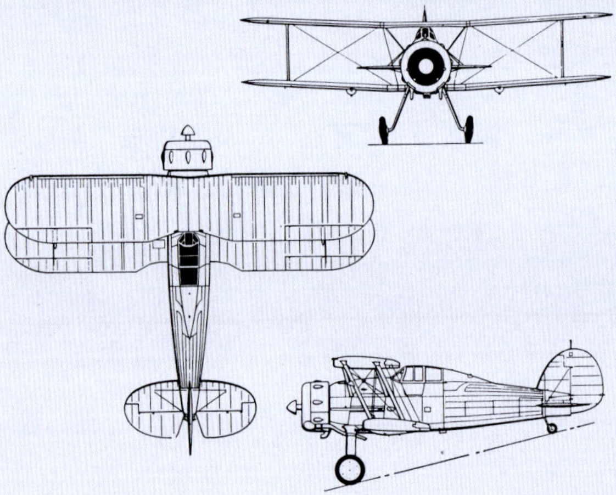

Besatzung: 1

Triebwerk: ein Neunzylinder-Sternmotor Bristol Mercury IX mit 626 kW (840 PS)

Höchstgeschwindigkeit: 407 km/h

Einsatzradius: 322 km

Dienstgipfelhöhe: 10 060 m

Gewicht: Flugmasse 2155 kg

Bewaffnung: anfangs je zwei Vickers- und Lewis-MG Kaliber 7,7 mm; später vier Browning-MG Kaliber 7,7 mm

Abmessungen: Spannweite 9,83 m; Länge 8,36 m; Höhe 3,15 m

***Rechte Seite:** Eine frühe seriengefertigte Gladiator dreht ab und zeigt die Unterflügelbehälter mit den 7,7-mm-MG.*

Der letzte Jagddoppeldecker der *Royal Air Force* (RAF), die Gloster Gladiator, war praktisch schon bei ihrer Indienststellung veraltet. Dennoch bewährte sie sich dank ihrer Wendigkeit auf vielen Kriegsschauplätzen des Zweiten Weltkrieges, denn nicht selten war sie das einzige Jagdflugzeug, das Großbritannien und seinen Alliierten in den ersten Kriegsjahren zur Verfügung stand.

H. P. Folland, der Chefkonstrukteur der Gloster Aircraft Co., hatte 1934 die Stärken und Schwächen seines zuletzt für die RAF geschaffenen Flugzeuges – einer Gauntlet – analysiert und sich an die Entwicklung eines verbesserten Modells gemacht. Die Gauntlet verfügte über einen Mercury-VIS2-Motor mit etwa 477 kW (640 PS), ein abgestrebtes Fahrwerk mit durchgehender Achse und doppelte Verstrebungen zwischen den Tragflächen. Mit den beiden rumpflafettierten Vickers-MG hatte sie dieselbe Bewaffnung wie die Sopwith

***Rechts:** Diese Gladiator flog 1937 der kommandierende Offizier der No. 37 Squadron aus Dehden.*

K6132
K6132

IM COCKPIT DER GLOSTER GLADIATOR

Oben: Das Cockpit der Gladiator war mit allen für Schlechtwetter- und Blindflug nötigen Instrumenten ausgestattet.

Drei RAF-Gladiator-Staffeln waren in Ägypten stationiert, als Italien am 10. Juli 1940 den Krieg erklärte. Nur wenige Tage später kam es zu ersten Kämpfen mit der *Regia Aeronautica*. Die in dieser Region operierenden italienischen Jagdflugzeuge – Fiat-Doppeldecker der Typen CR.32 und CR.42 – waren dank ihres Reihenmotors (627 kW/840 PS) zwar schneller als die Gladiator, hatten aber nur zwei 12,7-mm-MG. In seinem offiziellen Einsatzbericht schildert Flight Lieutenant Marmaduke St John „Pat" Pattle (*No. 80 Squadron*, Amriya) einen geradezu heroischen Luftkampf zwischen Doppeldeckern am 8. August 1940.

„Ich führte drei Maschinen als Spitzengruppe in einer Formation von 13 Gladiator, die um 17.40 Uhr von unserem Stützpunkt aus startete. Wir überflogen die libysche Grenze gegen 18 Uhr bei Sidi Omar. Als wir uns um 18.25 Uhr Bir El Gobi näherten, wurde eine große Formation von 27 CR.42 gesichtet, und zwar in etwa 1800 m Höhe an Steuerbord mit Kurs Ost. Wir schwenkten zum Angriff ein und näherten uns der gegnerischen Formation von Osten. Unentdeckt gelangte unsere erste Gruppe in Schussposition und griff unverzüglich an. Die Feindformation zersplitterte, und es kam zum Luftkampf. Ich erkannte, dass auch Gruppe 2 und 3 in die Kämpfe verwickelt waren. Noch bevor ich meine Gruppe ins Getümmel werfen konnte, sah ich bereits fünf abstürzende Flugzeuge, davon drei in Flammen. Dann griff auch meine Gruppe die Feindmaschinen an, und wir wurden sofort in Einzelkämpfe verwickelt.

Ich nahm mir eine CR.42 vor und saß ihr nach kurzem Geplänkel im Nacken. Nach zwei kurzen Feuerstößen aus knapp 50 Meter Entfernung geriet mein Gegner ins Trudeln und ging beim Aufschlag in Flammen auf. Der Pilot war nicht ausgestiegen. Dann attackierte ich drei weitere Feindmaschinen unmittelbar unter mir. Der Kampf verlief ergebnislos, denn schon nach wenigen Minuten drehten sie in den Sturzflug ab und fingen erst in Bodennähe ab.

Während ich nach anderen Feinden Ausschau hielt, sah ich zwei weitere Maschinen abstürzen und in Flammen aufgehen. Wegen der Weite des Kampfgebietes und der großen Anzahl der beteiligten Maschinen konnte ich jedoch unmöglich erkennen, welche Typen abstürzten und wer sie abgeschossen hatte. Ich sah nur noch Gladiator in meiner Umgebung und wollte gerade Richtung Heimat abdrehen, als mich eine '42 von unten angriff. Aus meiner vorteilhaften Position kurvte ich mich hinter ihn, und nach kurzem Feuerstoß trudelte er brennend zu Boden. Auch dieser Pilot stieg nicht aus. Flying Officer (Oberleutnant) Graham bestätigt meine beiden Abschüsse."

Pattles Abschüsse gehörten zu den neun italienischer Flugzeuge, die bestätigt wurden. Mit seiner Gladiator errang er insgesamt 15 Luftsiege und war damit der erfolgreichste Gladiator-Pilot. Im Verlauf des Krieges wurde er mit 50 Luftsiegen zum erfolgreichsten RAF- beziehungsweise Commonwealth-Ass.

Unten: Zu Beginn des Krieges in Nordafrika war die Gladiator den italienischen Jagddoppeldeckern ebenbürtig.

Links: Gladiator der No. 72 Squadron der RAF in Farnborough. 1937 begann ihre Ausmusterung bei den Jagdverbänden.

Camel, war dabei allerdings mehr als 160 km/h schneller. Von den Jägern des Ersten Weltkrieges unterschied sich die Gauntlet (Erstflug 1929, Indienststellung 1934) nur durch das stärkere Triebwerk und die besseren Flugleistungen. Um die Ausschreibung F.7/30 der RAF zu erfüllen, überarbeitete Folland seine Konstruktion und entwickelte einen Doppeldecker mit einfacher Verstrebung, geschlossenem Kabinendach, einem einfacheren und innengefederten Fahrwerk sowie einem verbesserten Leitwerk. Der – wie schon die Gauntlet – mit privaten Mitteln vorfinanzierte Prototyp SS.37 absolvierte am 12. September 1934 seinen Jungfernflug. Am Knüppel saß Flight Lieutenant P. E. G. Sayer. Querruder an allen vier Tragflächen verliehen der SS.37 eine außergewöhnliche Wendigkeit. Dank der Mercury-IV-Triebwerks mit 395 kW (530 PS) erreichte die Maschine eine Geschwindigkeit von 389 km/h. Die Serienversion, ab 1935 unter dem Namen Gladiator I verkauft, erhielt den stärkeren Mercury IX mit 619 kW (830 PS), mit Elektrostarter und automatischer Gemischregelung, der einen Zweiblatt-Holzpropeller antrieb. Die Vickers-MG wurden durch zwei in Unterflügelbehältern montierte Browning 7,7-mm-MG ergänzt. Nach Auslieferung des ersten Bauloses von 23 Maschinen folgte ein zweites über 186. Insgesamt wurden 378 Flugwerke gefertigt.

Im Februar 1937 begann die *No. 72 Squadron* (Tangmere) mit dem Austausch ihrer Bulldog II gegen Gladiator I und wurde somit die erste von insgesamt neun RAF-Staffeln, die mit dem neuen Jäger ausgestattet wurden. Im Zuge der Sudetenkrise 1938 wichen der silberfarbene Anstrich und die farbenfrohen Staffelkennzeichen auch hier einem braun-grünen Tarnanstrich.

Da man feststellte, dass der Watts-Propeller im Sturzflug unregelmäßig und zu schnell drehte, wurde er bei der Gladiator II durch einen Fairey-Reed-Dreiblatt-Festpropeller aus Metall ersetzt. Bis zum Ende der Serienfertigung im Jahr 1940 wurden 270 Maschinen dieses Typs gebaut.

Im Oktober 1937 bestellte China 36 Gladiator I. Die ersten wurden Ende November, der Rest im Januar 1938 ausgeliefert. Nach kurzem Piloten-

Oben: Diese mit Schneekufen ausgerüstete Gladiator flog in einem schwedischen Freiwilligenverband auf finnischer Seite gegen die Sowjets.

training kämpften die ersten Gladiator I schon Ende Februar gegen die Japaner. Das erste chinesische Gladiator-Ass wurde John „Buffalo" Wong Sun-Shui, Kommodore der *29th Pursuit Squadron*, mit insgesamt sieben Luftsiegen.

Auch Ägypten, Belgien, Griechenland, der Irak, Irland, Lettland, Norwegen, Schweden und Südafrika beschafften die Gladiator. Die *Royal Navy* bestellte erst 38 und später 60 weitere mehr oder weniger serienmäßige Maschinen als Sea Gladiator für trägergestützte Einsätze. Sie erhielten Fanghaken, Halterungen für Katapult- und Rückhaltekabel, ein Marine-Funkgerät sowie ein im Unterrumpf zwischen den Fahrwerkbeinen verstautes, aufblasbares Rettungsschlauchboot. Im April 1940 überführte der Flugzeugträger *HMS Glorious* 18 Gladiator der *No. 263 Squadron* zur Verstärkung der norwegischen Streitkräfte, deren eigene Gladiator kaum den ersten Kampftag überlebt hatten. Da auch viele der britischen Gladiator durch die deutschen Bombenangriffe zerstört wurden, dampfte die *Glorious* zurück, um neue Flugzeuge – diesmal Hurricane – herbeizuholen. Die übrigen Gladiator der *No. 263 Squadron* und der *Fleet Air Arm No. 802* kämpften weiter. In 13 Tagen vernichtete *No. 263* 26 Feindflugzeuge bei nur zwei Eigenverlusten. Am 7. Juni kehrten die noch intakten Flugzeuge zur *Glorious* zurück. Einen Tag später wurde das Schiff von den deutschen Panzerkreuzern *Scharnhorst* und *Gneisenau* versenkt. Alle Piloten der beiden Gladiator-Staffeln und 1500 Seeleute fanden den Tod.

Die Legende, dass die Verteidigung der strategisch wichtigen Mittelmeerinsel Malta allein in den Händen von drei Sea Gladiator namens *Faith*, *Hope* und *Charity* gelegen hätte, ist zu schön, um wahr zu sein, und scheint auf dem Bericht einer Lokalzeitung zu beruhen. Wahr ist allerdings, dass zu Beginn der Kampfhandlungen im Frühjahr 1940 vier auf Malta eingelagerte Sea Gladiator das einzige Luftverteidigungskontingent darstellten.

***Oben:** Im September 1934 flog der Prototyp der Gloster Gladiator noch ohne geschlossene Kabinenhaube. Die Unterflügelbehälter enthielten Lewis-MG.*

***Rechts:** Auch wenn die Glatiator rein äußerlich ihren Vorgängerinnen aus dem Ersten Weltkrieg ähnelte – sie verfügte über eine moderne Metallbeplankung und Perspex-Schiebehaube.*

***Links:** September 1938. Die Gladiator der No. 80 Squadron in Linie ausgerichtet bei Ismailia (Ägypten). Im Hintergrund der Ankermast des eingestellten Imperial Airship Service.*

Bald durch modernere Jäger und eine Hand voll weitere Sea Gladiator verstärkt, waren sie – bei nur einem Eigenverlust – im Kampf mit italienischen Bombern und Aufklärern sehr erfolgreich.

Auch viele der exportierten Gladiator wurden in den Krieg verwickelt. So kämpften z.B. schwedische Piloten als Freiwillige im Winterkrieg 1939/40 auf finnischer Seite gegen die UdSSR.

1942 bei den Kampfverbänden ausgemustert, dienten die Gladiator der RAF noch bis 1944 als Wetteraufklärer. Den letzten Luftsieg errang ein finnischer Pilot gegen eine sowjetische R-5 im Februar 1944. 1953 restaurierte die Gloster Aircraft Co. eine Gladiator I und spendete die Maschine der englischen *Shuttleworth Collection*, wo sie bis heute bei Air Shows fliegt.

***Unten:** Diese Gloster Gladiator I der englischen Shuttleworth Collection ist das einzige noch flugtaugliche Exemplar.*

Messerschmitt Bf 109

Die Bf 109 – das Rückgrat der Luftwaffe während des Krieges – war einer der anpassungsfähigsten Jäger aller Zeiten. Mit einer Vielzahl an unterschiedlichen Triebwerken ausgestattet, flogen einige Varianten bis Ende der 1960er-Jahre.

MESSERSCHMITT BF 109 G-6

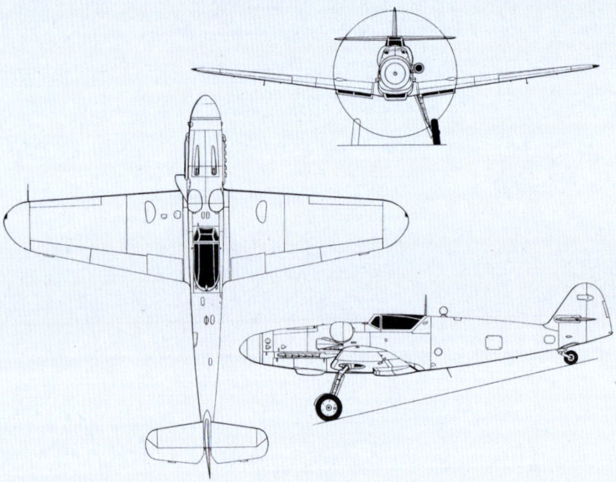

Besatzung: 1

Triebwerk: ein Zwölfzylinder-V-Motor Daimler-Benz DB 605 A, hängend, mit 1085 kW (1475 PS)

Höchstgeschwindigkeit: 630 km/h

Einsatzradius: 483 km

Dienstgipfelhöhe: 12 100 m

Gewicht: Flugmasse 3200 kg

Bewaffnung: zwei gesteuert durch den Propellerkreis schießende 13-mm-MG 131; eine 3-cm-Kanone MK 108; zwei MG 151/20 Kaliber 2 cm unter den Flügeln

Abmessungen: Spannweite 9,92 m; Länge 8,94 m; Höhe 2,50 m

Rechte Seite: *Das Bodenpersonal brachte die Asse immer wieder in die Luft. Hier warten die Techniker des JG 53 den DB 601 einer Bf 109 E.*

Mit mehr als 35 000 gebauten Exemplaren ist die Bf 109 das am häufigsten gebaute Jagdflugzeug aller Zeiten, und die Piloten der Maschinen waren die erfolgreichsten Jäger des Zweiten Weltkrieges. Ständig weiterentwickelt, konnte sie während des gesamten Krieges mit den alliierten Jägern Schritt halten. Die Produktion lief bis in die letzten Kriegstage und sogar darüber hinaus.

Mit seiner neu entwickelten Bf 108 A, einem Reiseviersitzer, hatte sich Wilhelm Emil „Willi" Messerschmitt, ein Angestellter der Bayerischen Flugzeugwerke (BFW), zum Europa-Rundflug von 1934 gemeldet. Obwohl die Maschine bei dem Wettbewerb nur Rang fünf belegen konnte, erweckten die Konstruktion und die hervorragenden Flugleistungen die Aufmerksamkeit des Reichsluftfahrtministeriums (RLM). Man lud Messerschmitt ein, sich auch am Wettbewerb der Luftwaffe für den Bau einer schnellen einsitzigen Kuriermaschine (eine Umschreibung für Jäger) zu beteiligen. Trotz der schon ohnehin guten Flugleistungen der Bf 108 konstruierte Messerschmitt für das Projekt einen komplett neuen Rumpf und übernahm lediglich Flächen

Rechts: *Diese Bf 109 D diente im Jahr 1943 bei der Flugzeugführerschule A/B 123 in Zagreb.*

IM COCKPIT DER BF 109

Oben: *Mit dieser „tropenfesten“ Bf 109 E-4/Trop errang Werner Schroer im April 1941 den ersten seiner 61 Luftsiege in Nordafrika. Bis Ende des Krieges erhöhte er seine Abschusszahl auf 114.*

Helmut Wick (I./JG 2) errang den ersten seiner 56 Luftsiege in einer Bf 109 E am 22. November 1939. Es war die Zeit des „Sitzkrieges“, als sich Deutsche und Franzosen an der Grenze gegenüberlagen und es zu Lande und in der Luft kaum zu Kampfhandlungen kam. „Da die Franzosen die deutsche Grenze nur selten überflogen, beschlossen mein Rottenflieger und ich, ihnen einen Besuch abzustatten. Rückenwind von Osten half uns. Bei Nancy bemerkte ich in 6000 Meter Höhe plötzlich einen Flugzeugpulk. Wir erkannten sofort, daß es keine Deutschen waren, und begannen zu kreisen. Dann lösten sich zwei Flugzeuge aus dem Haufen und stießen im Sturzflug auf uns herunter. Jetzt erkannte ich sie: Curtiss-Jäger.“ Es waren Hawk 75A vom GC II/4.

„Wir tauchten ab und [...] die beiden Franzosen folgten uns. Ich zog in eine Steigflugkurve mit einem Franzosen unmittelbar hinter mir. Ich erinnere mich [...], daß ich seine rot-weiß-blaue Kokarde [...] erkennen konnte, wenn ich zurückschaute. Zuerst war dieser Anblick einfach nur aufregend, besonders weil der Franzose aus allen Rohren feuerte. Aber dann wird einem klar, daß dir da jemand im Nacken sitzt und auf dich schießt.

Wieder drückte ich die Nase nach unten und hatte ihn dank meiner höheren Geschwindigkeit schnell abgehängt. Als ich den Franzosen nicht mehr hinter mir wußte, schaute ich nach links oben und suchte die anderen. Nichts zu sehen. Dann schaute ich nach rechts und wollte meinen Augen nicht trauen. Ich starrte direkt auf vier, kleine rote Flammen spritzende Sternmotoren. Ein alberner Gedanke schoß mir durch den Kopf: ‚Ist das erlaubt?‘

Aber dann war ich voll konzentriert. [...] Die Zähne zusammenbeißend drückte ich Knüppel und Seitenruder nach rechts und kurvte ihnen entgegen. Ich hatte meine Kurve kaum vollendet, als der erste schon an mir vorbeizischte. Der zweite hing hinter ihm und diesen griff ich frontal an. [...] Er zog über mich hinweg, während der dritte fast über mir war.

Mit wenigen Steuerbewegungen hatte ich ihn im Visier [...] und mit meinen ersten Schüssen sah ich einige Metallteile davonfliegen. Dann knickten seine beiden Flügel ein und rissen ab.

Hinter ihm kam die vierte Curtiss heran. Auch sie feuerte auf mich, traf aber nicht. Die ersten beiden zogen wieder hoch, und ich folgte ihnen, so daß sie mich nicht fassen konnten. Mein Kraftstoff wurde knapp, und es wurde Zeit, Kurs Richtung Heimat zu nehmen. Mein Rottenflieger war längst sicher gelandet. Er hatte mich schon beim ersten Sturzflug und der folgenden wilden Kurbelei aus den Augen verloren.“

Am 6. Oktober wurde Wick als Kommodore des JG 2 das Eichenlaub zum Ritterkreuz des Eisernen Kreuzes verliehen. Am 28. November 1940 fand er über dem Ärmelkanal den Tod.

***Links:** Diese Bf 109 E der I./JG 27 tragen den sehr effektiven Wüstentarnanstrich aus olivgrünen Flecken auf sandfarbenem Grundlack.*

und Leitwerk vom Vorgängermodell. Da während der Endmontage des Prototyps Bf 109 V-1 im Dezember 1934 noch kein deutsches Triebwerk zur Verfügung stand, genehmigte das RLM für die erste Maschine ausnahmsweise einen Rolls-Royce-Kestrel II S mit 482,5 kW (583 PS). Am 28. Mai 1935 begann der Werkspilot „Bubi" Knoetzsch mit dem Einfliegen der V-1 und überführte sie später zur offiziellen Erprobung nach Rechlin. Erst der zweite Prototyp V-2 erhielt Ende 1935 mit dem Jumo 210 A (500 kW/680 PS) ein deutsches Triebwerk. Vom 26. Februar bis 2. März 1936 folgten Vergleichsflüge zwischen der Bf 109 V-2 und Heinkel He 112, aus denen die V-2 als Sieger hervorging. Es folgte ein Auftrag über sechs weitere Bf-109-Prototypen.

Mit der 109 hatte Messerschmitt einen Jäger geschaffen, dessen in Schalenbauweise gefertigtes Flugwerk fortschrittliche Eigenschaften wie ein geschlossenes Cockpit und Einziehfahrwerk miteinander verband. Das einzige Manko war, dass man sich bei den Prototypen und den ersten Serienmaschinen noch auf einen Zweiblattpropeller beschränkt hatte.

Als Ausgangsmuster für die anlaufende A-Serie (nachträgliche Varianten-Festlegung einiger V-Muster und B-Zellen) gilt die Bf 109 V-3. Ihre Bewaffnung umfasste neben zwei MG 17 Kaliber

***Oben:** Mai 1941. Während der Operationen gegen Malta waren die Jagdbomber Bf 109 E der III./JG 27 auf Sizilien stationiert.*

***Links:** Noch mit den Werk-Funkrufzeichen versehen, warten diese Bf 109 G-1 auf die Überführung an die Kampfverbände. Die „G" gelangten Mitte 1942 an die Front.*

Oben: *Die meistproduzierte Baureihe war die „G". Im Jahr 1942 überführte die II./JG 53 ihre Bf 109 G-2 von Sizilien nach Tunesien und wieder zurück.*

7,92 mm eine 2-cm-Motorkanone MG-FF. Zur Fronterprobung wurden rund 20 Bf 109 A sowie mindestens drei Versuchsmuster Bf 109 (V-4, -5 und -6) nach Spanien verschifft. Obwohl sie nicht in direkte Luftkämpfe verwickelt wurden, sammelten ihre Piloten wertvolle Erkenntnisse, die beim Bau der ersten Serienvariante Bf 109 B-1 berücksichtigt wurden. Erst Ende Dezember 1936/Anfang 1937 gelangten auch die ersten 40 Serien-B-1 nach Spanien und lösten dort die veralteten He 51 und Ar 68 ab.

Der zehnte Prototyp wurde mit einem Daimler-Benz-Flugmotor DB 600 A mit 735 kW (1000 PS) ausgestattet, der dreizehnte erhielt den DB 601, einen Einspritzer, der in seiner Serienform eine Startleistung von 805 kW (1100 PS) erbrachte. Beim Flugmeeting in Zürich-Dübendorf im Sommer 1937 zeigten sich drei mit diesen Motoren ausgestattete Bf 109 (V-10, -13 und -14) allen anderen Jägern überlegen. Ihre Triebwerke waren zu diesem Zweck auf bis zu 1220 kW (1660 PS) gesteigert worden. Am 11. November 1938 flog V-13 einen neuen Geschwindigkeits-Weltrekord für Landflugzeuge und erreichte 610,95 km/h.

1939 wurden die noch mit den alten Jumo-Motoren ausgestatteten Bf 109 B, C und D bei den Kampfverbänden durch die Bf 109 E mit dem DB 601 ausgetauscht. Bewaffnet war die „Emil" gewöhnlich mit zwei über dem Motor lafettierten MG 17 Kaliber 7,92 mm sowie zwei 2-cm-Flugzeugmaschinengewehren MG-FF in den beiden Tragflächen. Später erhielten die Bf 109 eine durch die hohle Propellerwelle feuernde 3-cm-Maschinenkanone MK 108. In den Blitzkriegen 1939/40 beherrschten die Bf 109 E den Himmel über Polen, Belgien, Frankreich und Holland.

Erst in der Luftschlacht um England (Juli bis Oktober 1940) stießen die von Frankreich und den Niederlanden einfliegenden Bf 109 E auf gleichwertige Gegner. Als Nachteil stellte sich dabei die geringe Flugdauer heraus, die jeden Einsatz über England auf nur 20 Minuten begrenzte.

Gestützt auf die Erfahrungen und Wünsche der Jagdflieger, entstand die Bf 109 F. Diese erhielt unter anderem eine aerodynamisch günstigere Nase und erreichte dank des leistungsgesteigerten DB 601 N mit 860 kW (1175 PS) 635 km/h. Die Bf 109 F kämpften in erster Linie im Mittel-

Rechts: *Die Nachfolgefirma der Messerschmitt AG rüstete in den 1980er-Jahren eine spanische Buchón (ehemals Bf 109 G-6) auf ein Daimler-Benz-Triebwerk um.*

meerraum und ab 1941 in Nordafrika. Ihre Bewaffnung bestand aus zwei MG 17 auf dem Motor und einem MG 151/20, das als Motorwaffe durch die hohle Propellerwelle schoss.

Die Baureihe „G" erhielt als Triebwerk den DB 605 mit einer Startleistung 1085 kW (1475 PS). In den beiden Ausbuchtungen auf dem Motor wurden großkalibrige MG 131 untergebracht. Die Flugzeuge erreichten eine Höchstgeschwindigkeit von 650 km/h und konnten die Motorleistung durch Wasser-Methanol-Einspritzung kurzfristig bedeutend erhöhen. Die letzte Großserienvariante war die Bf 109 K mit dem DB 605 ASC, der 1470 kW (2000 PS) leistete.

Viele erfahrene Piloten blieben der Bf 109 bis Kriegsende treu und erzielten unglaublich hohe Abschusszahlen. Erich Hartmann beispielsweise erflog in seiner Bf 109 352 Luftsiege und wurde so zum erfolgreichsten Jagdflieger aller Zeiten. Unerfahrene Piloten fühlten sich in der Bf 109 nicht wohl, da das Cockpit eng, die Sicht schlecht und die Spurweite des Fahrwerks zu schmal war.

Später wurden Bf 109 E auch nach Spanien und in die Schweiz exportiert. Modernere Varianten dienten in Finnland, Italien und in der Schweiz ebenso wie in Bulgarien, Kroatien, Rumänien und Ungarn. Nach 1945 baute die Tschechoslowakei einige unvollendete Bf 109 G in Avia S 199 mit einem Jumo 211 F (985 kW/1340 PS) um. 25 wurden nach Israel geliefert, wo man sie wegen ihrer schlechten Steuerungseigenschaften mit dem Spitznamen „Esel" bedachte.

Im Jahr 1942 erhielt Spanien 25 Bf 109 G ohne Triebwerk, die nach dem Krieg, ausgestattet mit Hispano-Suiza 12 Z-17, im Film *„Battle of Britain"* die Rolle der Bf 109 E übernahmen.

Oben: *Eine 1940 in Kent abgestürzte Bf 109 E-7 wurde von den Briten zu Testzwecken repariert.*

Unten: *Bei Kriegsausbruch war die Bf 109 E das Rückgrat der Jagdverbände. Ihr folgte ab 1941 die Bf 109 F.*

Hawker Hurricane

Die Hurricane – der erste Jagdeindecker der Royal Air Force – war technologisch noch im Doppeldeckerzeitalter verwurzelt. Sie brachte in der Luftschlacht um England die Entscheidung und diente Großbritannien an allen Fronten.

***Rechte Seite:** Obwohl nicht so wendig wie Spitfire oder Bf 109, blieb die Hurricane als Waffenplattform stabil und auch nach schweren Treffern flugtüchtig.*

***Rechts:** Diese Hurricane der No. 111 Squadron stellte vor dem Krieg einen neuen Geschwindigkeitsrekord zwischen London und Edinburgh auf.*

Wie die Spitfire, so entstand auch die Hawker Hurricane zunächst als firmeninternes Projekt. Sydney Camm, Chefkonstrukteur bei Hawker, hatte sich zwar schon seit 1925 mit der Entwicklung von Eindeckern beschäftigt, doch empfahl er der Firmenleitung erst 1933 die Konstruktion eines Jagdeindeckers. Auslöser für diese Empfehlung waren Bestrebungen seitens des britischen *Air Ministry* (Luftwaffenministerium), die *Royal Air Force* (RAF) so schnell wie möglich mit einem modernen Jäger auszurüsten. Sydney regte an, zunächst einmal eine Hawker Fury zum Eindecker umzubauen. Als Triebwerk schlug er einen wassergekühlten Rolls-Royce Goshawk mit 492 kW (660 PS) vor, den er schon im Herbst 1933 durch den gerade bei Rolls-Royce erprobten PV-12 ersetzen ließ. Dieser leistete 735 kW (1000 PS), wurde, im Gegensatz zum Goshawk, flüssigkeitsgekühlt und stellte eine Vorstufe des berühmten Merlin-Motors dar. Dank des neuen Triebwerks konnte Sydney Camm den Technikern aus dem *Air Ministry* einen sehr überzeugenden Entwurf präsentieren. Kurze Zeit später veranlasste das Ministerium die Ausschreibung F.36/34, die so formuliert wurde, dass sie praktisch auf Camms Konstruktion zugeschnitten

HAWKER HURRICANE MK II C

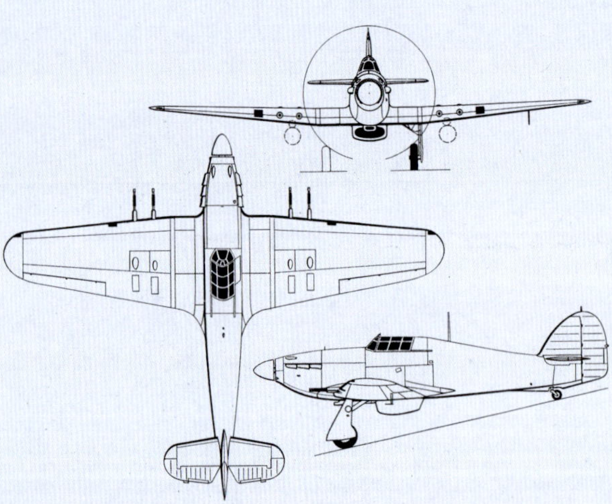

Besatzung: 1

Triebwerk: V-12-Kolbenmotor Rolls-Royce Merlin XX mit 955 kW (1280 PS)

Höchstgeschwindigkeit: 541 km/h

Einsatzradius: 370 km

Dienstgipfelhöhe: 10 850 m

Gewicht: Flugmasse 3674 kg

Bewaffnung: vier 2-cm-Maschinenkanonen Hispano oder Oerlikon, zwei 227-kg-Bomben oder acht 27,2-kg-Raketen

Abmessungen: Spannweite 12,19 m; Länge 9,75 m; Höhe 3,99 m (über Propellerkreis)

war. Natürlich ging Hawker als Sieger aus dem Wettbewerb hervor.

Am 6. November 1935 absolvierte der neue Jäger seinen Jungfernflug. Am Knüppel saß der Hawker-Testpilot Flight Lieutenant „George" Bulman. Der Prototyp hatte eine silberfarbene Stoffbespannung und eine glänzend polierte Triebwerksverkleidung. Auffällig war neben den vorgezogenen Flächenwurzeln vor allem der unter dem Vorderrumpf angebrachte Bauchkühler, der genau auf das PV-12 (inzwischen Merlin C) abgestimmt war. Daneben hatte sich Camm für einen starren Zweiblattpropeller aus Holz entschieden. Im Juni 1936, nachdem die Maschine den Namen „Hurricane" erhalten hatte, erteilte das *Air Ministry* einen Auftrag über 600 Flugzeuge.

Die ersten vier Hurricane Mk I wurden im Dezember 1937 der *No. 3 Squadron* in Northolt zugewiesen. Man hatte sie mit dem verbesserten Merlin II (768 kW/1030 PS) ausgestattet und mit insgesamt acht 7,7-mm-MG in den Tragflächen bewaffnet. Im September 1939 flogen bereits 467 dieser Maschinen bei 17 Jagdstaffeln.

Die stoffbespannte Holz- und Metallkonstruktion der Hurricane hatte vieles mit den frühen Hawker-Doppeldeckern gemeinsam. Scherzhaft hieß es damals, britische Jäger wären so konstruiert, dass sie auch von Handwerkern montiert werden könnten, während man für amerikanische Hochschulabsolventen benötigte. Die Hurricane ist ein typisches Beispiel. Sie verfügt zwar nur über wenige austauschbare Teile, dafür scheinen die verbleibenden umso komplizierter konstruiert zu sein; wie z. B. Rohre aus gewalzten Blechstreifen mit viereckig gepressten Endstücken, die nur von Spezialmaschinen gefertigt werden konnten.

Die tragende Struktur bestand aus einer Kastenkonstruktion aus Metall, vervollständigt durch ein kompliziertes Muster stoffbespannter Spanten und Holme. Auch die Tragflächen der ersten

***Oben:** Von Bugkatapulten gestartet, sollten die ersten Sea Hurricane von umgerüsteten Handelsschiffen aus alliierte Geleitzüge gegen deutsche Bomber schützen.*

***Rechts:** Trotz der nicht beiklappbaren Tragflächen waren die späteren Modelle der Sea Hurricane vollwertige Trägerflugzeuge.*

Links: *Die letzte seriengefertigte Hurricane – eine Mk IIC – trug die Aufschrift „The Last of the Many". Sie stand nie in Diensten des Militärs.*

IM COCKPIT DER HAWKER HURRICANE

Oben: *Diese Hurricane trägt die Farben der während der Luftschlacht um England in Kenley stationierten No. 615 Squadron.*

Am 18. August, auf dem Höhepunkt der Luftschlacht um England, führte Flight Lieutenant Frank Carey die *No. 43 Squadron* gegen Sturzkampfbomber Junkers Ju 87 vor der englischen Südküste. „Auf halbem Weg zwischen Chichester und Selsey Bill griffen meine neun Hurricane eine große Zahl Ju 87 frontal an. Nachdem ich ihre Formation durchstoßen und gewendet hatte, um mich hinter sie zu setzen, fand ich mich mitten zwischen ihnen. Ich feuerte auf eine vor mir fliegende Ju 87. Als sie mit brennendem Motor steil nach unten stürzte, erhielt ich einen Schuss ins rechte Knie. Als die Kugel mich traf, muss sie schon einen weiten Weg zurückgelegt haben, sonst wäre mein Knie weg gewesen! Ich konnte mein Knie nicht mehr bewegen und fühlte mich auch nicht sehr gut. Mit kaputtem Knie konnte ich die Maschine nur unbeholfen steuern. Zwar brauchte man bei der Hurricane das Seitenruder nicht so oft, aber manchmal musste man doch etwas mit dem Schwanz wedeln. Ich rief Tangmere, aber sie empfahlen mir wegzubleiben: ‚Eine Menge Bomber halten Kurs hierhin, und es sieht ganz so aus, als ob sie uns wieder die Hölle heiß machen wollten!' Ich nahm Kurs nach Norden und musste nach einiger Zeit bei Pulborough notlanden."

Careys Opfer war eine von 16 Ju 87 B, die beim Angriff auf die Radarstation Poling abgeschossen wurden. Es war ein schwarzer Tag für die Luftwaffe, denn immerhin war an diesem 18. August 1940 eine ganze Gruppe vernichtet worden. Nicht lange nach diesem Debakel wurden die Stuka praktisch zurückgezogen und spielten im weiteren Verlauf der Luftschlacht um England kaum noch eine Rolle. Mit 25 bestätigten Luftsiegen wurde Frank Carey das zweiterfolgreichste Hurricane-Ass der RAF; Erster war Robert Stanford-Tuck mit 29 Abschüssen.

Rechts: Techniker arbeiten am Merlin XX einer Hurricane Mk IIC. Viele Flugzeuge verdankten ihre Erfolge diesem vielseitigen Triebwerk.

Unten: Die Ursprünge der Hurricane reichen zurück bis zur Hawker Fury. Auf der Suche nach Möglichkeiten, die Überführungsreichweite zu erhöhen, wurde sogar eine Hurricane mit abwerfbarem Oberflügel erprobt.

Flugzeuge waren stoffbespannte Holzkonstruktionen. Bis Mai 1940 hatte man jedoch fast alle mit Flächen aus Metall nachgerüstet. Da die Holzpropeller zwar ausreichende, nicht aber ideale Start- und Höhenleistungen brachten, wurden sie beim zweiten Baulos durch Verstellpropeller von de Havilland oder Rotol ersetzt.

Dank ihrer altmodischen Konstruktion konnte die britische Flugzeugindustrie der 1930er-Jahre die Hurricane in großer Zahl fertigen. Im Juli 1940 waren bereits 28 der 46 Staffeln des *Fighter Command* auf Hurricane umgerüstet, während lediglich 18 die modernere Spitfire flogen. Bei den verbleibenden Staffeln dienten die nunmehr fast nutzlos gewordenen Tagjagdvarianten der Blenheim und Defiant. Bei dem für London und Südostengland verantwortlichen Jagdgeschwader *No. 11 Group* waren die Hurricane sogar noch dominierender. Neben ihren 17 Staffeln standen nur sieben Spitfire- und fünf Blenheim-Staffeln.

Nach schweren Verlusten bei den Luftkämpfen mit Messerschmitt-Jägern über Frankreich wurden die Hurricane nach Großbritannien zurückgezogen. In der Luftschlacht um England zeigten sie sich den wendigeren Spitfire als Waffenplattform überlegen und waren bei der Abwehr der Heinkel-, Dornier- und Junkers-Bomber sogar effektiver. In mittleren Höhen lieferte die Maschine dank ihrer dicken Tragflächen die besten Flugleistungen. Trotz der eingeschränkten Flugleistungen erreichten die Hurricane im Kampf mit der Bf 109 eine Abschussquote von 272 zu 153. Als die Luftschlacht um England zu Ende ging, hatten Hurricane mehr Feindflugzeuge vernichtet als alle anderen Verteidiger (Jäger, Flak, Sperrballons) zusammen.

Ende 1940 existierten in Großbritannien 43 Hurricane-Staffeln. Doch dann wurde im Rahmen einer neuen Strategie befohlen, alle im Land stationierten Tagjagdstaffeln auf die Spitfire umzurüsten und die Hurricane auf den Balkan sowie in den Nahen und Fernen Osten zu verlegen. In Ägypten war schon vor der Kriegserklärung Italiens im Juni 1940 eine einzige, unbewaffnete Hurricane demonstrativ von einem Flugplatz zum anderen geflogen, um der Feindspionage den Eindruck zu vermitteln, die Hurricane wären bereits in größerer Zahl einsatzbereit. Tatsächlich waren bis September 1940 in ganz Nordafrika nur eine Hand voll verfügbar. Da der Schiffstransport durch das Mittelmeer zu gefährlich war, entschied man sich für den längeren Weg über den afrikanischen Kontinent. Per Flugzeugträger wurden die Hurricane nach Takoradi (Goldküste) überführt und flogen von dort in Etappen nach Luxor.

Nach dem Ende der Luftschlacht um England diente die Hurricane im Mutterland als Nachtjäger und Trainer. Während sie bei der Verteidigung Maltas sehr erfolgreich waren, konnten sie später gegen die Zero und andere japanische Jäger nur wenig ausrichten. Der Baureihe Mk I folgten bald weitere Varianten, die sich äußerlich allerdings kaum voneinander unterschieden. So brachte die Hurricane Mk II mit dem Merlin XX und Zweistufenlader gleich mehrere Untervarianten hervor, die sich primär jedoch nur durch ihre Bewaffnung unterschieden und deren Einsatzschwerpunkt sich mehr und mehr auf den Erdkampf verlagerte. So erhielt die Mk IIB zwölf MGs und konnte leichte Bomben mitführen, während die Mk IIC mit vier 2-cm-Kanonen bestückt war. Die Mk IID mit zwei unterflügelmontierten 4-cm-Kanonen Vickers „S" und zwei MG kämpfte als Panzerknacker in Nordafrika.

Dank des Breitspurfahrwerks und einer langen Flugdauer war die Hurricane besser für schiffsgestützte Einsätze geeignet als die Spitfire/Seafire. Erste Marineversion war die Sea Hurricane Mk I. Von Handelsschiffen auf kleinen Flugdecks mitgeführt, gaben die katapultgestarteten Jäger Geleitschutz. Solche Einsätze waren aber nur bedingt erfolgreich, denn einmal gestartet, blieb dem Piloten für die Landung keine andere Wahl als notzuwassern, mit dem Fallschirm abzuspringen oder nach Land zu suchen. Die Sea Hurricane IB erhielten Fanghaken und beiklappbare Tragflächen. Bei allen handelte es sich um umgerüstete Mk I und Mk II oder modifizierte kanadische Muster. Die Sea Hurricane IIC erhielt den Merlin XX (935 kW/1280 PS) und vier Kanonen.

Hurricane wurden auch von Belgien, Finnland, Indien, Irland, Jugoslawien, Portugal und der Türkei beschafft. In Kanada dienten 1451 von der *Canadian Car and Foundry* gebaute Hurricane als Trainer und in den Kampfverbänden von RAF und RCAF (kanadische Luftwaffe). Die letzten Maschinen wurden 1954 von Portugal ausgemustert. Insgesamt wurden 14 323 Hurricane gebaut.

Die letzte Hawker Hurricane mit der Aufschrift „*The Last of the Many*" behielt die Firma zu Repräsentationszwecken. Sie wurde 1972 der Organisation *Battle of Britain Memorial Flight* (BBMF) übergeben und ist noch heute flugfähig.

***Oben:** Der erste Prototyp. Deutlich ist die Mischung aus Metallbeplankung und Stoffbespannung erkennbar.*

***Unten:** Zurzeit existieren etwa acht flugtaugliche Hurricane. Hier eine Mk XII kanadischer Herkunft mit einem Anstrich aus den mittleren Kriegsjahren.*

Supermarine Spitfire

Mitte der 1930er-Jahre entwickelt, konnte die Spitfire – einer der berühmtesten Jäger aller Zeiten – bis Kriegsende mit ihren Gegnern Schritt halten. Abgesehen vom Äußeren, hatte die Mk 24 jedoch kaum noch etwas mit der Mk I gemeinsam.

***Rechte Seite:** Eine der berühmtesten heute noch flugtauglichen Spitfire ist Mk IX MH434. Sie ist seit langem in Privatbesitz.*

Zweifellos ist die Supermarine Spitfire eines der berühmtesten Jagdflugzeuge aller Zeiten und mit insgesamt 22 000 gebauten Exemplaren bis heute der meistgebaute britische Jäger. Bedingt durch die ständige Weiterentwicklung, hatten spätere Varianten jedoch außer dem Namen kaum noch etwas mit den ersten Maschinen gemein. Sie waren zweieinhalb Mal schwerer, hatten fast die doppelte Motorleistung und waren um fast 160 km/h schneller.

***Rechts:** Fotoaufklärer vom Typ PR.Mk XIX mit Griffon-Triebwerk waren die letzten Spitfire der RAF. Diese diente in Singapur bei No. 81 Squadron.*

Reginald (R. J.) Mitchell, der Chefkonstrukteur bei Supermarine Aviation, hatte in den 1920er- und 1930er-Jahren unter den Bezeichnungen S.5, S.6 und S.6B eine Reihe von Hochgeschwindigkeitsschwimmflugzeugen entwickelt, die bereits mehrfach den Schneider-Pokal in den Luftrennen für Seeflugzeuge gewonnen hatten. Seine S.6B flog 1931 mit 635 km/h sogar einen neuen Geschwindigkeitsweltrekord. Noch im selben Jahr bewarb sich Supermarine mit Mitchells Entwurf Type 224 um den Auftrag für ein von der *Royal Air Force* (RAF) unter der Spezifikation F.7/30 ausgeschriebenes neues Jagdflugzeug. Auf Wunsch der RAF sollte die Maschine in sehr kur-

SUPERMARINE SPITFIRE MK IX

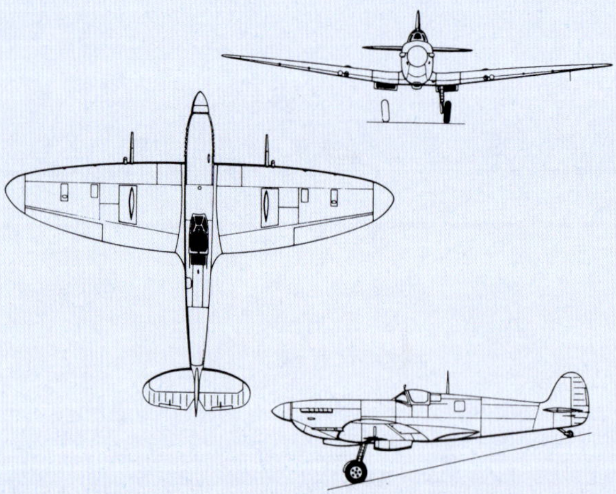

Besatzung: 1

Triebwerk: ein Rolls-Royce Merlin 61 V-12 mit 1283 kW (1720 PS)

Höchstgeschwindigkeit: 657 km/h

Einsatzradius: 724 km

Dienstgipfelhöhe: 13 105 m

Gewicht: Flugmasse 4309 kg

Bewaffnung: je zwei 2-cm-Maschinenkanonen Hispano und Browning-MG Kaliber 12,7 mm

Abmessungen: Spannweite 11,23 m; Länge 9,47 m; Höhe 3,86 m

SZ
G
MH4

IM COCKPIT DER SUPERMARINE SPITFIRE

Oben: *Der Kommodore der No. 303 „Kosciusko" Squadron, Flight Lieutenant Jan Zumbach, dekorierte seine Spitfire mit „Donald Duck"-Motiven.*

Mit dem Erscheinen der Focke-Wulf Fw 190 neigte sich die Waagschale zu Gunsten der Luftwaffe. In seiner Autobiografie *Nine Lives* von 1959 erinnerte sich Al Deere (Squadron Leader während der Luftschlacht um England) an einen Luftkampf zwischen einem Dutzend Spitfire V und 30 Fw 190 am 2. Juni 1942.

„Unsere Aufgabe war es, Jagdstreife gegen den deutschen Jägerhorst St. Omer zu fliegen. Soeben hatten wir die französische Küste erreicht, als der Leitoffizier Feindaktivitäten in unserem Einsatzgebiet meldete. Feindliche Jäger entdeckten wir aber erst, als wir rund 30 km von Le Touquet entfernt bereits auf dem Rückflug waren. ‚Mitzi' (Flight Lieutenant Edward Darling, *No. 403 Squadron*) meldete ungefähr ein Dutzend Fw 190, die sich uns schnell von hinten näherten. Ich erkannte sie sofort, warnte die Staffel und gab Befehl, sich auf eine schnelle Kehre vorzubereiten. Für eben solche Fälle hatten wir nämlich ein Abwehrverfahren entwickelt: Zwei Schwärme (Rot und Blau) kurven nach links, um sich dem Angriff zu stellen, während Schwarm Gelb nach oben rechts zieht.

‚Sie kommen, Toby Leader' (Deckname für Al Deere als Staffelführer) rief Mitzi atemlos und aufgeregt in Erwartung eines Befehls.

‚O.k. Blau Eins, ich sehe sie. Auf meinen Befehl zum Abdrehen warten!'

Als ich glaubte, die Hunnen [Spitzname für die deutsche Luftwaffe; Anm. d. Übersetzers] in der richtigen Distanz für unser Manöver zu haben, befahl ich: ‚Toby Squadron, nach links abdrehen!'

Zu meiner Rechten zog Schwarm Gelb hoch und verschwand, während ich – mit Blau neben mir – den schnell näher kommenden Feindjägern entgegenkurvte. Ich hatte die Kehrtwende zur Hälfte abgeschlossen und erwartete nun eigentlich, Gelb über und links von mir zu sehen. Stattdessen musste ich voller Schrecken weitere Fw 190 rund 600 Meter über und hinter uns entdecken.

‚Achtung, Schwarmführer Rot, von oben und rechts kommen noch mehr!'

Ich riss meine jammernde Spitfire herum und war im nächsten Augenblick von Feindjägern quasi eingehüllt. Vor und über mir musste ich zusehen, wie eine Fw 190 ihre Geschosse in den Bauch einer nichts ahnenden Spitfire jagte. Eine Sekunde lang schien die Spitfire in der Luft stehen zu bleiben, dann klappte sie zusammen, brach in zwei Teile und stürzte so der Erde entgegen.

Mit wilden Kurbelbewegungen versuchte ich, meine Gegner abzuschütteln und mich gleichzeitig in eine günstige Angriffsposition zu bringen. Ziele gab es mehr als genug, aber kaum Spitfire, um sie zu bekämpfen. Zwar sah ich, dass mein Rottenflieger Sergeant Murphy immer noch verbissen hinter mir war, konnte aber unmöglich erkennen, wie viele Spitfire noch in der Nähe waren beziehungsweise wie viele den Überraschungsangriff überlebt hatten. Kehrtwendung folgte auf Angriff, Angriff auf Kehrtwendung, und immer noch klebte Murphy eisern hinter mir. Dann, als ich gerade meine letzte Munition in eine Fw 190 feuerte, hörte ich ihn rufen: ‚Rechts abdrehen, Rot Eins, ich kriege ihn!'

Im Abdrehen sah ich, wie Murphy hochzog und sich hinter eine Fw 190 setzte, die mir ans Leder wollte und nun durch seine schnelle Reaktion überrascht wurde. Da ich mein letztes Pulver eben verschossen hatte, musste ich von dem Schlachtfeld flüchten, in dem sich immer noch reichlich Feindjäger tummelten. Nur Spitfire sah ich keine. Kurvend und stürzend, konnte ich entkommen. Kaum hatte ich die Küstenlinie erreicht, gab ich Vollgas und flog in Richtung Heimat."

Bei dem beschriebenen Abfangmanöver der 1. und 2. Staffel des deutschen Jagdgeschwaders 26 wurden sieben Spitfire abgeschossen (auch „Mitzi" Darling), deutsche Verluste gab es keine.

***Links:** Schwarze und weiße Streifen an Rumpf und Tragflächen waren das Erkennungszeichen für die an der „Operation Overlord“ beteiligten alliierten Flugzeuge. Dieses Foto einer Mk XVI der No. 453 (RAAF) Squadron wurde am Vorabend der Invasion in der Normandie aufgenommen.*

zer Zeit auf über 4570 m (15 000 Fuß) Höhe steigen können. Doch bei ihrem Erstflug Anfang 1934 blieb die Type 224 hinter den Erwartungen zurück. Siegerin wurde die schnellere Gloster SS.37, aus der später die Gladiator hervorging. Überzeugt, dennoch auf dem richtigen Weg zu sein, überredete Mitchell die Firmenleitung (Supermarine war seit 1928 eine „Tochter“ der Vickers-Gruppe), noch ein weiteres Projekt zu finanzieren. Diesmal sollte seine Maschine mit dem stärkeren Rolls-Royce-PV-12-Triebwerk ausgestattet werden. Beim *Air Ministry*, wo man sorgenvoll auf die gegnerischen Heinkel-Modelle blickte, rannte Mitchell mit seinen Plänen für den Bau eines starken Jägers offene Türen ein. Sofort wurde eine auf seine Konstruktion gerichtete

***Oben:** Die Mk XIV war das erste seriengefertigte Muster mit Griffon-Triebwerk. Die erhöhte Motorleistung erforderte einen Fünfblattpropeller.*

***Links:** 1945 gebaut, gehörte die PR. Mk XIX lange zum Battle of Britain Memorial Flight; heute ist sie in Besitz der Firma Rolls-Royce.*

***Rechts:** Die Standardinstrumentierung der Spitfire für Blindflugeinsätze. In der Mitte unten, zwischen den Knien des Piloten, der große Horizontalkompass.*

Spezifikation erstellt und schon im Februar 1936 der erste Prototyp F.37/34 fertig gestellt.

Mit Vickers-Cheftestpilot J. „Mutt“ Summers am Knüppel, startete die F.37/34 am 5. März 1936 zum Jungfernflug, die kurze Zeit später auf den Namen „Spitfire“ getauft wurde. Die Maschine war eine Ganzmetallkonstruktion in Schalenbauweise. Ihre elliptischen Flügel hatte Mitchell von der Heinkel He-70 kopiert. Der Kühler war in einer viereckigen Verkleidung unter der rechten Tragfläche montiert, während sich der Ölkühler in einer zylindrischen Baugruppe unter der linken befand. Das Kabinendach bestand aus Perspex-Kunststoff und bot bessere Sicht als die stark verstrebten Hauben anderer Jagdflugzeuge.

Angetrieben von einem Merlin II oder III mit je 790 kW (1060 PS) und bewaffnet mit acht 7,7-mm-MG, wurden die ersten Spitfire Mk I im August 1938 bei *No. 19 Squadron* in Duxford in Dienst gestellt. Die ersten 78 Maschinen erhielten einen starren Zweiblattpropeller, der bis Kriegsbeginn durch einen verstellbaren Metallpropeller von de Havilland bzw. Rotol ersetzt wurde.

Am 18. August 1940 verfügte die RAF bereits über 510 Spitfire, darunter einige Mk II, deren Motorleistung um 82 kW (110 PS) gesteigert worden war. Später folgten 348 weitere Maschinen. Die dezentralisierte, auf drei Werke verteilte Serienfertigung konnte kaum mit den Verlusten während der Luftschlacht um England Schritt halten. Von Juli bis Ende Oktober 1940 erzielten die Spitfire-Staffeln 521 Luftsiege bei 493 Verlusten. Kaum besser erging es den Hurricane, deren Abschuss-/Verlust-Verhältnis bei 655 zu 631 lag.

Die Maschinen der Baureihe Mk V wurden vom Merlin 45 (1130 kW/1515 PS) angetrieben und waren meist mit zwei 2-cm-Maschinenkanonen sowie vier MG bewaffnet. Wegen ihrer ausgezeichneten Flugeigenschaften war die Mk V bei den Piloten besonders beliebt. Wie die Messerschmitt Bf 109, so waren auch ihre späteren Varianten schwerer und aerodynamisch schlechter ausbalanciert, erreichten dafür aber höhere Geschwindigkeiten und bessere Steigleistungen. Ab 1941 flogen die Mk V Jagdstreife und Begleitschutz über dem besetzten Europa. Einsätze wie diese führten zur Entwicklung des neuen, von einem Merlin 61 mit Zweistufenlader angetriebenen Musters Mk VIII, das dann aber wegen Entwicklungsproblemen zurückgestellt wurde. Vorgezogen wurde stattdessen die Mk IX, die im Grunde genommen lediglich eine für den Merlin 61 adapierte Mk V war. Sie wurde im Juli 1942 in Dienst gestellt. Die Mk XVI war identisch mit der Mk IX, flog aber mit einem von Packard lizenzgefertigten Merlin 266. Das wichtigste Muster wurde die Mk IX. Sie war als Antwort auf die Fw 190 entwickelt worden und löste die Mk VIII ab, die ab 1943 im Mittelmeerraum und dem Nahen bzw. Fernen Osten eingesetzt wurden.

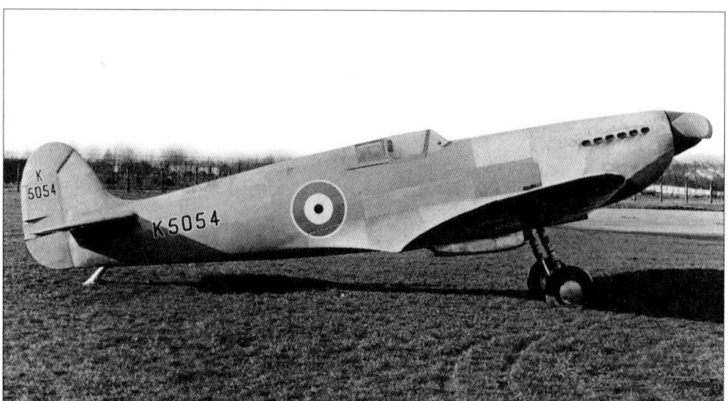

***Unten:** Dieser Prototyp der Spitfire flog erstmalig im März 1936. Die Maschine verunglückte zwei Tage nach Ausbruch des Krieges bei einem Unfall.*

Mitte 1944 waren Merlin-betriebene Spitfire bei ca. 100 RAF-Staffeln im Einsatz. Hinzu kamen weitere bei Einheiten der australischen (RAAF) und südafrikanischen (SAAF) Luftstreitkräfte sowie eine unbekannte Zahl bei sowjetischen Einheiten, die ab 1943 bis zu 1200 Spitfire flogen.

Als erste seriengefertigte Variante erhielt die Mk XII das neue, leistungsstärkere Griffon-Triebwerk (1294 kW/1735 PS). Obschon bereits Ende 1941 mit der Mk IV erprobt, gelangten die Mk XII erst Anfang 1943 an die Front. Andere Griffon Spits waren zur Jagd auf die Flugbomben Fieseler Fi 103 (V-1) ausgestattet. Die ab 1945 ausgelieferte Mk XVIII erreichten sogar eine Höchstgeschwindigkeit von 707 km/h. Die Mk XI war lediglich ein Übergangsmodell mit Merlin-61-Triebwerk, Zweistufenlader, größerer Seitenflosse und -ruder, mehr Tankkapazität und einem Fünfblattpropeller. Bei 1944 durchgeführten Vergleichsflügen gegen erbeutete Bf 109 G und Fw 190 A zeigte sich die Spitfire Mk XIV beiden überlegen oder fast gleichwertig. Da nur die Mk XIV die fliegenden V1-Bomben abfangen konnte, wurden die ersten Staffeln im Juni 1944 an der englischen Südküste stationiert. Um eine V-1 vorzeitig zum Absturz zu bringen, brauchten sich die Spitfire-Piloten nur neben sie zu „setzen“ und mit der Flügelspitze anzutippen.

Eine Mk XIV wurde als Jagdbomber und -aufklärer F.R.Mk XIV gebaut und mit Senkrecht und Schrägsichtkameras ausgestattet. Zur Verbesserung der Rundumsicht erhielten die letzten seriengefertigten Mk XIV und Mk XVI einen niedrigeren Heckrumpf und ein tropfenförmiges Vollsichtkabinendach. Ebenso modifiziert wurde die Mk XVIII, mit der nach Kriegsende die in Übersee stationierten Staffeln ausgerüstet wurden. Die Spitfire F.Mk 21 (ab Nummer 20 alle Musterbezeichnungen in arabischen Zahlen) erhielt neue Tragflächen mit vier Maschinenkanonen und größerem Querruder sowie einem erneut vergrößerten Seitenleitwerk mit gespreiztem Trimmruder. Ab März 1945 ausgeliefert, kamen die Mk 21 nur noch selten zum Kampfeinsatz. Mit Ausnahme des tropfenförmigen Kabinendachs war die Mk 22 im Wesentlichen mit ihr identisch. Erst nach Kriegsende eingeführt, dienten diese hauptsächlich bei der so genannten Hilfsluftwaffe *(Royal Auxiliary Air Force)*. Da das Gegendrehmoment sich bei Griffon-Spits besonders unangenehm bemerkbar machte, erhielten einige Mk 22 einen gegenläufigen Propeller.

Viele RAF-Einheiten behielten ihre Merlin-Spitfire bis Mai 1945 (die letzten wurden erst 1951 ausgemustert). Jedoch waren nur sieben Staffeln bis zu diesem Zeitpunkt mit Griffon-getriebenen Mustern ausgestattet. Die letzte RAF-Spitfire war die unbewaffnete Mk XIX, die bis 1957 als Bild- und Wetteraufklärer dienten.

Einige Mk IX wurden später zu Tr.9-Trainern umgerüstet und erhielten ein erhöht angeordnetes zweites Cockpit. Heute fliegen noch etwa 50 Merlin- und Griffon-Spits in Australien, Großbritannien, Kanada, Neuseeland und den USA.

Oben: *Mehrere Spitfire, darunter diese Mk IX, wurden mit Schwimmern erprobt. Da diese jedoch die Flugleistungen erheblich reduzierten, wurde das Projekt wieder aufgegeben.*

Unten: *Als Bombenangriffe die Fertigungsanlagen für die Spitfire beschädigten, wurden zusätzliche Montagelinien eingerichtet – z. B. in Castle Bromwich (Foto). Die Abbildung zeigt zahlreiche Mk II.*

Dewoitine D.520

Die wendige Dewoitine D.520 gilt als bester französischer Jäger des Zweiten Weltkrieges. Sie kämpfte auf beiden Seiten der Front. Da ihre Weiterentwicklung stockte, konnte sie allerdings mit ihrer neuen Konkurrenz nicht Schritt halten.

Rechte Seite: *Die D.520 war ein wendiger Jäger der frühen 1940er-Jahre, aber langsamer als ihre Hauptwidersacher. Sie wurde nur in geringen Stückzahlen produziert.*

Anfang der 1930er-Jahre hatte der französische Konstrukteur Emile Dewoitine damit begonnen, eine erste Serie Tiefdecker mit Festfahrwerk und offenem Cockpit zu konstruieren. Eines dieser Muster war die D.510, mit der 1939 noch drei *Groupes de Chasse* ausgerüstet waren. Das erste Modell war eine D.513 mit geschlossenem Führersitz und Einziehfahrwerk, die er gemäß einer Ausschreibung des französischen Luftfahrtministeriums aus dem Jahr 1934 konstruiert hatte. Sie konnte sich jedoch nicht gegen die Morane-Saulnier MS.405 behaupten, von deren weiterentwickelter Variante MS.406 bis März 1940 fast 1100 Exemplare gefertigt wurden. Kurz darauf beauftragte Dewoitine seinen Chefkonstrukteur Robert Castello mit dem Entwurf eines neuen Jägers. Als Motor sollte der neue Hispano-Suiza 12Y21 zum Einsatz kommen, mit dessen Leistung von 671 kW (900 PS) Castello eine Geschwindigkeit von 500 km/h zu erreichen hoffte. Um dieses Projekt nach seinen eigenen Vorstellungen zu verwirklichen, schied Emile Dewoitine im Juni 1936 aus der von ihm gegründeten Firma SAF-AD *(Société Aéronautique Française – Avions Dewoitine)* aus und gründete sein eigenes Konstruktionsbüro.

Doch erneut lehnte das Luftfahrtministerium den von Dewoitine eingereichten Entwurf ab. Im Rahmen einer inoffiziellen Spezifikation forderte man nun, dass ein neu zu produzierender Jäger

DEWOITINE D.520S

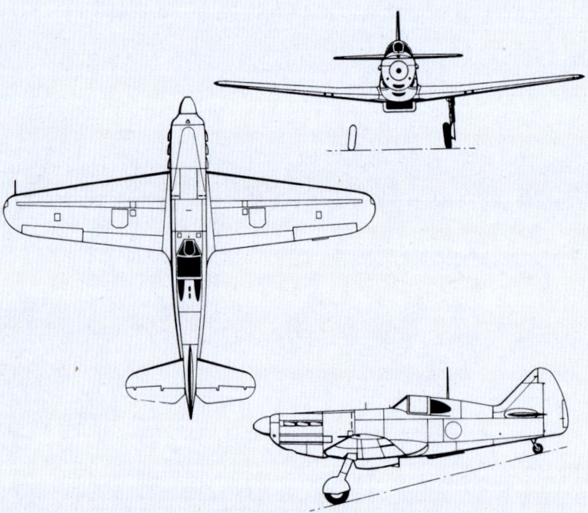

Besatzung: 1

Triebwerk: ein Zwölfzylinder-Reihenmotor Hispano-Suiza 12Y45 mit 697 kW (935 PS)

Höchstgeschwindigkeit: 535 km/h

Einsatzradius: 500 km

Dienstgipfelhöhe: 10 250 m

Gewicht: Flugmasse 2675 kg

Bewaffnung: eine 2-cm-Motorkanone Hispano-Suiza 404 (feuerte durch die hohle Propellerwelle); vier 7,5-mm-MAC 34M39-MG in den Tragflächen

Abmessungen: Spannweite 10,20 m; Länge 8,60 m; Höhe 2,57 m

IM COCKPIT DER DEWOITINE D.520

***Oben:** Eine D.520 der Jagdgruppe „Saintonge" der Freien Französischen Armee. Die Maschine war Ende 1944 in Cognac stationiert.*

Pierre Le Gloan, 1913 als Sohn eines Bauern geboren, erlebte eine der bemerkenswertesten fliegerischen Laufbahnen des Krieges. Vom Fliegen besessen, konnte er mithilfe eines staatlichen Stipendiums 1931 mit der Pilotenausbildung beginnen. Nach seiner Graduierung zum Adjutanten wählte er die Unteroffizierlaufbahn, erwies sich schnell als der Beste seiner Einheit und wurde zum Schwarmführer ernannt. Als seine Einheit, GC III/6, Ende Mai 1940 auf D.520 umrüstete, hatte Le Gloan mit seiner Morane-Saulnier MS.406 bereits mehrere deutsche Bomber abgeschossen. Drei Tage nach dem Kriegseintritt Italiens (10. Juni 1940) vernichtete Le Gloan drei Fiat-Bomber BR.20 über Südwestfrankreich.

Am Morgen des 15. Juni hatten er sowie die Capitaines Jacobi und Assolant in Coulommiers Bereitschaft, als um 11.40 Uhr Alarm gegeben wurde. Italienische Jäger und Bomber hatten die Grenze mit Kurs auf Toulon überflogen. Da seine Maschine sich als nicht startklar erwies, musste Le Gloan auf eine andere umsteigen, wobei er seinen Fallschirm vergaß. Nach dem Start versagte Jacobis Luftschraubenregelung, und er musste umkehren. Die beiden anderen Piloten stiegen mit ihren D.520 schnell auf. Über Saint Raphaël angelangt, entdeckten sie zwölf Fiat-Jagddoppeldecker CR.42, die mit Kurs Südwest „wie Touristen ohne Rückendeckung in gerader Linie flogen".

Le Gloan und Assolant griffen die hintere Kette an und schickten mit ihren ersten Feuerstößen die linke Fiat brennend zu Boden. Die beiden anderen drehten ab und flüchteten. Von beiden Franzosen getroffen, ging eine in Flammen auf, und ihr Pilot stieg aus. Dann hatte Assolant Ladehemmung, und Le Gloan war allein. Er nahm Kurs in Richtung Hyères, von wo er Flakfeuer erkannt hatte. Dort stieß er auf drei weitere CR.42. Kaum hatte er die rechte abgeschossen, da stießen acht andere aus den Wolken feuernd auf ihn herab. Er rettete sich im Sturzflug und ließ sie hinter sich.

Über Funk erfuhr er, dass ein Flughafen von Fiat angegriffen wurde. Doch er konnte dort nur noch eine weitere CR.42 abschießen. Über dem Platz kreisend, erkannte er 500 m über sich eine aufklärende BR.20. Obwohl seine Kanonenmunition verschossen war, hatte er noch genügend MG-Munition, um den Bomber zu vernichten. Als er seine D.520 nach einer Flugzeit von nur 40 Minuten wieder auf seinem Heimatflughafen landete, hatte er fünf Luftsiege errungen und war damit der zweite Pilot, dem so etwas im Verlauf einer einzigen Mission gelungen war. Am nächsten Tag wurde er zum Sous Lieutenant befördert.

Nach dem Waffenstillstand (23. Juni 1940) wurde GC III/6 als Teil der Vichy-Luftstreitkräfte nach Nordafrika verlegt. Die Vichy-Regierung war gezwungen, im unbesetzten Teil Frankreichs und den Kolonien mit Deutschland zusammenzuarbeiten. Zur Unterstützung deutscher Aktionen gegen frei-französische- und britische Truppen, verlegte Le Gloans Einheit im Mai 1941 nach Syrien. Bei dem nur kurzen Einsatz schoss Sous Lieutenant Le Gloan sechs britische Hurricane und eine Gladiator ab und erhöhte die Zahl seiner bestätigten Luftsiege auf 18. Pierre Le Gloan kämpfte als einziges Jäger-Ass gegen Deutsche, Italiener und Briten.

Nach dem alliierten Sieg in Nordafrika und der deutschen Besetzung des freien Teils Frankreichs, lief GC III/6 zu den Alliierten über und erhielt eine Bell P-39 Airacobra. Am 11. September 1943, als die meisten seiner Kameraden dem Tod des Flieger-Asses Georges Guynemer aus dem Ersten Weltkrieg gedachten, starteten Le Gloan und sein Rottenflieger zu einem Aufklärungseinsatz. Als Le Gloan wegen Rauchentwicklung an seiner P-39 zurückkehren wollte, bemerkte er, dass sein Fahrwerk klemmte. Er versuchte eine Bauchlandung, konnte aber seinen Zusatztank nicht abwerfen. Seine Airacobra explodierte beim Aufsetzen. Le Gloan fand den Tod.

__Links:__ Die No 408 (auf dem Seitenruder gekennzeichnet als No 90) war die letzte flugtaugliche D.520. 1980 wurde sie bei einem Unfall zerstört. Drei nicht flugtaugliche Exemplare können in französischen Museen bewundert werden.

mindestens 520 km/h schnell sein sollte. Aufgrund dieser Vorgabe mussten Dewoitine und seine Mitarbeiter ihre Konstruktion erneut überarbeiten und stimmten sie dabei noch präziser auf den immer noch in der Entwicklung befindlichen Hispano-Suiza 12Y ab, um die geforderte Höchstgeschwindigkeit zu erreichen. Um eine bessere Handhabung auch in niedrigen Geschwindigkeitsbereichen zu erreichen, griff man bei der Konstruktion der Tragflächen auf Vorflügel von Handley-Page zurück. Gesteuert von Marcel Doret, startete der erste Prototyp am 2. Oktober 1938 ohne Spinner oder jegliche Lackierung zu seinem Jungfernflug.

Serienmaschinen erhielten einen verstellbaren Dreiblattpropeller, ein Spornrad und den zwangsbelüfteten V-12-Motor HS 12Y45 mit 612 kW (820 PS). An Bewaffnung erhielt die Maschine eine 2-cm-Motorkanone HS 404 sowie zwei 7,5-mm-MG MAC 34M39 in Gondeln unter den Tragflächen. In 5500 m Höhe erreichte die D.520 eine Höchstgeschwindigkeit von 534 km/h.

__Oben:__ Startklar! Eine D.520 der Armée de l'Air während des Frankreichfeldzuges Mai/Juni 1940.

Obwohl über Europa bereits immer dunklere Kriegswolken aufzogen, setzten die Franzosen ihre Jagdflugzeugentwicklung ohne Hast und gründlich fort. Verschiedene Bewaffnungspläne wurden erstellt, verworfen und durch neue Pläne ersetzt. Politische Instabilität und die Verstaatlichung der Flugzeugindustrie führten schließlich dazu, dass zu wenig

__Links:__ Nach der französischen Kapitulation befahlen die Deutschen eine Fortsetzung der Produktion. Diese D.520 flog 1944 beim JG 105 in Chartres.

__Mitte:__ Diese D.520 No 48 diente im Frühjahr 1940 bei GC I/3 in Cannes.

Oben: *April 1940. Bodenpersonal der GC I/3 macht eine D.520 startbereit. Noch herrscht zwischen Deutschen und Franzosen der so genannte „Sitzkrieg".*

Unten: *Die D.520Z war ein Einzelstück mit neuem Fahrwerk und „Jet"-Auspuffstutzen.*

Flugzeuge bestellt wurden und von den verbleibenden wiederum viele aufgrund von Lieferschwierigkeiten der Zulieferfirmen nicht fertig gestellt werden konnten. Emile Dewoitine, dessen Firma inzwischen von der staatlichen SNCAM *(Société Nationale de Constructions Aéronautique du Midi)* übernommen worden war, entschloss sich, die D.520 mit eigenen Mitteln zu verwirklichen. Angesichts der Bedrohung durch die deutschen Bf 109 erteilte das französische Luftfahrtministerium Mitte April 1939 einen ersten Auftrag über 200 D.520 für die Luftwaffe und im Januar 1940 eine zweite Bestellung über 120 D.520 für die Marineflieger. Erneut verzögerten Probleme die Serienfertigung, sodass der erste Jagdverband *(Groupe de Chasse I/3)* erst im November 1939 auf D.520 umgerüstet war. Als die Deutschen am 10. Mai 1940 angriffen, waren erst 246 D.520 in Dienst gestellt. Die restlichen Maschinen waren auf dem Werksgelände in Toulouse-Francazal geparkt und warteten auf Propeller und andere Baugruppen.

Rund vier Wochen vor Beginn des deutschen Angriffs war die zweite Serienmaschine gegen eine unbeschädigt hinter den französischen Linien gelandete Bf 109 E im Flug erprobt worden. Die leistungsstärkere Messerschmitt war 32 km/h schneller, während sich die D.520 als wendiger erwies. Zahlenmäßig unterlegen und mit kampfunerfahrenen Piloten besetzt, erzielten die D.520 dennoch 108 Luftsiege bei 54 eigenen Verlusten.

Nach dem Waffenstillstand (23. Juni 1940) befahlen die Deutschen die Endmontage der noch unfertigen D.520 und die Wiederaufnahme der Produktion, die erst mit der Fertigstellung der 905. Maschine im Sommer 1944 endete. Viele D.520 wurden von den Vichy-Luftstreitkräften, Verbündeten Deutschlands sowie von den Jagdfliegerschulen der deutschen Luftwaffe übernommen. 60 dienten der italienische *Regia Aeronautica* als Trainer. Bulgarien erhielt 96 D.520, die sich jedoch nicht gegen die P-38 und P-51 der *US 9th Air Force* behaupten konnten.

Nachdem die Deutschen im Juli 1944 Toulouse geräumt hatten, formierte Marcel Doret die aus zwei Geschwadern bestehende *Groupe Doret*. Bei Kriegsende existierten in Frankreich noch zehn flugtaugliche D.520. Weitere wurden repariert und dienten als Schulflugzeuge, während man 13 durch den Einbau eines zweiten Cockpits zu Trainern D.520 DC umbaute. Die letzte D.520 wurde im September 1953 ausgemustert.

Eine 1980 restaurierte D.520 ging später durch einen Unfall verloren. Drei Exemplare sind in französischen Museen zu bewundern.

Oben: *Eine D.520 der GC II/5 der Vichy-Luftwaffe. Das Foto entstand im März 1942 im Werk Toulouse-Francazal.*

Unten: *Der zweite Prototyp D.520-02 absolvierte seinen Erstflug im Januar 1939.*

Curtiss P-40 Warhawk/Kittyhawk

Der zur Zeit von Pearl Harbor meistproduzierte Jäger der USAAC diente einer ganzen Generation von Jagdfliegern und erlangte durch den Kampf von General Chennaults „Flying Tigers“ gegen überlegene japanische Kräfte Berühmtheit.

CURTISS P-40B

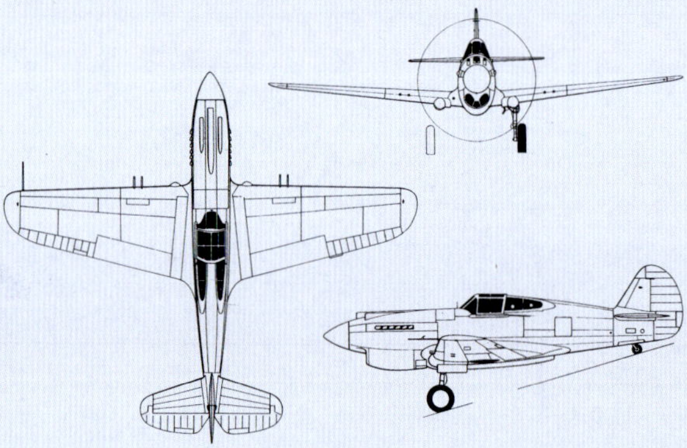

Besatzung: 1

Triebwerk: ein V-12-Kolbenmotor Allison V-1710-33 mit 776 kW (1040 PS)

Höchstgeschwindigkeit: 566 km/h

Einsatzradius: 483 km

Dienstgipfelhöhe: 9144 m

Gewicht: Flugmasse 5058 kg

Bewaffnung: zwei im Motorhaubenbereich montierte 12,7-mm-MG; vier 7,7-mm-MG in den Tragflächen

Abmessungen: Spannweite 11,36 m; Länge 9,67 m; Höhe 3,75 m

***Rechte Seite:** Die P-40 dienten zwar oft auf abgelegenen Kriegsschauplätzen, flogen aber dennoch zahllose Einsätze. Diese P-40K der USAAF war auf den Aleuten stationiert.*

***Rechts:** Eine Kittyhawk I der berühmten No. 112 „Shark“ Squadron war in der Western Desert (Nordafrika) stationiert. Geflogen wurde sie von Flieger-Ass Neville Duke.*

Schon in den mageren 1920er- und 1930er-Jahren hatte sich die *Curtiss Aircraft Company* aus Buffalo im US-Bundesstaat New York durch den Verkauf ihrer Jagddoppeldecker P-1 und F6C an die *US Navy* und das USAAC *(US Army Air Corps)* über Wasser gehalten. Doch das Serienmuster P-6E mit metallbeplanktem Rumpf, das ab 1931 ausgeliefert wurde, war der letzte Jagddoppeldecker, den das USAAC orderte. Die Zukunft gehörte dem Ganzmetall-Jagdeindecker mit Einziehfahrwerk. 1934 beauftragte Curtiss Donovan „Don“ Berlin mit der Entwicklung eines entsprechenden Flugzeugs. Jedoch konnte sich sein Modell – die Curtiss Model 75 mit dem 671 kW (900 PS) starken Wright-R-1670-Triebwerk – bei einem Ausscheidungswettkampf des Militärs nicht gegen die konkurrierende Seversky IXP (P-35) durchsetzen. Dennoch bestellten die Militärs 210 modifizierte Model 75B unter der Bezeichnung P-36A. Die letzten 30 Exemplare dieser Baureihe wurden mit stärkerem Motor und vier Maschinengewehren als P-36C ausgeliefert. Obwohl die Maschine untermotorisiert und viel zu schwach bewaffnet war, sammelte das USAAC mit den P-36 Hawk wertvolle Erfahrungen bei der Entwicklung neuer Taktiken für Hochleistungsjäger. Als die Japaner am 7. Dezember 1941 Pearl

IM COCKPIT DER CURTISS P-40

Oben: *Obwohl die „Flying Tigers“ 1942 aufgelöst wurden, dienten ihre P-40 weiterhin bei der 14. US-Luftflotte. Hier „simulieren“ die Piloten der Staffel einen Alarmstart für den Fotografen.*

Es war Heiligabend 1943, als Guy Newton, der Staffelkapitän der *No. 17 Squadron* von der neuseeländischen Luftwaffe (RNZAF), gemeinsam mit anderen neuseeländischen P-40- und US-Jägern Jagdstreife zur Insel Rabaul flog. Als er beobachtete, wie zwei große Formationen japanischer Jäger starteten, griff er mit seiner Staffel eine der Gruppen an.

„Ich nahm eine ‚Zeke' aus dem vorderen Bereich der Formation ins Visier und eröffnete aus ca. 270 Meter das Feuer. Während ich ihren Manövern folgte, schoss ich ununterbrochen, bis sie an den Flügelwurzeln explodierte, zu brennen begann und abstürzte.

Dann sah ich, wie links von mir eine Zeke auf gleicher Höhe nach links kurvte. Ich folgte ihr und gab aus ca. 250 Metern einen sekundenlangen Feuerstoß ab. Der Pilot machte eine Rolle nach links, doch als er sie wieder nach oben zog, saß ich nur noch rund 180 Meter hinter ihr. Ich gab einen Feuerstoß von zwei bis drei Sekunden ab und erzielte zahlreiche Rumpftreffer. Offensichtlich außer Kontrolle, rollte die Maschine langsam nach rechts und stürzte dann steil nach unten."

Später stieß Newton auf eine andere Gruppe P-40, die sich im Kampf mit A6M befanden. Doch nachdem er einen Japaner ins Meer geschickt hatte, stürzten sich sechs weitere A6M auf ihn, sodass ihm keine Wahl blieb, als zusammen mit einer zweiten P-40 zu fliehen. Als die A6M abdrehten, kehrten beide P-40 zum Geschehen zurück. Kaum hatten sie zu vier P-40 aufgeschlossen, als sechs bis acht A6M angriffen und sie auseinander trieben. Newton beobachtete, wie eine P-40 abgeschossen wurde und 15 km nordwestlich Cape St. George ins Meer stürzte. „Mit zwei feuernden Zeke im Nacken, ging ich in den Sturzflug und konnte sie acht Kilometer vor Cape St. George abhängen. Dann nahm ich mit fünf oder sechs P-40 Kurs auf Torokina, wo wir um 13 Uhr landeten."

Bei sieben eigenen Verlusten hatten die Kiwis zwölf Japaner abgeschossen. Newton wurden zwei Luftsiege bestätigt, der dritte als „wahrscheinlich" gewertet.

Rechts: *Die Luftwaffe Neuseelands (RNZAF) betrieb etwa 250 P-40. Diese zerstörten im Luftkampf 99 japanische Flugzeuge.*

Harbor angriffen, konnten einige der auf Hawaii stationierten P-36 trotz Beschuss starten und vier japanische Flugzeuge abschießen.

Auf den reißenden Absatz, den die P-36 bei Luftstreitkräften in Europa, Asien und Südamerika fand, reagierte Curtiss mit der Entwicklung der P-36A, die mit einer Turboladerversion des neuen V-12-Motors Allison V-1710 als XP-37 erprobt wurde. Eine weitere, allerdings nicht mit einem Turbolader ausgestattete Version mit Unterflügelkühler flog als XP-40 (Model 75P) erstmals am 14. Oktober 1938. Als Folge der Flugerprobung wurde der Ölkühler mit seinem großen Lufteinlass unterhalb der Propellernabe montiert, was dem Jäger sein charakteristisches Äußeres verlieh. Im April 1939 bestellte das USAAC in einem der bis dahin größten Flugzeugbeschaffungsaufträge der US-Regierung 524 P-40. Von einem V-1710-33 mit 746 kW (1040 PS) angetrieben, war die Maschine mit nur zwei MG bestückt, die über dem Motor lafettiert waren und durch den Propellerkreis feuerten. Vom Brandschott rückwärts war die P-40 im Wesentlichen identisch mit der Hawk 75, verfügte jedoch über mehr Motorleistung und verbesserte Steuerungseigenschaften.

Erkennungsmerkmale der P-40 waren neben dem großen Kinn die abgerundeten Seitenleitwerk- und Flügelspitzen. Die Vorflügel des Ganzmetalleindeckers standen senkrecht zum Rumpf, während sich die Tragflächenhinterkanten zu den Flügelspitzen hin verjüngten. Hinter dem Cockpit und im Tragflächenmittelstück waren die Tanks untergebracht. Die Fahrwerkstreben wurden nach hinten in zwei Schächte gezogen und um 90 Grad zur Seite gedreht, sodass es flach in der Tragflächenstruktur lagerte.

__Oben:__ Die P-40F und -L wurden von Merlin-Triebwerken der Marke Rolls-Royce angetrieben. Diese P-40F dienten bei einer Ausbildungseinheit.

Im Juni 1940 begann die Auslieferung an das USAAC, aber nur 199 Exemplare des ursprünglichen Musters P-40 (Hawk 81A) wurden gebaut. Ein großer französischer Beschaffungsauftrag konnte wegen der Niederlage nicht ausgeführt werden. Die für Frankreich vorgesehenen 130 Maschinen vom Typ Hawk 81A erhielt Großbritannien, wo sie als Tomahawk I geführt wurden. Weitere 90 fast baugleiche Hawk 81A übernahm die *Royal Air Force* (RAF) als Tomahawk IIA. An den für die Franzosen vorgesehenen Hawk musste nur eine nennenswerte Änderung vorgenommen werden, und zwar am Gashebel. Denn im Gegensatz zu fast

__Oben:__ Die Bugkonstruktion der P-40 eignete sich ideal für die „Haifischmaul"-Bemalung; hier an einer restaurierten Maschine.

__Links:__ Nach Kriegsende wurden manche P-40 mit einem „Passagiersitz" nachgerüstet. Die Kennzeichung dieser Maschine wurde der RAF nachempfunden.

Oben: *Obschon seit Mitte des Krieges veraltet, war die P-40 als Schulflugzeug für angehende Jagdpiloten ideal geeignet. Das Bild zeigt mehrere Maschinen einer Ausbildungseinheit.*

Unten: *Die 8th Pursuit Group aus Langley im US-Bundesstaat Virginia erhielt ihre P-40C Ende 1940. Das USAAC betrieb 1941 viele dieser Muster.*

allen anderen Ländern erhöhten die Franzosen die Motorleistung durch das Zurückziehen des Gashebels und reduzierten sie durch Vorschieben desselben.

Ihr Haupteinsatzgebiet hatten die britischen Tomahawk in Nordafrika, wo sie erfolgreich kämpften, bis die italienischen Jäger durch die stärkeren Luftwaffen-Maschinen ersetzt wurden. Die berühmteste Tomahawk-Einheit der RAF war die *No. 112 Squadron*. Da sie Motorhaube und Ölkühler ihrer Maschinen mit einem zähnefletschenden Haifischmaul bemalt hatten, nannte man sie bald allgemein nur die „Haifisch-Staffel".

Das „Haifischmaul" gefiel auch den Piloten der *American Volunteer Group* (AVG), einem Freiwilligenkorps „ziviler" US-Piloten, die sich in China den vordringenden Japanern entgegenstellten. Sie übernahmen den „Hai" für ihre Hawk 81A-2 und nannten sich *„Flying Tigers"*. Obschon – im Gegensatz zur weit verbreiteten Meinung – dieses Freiwilligenkorps erst nach den japanischen Angriffen auf Hawaii und die Philippinen aktiv wurde, brachte es während seines kurzen Bestehens fast 20 Flieger-Asse hervor und machte die P-40 weltberühmt. Gegner der *„Flying Tigers"* waren meistens mittlere Bomber und Jäger vom Typ Ki-43 „Oscar". Japans kampfstärkster Jäger, die A6M „Zero", ist ihnen nie begegnet.

Zum Zeitpunkt der japanischen Angriffe auf Pearl Harbor und die Philippinen stellten P-40B und -C die zahlenmäßig stärkste Jägerstreitmacht des USAAC, wurden aber schon bald durch neue P-40E ersetzt. Diese verfügten über ein Allison-Triebwerk V-1710 mit Einstufenlader und einer gestreckten, breiteren Nase und sechs 12,7-mm-MGs in den Tragflächen. Die Briten nannten die neuen Modelle Kittyhawk. Ein Name, unter dem die P-40E auch in Australien, Kanada und Neuseeland flog. Bei der US-Army und Curtiss führte man sie als Warhawk.

Die P-40F Kittyhawk II erhielt ein Merlin-Triebwerk mit besserer Höhenleistung. Bei der P-40L handelte es sich um ein leichteres Muster mit nur vier MG. Da sich die leistungsstärkeren Triebwerke bei Start und Landung negativ auf die Längsstabilität auswirkten, wurde der Rumpf der späteren P-40F, -L und aller nachfolgenden Muster verlängert. Im Rahmen der alliierten Invasion in Nordafrika, *„Operation Torch"*, starteten einige dieser P-40F sogar von Flugzeugträgern, landeten allerdings auf Landflugplätzen. Zu den weiteren Entwicklungen gehörten die P-40K und -M Kittyhawk III, deren weiterentwickeltes Allison-

Triebwerk bessere Höhenleistungen ermöglichte. Das beste und in größter Zahl gefertigte Muster war die P-40N Kittyhawk IV. Ihr auffälligstes Merkmal war der hinter dem Cockpit abgeflachte Heckrumpf, der die Sicht nach hinten verbesserte. Die leichte XP-40Q mit tropfenförmigen Kabinendach, neu gestalteter Nase und Vierblattpropeller stellten einen vergeblichen Versuch dar, mit der starken P-51D Mustang zu konkurrieren.

Fortgesetzte Bestellungen von nur unwesentlich verbesserten P-40 durch das Militär führten später zu einer Überprüfung durch das *Truman Defence Committee*, eines Untersuchungsausschusses unter Leitung des späteren US-Präsidenten Harry S. Truman. Der Ausschuss kritisierte, dass zu viele P-40 beschafft worden waren, sprach die Army aber von dem Vorwurf frei, die Firma Curtiss bei der Vergabe von Aufträgen begünstigt zu haben.

Von den insgesamt 13739 gebauten Curtiss P-40 gingen viele an kleinere Luftstreitkräfte, wie beispielsweise Australien, Brasilien, Freies Frankreich, Neuseeland und Niederländisch-Ostindien. Einige tausend erhielt die UdSSR, die sie hauptsächlich im Erdkampf verwendete. Über Westeuropa kam die Maschine nicht zum Einsatz.

Nach Kriegsende verschwand die P-40 schnell. Nur einige wenige blieben als Trainer oder nahmen an Wettflügen teil. Mehr als 20 flugtaugliche P-40 können heute noch auf Flugtagen in den USA und Europa bewundert werden.

Unten: *Obschon kein Marineflugzeug, wurden P-40F während „Operation Torch“ im November 1942 auf Flugzeugträgern nach Nordafrika überführt.*

Lockheed P-38 Lightning

Die Lockheed P-38 Lightning war einer der kampfstärksten Jäger ihrer Zeit. Dank ihrer großen Reichweite und der enormen Kampfstärke war sie – in der Hand eines guten Piloten – ein gefürchteter Gegner. Nachteilig war die komplizierte Wartung.

Rechte Seite: *Während im Werk Burbank eine neue Fertigungsstraße entstand, wurde die Lightning im Freien endmontiert. Das Foto offenbart die gewaltige Rüstungsmacht der USA.*

Trotz seiner langen Entwicklungsphase und vieler Kinderkrankheiten entwickelte sich die P-38 zu einem der erfolgreichsten Jäger Amerikas im Zweiten Weltkrieg. Dank ihrer sehr großen Reichweite flog sie über Europa und den Weiten des Pazifiks Geleitschutz für Bomberstaffeln.

Die P-38 basiert auf einer Spezifikation des USAAC von 1936. Gefordert wurde ein Langstrecken-Höhenabfangjäger, der in 6100 m Höhe eine Geschwindigkeit von 580 km/h erreichen und diese dort bis zu einer Stunde lang halten konnte. Bei Lockheed in Burbank nutzten die Konstrukteure Hall Hibbard und Clarence „Kelly" Johnson diese Gelegenheit und stellten der Firmenleitung ihre zweimotorige Lockheed 22 vor – einen revolutionären Jäger mit Bugfahrwerk und ungewöhnlicher Formgebung. Zwei Leitwerkträger nahmen Motoren und Turbolader, Kühlanlagen sowie die Haupträder des Bugradfahrwerks auf und unterstützten gleichzeitig das Leitwerk. Im zentralen Teil des Mitteldeckertragwerks befand sich eine Gondel, in der neben der Pilotenkanzel auch die Bordkanone, vier MG und das Bugrad untergebracht waren. Serien-

Rechts: *Diese P-38H der 79th Fighter Squadron der 20th Fighter Group war in Kingscliffe im englischen Norfolk stationiert.*

LOCKHEED P-38L LIGHTNING

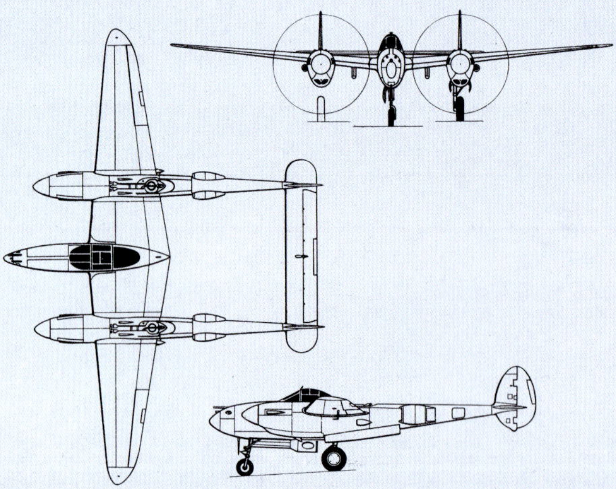

Besatzung: 1

Triebwerk: zwei V-12-Motoren Allison V-1710-111/113 mit je 1100 kW (1496 PS)

Höchstgeschwindigkeit: 666 km/h

Einsatzradius: 1818 km

Dienstgipfelhöhe: 13 410 m

Gewicht: 9798 kg max. Startmasse

Bewaffnung: eine 2-cm-Kanone und vier 12,7-mm-Browning-MG im Bug; zwei 907-kg-Bomben oder zwei 726-kg-Bomben und 127-mm-Raketen

Abmessungen: Spannweite 15,85 m; Länge 11,53 m; Höhe 2,99 m

IM COCKPIT DER LOCKHEED P-38 LIGHTNING

Oben: *Eine P-38F-1 aus der 91. Jagdstaffel der 1st Fighter Group. Die Maschinen dieser Staffel operierten länger als ein Jahr in Nordafrika.*

Lieutenant John Wolford war Pilot einer P-38F *(27th Fighter Squadron, 1st Fighter Group)*. Am 3. Dezember 1943 errang er nahe Biserta (Tunesien) den ersten seiner insgesamt fünf Luftsiege. Sein Kampfbericht zeigt, wie wichtig ein guter Rottenflieger ist. „Lt. Sullivan und ich kurvten nach links und nahmen zwei Bf 109 frontal an, die aus überhöhender Position (1200–1500 m) angriffen. Lt. Sullivan hatte bereits gewendet, während ich – immer noch kurvend – etwa 90 Meter hinter ihm flog. Noch etwa 300–600 Meter über uns zog eine Bf 109 plötzlich eine Kurve und setzte sich hinter Lt. Sullivan. Ich beobachtete, wie der Gegner einen Feuerstoß auf ihn abgab, noch ehe ich ihn ins Visier nehmen konnte. Sekunden später hatte ich ihn vor den Rohren und gab einen Feuerstoß ab, um ihn von Lt. Sullivan abzulenken. Wegen der kurzen Distanz von nur ca. 45 Metern brauchte ich nicht sorgfältig zu zielen.

Als ich den Abzug drückte, war mein Kanonenmagazin leer, und zwei meiner MGs hatten Ladehemmung. Ich kurvte so steil wie möglich, übersprang den Gegner und nahm ihn mit meinen noch funktionierenden MG von rechts unter Feuer. Als ich schoss, kurvte Lt. Sullivan nach rechts, und der Feind folgte ihm. Ich beobachtete, wie meine Leuchtspurgeschosse ins Cockpit des Gegners schlugen, die Bf 109 schüttelte, ging in eine Rechtskurve und drückte leicht an. Er machte kein Ausweichmanöver mehr. Als ich ihn zuletzt sah, stürzte er durch die Wolken. Ich konnte ihm nicht folgen, da Lt. Sullivans Maschine stark beschädigt war und ich ihm Deckung geben musste. Während ich mit der ersten Bf 109 beschäftigt war, hatte mich die zweite wohl beschossen. Nach der Landung entdeckte ich einen Treffer an der rechten Flügelspitze, der das Stromkabel der Positionslampe durchschlagen hatte, einen Treffer an meiner linken Fahrwerkklappe und einen Durchschuss an einem der linken Propellerblätter. Gute Gründe, diesen Feindabschuss für mich zu beanspruchen!"

Rechts: *Die P-38F war das erste Muster, das zur Reichweitensteigerung mit Abwurftanks ausgestattet wurde. Später rüstete man einige Tanks um und setzte sie als Waffen ein.*

***Links:** Das kinnmontierte Suchradar machte die P-38M zum effektivsten amerikanischen Nachtjäger. Vor Kriegsende kamen nur noch wenige P-38M im Pazifik zum Einsatz.*

gefertigte P-38 erhielten zusätzlich eine Hispano-Kanone mit einem Kaliber von 2 cm und vier 12,7-mm-MG. Bei den Triebwerken entschieden sich Hibbard und „Kelly" für zwei flüssigkeitsgekühlte Reihenmotoren Allison V-1710-11/15 mit je 705,6 kW (960 PS) und Kompressoren von General Electric. Ihre Dreiblattpropeller drehten nach außen und glichen so das Drehmoment des jeweils anderen Triebwerks aus. Verglichen mit Maschinen wie der Mosquito, deren Propeller nur nach rechts drehten, war das Fliegen mit der P-38 sehr viel angenehmer und sicherer.

Am 23. Juni 1937 erklärte das USAAC die Lockheed 22 zum Sieger des Wettbewerbs und bestellte einen Prototyp. Der Bau der nötigen Fertigungsvorrichtungen und -maschinen nahm eineinhalb Jahre in Anspruch. Der Jungfernflug der ersten P-38 startete am 27. Januar 1939 vom March Field in Kalifornien. Leider musste die Maschine wegen eines Landeklappendefekts notlanden und wurde schwer beschädigt. Nach der Reparatur folgten zehn weitere Testflüge, in denen die P-38 alle Anforderungen des USAAC erfüllte. Als Lockheed dann aber versuchte, die geplante Übergabe auf dem Mitchell Field (Bundesstaat New York) mit einem transkontinentalen Geschwindigkeitsrekord zu verbinden, endete dies in einem Desaster. Am 11. Februar 1939 in Kalifornien gestartet, tauchte die XP-38 – nach zwei Tanklandungen – zwar nach der Rekordflugzeit von sieben Stunden 45 Minuten über dem Mitchell Field auf, musste dann jedoch aufgrund eines Leistungsabfalls beider Triebwerke auf einem Golfplatz notlanden. Während der Pilot nur

***Unten:** Im Vordergrund ein Fotoaufklärer F-5B-1. Die Kameras waren im Bug der Maschine installiert. Viele dieser unbewaffneten Aufklärer erhielten einen blauen Anstrich. Im Hintergrund: P-38J-5.*

Oben: *Anlässlich der Feierlichkeiten um die japanische Kapitulation erhielt diese brandneue P-38 einen orangefarbenen Anstrich und den Namen „Yippee" (Hurra!).*

leicht verletzt wurde, ging die Maschine völlig zu Bruch. Dennoch erhielt Lockheed im April 1939 eine Bestellung über 13 Vorserienmaschinen. Als Triebwerke kamen zwei Allison V-1710-27/29 mit je 845,3 kW (1150 PS) zum Einsatz. Noch unter dem Eindruck des Kriegsausbruchs stehend, erteilte das USAAC am 20. September einen ersten Auftrag über 66 P-38 („P" stand für „Pursuit" = Verfolgungsjäger) und nach dem deutschen Sieg über Frankreich am 30. August 1940 noch einen über weitere 410.

Schon im Frühjahr 1939 hatte die französische Luftwaffe Überlegungen zur Einführung des neuen Lockheed-Jägers angestellt. Ein Jahr später bestellte eine anglo-französische Beschaffungskommission im März 1940 insgesamt 667 P-38 (Triebwerk: Allison V-1710-C15 mit 801,2 kW/ 1090 PS) und zahlte bar! Nach der Niederlage Frankreichs im Juni 1940 übernahmen die Briten den Gesamtauftrag und führten die Maschinen bei der RAF unter der Bezeichnung „Lightning Mk I" beziehungsweise „Lightning Mk II". Im Januar 1942 wurden die ersten drei Lightning verschifft und von der RAF in Boscombe Down geprüft. Ohne Turbolader, deren Export die US-Regierung verboten hatte, blieben die Flugleistungen jedoch so weit hinter den britischen Erwartungen zurück, dass die RAF die Übernahme weiterer Maschinen dieses Typs ablehnte. Die bis dahin schon fertig gestellten 140 Lightning Mk I führte die USAAF im Dezember 1941 als P-322 ein. Nur 20 von ihnen dienten nach dem japanischen Angriff auf Pearl Harbor bei den Einsatzverbänden, die restlichen 120 wurden als Trainer eingesetzt. Von den Lightning Mk II entstand nur ein einziges Exemplar, das die USAAF als P-38F übernahm und bei Lockheed für Tests nutzte.

Rechts: *Dank ihrer beiden Leitwerkträger zählt die Lightning zu den auffälligsten Jägern des Krieges. Direkt hinter den Motoren befinden sich Ansaughutzen für die Cockpitheizung und die Kühlung der Turbolader. Dahinter folgen die Verkleidungen der Motorkühler.*

Als erste voll kampffähige Lightning gilt die P-38D. Es handelte sich dabei um die letzten 36 Maschinen aus dem Erstauftrag vom 20. September 1939, bei deren Fertigung Lockheeds Konstrukteure bereits viele Erkenntnisse aus den Luftkämpfen in Europa hatten einfließen lassen. Die ersten wurden im August 1941 bei der *1st Pursuit Group* der USAAF in Michigan in Dienst gestellt. Zum Zeitpunkt des japanischen Angriffs waren gerade einmal 47 P-38 bzw. P-38D fertig geworden. Sie wurden umgehend nach Alaska und auf die Aleuten verlegt. Als Japan im Juni 1942 Teile der Aleuten besetzte und es zu Kämpfen kam, errang die P-38 erste Siege gegen japanische Flugboote des Typs Kawanishi H6K4 „Mavis".

Unterdessen forderten die von England aus operierenden US-Langstreckenbomber einen wirksameren Jagdschutz bei ihren Angriffen gegen Deutschland. Da die Schifffahrtswege durch deutsche U-Boote bedroht waren, blieb zur Überführung der Maschinen nach England nur der Luftweg. Anfang August 1942 – Lockheed hatte inzwischen Abwurftanks entwickelt, mit denen sich die Reichweite der P-38 auf 3540 km steigern ließ – verlegten zwei Jagdgruppen mit insgesamt 81 P-38F von Maine nach England. Dank der Zusatztanks konnten diese P-38 sogar Angriffe in Deutschland fliegen. Jedoch offenbarten sich auf dem europäischen Kriegsschauplatz auch die ersten „Kinderkrankheiten". So führte beispielsweise die nur unzureichend arbeitende Cockpit-Heizung bei zahlreichen Piloten zu

Erfrierungen. Daneben bestand bei hohen Geschwindigkeiten die Gefahr, dass sich Teile der Maschine lösten bzw. man die strukturelle Festigkeitsgrenze überschritt. Häufige Probleme mit den Triebwerken führten dazu, dass die P-38 in mittleren Höhen operieren mussten, wo sie den deutschen Jägern unterlegen waren.

Aus diesem Grund erhielt die P-38H ein leistungsgesteigertes Triebwerk mit Kompressor. Ihr folgte die P-38J mit vergrößerten und von den Tragflächen zum „Kinn" verlagerten Kühlern. Dadurch schuf man Platz für größere Zusatztanks und steigerte die Reichweite um 160 km. Dennoch verloren die Motoren auch weiterhin Öl, und auch die Höhenleistung blieb unbefriedigend.

Ihre größten Erfolge errangen die P-38 im Pazifik. Als erste Einheit rüstete die auf Neuguinea stationierte *39th Fighter Squadron* Ende 1942 auf Lightning um. Ein Pilot dieser Jagdstaffel, Richard I. „Dick" Bong, wurde mit 40 Luftsiegen zum erfolgreichsten amerikanischen Flieger-Ass aller Zeiten. Auch der an zweiter Stelle liegende Thomas B. McGuire (38 Luftsiege) flog P-38.

1944 rüstete Lockheed eine P-38L zum Nachtjäger um, gab ihr einen schwarzen Anstrich und versah die Bordwaffen mit Mündungsfeuerdämpfern. Radargerät und -operateur waren hinter dem Piloten in einem engen Cockpit untergebracht. Die erste nur zu diesem Zweck gebaute Maschine war die P-38M Night Lightning.

Oben: *Zur Bekämpfung von Bodenzielen wurde diese P-38L mit 127-mm-Raketen bestückt. Unter jedem Flügel konnten bis zu zehn Raketen mitgeführt werden.*

In Europa diente die Lightning oft als Schnellbomber. Ihre Taktik bestand darin, eine Kampflast (zwei 907-kg-Bomben) in größerer Formation hinter einem so genannten „*Pathfinder*" fliegend, abzuwerfen. Die „*Pathfinder*" (Pfadfinder) waren zweisitzige P-38J oder -L, in deren Plexiglaskuppel mit nach unten geneigter Planscheibe (nach Ausbau der Rohrwaffen) ein Bombenschütze das Ziel anvisierte. Sie führten „normale" Lightning über ein Angriffsobjekt und gaben das Signal zum Bombenwurf. Wichtigste unbewaffnete Varianten waren die Fotoaufklärer F-4-1, F-5E und F-G. Auch Australien und die frei-französische Luftwaffe erhielten Maschinen dieses Typs. Die zahlenmäßig stärksten Muster P-38J (2970 Stück) und -L (3810 Stück) hatten so genannte „Kampfklappen", die enge Kurvenflüge ermöglichten und auch als Sturzflugbremsen dienten.

Links: *Diese P-38J-15 wurde zum „Pathfinder" (Pfadfinder) umgerüstet. In der verlängerten Kunststoffnase befanden sich eine Bombenschützenstation und ein Mickey-Radarzielgerät B.T.O. (Bombing Through Overcast = Bombenabwurf durch Wolkendecke).*

Grumman F4F Wildcat

In den ersten Kriegsjahren war die Wildcat der wichtigste Marinejäger. Sie trug entscheidend dazu bei, Japans ehrgeizige Pläne zu durchkreuzen. Als größere und kampfstärkere Jäger verfügbar waren, schützten Wildcat die alliierte Schifffahrt.

GRUMMAN F4F-4 WILDCAT

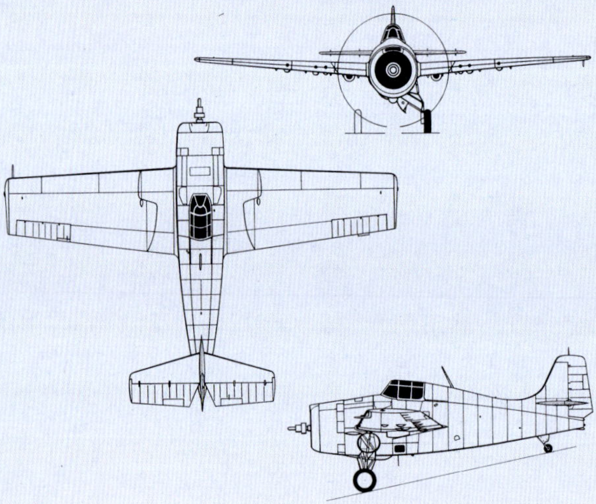

Besatzung: 1

Triebwerk: ein Sternmotor Pratt & Whitney R-1830-86 mit 895 kW (1200 PS)

Höchstgeschwindigkeit: 512 km/h

Einsatzradius: 672 km

Dienstgipfelhöhe: 10 640 m

Gewicht: 3607 kg max. Startmasse

Bewaffnung: sechs 12,7-mm-MG des Typs Browning in den Tragflächen; FM-2 hatte vier MG und konnte zwei 113-kg-Bomben bzw. sechs 127-mm-Raketen mitführen.

Abmessungen: Spannweite 11,58 m; Länge 8,76 m; Höhe 2,81 m

Rechte Seite: *Die Wildcat operierten von Bord der vielen für die US Navy gebauten Begleitträger. Im Atlantik flogen sie mit grauem Tarnanstrich.*

Mit der F4F Wildcat begründete Grumman seine berühmte „Katzen“-Familie. Kompakt und stark, stand die Maschine allerdings 1939 noch mit einer Pfote im Doppeldeckerzeitalter.

Der Stammbaum der „Wildkatze“ reicht zurück bis zur zweisitzigen FF-1 (manchmal auch „Fifi“ genannt), dem ersten US-Marinejäger mit Einziehfahrwerk. Das erste „F“ ist der militärische Code für Grumman, während das zweite für „Fighter“ steht und die Verwendung bezeichnet. Die „1“ bedeutet, dass dies das erste seriengefertigte Muster dieses Typs ist. 1932 bestellte die *US Navy* die F2F-1 als einsitzige Variante und später die größeren F3F-1, -2 und -3. Beim Triebwerk setzte man auf Pratt-&-Whitney- oder Wright-Motoren mit Startleistungen von 485 kW (650 PS) bis 709 kW (950 PS). Der letzte dieser korpulenten Doppeldecker (auch „fliegende Fässer“ genannt) diente dem *US Marine Corps* noch bis Oktober 1941.

Als die *US Navy* Ende 1935 einen neuen Jäger suchte, bewarb sich Grumman zunächst mit einem weiteren Doppeldecker-Entwurf – der XF4F-1. Es zeigte sich jedoch

Rechts: *Eine FM-2 Wildcat gegen Kriegsende in den Farben des Begleitträgers USS Steamer Bay.*

Rechts: *Die Wildcat Mk V der Royal Navy waren britische Varianten der bei General Motors gefertigten und mit nur vier MG bewaffneten FM.*

bald, dass sich mit Doppeldeckern nur geringe Leistungssteigerungen erzielen ließen und Grumman den Mitbewerbern mit ihren Eindeckern gegenüber im Nachteil war.

Dem Unternehmen mit Sitz in Bethpage, New York, blieb also keine andere Wahl, als der *Navy* ebenfalls einen Eindecker in Metallbauweise zu präsentieren. Ende Juli 1936 erhielt es den Auftrag zum Bau eines ersten, einzelnen Versuchsmusters mit der Bezeichnung XF4F-2.

Im Motorraum sollte ein Pratt & Whitney R-1830-66 Twin Wasp mit Einstufenlader seinen Dienst verrichten. Dank des Laders erzielte der Twin Wasp auch auf Meereshöhe noch 90 Prozent seiner in mittlerer Flughöhe erbrachten Leistung von 783 kW (1060 PS). Gemessen an damaligen Standards, war die Bewaffnung stark: zwei 7,62-mm-MG im Vorderrumpf und zwei weitere mit einem Kaliber von 12,7 mm in den Tragflächen. Der Rumpf erinnerte stark an die F3F. Die Flügel ließen sich noch nicht beiklappen, waren dafür aber mit Notschwimmern ausgestattet. Das schmalspurige Fahrwerk musste vom Piloten mittels einer Handkurbel eingezogen werden.

IM COCKPIT DER GRUMMAN F4F WILDCAT

In den großen Schlachten des Jahres 1942 im Korallenmeer und bei den Midway-Inseln war die Wildcat Amerikas einziger trägergestützter Jäger. Gegen Bomber und Sturzkampfbomber effektiv, wurde sie jedoch von der A6M Zero bei weitem übertroffen. Gegen Zero hatten nur die Besten eine Chance. Erfolgreichster Wildcat-Pilot war Joe Foss (VMF-121; Guadalcanal). Er vernichtete 29 japanische Flugzeuge – darunter 19 Zero – und wurde mit der Verdienstmedaille *(Congressional Medal of Honor)* ausgezeichnet. Am 23. Oktober 1942 führten Major Leonard Davis, Kommandeur der VMF-121, und Captain Foss, sein Stellvertreter, zwei Schwärme F4F-3 gegen zahlreiche, im Anflug auf Henderson Field befindliche Feindjäger und -bomber. Schnell waren beide Schwärme in Gefechte verwickelt. Foss' erste Gelegenheit war eine Zero, die aus allen Rohren feuernd eine F4F verfolgte. Foss drehte ein, drückte den Abzug, und die Zero explodierte. Dann hängte er sich hinter eine andere, die mit einem Looping auszuweichen versuchte. Foss blieb dran und erwischte den Japaner auf dem Scheitelpunkt des Loopings.

Andrückend, um mehr Geschwindigkeit zu gewinnen, beobachtete er, wie ein Zero-Pilot zu einer langsamen Rolle ansetzte. Alles musste sehr schnell gehen. Kaum war Foss in Schussposition, als sich ein Flügel durch seine Visierung bewegte. Er feuerte und sah, wie sein Gegner ohne Fallschirm aus der Maschine geschleudert wurde. Im Luftkampf mit einer weiteren Zero wurde Foss' Wildcat schwer beschädigt, konnte seinen Gegner aber noch abschießen, bevor er sich dann mühsam nach Henderson Field „zurückschleppte".

Unten: *Das erste Serienmodell, die F4F-3, verfügte noch nicht über einklappbare Tragflächen. Diese Maschine trägt die in der Mitte des Krieges üblichen Kennzeichen.*

Mit Robert L. Hall am Knüppel startete die XF4F-2 am 2. September 1937 zu ihrem Erstflug. Im April 1938 wurde sie vergleichenden Tests mit den Mitbewerbern Brewster (XF2A-1) und Seversky (XNF-1) unterzogen, in deren Verlauf sie wegen Triebwerkausfalls in einem Gemüsefeld notlanden musste und sich überschlug. Während sie repariert wurde, entschied sich die *US Navy* für die Brewster XF2A-1. Ein Fehler, wie sich bald zeigen sollte, denn der nachträglich eingebaute Panzerschutz und zusätzliche Ausrüstung machten die F2A-1 „Buffalo“ schwer und unbeweglich.

Inzwischen waren die Grumman-Konstrukteure Dick Hutton und Bill Schwendler zu den Reißbrettern zurückgekehrt und hatten die XF4F-3 entworfen. Die Notschwimmer wurden entfernt und das Triebwerk durch einen leistungsgesteigerten Twin Wasp mit Zweistufenlader ersetzt. Die zweite Stufe wurde bis zu einer Flughöhe von 3350 m zugeschaltet. So leistete der Twin Wasp beim Start 895 kW (1200 PS) und in 5790 m Höhe noch 746 kW (1000 PS). Die abgerundeten Flügelspitzen wurden eckig gestaltet und große Teile der Struktur überarbeitet. Die Erprobung (Erstflug 12. Februar 1939) war noch im Gange, als Grumman im August 1939 den ersten Auftrag über 53 F4F-3 für sich verbuchen konnte. Diese hatten inzwischen den Namen „Wildcat“ erhalten.

Wurden die ersten beiden seriengefertigten Wildkatzen noch mit zwei Flügel-MG ausgeliefert, erhielten die folgenden Exemplare bereits vier MG sowie Aufhängevorrichtungen für zwei leichte Bomben. Beeindruckt von den Leistungen des japanischen Jägers A6M2-N „Rufe“, einer Schwimmerversion der Zero, befahl die *US Navy*

Oben: *Obwohl die Wildcat den japanischen Zero bei Steigvermögen, Wendigkeit und Geschwindigkeit deutlich unterlegen waren, gelangen ihren Piloten durch geschickte Taktiken respektable Erfolge.*

Links: *Martlett II an Deck eines britischen Trägers. Die Maschinen wurden zur Unterstützung britischer Operationen nach Indien überführt.*

Rechts: *November 1942 an Bord des Hilfsträgers USS Santee. Das Deckpersonal bugsiert eine F4F-4 auf das Startkatapult.*

im Herbst 1942, auch eine F4F-3 mit Schwimmern zu testen. Hinter dem Versuch stand der Wunsch, auf Inseln auch dann schon Jäger stationieren zu können, bevor feste Pisten existierten. Doch die F4F-3S „Wildcatfish" hätte sich, behindert durch ihre Schwimmer und mit nur 390 km/h viel zu langsam, unmöglich gegen die japanischen Jäger behaupten können. Als die amerikanischen Pioniere beim „Inselspringen" im weiteren Verlauf des Pazifikkrieges zeigten, dass provisorische Pisten schnell angelegt werden konnten, wurde ein bereits erteilter Beschaffungsauftrag über 100 Wildcatfish wieder storniert.

Während die Serienfertigung für die *US Navy* anlief, erhielt Grumman auch Bestellungen aus dem Ausland. Frankreich orderte für seine Marineflieger Ende 1940 81 Exportmodelle (Werksbezeichnung G-36A), die Grumman allerdings wegen Ausfuhrbeschränkungen des R 1830 auf den Neunzylindermotor Wright R-1820 umrüsten musste. Nach der Niederlage Frankreichs wurden die fertigen Maschinen von den britischen

Rechts: *Bei Kriegsausbruch trugen die Wildcat der US Navy eine Mischung aus Tarnanstrich und farbenprächtigen Kennzeichen. Erst im Mai 1942 wurden die Streifen am Seitenruder und der rote Punkt im Stern entfernt.*

Marinefliegern *(Fleet Air Arm)* als Martlet Mk I (Mauersegler) übernommen. Diese hatten ihrerseits bereits 100 F4F mit Pratt & Whitney R-1830 bestellt und waren dabei, diese als Martlet Mk II in Dienst zu stellen.

Die beiklappbaren Tragflächen wurden mit der F4F-4 eingeführt (Erstflug Prototyp XF4F-4 am 14. April 1941). Diese waren vor allem auf den kleineren britischen Flugzeugträgern von Nutzen, wo nun weitaus mehr Jäger auf und unter Deck mitgeführt werden konnten. Um die Flächen beizuklappen, hatte Grumman einen Mechanismus konstruiert, mit dem die Flächen nach hinten und fast senkrecht neben dem Rumpf stehend beigeklappt werden konnten. Die Breite einer Wildcat reduzierte sich dadurch auf nur 4,37 m! Zum Beiklappen erhielten die ersten Maschinen eine Hydraulikanlage, deren Gewicht sich jedoch so negativ auf die Flugleistungen auswirkte, dass diese wieder entfernt und der Klappvorgang manuell durchgeführt wurde. Mit dem Eintreffen der F4F-4 wurden die F4F-3 zu den landgestützten Marinefliegerstaffeln überstellt. Die F4F-4 waren mit sechs 12,7-mm-MG bewaffnet, verfügten über selbstversiegelnde Kraftstofftanks und konnten Abwurftanks mitführen.

Während die landgestützten Martlet I in erster Linie im Nahen Osten operierten, kämpften die F4F-3 der *US Navy* im Pazifik um Wake Island und Guadalcanal. Dabei hatte die mit F4F-3 ausgestattete Jagdstaffel *VMF-211* erheblichen Anteil bei der Verzögerung des am 8. Dezember 1941 beginnenden japanischen Landungsunternehmens auf Wake Island. Sie zerstörte zahlreiche Bomber und versenkte mit dem Glückstreffer einer 45-kg-Bombe sogar einen Zerstörer.

Die britischen Martlet erhielten ihre Feuertaufe bei der Abwehr deutscher Bomberangriffe auf Scapa Flow und im Norwegenfeldzug. Außerdem trugen sie dazu bei, eine Lücke in der Luftüberwachung über dem Atlantik zu schließen und die Schifffahrtswege nach Großbritannien zu sichern.

Bald konnte Grumman die Nachfrage nach Jägern, Schwimmer- und Torpedoflugzeugen nicht mehr decken und verlagerte die Wildcat-Produktion zur *Eastern Aircraft Division* von General Motors. Die erste bei GM gebaute F4F-4 war eine „4-MG-Version" mit der Bezeichnung „FM". Rund ein Drittel der 1060 gebauten FM waren Martlet Mk V. Anfang 1944 wurden diese in Wildcat Mk IV umbenannt.

Die FM-2 wurde speziell für Begleitträger entworfen und von einem Pratt & Whitney R-1820-56 mit Einstufenlader und 1007 kW (1350 PS) angetrieben. Das Triebwerk erforderte ein größeres Auspuffrohr direkt über und vor der Flügelwurzel. Dieses und das hohe Leitwerk waren die Hauptmerkmale der FM-2, von der 4777 gebaut wurden (340 als Martlet Mk VI/ Wildcat Mk VI).

Ende der 1980er-Jahre existierten nur noch wenige FM-2. Dies änderte sich jedoch in den 1990er-Jahren, nachdem man einige aus dem Lake Michigan geborgene F4F-3 restauriert hatte. Heute fliegen wieder ca. 15 Wildcat.

Oben: *Bei der Royal Navy operierte die Wildcat als Martlet von kleinen Begleitträgern aus.*

Unten: *Diese F4F führen das Hoheitszeichen mit rotem Rand. Rand und Streifen wurden im Juni 1943 eingeführt, das Rot aber schon im September wieder entfernt.*

Jakowlew Jak-1 bis Jak-9

Die bekanntesten sowjetischen Jäger des Zweiten Weltkrieges entstanden in der Entwicklungsabteilung von Jakowlew. Ständig weiterentwickelt, waren die robust produzierten Maschinen bei Kriegsende den besten westlichen Jägern ebenbürtig.

JAK-9D

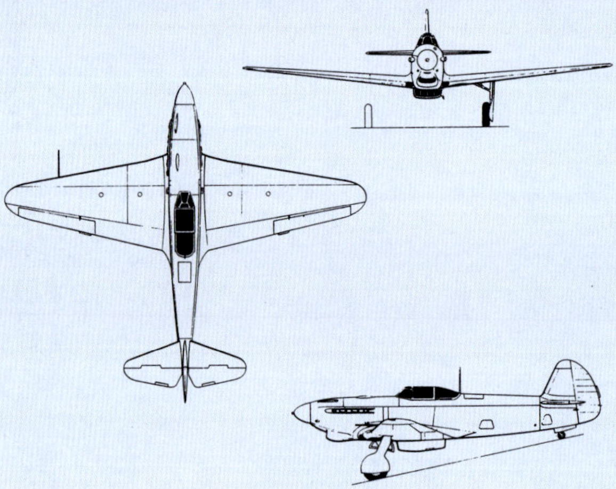

Besatzung: 1

Triebwerk: ein V-12-Kolbenmotor Klimow M-105PF-3 mit 1001 kW (1360 PS)

Höchstgeschwindigkeit: 535 km/h in Meereshöhe, 602 km/h in 3100 m Höhe

Einsatzradius: 708 km/h

Dienstgipfelhöhe: 9100 m

Gewicht: 3117 kg Startmasse

Bewaffnung: eine durch die hohle Propellerwelle feuernde 2-cm-Kanone ShVAK und zwei flügellafettierte 12,7-mm-MG UBS

Abmessungen: Spannweite 9,74 m; Länge 8,50 m; Höhe (Heck abgehoben) 3 m

Rechte Seite: *Jak-9 des 18. Garde-Jägerregiments im Sommer 1943.*

Die Jak-Jäger, im Zweiten Weltkrieg Rückgrat der sowjetischen Luftwaffe, dienten in der Nachkriegszeit in vielen kommunistischen Ländern. Obschon nicht so ausgeklügelt wie westliche Typen, waren sie die ersten sowjetischen Jäger, die den deutschen Bf 109 und Fw 190 annähernd ebenbürtig waren.

Alexander S. Jakowlew gehörte zu den wenigen Konstrukteuren, die Stalin in den 1930er-Jahren als vertrauenswürdig betrachtete. Im Rahmen eines Wettbewerbs für einen „Frontjäger" entwarf er 1939 seinen ersten Jäger: die Ja-26. Nachdem die Ja-26 am 13. Januar 1940 ihren Erstflug absolviert hatte, bestellten die V-VS (sowjetische Luftstreitkräfte) – unbeeindruckt vom Absturz des Prototyps im April – den Bau von Vorserien- und Serienmaschinen mit der Dienstbezeichnung „Jak-1"; bis Jahresende waren 64 Exemplare fertig gestellt.

Die Jak-1 war ein herkömmlicher Tiefdecker in Gemischtbauweise. Sie hatte ein stählernes Rumpfgerippe, vorne mit Duraluminium und hinten mit stoffbespanntem Sperrholz beplankt sowie sperrholzbeplankte, als Holzkonstruktion konzipierte Flügel. Als Triebwerk wählte Jakowlew den flüssigkeitsgekühlten Zwölfzylinder-

Rechts: *Eine Jak-1M des aus polnischen Piloten gebildeten Jägerregiments „Warszawa" Ende 1944.*

Малый театр
фронту
ТЕАТ
АТР

V-Motor Klimow M-105 (820 kW/1100 PS). Bei der Konstruktion der Jak-1 war besonderer Wert auf einfache Fertigung gelegt worden, damit angelernte Arbeiter das Flugzeug montieren konnten. Leider sparte man bei der Qualitätskontrolle, und als am 22. Juni 1941 der deutsche Angriff „Unternehmen Barbarossa" begann, waren bei einigen Einheiten über die Hälfte der Maschinen nicht flugtauglich. Unter dem Druck des schnell vorstoßenden Feindes verlagerte man die meisten Flugzeugwerke hinter den Ural. Nur zwei Monate später hatte die Produktion wieder den Vorkriegsstand erreicht. Da der deutschen Luftwaffe leistungsfähige Fernbomber fehlten, blieb die

IM COCKPIT DER JAK-1

Oben: Die Jak-1M war das erste ausgereifte Jak-Modell. Aus ihr entstand später die Jak-3 – leichter und noch wendiger als die Vorgängerinnen. Lediglich die Ölkühlung blieb ein Problem.

Da es nach dem deutschen Angriff auf die Sowjetunion an als Jagdflieger geeigneten Männern mangelte, erhielt die berühmte Fliegerin Marina Raskowa die Erlaubnis, aus Sportfliegerinnen und Pilotinnen der zivilen Luftfahrt einen nur aus Frauen bestehenden Truppenteil zu bilden. Eine der ersten ausgewählten Frauen war die 21-jährige „Lily" Lilja Wladimirowna Litwak. Schon vor dem Krieg hatte sie als Jugendliche das Fliegen gelernt und den Fluglehrerschein gemacht.

Nach abgeschlossener Militärausbildung half „Lily" bei der Aufstellung des 586. IAP (Frauen-Fliegerregiment). Sie flog eine Lawotschkin La-5 und erhielt ihre Feuertaufe im September 1942 nördlich von Stalingrad. Ihre ersten drei Luftsiege errang sie auf der La-5, bevor man sie als Schwarmführerin zum 287. IAD versetzte, wo ihr in dem ansonsten „männlichen" Regiment die weiblichen Pilotinnen unterstellt wurden. Den Männern scheint das wenig geschmeckt zu haben. Sie erwirkten, dass Litwak im Januar 1943 nach Stalingrad versetzt wurde. Umgeschult auf die Jak-1, wurde „Lily" als die „weiße Rose von Stalingrad" berühmt. Angeblich trug ihre Jak-1 als Kennzeichen eine Blume – eine weiße Lilie, in Anspielung auf ihren Rufnamen. Ebenso wahrscheinlich ist aber, dass dieses Detail nur zu Propagandazwecken erdacht wurde. Im Februar/März 1943 schoss Lily weitere fünf deutsche Bomber ab und war an der Vernichtung einer Fw 190 beteiligt. Im Mai folgten zwei Luftsiege; einer davon ein Beobachtungsballon. Im Juli selbst zweimal abgeschossen und verletzt, flog sie entgegen dem Rat ihrer Ärzte weiter und kehrte noch vor ihrer Genesung zu ihrer Staffel zurück.

Am 1. August 1943 startete sie nachmittags zum wiederholten (dritten oder vierten) Mal an diesem Tag zum Feindflug auf der Suche nach Bombern. Irgendwie verlor sie ihre Einheit und stieß auf acht deutsche Flugzeuge. Iwan Borisenko, einer ihrer Kameraden, schrieb: „Lily hatte die über den Bombern Jagdschutz fliegenden Messerschmitt 109 nicht bemerkt. Eine Rotte dieser Jäger stürzte auf sie herab. Sobald Lilja sie erkannte, kurvte sie ihnen entgegen und griff frontal an. Dann verschwanden alle hinter einer Wolke." Borisenko sah erst wieder, wie die Jak steuerlos zu Boden trudelte. Hatte ein Kopfschuss Lily getötet? Das Flugzeug zerschellte bei dem Dorf Dmitriewka, dessen Bewohner die Pilotin unter dem Flügel ihres Jägers begruben. Lilja wurde nur 22 Jahre alt.

Lilja Litwak errang zwölf bestätigte Luftsiege (die beiden letzten an ihrem Todestag); drei Abschüsse musste sie mit anderen Pilotinnen teilen. Der Kommandeur ihrer Einheit, inzwischen in 73. Garde-Jägerregiment umbenannt, beantragte ihre Ernennung zur Heldin der Sowjetunion. Da ihre Leiche jedoch nicht gefunden werden konnte, wurde sein Antrag abgelehnt. Erst nachdem man im Jahr 1986 auf ihr Grab gestoßen war, konnte ihr diese Ehrung im Mai 1990 zuteil werden.

sowjetische Flugzeugindustrie hinter dem Ural praktisch unbehelligt.

Spätestens 1942 hatte die Luftwaffe in der Jak-1 einen Gegner erkannt, der der Bf 109 zumindest ebenbürtig war, während die fast gleichaltrige MiG-3 längst nicht so hoch eingestuft wurde. Zu ähnlichen Erkenntnissen kamen auch die Sowjets, stoppten die MiG-Produktion und entwickelten die Jak-Familie. Spätere Jak-1 hatten den Heckrumpfrücken abgesenkt und eine dreiteilige, tropfenförmige Kabinenhaube mit verbesserter Rundumsicht sowie den Motor VK-105PF. Mit diesen serienmäßigen Änderungen entstand die Jak-1M (M = „modificirovannyj" = modifiziert).

Viele Merkmale der Jak-1M wurden für die Jak-3 übernommen. Sie absolvierte den Erstflug Anfang 1943. Die Flügel waren breiter, aber 79 cm kürzer. Ihr Kühler war weiter hinten angeordnet und das Spornrad einziehbar. Zwei im Rumpf eingebaute 7,62-mm-MG ShKAS und eine auf dem Motor lafettierte ShVAK-Kanone wurden zusätzlich durch zwei 12,7-mm-Flügel-MG UBS verstärkt.

Mit nur 2661 kg Leermasse war die Jak-3 der leichteste nichtjapanische Jäger des Zweiten Weltkrieges. Dank geringem Gewicht und kurzer Spannweite war die Jak-3 wendiger als die meisten ihrer Zeitgenossinnen. Ihre Drehgeschwindigkeit um die Querachse war hervorragend, und in geringen Höhen (an der Ostfront fanden die meisten Luftkämpfe in Höhen bis 3500 m statt) war sie Bf 109G und Fw 190A zumindest ebenbürtig.

Die Erprobung der Jak-3 endete im Oktober 1943, und im März 1944 erschienen die ersten Serienmaschinen. Als erste Einheit wurde das über Polen operierende 91. Fliegerregiment im Juni 1944 auf Jak-3 umgerüstet. Im Juli tauschte auch das auf Sowjetseite kämpfende französische Freiwilligenregiment Normandie-Njemen seine Jak-1 gegen Jak-3 und erhöhte in den Folgemonaten seine Abschussquote erheblich. Als Konsequenz wies die deutsche Luftwaffe ihre Piloten 1944 an, unter 5000 m

Unten: *Die Inschrift auf dieser Jak-3 ist eine Widmung der Jungkomsomolzen Alma-Ata an Fliegerass Sergej Luganskij, „Held der Sowjetunion".*

Oben: *Die französischen Farben an Spinner und Seitenruder identifizieren diese Jak-3 als Maschine des französischen Freiwilligenregiments Normandie-Njemen. Das Bild entstand vermutlich nach Kriegsende in Frankreich.*

Links: *Neue Jak-7 mit schwarz-grünem Tarnanstrich. Die Farben stammten aus der Traktorproduktion und waren in großen Mengen verfügbar.*

keine Kämpfe mehr gegen Jaks anzunehmen, die „den Kühler nicht unter der Nase tragen".

Bei der Weiterentwicklung seiner Jäger-Familie ging Jakowlew ab 1941 mit leichten (Jak-3) und schweren Mustern (Jak-7 und -9) getrennte Wege. Die Jak-7 entstand 1940 als zweisitziger Trainer Jak-7UTI aus einer vorseriengefertigten Jak-1. Anstelle des Funkgeräteschachtes wurde ein zweites Cockpit für den Lehrer oder einen wichtigen Fluggast eingerichtet und – damit der Schwerpunkt erhalten blieb – der Kühler weiter nach vorn verlegt. Die Flügel erhielten neue Spitzen, was die Spannweite vergrößerte. Die Änderungen verbesserten die Handhabung erheblich, und Jakowlew ließ die Jak-7UTI zum Jagdeinsitzer umrüsten und im hinteren Cockpit einen Zusatztank einbauen. So entstand die Jak-7B mit stärkerem M-105PF (902 kW/1210 PS) und abgerundeten Flügelspitzen. Nachdem man die hölzernen Holme der Flügel durch Stahl verstärkt hatte, konnten auch Luft-Boden-Raketen mitgeführt werden. Ansonsten umfasste die Bewaffnung zwei 12,7-mm-MG und eine 2-cm-Motorkanone.

Unten: *Jak-7 verlassen die Fertigungshallen der Staatlichen Flugzeugfabrik 292 in Saratow. Insgesamt wurden in den Jakowlew-Werken während des Krieges ca. 6400 Jak-7 gebaut.*

Vielseitigstes Mitglied der Jak-Familie war die Jak-9. Abgeleitet von der Jak-7DI, erhielt sie einen abgesenkten Rumpfrücken und eine dreiteilige, tropfenförmige Kabinenhaube. Nachdem ein erstes Vorserienbaulos Jak-7DI im Herbst 1942 ausgeliefert war, ging die verbesserte Variante als Jak-9 in Serie und gelangte ab November 1942 an die Front. Angetrieben von einem M-105PF und bewaffnet mit zwei MG und einer Kanone, war sie leichter als die Jak-7 und zeichnete sich durch bessere Flugleistungen aus. Ihr Seitenruder hatte eine andere Form, und der Kühler war größer. Eine ihrer Varianten konnte in einem Waffenschacht hinter dem Piloten vier 100-kg-Bomben mitführen. Es gab den Fotoaufklärer Jak-9R und den Höhenjäger Jak-9PD mit Zweistufenlader und nur einer Kanone. Überlasttanks vergrößerten die Reichweite der Jak-9DD auf 2200 km, sodass sie den Bombern der 8. US-Luftflotte Jagdschutz geben konnten, die nach Angriffen auf besetzte Gebiete in der westlichen UdSSR landeten.

Die Jak-9U der zweiten Generation war ursprünglich für den VK-107A (1230 kW/1650 PS) vorgesehen. Wegen „Kinderkrankheiten" dieses Motors verzögerte sich die Serienfertigung, und die ersten Baulose erhielten schließlich den VK-105PF. Im Übrigen hatte man die Aerodynamik überarbeitet. Unter der Nase fehlte der Ölkühler, stattdessen wurde weiter hinten ein flacher Bauchkühler angeordnet. Jak-9U kamen noch in den letzten Kriegsmonaten an die Front. Nach 1945 wurden Jak-9U – ebenso wie die mit drei 2-cm-Kanonen bestückten Jak-9P – in großer Zahl exportiert. Die NATO führte die Jak-9 unter dem Decknamen „Frank". Auch China erhielt Jak-9P und trat einige davon an Nordkorea ab, das sie in

Rechts: *Eine erbeutete nordkoreanische Jak-9P. Tests auf der Air Force Base Wright-Patterson zeigten, dass sie wendiger war als die P-51D Mustang.*

Links: *Die Jak-9 war eine Weiterentwicklung der Jak-7, basierte technisch aber auf der späten leichteren Jak-3.*

den ersten Monaten des Koreakrieges einsetzte, bis Ende 1950 die MiG-15 eintrafen. Hier zeigte sich die Jak den amerikanischen P-51 leidlich gleichwertig, war aber Jets eindeutig unterlegen.

Bis zum Ende der Serienfertigung 1947 wurden insgesamt 16 769 Jak-9 gebaut. Hinzu kommen 6399 Jak-7, 4848 Jak-3 und 8723 Jak-1. Mit diesen Produktionszahlen steht die Jak an der Spitze aller Jagdflugzeugmodelle der Luftfahrtgeschichte.

Mit der Idee, den Klassiker Jak-3 als nostalgisches Sammlerstück wieder aufleben zu lassen, reiste Sergej Jakowlew, der Sohn des berühmten Konstrukteurs, 1991 in die USA zur Firma Magic Flight. Man kam überein, zunächst zehn Jak-3 neu aufzulegen. Angetrieben von Allison V1710, fliegen inzwischen die ersten Jak-3M – gefertigt unter Verwendung originaler Komponenten – in den USA und Europa, eine auch in Deutschland.

Unten: *Ehe Nordkorea im Jahr 1950 die MiG-15 einführte, flogen die nordkoreanischen Jagdstaffeln hauptsächlich Jak-9P. Die abgebildete Maschine wurde von einem amerikanischen Jäger abgeschossen.*

Mitsubishi A6M Zero-Sen

Bei der A6M Zero, einem der gefährlichsten Jäger des Krieges, war zugunsten von Wendigkeit und Flugdauer auf Schutz und große Feuerkraft verzichtet worden. Als Hellcat und Corsair erschienen, hatte sie ihre Überlegenheit bereits eingebüßt.

MITSUBISHI A6M5 REI-SEN

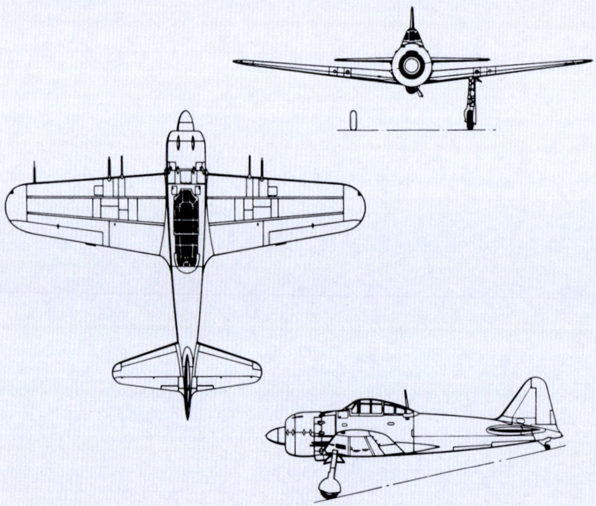

Besatzung: 1

Triebwerk: ein Vierzehnzylinder-Sternmotor Nakajima Sakae 21 mit 842 kW (1130 PS)

Höchstgeschwindigkeit: 565 km/h

Einsatzradius: 1166 km

Dienstgipfelhöhe: 11 500 m

Gewicht: 2733 kg Startmasse

Bewaffnung: zwei rumpflafettierte 7,7-mm-MG Typ 97; je zwei 13,2-mm-MG und 2-cm-Kanonen Typ 99 in den Flügeln; eine 499-kg- und/oder zwei 60-kg-Bomben

Abmessungen: Spannweite 11 m; Länge 9,12 m; Höhe 3,51 m

Rechte Seite: *Diese Zero (mit Pratt-&-Whitney-Triebwerk) flog viele Jahre bei der Confederate (heute Commemorative) Air Force (CAF) in Texas.*

Rechts: *Eine 1944 auf Clark AFB (Philippinen) stationierte A6M2. Bei Nakajima lizenzgefertigte Zero trugen auf der Oberseite einen dunkelgrünen Tarnanstrich.*

Mitsubishis Bordjäger Typ 0, besser bekannt unter dem alliierten Decknamen „Zeke" oder einfach „Zero", war für die Alliierten 1941 eine unangenehme Überraschung. Zwar wurde die Zero nach einer Periode scheinbarer Unbesiegbarkeit letztendlich von britischen und US-Konstruktionen übertroffen, doch blieb sie bis Kriegsende in Produktion und galt in den richtigen Händen stets als tödliche Waffe.

1937 erarbeitete der technische Stab der Kaiserlich Japanischen Marineleitung Spezifikationen für einen Langstrecken-Bordjäger. Er sollte die Mitsubishi A5M („Claude") ersetzen, die damals gerade in Dienst gestellt wurde. Der Bordjäger Claude oder Typ 96 war ein Eindecker, hatte allerdings ein Festfahrwerk und ein offenes Cockpit. Jori Horikoshi, Chefkonstrukteur bei Mitsubishi, hatte mit Typ 96 seinen ersten großen Erfolg. Wendig und mit außergewöhnlicher Reichweite, war sie den chinesischen Jägern deutlich überlegen.

EII-102

Rechts: *Diese A6M5 der CAF kämpfte im Verband der 5. Trägerdivision bei den Salomonen. Ihr Wrack wurde in den 1980er-Jahren in Kanada restauriert.*

Rechts: *Flak-Artilleristen des Schlachtschiffes Missouri im Duell mit einer Kamikaze-Zero. Sie prallte vom Rumpf ab und verursachte nur geringen Schaden.*

Unten: *Nachdem die Alliierten erbeutete Zero getestet hatten, konnten sie deren Schwächen und Stärken bei der Konstruktion eigener Jäger berücksichtigen.*

Die Leistungsanforderungen der japanischen Marine waren außerordentlich streng: bessere Bewaffnung, Einziehfahrwerk, geschlossenes Cockpit und eine moderne Bordfunkanlage. Natürlich sollte der neue Bordträger der A5M auch fliegerisch überlegen sein. Nachdem Nakajima freiwillig aus dem Wettbewerb ausgeschieden war, blieb nur noch Mitsubishi. Horikoshi und sein Team griffen von Beginn an auf den bereits verfügbaren Vierzehnzylinder-Doppelsternmotor Mitsubishi MK2 Zuisei 13 (max. Startleistung in 3600 m Höhe 653 kW/875 PS) zurück, dessen Größe die Abmessungen des Flugwerkes bestimmten.

Beim Entwurf des Jägers legte Horikoshi vorrangig Wert auf größtmögliche Reichweite und Manövrierfähigkeit und konstruierte eine leichte Struktur aus Aluminiumlegierung. Sein oberstes Ziel war der Bau des bestmöglichen Jägers – alle mit dem Trägereinsatz verbundenen Probleme wollte er später lösen. So ist es nicht verwunderlich, dass er erstmals einen Marinejäger schuf, der landgestützten Widersachern überlegen war. Es handelte sich bei seinem Entwurf um einen freitragenden herkömmlichen Tiefdecker in Ganzmetallbauweise mit Einziehfahrwerk und einer Vollsichtkanzel, die trotz starker Verstrebung ausgezeichnete Rundumsicht bot. Die Tragflügel waren nicht unterteilt, und ihre Spitzen konnten –

IM COCKPIT DER MITSUBISHI A6M ZERO-SEN

In der Schlacht um die Midway-Inseln (Juni 1942) griffen trägergestützte Zero die ersten beiden Angriffswellen der amerikanischen Sturzkampf- und Torpedobomber an und ließen sich bei diesen für sie sehr erfolgreichen Luftkämpfen in niedrige Höhen drängen. Dadurch ließen sie ihre Träger ohne Jagdschutz zurück und machten den Weg frei für weitere US-Angriffe. Drei von vier japanischen Trägern wurden versenkt (am nächsten Tag der vierte). Die zurückkehrenden Zero konnten nicht landen und mussten notwassern. Nur wenige wurden gerettet.

__Oben:__ Philippinen, November 1944. Unter dem Beifall des Bodenpersonals startet diese Zero zu ihrem selbstmörderischen Kamikaze-Einsatz. Typischerweise trugen sie eine 250-kg-Bombe.

Bei den Japanern auf Neuguinea verliefen die Tage nach „Midway" ruhig. Viele waren sich der Bedeutung dieser Schlacht nicht bewusst. Dann, Mitte Juni, waren die Amerikaner da und flogen einen schweren Angriff gegen Lae, wo das japanische Ass Saburo Sakai stationiert war. Sakai schreibt in seiner Autobiografie *Samurai*: „Am 16. steigerte sich der Luftkrieg mit neuerlicher Wut. Es war ein sehr erfolgreicher Tag für unsere Jäger. Einundzwanzig Zero überraschten drei feindliche Jagdverbände. Wir warfen uns in geschlossener Formation im Sturzflug auf die erste Gruppe und zersprengten sie. Ich schoss eine Maschine ab, und auch fünf meiner Kameraden holten je einen Gegner vom Himmel. Die übrig gebliebenen sechs Feinde entkamen im Sturzflug.

Nachdem wir wieder Höhe gewonnen hatten, stürzten wir uns aus der Sonne auf die zweite Feindformation von zwölf Maschinen. Erneut gelang uns die Überraschung, diesmal erwischten wir im Sturzflug drei Jäger. Ich erzielte meinen zweiten Abschuss. Wir fingen nach dem zweiten Sturzflugangriff wieder ab, als sich der dritte Feindverband näherte – rund zwei Dutzend Jäger. Wir teilten uns in zwei Gruppen: Elf Zero stürzten sich auf eine im Steigflug angreifende Formation. Die anderen hielten die Höhe. Hoch über dem Flugplatz von Moresby entstand eine wilde Kurbelei. Die Feindmaschinen waren neue P-39, schneller und wendiger als die alten Modelle. Ich stürzte mich auf eine davon, der es durch überraschende Kurswechsel immer wieder gelang, meinen Schüssen auszuweichen. Wir wirbelten in wildem Kurvenkampf umeinander. Der Airacobra-Pilot trudelte, flog Loopings, Immelmanns und Spiralen und andere Manöver. Der Amerikaner war ein erstklassiger Flieger, und mit einem besseren Flugzeug hätte er vermutlich gesiegt. Aber ich ließ mich nicht abschütteln und kam mit zwei gerissenen Linksrollen immer näher. Dann zwei Feuerstöße aus meinen Kanonen, und die P-39 explodierte.

__Unten:__ Der hellgraue Tarnanstrich der ersten Zero wechselte immer wieder und war gegen Kriegsende grün. Die Motorhaube blieb dagegen stets schwarz.

Verglichen mit diesem dritten Tagessieg, war der vierte geradezu lächerlich einfach. Auf der Jagd hinter einer steil hochziehenden Zero sauste eine P-39 wild feuernd vor mir vorbei. Sie flog direkt in meine Feuergarbe, und ich jagte ihr aus meinen MGs 200 Schuss direkt in die Nase. Ihr Pilot versuchte mit einer Rolle auszuweichen, und ich feuerte eine zweite Garbe in den Bauch. Aber erst nach einem dritten Feuerstoß ins Cockpit stürzte die Maschine trudelnd ab und explodierte im Dschungel."

Oben: Diese A6M3-22 der 251. Kokutai (Marinefliegerverband) waren 1943 in Rabaul (Neuguinea) stationiert und tragen statt des originalen grauen einen ihrem Einsatzgebiet angepassten grünen Tarnanstrich.

Unten: Zero und A5M „Claude" (Festfahrwerk und offenes Cockpit) gemeinsam auf einem Feldflugplatz.

da die Deckaufzüge der Trägerschiffe nur Flugzeuge mit Spannweiten von maximal 11 m befördern konnten – beigeklappt werden. Cockpit, Mittelrumpf und Tragflügel bildeten den Kern, an den Triebwerk und Heckrumpf angefügt waren. Für damalige Verhältnisse war die Bewaffnung stark und umfasste je zwei 2-cm-Kanonen Typ 99 und 7,7-mm-MG Typ 97.

Der Prototyp 12-Shi wurde im März 1939 fertig gestellt und absolvierte den Erstflug am 1. April. Aber erst nachdem der neue Nakajima-Motor Sakae 12 (708 kW/950 PS) verfügbar war, konnten die Mustermaschinen A6M2 die geforderte Leistungsfähigkeit nachweisen. Berichte über den neuen Jäger erreichten die Staffeln in China, und obwohl es einige Unfälle gegeben hatte, forderten die Piloten vehement die neuen Maschinen. Im Juli 1940 erhielten zwei im chinesischen Hankau stationierte Staffeln 15 Vorserienjäger A6M2 für Einsatzversuche gegen chinesische Flugzeuge. Am 31. Juli 1940 wurde das Trägerjagdflugzeug A6M2 von der japanischen Marine offiziell als „Typ Zero" oder Rei Shiki Sento Ki (allgemein „Rei-Sen" oder „Zero-Sen" genannt) abgenommen. „Zero" verwies auf das Jahr der Abnahme – 2600 gemäß dem traditionellen japanischen Kalender. Die Alliierten führten die A6M und ihre Varianten unter dem Decknamen „Zeke".

Im September 1940 stellten die A6M2 erstmals ihre Überlegenheit unter Beweis. Über Hankau griffen 13 A6M2 einen chinesischen Jagdverband an und schossen in wenigen Minuten alle Feinde ab – ohne eigene Verluste. Es handelte sich dabei um insgesamt 27 Maschinen der Typen Polikarpow I-15 und -16 sowie Curtiss Hawker III.

US-General Claire Chennault, der an der Reorganisation der chinesischen Luftstreitkräfte mitwirkte, informierte Washington sofort über die Leistungsfähigkeit der neuen japanischen Jäger. Doch nahm man seine Warnungen offenbar nicht ernst: Als im Dezember 1941 79 Zero über Pearl Harbor erschienen, wussten bei den US-Streitkräften nur wenige von deren Existenz.

Durch Justierung der Triebwerke und Treibstoffzusatzbehälter konnten die Japaner die Reichweite ihrer Zero derart vergrößern, dass sie beim Luftangriff auf die Philippinen von Formosa (Taiwan) aus operieren konnten, ohne ihre wertvollen Träger einsetzen zu müssen. Obwohl die US-Stützpunkte mehr als 800 km entfernt waren, verfügten die A6M bei der Ankunft über Clark Field und Iba noch über Kraftstoffreserven für 30 Minuten Kampfeinsatz. Trotz der wenige Stunden vorher eingetroffenen Berichte über den Angriff auf Pearl Harbor waren Mac Arthur's Truppen auf Luzón größtenteils unvorbereitet, sodass die Zero bei nur drei eigenen Verlusten 60 P-36 und -40 vernichten konnten.

Dann wandten sich die Japaner gegen die niederländischen und britischen Truppen in Niederländisch-Ostindien, Malaysia und Singapur. Japans A6M und andere Jäger mähten eine Schneise durch die um Singapur stationierten Brewster Buffalo und Hawker Hurricane und hatten Anfang Februar 1942 die Luftherrschaft errungen. Wenig später fiel Singapur.

Um von ihrem Aufmarsch gegen Midway abzulenken, flogen die Japaner einen Täuschangriff gegen die Aleuten. Dabei erhielt eine Zero Treffer in die Kraftstoffleitung und musste notlanden. Von US-Technikern wieder in flugtauglichen Zustand versetzt, konnten die Amerikaner endlich eine Zero auf Herz und Nieren prüfen. Sie erkannten, dass das geringe Gewicht und die daraus resultierenden überlegenen Flugleistungen im Wesentlichen darauf beruhten, dass lebenswichtige Elemente wie Cockpit und Kraftstofftanks – gemessen an der Standardpanzerung alliierter Jäger – nur unzureichend geschützt waren.

Obschon sich alle Muster äußerlich ähnelten, durchliefen die Rei-Sen (Zero-Sen) im Laufe ihrer fünfjährigen Serienfertigung viele Änderungen. Die Prototypen wurden rückwirkend A6M1 (erstes Modell der sechsten Trägerjägers von Mitsubishi) genannt. Erstes Serienmodell war die A6M2-21 (Marinemodell 21) mit einem Nakajima Sakae (708 kW/950 PS) und zwei 7,7-mm-MG im Rumpf und zwei 2-cm-Kanonen in den Flügeln. Für Trägereinsätze erhielten die meisten A6M2 manuell beiklappbare Flügelspitzen. Die A6M3-32 von 1941 erhielten kürzere Flügel mit abgerundeten, nicht faltbaren Randkappen und den Sakae 21 (843 kW/1130 PS). Auf sie folgte – wieder mit faltbaren Randkappen – die A6M3-22, das Ausgangsmuster für A6M5 mit verstärkter Panzerung und Bewaffnung.

Sobald der mit Wasser-Methanol-Einspritzung versehene Motor Sakae 31 Ende 1944 lieferbar war, entstand die auch als Modell 53 bekannte A6M6. In dieser Zeit wurden die US-Bombenangriffe gegen die japanische Rüstungsindustrie mehr und mehr spürbar. Die Leistungsqualität sank, und immer weniger Jäger rollten von den Bändern. Tausende Zero wurden bei Nakajima lizenzgefertigt. Nakajima musste sogar eine Schwimmerversion der A6M konstruieren. Es war die A6M2-N („Rufe"), die sich zwar als Aufklärer und im Kampf mit größeren Aufklärern bewährte, für die alliierten Jäger jedoch kein Gegner war.

Im weiteren Kriegsverlauf reduzierten stärkere Bewaffnung und dickere Beplankung Reichweite und Steigleistung der Zero-Sen um mehr als ein Drittel – bei steigender Geschwindigkeit!

Die entscheidenden Schwächen der Zero – fehlender Panzerschutz für Pilot und Tanks und unzuverlässige Funkausrüstung – konnten bei den meisten Mustern nicht behoben werden. Mitte 1943 im Wesentlichen veraltet, lief die Serienfertigung dennoch bis Kriegsende weiter. Insgesamt bauten Mitsubishi und Nakajima 10 449 Zero, darunter mehr als 6000 A6M5. Gemäß Horikoshi war die F6F Hellcat als erster alliierter Jäger der Zero in allen Bereichen überlegen. Andere, wie zum Beispiel P-38 und F4U, waren schneller, aber nicht so wendig wie die Zero.

Nachdem die meisten Flugzeugträger versenkt worden waren, operierte die Masse der Zero landgestützt und stellte sich den überlegenen alliierten Jägern immer wieder zum Kampf. Für viele Zero erfüllte sich das Schicksal 1944/45 bei Kamikaze-Angriffen. Das Kriegsende verhinderte die Serienfertigung der als Nachfolgerin geplanten A6M8.

Oben: *Diese restaurierte A6M5 repräsentiert die am meisten gefertigte, Ende 1943 eingeführte Zero-Variante.*

Unten: *A6M2-K, der Fortgeschrittenentrainer mit Doppelsteuerung. Wie die meisten japanischen Schulflugzeuge trug auch dieses Modell einen orangefarbenen Anstrich.*

Focke-Wulf Fw 190

Die Focke-Wulf Fw 190, Deutschlands bester und in großer Zahl gefertigter Jäger, versetzte die alliierten Piloten und die sowjetischen Bodentruppen in Angst. Viele Luftwaffen-Asse hielten dennoch bis zum bitteren Ende treu an ihrer Bf 109 fest.

FOCKE-WULF FW 190A-8

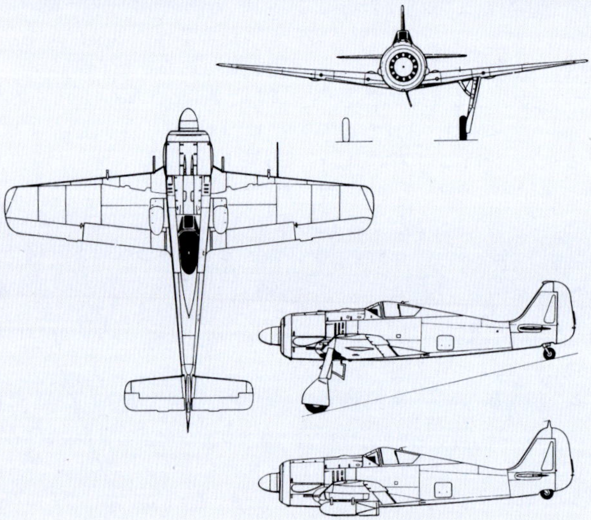

Besatzung: 1

Triebwerk: ein Vierzehnzylinder-Sternmotor BMW 801 D2 mit 1271 kW (1730 PS)

Höchstgeschwindigkeit: 635 km/h in 6200 m Höhe

Einsatzradius: 402 km

Gewicht: 4350 kg Startmasse

Bewaffnung (Rüstzustand R2): zwei 13-mm-MG 131 im Rumpf; zwei 2-cm-Kanonen MG 151/20 in Flügelwurzeln und zwei Kanonen MG 151/20 oder MK 108 (Kaliber 3 cm) in den Flügeln; bis 1000 kg Bombenlast; zwei Wurfgranaten Wgr 21 (Kaliber 21,4 cm) in Unterflügel-Abschussrohren

Abmessungen: Spannweite 10,50 m; Länge 9,10 m; Höhe 3,95 m

***Rechte Seite:** Mit ihrem leistungsstarken, aerodynamisch günstig eingebauten Motor stellte die Fw 190 bei ihrem Erscheinen im Herbst 1941 alle ihre Widersacher in den Schatten.*

Im Herbst 1941 erstmalig an der Kanalfront eingesetzt, verbreitete die Fw 190 unter den alliierten Piloten Angst und Schrecken und trug ihr den Namen „Butcher Bird“ (Metzgervogel) ein. Nach britischen Angaben schossen die vornehmlich mit Fw 190 ausgerüsteten Piloten des JG 2 und 26 1942 300 Flugzeuge ab; davon allein 272 Spitfire.

Warum Ernst Udet, Leiter Technisches Amt im Reichsluftfahrt-Ministerium (RLM), im Frühjahr 1938 Kurt Tank, technischer Leiter der Focke-Wulf-Werke, mit dem Entwurf eines neuen Jägers beauftragte, kann man nur ahnen. Vermutlich war das RLM aufgeschreckt, weil sich bei der Umrüstung auf Bf 109 erschreckend viele Unfälle ereignet hatten. Der Grund: Wegen der engen Spurweite des Fahrwerkes neigte die Bf 109 zum Ausbrechen, und nur wenige Piloten hatten Erfahrung mit einem so schnellen Flugzeug.

***Rechts:** Eine Fw 190 A-8 des im April 1944 in Lille stationierten JG 26. Ihr Pilot Josef „Pips“ Priller errang 101 Luftsiege.*

SB KA

Unverzüglich begann Kurt Tank mit den Planungen für einen Jäger, der sowohl der Bf 109 als auch der Spitfire überlegen sein sollte. Die neue Maschine sollte ein Fahrwerk sehr großer Spurweite sowie – zur Reduzierung der Schussempfindlichkeit – einen luftgekühlten Sternmotor und eine Schiebehaube mit außergewöhnlich guter Rundumsicht erhalten.

Mit Hans Sander am Steuer startete am 1. Juni 1939 der Prototyp V1 mit einem BMW 139 (1103 kW/1500 PS) zum Erstflug. Die Flugleistungen waren fantastisch. Im Führersitz entstand jedoch eine unerträgliche Hitze, weil ein neuartiges Kühlgebläse nicht erwartungsgemäß funktionierte. Erst als der BMW 139 beim fünften Prototyp durch den BMW 801 (1147 kW/1560 PS) ersetzt worden

IM COCKPIT DER FOCKE-WULF FW 190

Oben: 1943. Fw 190 G der II./SG 2 „Immelmann", einer der wichtigsten Schlachtfliegerverbände an der Ostfront. Ihr Emblem: Pistolenschwingende Mickymaus im blauen Kreis.

An der Ostfront bekämpften die mit Fw 190 ausgerüsteten Geschwader hauptsächlich sowjetische Panzer, Artillerie- und Flakstellungen, Eisenbahnstrecken, Brücken und Flugplätze. Sie wurden aber auch in Luftkämpfe verwickelt. Oberfeldwebel Herman Buchner (II./SG 2) erinnert sich an einen „gemischten" Einsatz (Fw 190 und Bf 109) über der Krim im April 1944.

„Kurz vor elf Uhr rollten wir zum Start. Leider übersah mein Rottenflieger einen frischen Bombenkrater, sodass sein Einsatz schon dort mit einem Kopfstand endete. Als ich wenig später den Startpunkt erreichte, wartete dort nur eine Bf 109. Offensichtlich hatte es auch mit ihrem Rottenflieger Probleme gegeben! Der Bf-109-Pilot signalisierte mir, dass er als Führer fliegen würde. Wir hoben Richtung Westen ab. Bald erkannte ich, dass meine Fw 190 mehr konnte als nur an der Bf 109 dranbleiben.

Wir flogen rund 1000 m über dem Schwarzen Meer, als die Bodenleitstelle meldete: ‚Indianer im Hafenbereich SEWA; Hanni 3–4' (Feinde über Sewastopol-Hafen, Höhe 3000–4000 m). Während mein Schwarmführer Höhe gewann, gab ich ihm Rückendeckung und hielt aufmerksam Ausschau nach Feinden. Wir flogen Sewastopol in 4000 m Höhe von Westen an. Dann entdeckten wir sie, etwas tiefer: Feindjäger. Die Stimme des Schwarmführers knackte in meinem Kopfhörer: ‚Pauke, Pauke!' (Angriff, Angriff!).

Er stürzte sich im Sturzflug auf die gegnerische Formation und sprengte sie auseinander. Es war Jak und wir kurbelten etwa zehn Minuten wild umeinander, ohne einen einzigen Abschuss zu erzielen. Dann drehten sie ab. Schon meldete sich wieder die Bodenleitstelle: ‚Fliegen Sie ins Gebiet Balaklava, große Formation Il-2 und Indianer.'

Die Bf 109 nahm Fahrt zurück, und der Pilot signalisierte, ich sollte die Führung übernehmen. Jetzt gab die Messerschmitt mir Rückendeckung. Bald waren wir im Anflug auf Balaklava und sahen die Sprengpunkte unserer Flak. Wieder kam es zu wilden Kurvenkämpfen mit Jak-9, und diesmal glückte mir ein Abschuss. In Flammen gehüllt, stürzte sie zu Boden. Die übrigen Indianer drehten nach Westen ab. Tief unter uns griffen die Il-2 unsere Front nördlich Balaklava an. Wir gaben schnell Höhe auf und griffen die Schturmowik von achtern an. Mit einigen wenigen Feuerstößen erwischte ich eine Il-2. Flammen schossen aus ihrer Backbordtragfläche. Sie stellte sich auf den Kopf und bohrte sich in den Boden."

Dies waren zwei von Buchners insgesamt 58 Abschüssen; 46 errang er an der Ostfront, die übrigen mit Me 262 gegen viermotorige Bomber über Deutschland. Erfolgreichster Fw-190-Pilot war Otto Kittel, der mit diesem Typ 220 seiner insgesamt 267 Luftsiege errang. Weitere vier Piloten errangen mehr als 100 Luftsiege mit Focke-Wulfs.

***Oben:** 1943. Fw 190 A-4 des JG 54. „Grünherz“ war das wohl berühmteste aller Geschwaderembleme, vor allem nach Verlegung des Geschwaders an die Ostfront.*

war, dessen Kühlung ein Ventilator unterstützte, hatte es ein Ende mit dieser Kinderkrankheit.

Aber die durch den Einbau des schwereren BMW 801 veränderte Schwerpunktlage erforderte strukturelle Veränderungen. Der Führersitz wurde nach hinten verschoben, was allerdings die Sicht beim Rollen am Boden verschlechterte. Nach eingehenden Tests erhielt die V 5 einen neuen Tragflügel von 10,50 m Spannweite (statt 9,56 m) und eine um mehr als 20 Prozent größere Flügelfläche. Diese V 5 k war zwar nur etwa 10 km/h schneller, aber wendiger und steigfreudiger.

Maschinen des Vorserienmusters Fw 190 A-0 dienten primär als Versuchsträger. Wegen der angespannten Nachschublage neuer Jagdflugzeuge bestellte das RLM Ende 1940 102 Maschinen der A-1 Serie. Sie erhielt einen BMW 801 C-1 (1176 kW/1600 PS), Funksprechgerät, vier MG 17 (Kaliber 7,92 mm) und zwei MG-FF (Kaliber 2 cm) und konnte 500 kg Bomben oder Zusatztanks mitführen. Im August 1941 erhielt JG 26 die ersten A-1. Sie bewährten sich fliegerisch hervorragend, litten aber unter häufigen Motorpannen.

Obschon die RAF ab Herbst 1941 immer schwerere Verluste erlitt, wurde erst im Januar 1942 erkannt, welch gefährlicher Gegner ihr gegenüberstand. Der neue Jäger war der Spitfire V in allen Bereichen überlegen. Konnte die Spitfire anfangs noch auf überlegene Bewaffnung verweisen, so verlor sie auch diesen Vorteil, als die späteren A-Modelle ihre Flügel-MG zuerst durch zwei, dann durch vier 2-cm-Kanonen ersetzten. In größter Serie gebaut, konnte die Fw 190 A-8 mit einer Vielzahl von Rüstsätzen versehen werden. So wurde die A-8 beispielsweise durch Unterflügelgondeln für zwei 3-cm-Kanonen MK 108 zum kampfstärksten Jagdeinsitzer des Krieges. Um bis zu zehn Minuten mit Notleistung fliegen zu können, erhielt die A-8 eine verbesserte MW-50-Anlage (Methanol-Wassereinspritzung).

Nachgerüstet mit einem Unterrumpfschloss für eine 250- oder 500-kg-Bombe, begannen Fw 190 A Mitte 1942 mit Störangriffen auf Südengland. Sie schlugen blitzschnell zu und verschwanden sofort

***Unten:** Februar 1942: Durchbruch der Schlachtschiffe „Gneisenau“ und „Scharnhorst“ sowie des Kreuzers „Prinz Eugen“ durch den Ärmelkanal. Fw 190 A des JG 26 fliegen Jagdschutz.*

wieder. Der Erfolg dieser Einsätze führte zur Entwicklung zahlreicher Jagdbombervarianten. Gleich als Jagdbomber konzipiert wurde die Fw 190 F. Sie erhielt Schlösser für eine 500-kg-Bombe unter dem Rumpf und für zwei 250-kg-Bomben unter den Flügeln. Als Jagdbomber mit vergrößerter Reichweite entstand die G-Serie.

Zur Abwehr alliierter Bomberangriffe kämpften Focke-Wulf bei Tag und bei Nacht. Offensichtlich wurde Mitte 1944 eine Sonderausführung der Fw 190 A-8/R 7 stark gepanzert, als Rammjäger ausgelegt und ein Sturmverband IV./JG 3 formiert. Unter dem Schutz der Panzerung flog man dicht an die Bomberformationen heran. Im Juli 1944 gelang es, bei nur zwei eigenen Verlusten 32 Bomber abzuschießen. Wegen Erschöpfung der Piloten musste der Verband nach wenigen Monaten aufgelöst werden. Seit Juli 1943 operierten Fw 190 auch im Rahmen des Nachtjagdverfahrens „Wilde Sau". Sie lauerten über den Großstädten und stürzten sich auf die im Licht der lodernden Brände und Flak-Scheinwerfer sichtbar werdenden Bomber.

In Höhen über 7000 m befand man die ansonsten exzellenten Leistungsdaten des BMW 801 für weniger befriedigend. Tests mit dem Junkers Jumo 213 A verliefen – auch in großen Höhen und im Sturzflug – so positiv, dass im Sommer 1944 die Fertigung der neuen Baureihe Fw 190 D-9 mit Jumo 213 A-1 (1300 kW/1770 PS) anlief. Dank ringförmigem Stirnkühler blieb der Luftwiderstand gering, und die D-9 erreichte 12 000 m Dienstgipfelhöhe – ideal für einen Abfangjäger. Jedoch setzte man „Dora 9" auch als Jagdbomber ein, namentlich beim Unternehmen „Bodenplatte" am 1. Januar 1945, gegen alliierte Flugplätze in den Niederlanden. Viele gingen dabei verloren.

Oben: *Eine Rotte Fw 190 beim Angriff.*

Rechts: *Fabrikneue Fw 190 A auf dem Werkflugplatz fertig zur Auslieferung. Im Verlauf des Krieges wurden fast 20 000 Fw 190 gebaut.*

***Links:** Eine Rarität! Farbfoto von Fw 190 A des „Grünherz"-Geschwaders JG 54 auf einem Feldflugplatz in Russland im Frühjahr 1943. Im Vordergrund die Maschine von Hauptmann Max Stotz (189 Luftsiege; gefallen als Staffelkapitän 5./JG 54 am 19. August 1943).*

Ab Januar 1943 trugen Flugzeuge, die unter der Leitung von Kurt Tank entstanden, das Kürzel Ta. Um die zunehmenden Bombenangriffe in großer Höhe abfangen zu können, entwickelte Tank auf der Basis einer Fw 190 A-8 den Hochleistungsjäger Ta 152. Geplante Zerstörer und Schlechtwetterjäger Ta 152 B kamen über das Prototypstadium nicht hinaus. In kleiner Stückzahl wurde nur der Höhen- und Begleitjäger Ta 152 H gebaut. Er hatte 14,82 m Spannweite und erreichte mit einem Wechseltriebwerk Jumo 213 E (1374 kW/ 1870 PS) in 12 500 m Höhe 750 km/h.

Insgesamt wurden rund 19 500 Fw 190 gefertigt. Mindestens 60 Fw 190 A-3 gingen in die Türkei. Im besetzten Frankreich entstand die Fw 190 A-5. In eigener Regie bauten die Franzosen dann unter der Bezeichnung NC 900 bis zum Frühjahr 1946 64 Maschinen der Versionen A-5 und -8.

***Links:** Die Ta 152 C wurde von dem DB 603 angetrieben. Von den vielen geplanten Varianten gelangten fast keine an die Front.*

Hawker Typhoon und Tempest

Als Jäger konstruiert, überzeugte die Typhoon – wie ihre Nachfolgerin Tempest – weitaus mehr als Panzerknacker. Nichtsdestoweniger errangen ihre Piloten recht beachtliche Erfolge gegen deutsche Flugzeuge und fliegende Bomben Fi 103 (V 1).

HAWKER TEMPEST MK V

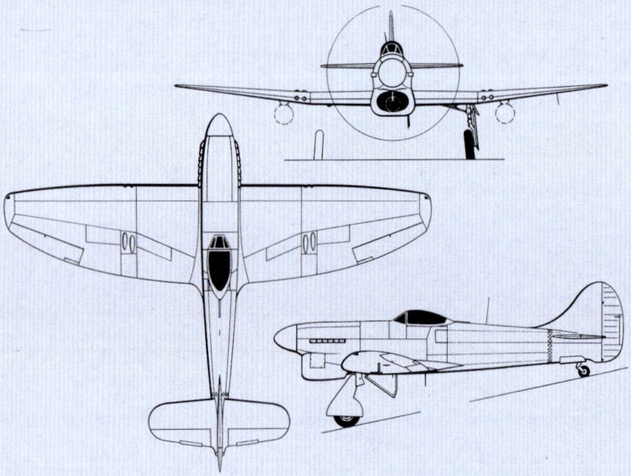

Besatzung: 1

Triebwerk: ein Kolbenmotor Napier Sabre VA H-24 mit 1686 kW (2260 PS)

Höchstgeschwindigkeit: 700 km/h

Einsatzradius: 483 km

Dienstgipfelhöhe: 11 280 m

Gewicht: max. Startgewicht 6187 kg

Bewaffnung: vier 2-cm-Kanonen Hispano Mk II oder Mk V; bis zu acht Raketen und 907 kg Bombenlast

Abmessungen: Spannweite 12,50 m; Länge 10,27 m; Höhe 4,90 m

***Rechte Seite:** Um Verwechslungen mit der ähnlich aussehenden Fw 190 zu vermeiden, erhielten viele Typhoon schwarz-weiße Streifen, deren Muster sich aber von den späteren D-Day-Bändern unterschieden.*

Die Hawker Typhoon litt unter ihrer langwierigen Entwicklung und hatte als Jagdbomber viel mehr Erfolg als in ihrer ursprünglich zugedachten Rolle als Jäger. Ihre Nachfolgerin, die äußerlich ähnliche, jedoch völlig neue Tempest, war eines der besten Kolbentrieb-Jagdflugzeuge aller Zeiten.

Spitfire und Hurricane waren noch nicht geflogen, als das britische *Air Ministry* (Luftwaffenministerium) schon eine Spezifikation für eine Nachfolgerin herausgab. Gefordert wurde ein mit vier Bordkanonen bewaffneter Jagdeinsitzer. Hawkers Sidney Camm hatte sich schon mit solchen Projekten beschäftigt und präsentierte zwei fast baugleiche Entwürfe: den Tornado mit 24-Zylinder-X-Motor Rolls-Royce Vulture (1313 kW/ 1760 PS) und die Typhoon mit 24-Zylinder-H-Motor Napier Sabre (1641 kW/2200 PS). Der Tornado startete am 6. Oktober 1939, die Typhoon am 24. Februar 1940. Ersterer wirkte stromlinienförmiger, litt jedoch unter dem hohen Luftwiderstand des unter dem Mittelrumpf angeordneten Kühlers. Mit dem Vulture-Motor hatte Rolls-Royce keine glückliche Hand. Er hatte sich schon beim Manchester-Bomber als Fehlschlag erwiesen und führte wegen hartnäckiger Pleuelstangenpannen schließlich auch beim Tornado zum Abbruch der gerade anlaufenden Serienfertigung.

Für die Typhoon IA waren als Angriffsbewaffnung zwölf 7,7-mm-MG und für die Typhoon IB vier 2-cm-Kanonen geplant. Da Hawker mit der Entwicklung der Hurricane ausgelastet war, wurde Gloster mit dem Bau der Typhoon IA betraut,

Rechts: *Die erste seriengefertigte Tempest. Ihr Pilot genießt den Wind in seinen Haaren. Bündig mit den Flügeln abschließende Kanonen wurden erst später eingebaut.*

Hawker baute nur die IB. Da von der IB nur 105 Exemplare fertig gestellt wurden, baute Gloster also die meisten der insgesamt 3330 Typhoon.

Die Typhoon war ein sehr großer, in Ganzmetallbauweise gefertigter Jäger mit auffälligem Kühler und deutlich hochgezogenen Außenflügeln. Frühe Exemplare erhielten ein verstrebte Kabinenhaube und eine Art „Autotür" zum Ein- und Aussteigen sowie einen Dreiblattpropeller.

Unten: *Eine „Bombphoon" der No. 198 Squadron mit Original-Kabinenhaube und „Autotür" als Einstieg.*

Oben: *Eine Tempest V der No. 501 Squadron. Die Seitenflosse ist größer, die Nase länger als bei der Typhoon.*

Typisch für spätere Modelle waren ein tropfenförmiges Kabinendach und ein Vierblattpropeller. Ihre Militärlaufbahn begann die Typhoon IB im September 1941 bei *No. 56 Squadron* (zwei Maschinen). Sie litten jedoch unter zahlreichen Kinderkrankheiten. So drangen Abgase ins Cockpit, und bei der Munitionszuführung gab es immer wieder Hemmungen. Besonders bedenklich war, dass das Leitwerk leicht abbrach, wenn die Maschine im Sturzflug abgefangen wurde – eine strukturelle Schwäche, die zu mehr als 20 schweren Unfällen führte. Als Sofortmaßnahme wurde die Leitwerkverbindung mit Laschen verstärkt. Das war zwar Flickwerk, erfüllte jedoch den Zweck, bis die Fertigung umgerüstet war. Als man später Höhenruderflattern als Ursache ausmachte, brauchten nur die Ruderausgleiche modifiziert zu werden.

In der Einsatzerprobung erwies sich die Typhoon den deutschen Jägern in großen Höhen bei Steigleistung und Geschwindigkeit deutlich unterlegen. Als Jagdbomber zeigte sie sich hingegen gut brauchbar. Weil einige Staffeln sich auf die Nahunterstützung spezialisierten, nannte man ihre mit Bomben bestückten Maschinen inoffiziell gerne „Bombphoons". Die als Jäger operierenden Typhoon bekämpften anfangs die einzeln und überfallartig über der englischen Südküste erscheinenden deutschen Jagdbomber oder operierten als Begleitjäger für Jagdbombereinsätze in Frankreich und den Niederlanden.

IM COCKPIT DER HAWKER TYPHOON UND TEMPEST

Am Morgen des 24. Juni 1943 flog Major Des „Scottie" Scott, Kommandeur *No. 486 (New Zealand) Squadron* der britischen Luftwaffe, einen Scheinluftkampf mit einer erbeuteten Fw 190. Dieser Flug bestärkte seine Meinung, dass man Luftkämpfe mit diesem Jäger in Höhen über 3000 m möglichst vermeiden sollte. Nachmittags flog Scott mit neun „Tiffies" (Typhoon) seiner Staffel Jagdschutz für eine Bomberformation gegen den Flugplatz Abbeville (Nordfrankreich). Nach dem Angriff drehte die Formation nach Nordwesten, als Scott knapp über der See eine „Bombphoon" entdeckte. Plötzlich erschien eine Gruppe Fw 190, und zwei stießen auf den Nachzügler hinab. Scott und Pilot Officer (Leutnant) „Fitz" Fitzgibbon folgten. Scott drehte nach steuerbord und setzte sich hinter die rechte Fw 190.

„Dummerweise tauchten die Fw 190 unter uns hinweg Richtung See, was uns sofort einen Vorteil verschaffte. Während ich hinterherjagte, warf ich blitzschnell einen Blick rundum und sah nur Fitz hinter mir; sonst nichts. Sekunden später stieß ich auf eine Fw 190 hinab. Knapp über dem Wasser drehte er nach steuerbord und ich sah meine Schüsse unmittelbar hinter ihm in die See prasseln. Plötzlich waren wir auf selber Höhe in einen wilden Kurvenkampf verwickelt.

Um ihn ins Visier zu bekommen, kurvte ich immer enger, bis mir das Blut aus dem Kopf wich und ich nichts mehr sehen konnte. Ich lockerte meinen Druck auf den Steuerknüppel und sah wieder klar und deutlich. Ich beobachtete, wie er von der gegenüberliegenden Seite unserer engen Kurve zu mir zurückblickte. Langsam gewann ich die Oberhand, war aber immer noch nicht in idealer Schussposition. Ich spürte meinen Herzschlag im Hals und gab – um über ihn zu kommen – etwas Höhensteuer. Im selben Moment flatterten seine Flügel, er rollte auf den Rücken und stürzte ins Meer. Ich sah das Wasser aufspritzen – mehr nicht. Auch mir wurde jetzt schwarz vor Augen, und ich war nur noch wenige Meter über dem Wasserspiegel, als mein Bewusstsein zurückkehrte. Glücklicherweise hatte ich – wie Fitz erzählte – hochgezogen. Leicht hätte es auch in die andere Richtung gehen können, und dann hätten mein Gegner und ich unser Ende im Wasser gefunden."

Oben: 1945. Piloten von No. 486 (NZ) Squadron mit einer Tempest in Brüssel.

Unten: Eine Typhoon IB von No. 183 Squadron.

Die Bedrohung durch deutsche Flugbomben V 1 versuchte man zum einen durch Bombardierung der Startplätze auszuschalten. Oder man fing sie vor der englischen Küste ab und brachte sie mit den Bordwaffen oder durch Antippen mit der Flügelspitze zum Absturz. Ungefährlich waren diese Methoden nicht. Einige Staffeln wurden auch während und nach der alliierten Landung in der Normandie speziell für die Abwehr der V 1 (oder „Divers" = Taucher, wie sie in England auch genannt wurden) in Südengland zurückgehalten.

Einschneidende Modifikationen zum Verbessern der Höhenleistung der Typhoon hatte man schon wenige Wochen nach dem Erstflug vorgeschlagen.

***Oben:** Die von Centaurus angetriebene Tempest II war stromlinienförmiger konstruiert als die Tempest V mit Napier-Motor. Durch die Verlegung des Kühlers wurde der Luftwiderstand erheblich reduziert.*

Dazu gehörte in erster Linie ein dünnerer Flügel mit halbelliptischer Geometrie und abnehmender Dicke von 14,5 Prozent an der Wurzel auf 10 Prozent an der Randkappe. Als Ausgleich für die in den Flügeln verlorene Kraftstoffkapazität wurde hinter dem Triebwerk ein Zusatztank eingebaut, was den Rumpf um 533 mm verlängerte. Hinzu kam ein neues, viel stärkeres Fahrwerk. Nach dem erfolgreichen Test des neuen Tragflügels bezeichnete man den Versuchsumbau „Typhoon II", und im November 1941 befahl das *Air Ministry* die Fertigung und Erprobung von zwei Prototypen, deren Zahl sich später auf sechs erhöhte. Da sich Typhoon II und I wesentlich voneinander unterschieden, nannte man das neue Muster schließlich „Tempest" (Sturm). Die Prototypen wurden mit mehreren Triebwerken (Napier Sabre IV und II, Bristol Centaurus, Rolls-Royce Griffon IIB und 61) erprobt. Gebaut wurde letztlich nur ein Prototyp mit Rolls-Royce Griffon 85 und gegenläufigem Dreiblattpropeller. Als Tempest V wurde die Produktion von 500 Maschinen dieses neuen Typs mit höchster Dringlichkeit angeordnet. Als erster Einsatzverband erhielt *No. 3 Squadron* im Februar

***Rechts:** Bewaffnet mit Raketen, war die Typhoon besonders erfolgreich gegen Eisenbahnzüge und motorisierte Kolonnen.*

1944 die ersten Tempest. Äußerlich der Typhoon – besonders der IB – sehr ähnlich, konnte man die Tempest an ihrer viel größeren Seitenflosse und daran erkennen, dass die Kanonenrohre nicht aus den Flügeln herausragten. An Unterflügelträgern wurden Bomben oder acht Raketen mitgeführt. Bald unterstützten Tempest die Typhoon bei der V1-Abwehr, und ihr erfolgreichster Pilot vernichtete mehr als 60 dieser fliegenden Bomben.

Als die V1-Bedrohung nachließ, verlegte man viele Typhoon- und Tempest-Staffeln auf den Kontinent. Dort warteten sie über der Kampfzone auf Anforderungen und stürzten sich auf genau bezeichnete Feindziele, sobald die vorrückenden Truppen aufgehalten wurden. In den schweren Kämpfen in der Normandie bei Falaise im August 1944 trugen die Jagdbomber entscheidend zum Durchbruch durch die deutschen Linien bei.

Trotz einer viel besseren Höhenleistung wurde die Tempest wie die Typhoon vor allem in niedrigen und mittleren Höhen eingesetzt. Dort, im Wirkungsbereich der deutschen Flak, fielen in den letzten Kriegsmonaten noch viele der erfahrensten Piloten dem Abwehrfeuer zum Opfer. Tempest bewährten sich unter schweren eigenen Verlusten auch als Jäger und vernichteten 20 Me 262 und zahlreiche andere deutsche Kampfflugzeuge.

Insgesamt wurden 1149 Tempest mit Napier-Motoren gefertigt; einschließlich 142 Tempest VI mit Sabre VA (1746 kW/2340 PS), die der *Royal Air Force* noch bis 1949 dienten, zuletzt als Luftzielschlepper. Eine andere Nachkriegsversion war die Tempest II mit Bristol Centaurus (1880 kW/2520 PS). Sie flog bei den Besatzungstruppen der RAF in Westdeutschland und im Nahen Osten.

***Oben:** Blick auf eine Bombe und 2-cm-Kanonen Hispano Mk II oder Mk IV an Steuerbord.*

***Unten:** Tempest-V-Serienfertigung während des Krieges.*

Chance Vought F4U Corsair

Anfangs von der US Navy als bordgestützter Jäger abgelehnt, entwickelte sich die Corsair als einer der erfolgreichsten amerikanischen Jäger zu Lande und zur See. Auch mehrere ausländische Betreiber trugen zum großartigen Erfolg bei.

***Rechte Seite:** Beeindruckend! F4U-1D Corsair startklar auf einem Stützpunkt im Pazifik. Dieses Modell war das erste, das Unterrumpf-Bombenträger erhielt.*

Voughts F4U Corsair wurde länger gebaut als jeder andere US-Jäger des Zweiten Weltkrieges und rollte sogar noch während des Koreakrieges von den Fertigungsstraßen. Mit der Auslieferung der letzten Corsair endete 1952 auch die Ära des Kolbentrieb-Jägers bei den US-Streitkräften.

Als die *US Navy* 1938 einen bordgestützten Jäger ausschrieb, beteiligten sich Bell, Grumman, Curtiss und Brewster am Wettbewerb. Mit Ausnahme der Bell Model 5 Airabonita mit ihrem hinter dem Piloten eingebauten Allison V-1710 wurden alle Entwürfe von Sternmotoren angetrieben. Die einzigen beiden völlig neuen Vorschläge präsentierte Vought-Sikorsky, allgemein bekannt als Vought oder Chance Vought.

Das größere der beiden von Vought vorgeschlagenen Flugzeuge war um den riesigen neuen Pratt & Whitney R-2800 Double Wasp konstruiert. Dieser zweireihige 18-Zylinder-Sternmotor erreichte in Meereshöhe eine Nennleistung von 1343 kW (1800 PS) und flog erstmalig in Voughts Entwurf V-166B. Nach Prüfung aller Projekte beauftragte die *US Navy* Vought im Juni 1938 mit dem Bau von Prototypen.

***Rechts:** Eine F4U-7 der französischen Marineflieger Anfang der 1950er-Jahre. Französische Corsair kämpften in Nordafrika und Indochina.*

VOUGHT F4U-5 CORSAIR

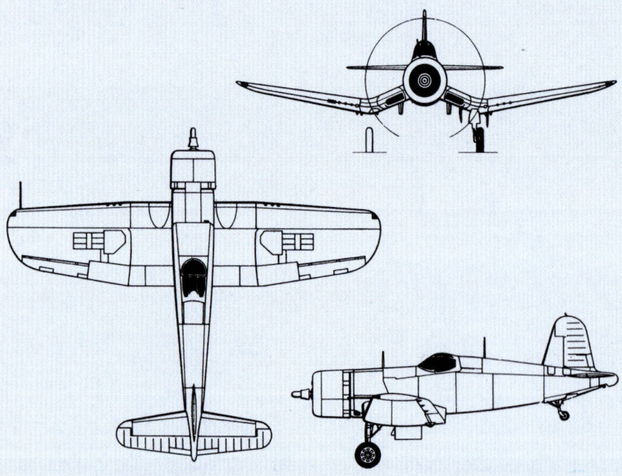

Besatzung: 1

Triebwerk: ein 18-Zylinder-Sternmotor R-2800-32W mit 1828 kW (2850 PS)

Höchstgeschwindigkeit: 756 km/h

Einsatzradius: 900 km

Dienstgipfelhöhe: 11 410 m

Gewicht: Startmasse 6627 kg

Bewaffnung: vier 2-cm-Kanonen und bis zu 2359 kg Bombenlast

Abmessungen: Spannweite 12,48 m; Länge 10,53 m; Höhe 4,49 m

252
267

Unter der Leitung von Chefkonstrukteur Rex B. Beisel nahm die V-166B in den folgenden 18 Monaten Gestalt an. Der riesige Doppelsternmotor erforderte einen Propeller von mehr als drei Metern Durchmesser. Bei konventioneller Auslegung des Flugzeuges hätte ein solcher Propeller ein so hohes Fahrwerk erfordert, dass die Sicht des Piloten für Trägereinsätze ungenügend gewesen wäre. Um Bodenfreiheit zu gewinnen, entschied sich Beisel für so genannte Möwenflügel. Das Fahrwerk war am niedrigsten Punkt, dem Flügelknick, angeordnet und wurde nach rückwärts eingefahren. An den Tragflächenhinterkanten waren große Klappen angeordnet. Die Bewaffnung umfasste zwei 7,62-mm-MG über dem Motor und zusätzlich zwei 12,7-mm-MG in den Außenflügeln.

IM COCKPIT DER F4U-5 CORSAIR

Oben: *Im Südwestpazifik mussten Corsair des USMC von behelfsmäßigen, oft auf Koralleninseln angelegten Pisten aus operieren. Diese F4U-1D präsentiert stolz (unter der Kabinenhaube) die eindrucksvolle Zahl ihrer Bombeneinsätze.*

Donald Balch, Captain US Marine Corps, wurde im Juli 1943 zur auf Russell Islands stationierten VMF-221 versetzt. Am 6. Juli starteten unter seiner Führung vier „Vogelkäfig" F4U-1 zu einem Aufklärungsflug über New Georgia. „Dort wurden wir von mehreren Zero angegriffen, die wir wie eine Kette Wachteln auseinander jagten. Ich kam hinter eine Zero und schoss sie ab. Dann hielt ich nach meinen Kameraden Ausschau und klopfte mir, begeistert über meine Treffsicherheit, immer wieder auf die Schulter. Aber dann brach die Hölle los. Plötzlich flogen mir die Kabinenhaube und einige meiner Instrumente um die Ohren. Geistesgegenwärtig rollte ich nach links in die Rückenlage und zog hart in einen Sturzflug. Erst in rund 2000 m Höhe fing ich ab. Gesehen hatte ich niemanden. Mein Rottenflieger schloss zu mir auf und zeigte, da mein Kopfhörer tot war, immer wieder auf mein Leitwerk. Ich nahm Gas zurück und fuhr die Klappen aus. Trotzdem verlor ich beim Ausschweben vor dem Aufsetzen völlig die Kontrolle und knallte auf die Piste. Später sahen wir, dass meine Steuerung schwer beschädigt war und nur noch so lange funktioniert hatte, bis ich zur Landung ausschwebte."

Links: *Eine F4U-1 Corsair Mk I von den britischen Marinefliegern. Typisch für dieses erste Serienmodell war ihre stark verstrebte, „vogelkäfigartige" Kabinenhaube.*

Mit Lyman A. Bullard am Steuer hob der silberfarbene Prototyp XF4U-1 am 29. Mai 1940 vom Flughafen Bridgeport zum Erstflug ab. Beim fünften Testflug landete die Maschine auf einem Golfplatz not und wurde schwer beschädigt. Repariert übertraf sie in der folgenden Flugerprobung alle Erwartungen und war mit einer Höchstgeschwindigkeit von 653 km/h der schnellste US-Jäger des Jahres 1940. Dennoch hatte die Corsair, wie sie inzwischen genannt wurde, noch einen langen Weg vor sich. Die *US Navy* bestand auf je zwei 12,7-mm-MG in den Außenflügeln und – weil dort für Flügeltanks kein Platz mehr war – darauf, dass hinter dem Motor ein zentraler Tank eingebaut wurde. Dies wiederum hatte zur Folge, dass das Cockpit aus Schwerpunktgründen nach hinten gerückt werden musste. Der Pilot saß nun 4,27 m hinter dem Propeller, was die Sicht in Flugrichtung weiter verschlechterte. Nachträglich wurde auch noch Panzerschutz eingebaut, der Tank beschusssicher ausgelegt und die Querruder (NACA-Spreizklappen) vergrößert.

Im Juni 1941 bestellte die *US Navy* 584 Serienmaschinen F4U-1 Corsair mit den R-2800-8B Double Wasp. Wegen der oben erwähnten Änderungen konnte die Auslieferung erst am 31. Juli 1942 beginnen. Richtig problematisch wurde es aber erst, als die Flugzeugträgerversuche fehlschlugen. Die Sichtverhältnisse nach vorne waren so schlecht, dass man bei Start und Landung kaum das Deck sah, und das wenig elastische Fahrwerk führte beim Aufsetzen zu gefährlichen Schlingerbewegungen. Für Trägereinsätze nicht freigegeben, wurden die Corsair landgestützten Staffeln des *US Marine Corps* (USMC) übergeben. Ihre Feuertaufe erhielt die Corsair im Februar 1943 bei VMF-124 bei Guadalcanal. Bald hatten alle Marine-Jagdstaffeln ihre Wildcat gegen Corsair getauscht und bewiesen ihre Überlegenheit gegenüber den zeitgenössischen japanischen Jägern. Auch als Jagdbomber wurde die Corsair schnell zu einer wichtigen Stütze der US-Bodentruppen.

Oben: *Eine der letzten seriengefertigten Corsair-Varianten war die F4U-7 der französischen Marineflieger. Diese Maschine war lange Jahre ein gern gesehener Gast bei internationalen Flugtagen.*

Ihre ersten Trägereinsätze flogen die Corsair von britischen Trägern aus. Im Laufe des Krieges erhielten die britischen Marineflieger insgesamt 2012 Corsair; die ersten Mitte 1943. Die erste Lieferung umfasste 94 bei Vought gebaute Corsair I (F4U-1) und 510 Corsair II (F4U-1A und -D) sowie Corsair III von Goodyear und Corsair IV

***Oben:** Die Vorderansicht der Corsair mit ihren Möwenflügeln war unverkennbar. Der schmale, aerodynamisch günstig gestaltete Bug und die Kühler in den Flügelwurzeln reduzierten den Luftwiderstand und erhöhten die Geschwindigkeit.*

***Unten:** Mit 2-cm-Kanone, Raketenstartschienen und Bombenträgern waren die letzten Tieffliegermodelle weitaus kampfstärker als die ersten Corsair.*

von Brewster. Die Briten hätten sich keine besseren Jäger wünschen können. In Europa setzten sie die Corsair nur begrenzt ein (unter anderem gegen das in einem norwegischen Fjord liegende deutsche Schlachtschiff *Tirpitz*), beteiligten sich jedoch in größerer Zahl im Endkampf gegen Japan.

Bei der *US Navy* wurde die Corsair erst im April 1944 für Trägereinsätze freigegeben. Die vogelkäfigartige Kabinenhaube war durch eine tropfenförmige Vollsichtkanzel ersetzt und die Fahrwerkfederbeine elastischer gestaltet worden. VMF-124 wurde die erste trägergestützte Corsair-Jagdstaffel.

Die Corsair-Fertigung wurde aufgeteilt. Goodyear baute 2010 FG-1 und Brewster 735 F3A-1. Anfang 1944 entwickelte Goodyear die F2G (nur 18 gebaut!) mit dem 28-Zylinder-Doppelsternmotor R-4360 Wasp Major (2238 kW/3000 PS) und tropfenförmiger Kabinenhaube. Von der F4U-1 erschienen mehrere Varianten, darunter der Nachtjäger F4U-2 mit Radar (im Nasenradom des rechten Flügels) und vier Kanonen.

Wichtigste Variante gegen Kriegsende war die F4U-4 mit R-2800-18W (1828 kW/2450 PS) und Vierblattpropeller. Typisches Merkmal der F4U-4 war der im unteren Motorhaubenbereich angeordnete lippenförmige Lufteinlauf für den Fallstromvergaser. Bewaffnet mit 2-cm-Kanonen, Raketen und Napalmbomben, war die F4U-4 der ideale Tiefflieger und als „flüsternder Tod" gefürchtet. Anders als bei den meisten anderen Jägern wurde die Serienfertigung der Corsair nach Kriegsende fortgesetzt – die F4U-5 flog ab Ende 1945.

Noch bei Ausbruch des Koreakrieges 1950 bildeten Corsair das Rückgrat der 6. und 7. US-Flotte und waren auch bei anderen Verbänden noch in großer Zahl im Dienst. In Korea wurde die F4U-5 mit Erfolg im Bodenkampf eingesetzt. Erwähnenswert sind noch der Nachtjäger F4U-5N und die F4U-5NL. Letztere wurde speziell für Wintereinsätze modifiziert und erhielt Enteisungsausrüstung an Tragflächen, Windschutzscheibe und Propeller. Ebenfalls für Tiefangriffe ausgelegt war die F4U-6, später AU-1 genannt. Sie war noch stärker gepanzert und erhielt den Ladermotor R-2800-83W.

Da die US-Luftwaffe nach 1945 vor allem auf schwere Bomber setzte, hatten die Varianten der F4U-4 vor allem bei *US Navy* und USMC Gelegenheit, sich auszuzeichnen. Sie bewährten sich als Nachtjäger im Kampf mit nordkoreanischen Jak und „bed-check Charlie" (nordkoreanische Doppeldecker, die nachts Störangriffe flogen).

Drittgrößter Corsair-Betreiber war die neuseeländische Luftwaffe. Als Ersatz für ihre P-40 Kittyhawk erhielten sie die ersten 424 F4U-1A, -1D und FG-1D im April 1944. Zu diesem Zeitpunkt war die japanische Kraft im Südwestpazifik allerdings bereits gebrochen, sodass die „Kiwi"-Corsair nur noch als Tiefflieger dienten; 1947 wurden die letzten ausgemustert.

Nach Korea erhielten französische Marineflieger einige AU-1 für den Einsatz in Indochina. Von den Leistungen der Maschinen begeistert, verlangten die Franzosen weitere Corsair. Also lieferten die USA 94 Stück mit der Bezeichnung F4U-7 (eine Mischung aus AU-1 und F4U-4B). Die „französischen" Corsair hatten 13 Kampflastträger und bewährten sich hervorragend, konnten aber die Niederlage der Franzosen nicht abwenden. Bei den Kämpfen um den Sueskanal operierten die französischen Corsair bord- und im Algerienkrieg landgestützt. Noch im Juli 1961 vereitelten sie die Besetzung des französichen Stützpunkts Biserta in Tunesien.

Am längsten dienten Corsair in Lateinamerika. So operierten argentinische F4U-5 und -5NL bis Dezember 1965 von dem Flugzeugträger *Independencia*, nachdem sie noch zu Beginn des Jahres in einem Grenzkonflikt mit Chile eingesetzt worden waren. Zu den allerletzten Luftkämpfen zwischen Kolbentrieb-Jägern kam es 1969 im „Fußballkrieg" zwischen Honduras (Corsair F4U-4 und -5N) und El Salvador (FG-1D und F-51D Mustang). Die meisten dieser Luftkämpfe verliefen „unblutig". Nur Major Fernando Soto von der honduranischen Luftwaffe errang mit seiner F4U-5N drei Abschüsse; davon zwei gegen salvadorianische Corsair.

Von den heute noch existierenden etwa 30 flugtauglichen Corsair fliegen die meisten in den USA, die übrigen in Brasilien, Frankreich, Großbritannien, Kanada und Österreich.

Oben: *Seit Ende der 1940er-Jahre fliegen Corsair in zivilen Händen, zunächst als Rennmaschinen, dann als so genannte „Warbirds" mit vielfältigen, mehr oder weniger authentischen Bemalungen.*

Links: *Mehr als 30 F4U-1D teilen sich das Deck der USS Bunker Hill mit TBM Avenger und Sb2C Helldiver.*

Macchi MC.200, 202 und 205V

Bei den Triebwerken herrschte große Vielfalt, das Flugwerk dagegen hatten alle Macchi-Jäger gemeinsam. Wie andere italienische Jäger waren sie, verglichen mit ihren Zeitgenossen, meistens zu schwach bewaffnet und untermotorisiert.

Rechte Seite: *1942. In der Luftschlacht um Malta eingesetzte MC.202 Folgore flogen hauptsächlich Geleitschutz für kleinere Bomberformationen.*

Die bekanntesten italienischen Jäger des Zweiten Weltkrieges, Macchi MC.200, 202 und 205V, waren außerordentlich wendig und stark gebaut, jedoch, wie andere Jäger der *Regia Aeronautica* auch, zu leicht bewaffnet und untermotorisiert. Der leistungsfähigste Typ, die MC.205V, wurde zu spät und in zu geringer Zahl gebaut.

Von 1917 bis 1930 baute die Aeronautica Macchi S.p.A. (vormals Nieuport-Macchi) einige als Flugboote ausgelegte Jagddoppeldecker. Ihr erster Jagdeinsitzer, die MC.200 Saetta (Blitzstrahl), entstand im Rahmen eines Wettbewerbs für einen Abfangjäger. Seltsamerweise waren nur ein MG und eine Flugdauer von nur einer Stunde gefordert!

Das „C" bei der MC.200 steht für den Nachnamen des Konstrukteurs Mario Castoldi, der auch zahlreiche See-Rennflugzeuge baute und selbst am Schneider-Pokal teilnahm. Unter Mussolini förderte die italienische Regierung Anfang der 1930er-Jahre die Entwicklung von Sternmotoren. Wie bei seinen Rennflugzeugen hätte Castoldi am liebsten einen Reihenmotor verwendet. So aber musste er sich mit dem 14-Zylinder-Doppelsternmotor Fiat A.74 und einer Startleistung von nur 649 kW (870 PS) zufrieden geben.

Das Flugwerk des Prototyps, der Heiligabend 1937 seinen Erstflug absolvierte, war ein Eindecker in Ganzmetallbauweise, Spornradfahrwerk

MACCHI MC.205V

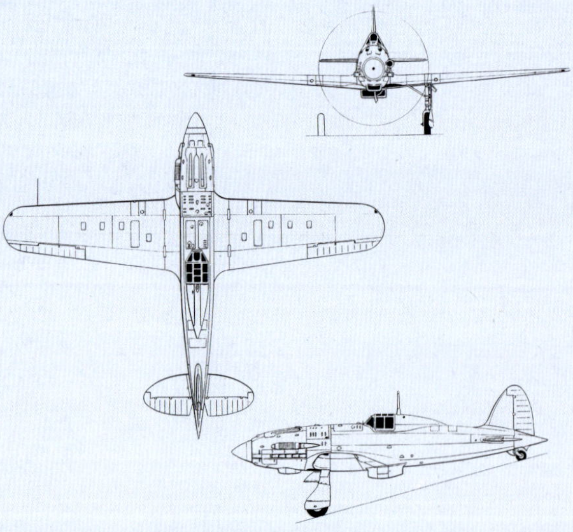

Besatzung: 1

Triebwerk: ein V-12-Zylinder-Motor Fiat RA 1050 RC.58 mit hängender Anordnung, 1100 kW (1475 PS)

Höchstgeschwindigkeit: 642 km/h

Einsatzradius: 520 km

Dienstgipfelhöhe: 16 370 m

Gewicht: 3408 kg Startmasse

Bewaffnung: zwei 12,7-mm-MG im Rumpf über dem Motor; zwei 7,7-mm-MG oder 2-cm-Kanonen in den Flügeln

Abmessungen: Spannweite 10,58 m; Länge 8,58 m; Höhe 3,04 m

***Rechts:** Erstes Muster der bei Macchi seriengefertigten Eindecker war die MC.200 Saetta. Im Gegensatz zu diesem Prototyp erhielten die meisten MC.200 offene Cockpits.*

und geschlossener Schiebehaube. Verglichen mit der (auf den Grundlagen derselben Anforderung konstruierten) Fiat G.50 war die Rumpfoberseite der MC.200 aerodynamisch weniger „sauber" gestaltet: Es gab keine Propellerhaube und an der Motorverkleidung auch keine Zylinderkopfhauben. Dass die MC.200 dennoch schneller und leistungsfähiger als ihre Mitbewerberin war, lag hauptsächlich an der ausgeklügelteren Flügelkonstruktion mit hydraulisch betätigten Klappen.

Die Auslieferung der MC.200 begann im Oktober 1939, und als Italien im Juni 1940 in den Zweiten Weltkrieg eintrat, waren bereits rund 150 Saetta in Dienst gestellt. Sie leisteten gute Dienste bei den Kämpfen um Malta und – mit ihrer „tropisierten" Variante MC.200AS – in Nordafrika. Die MC.200CB konnte eine kleine Bombenlast mitführen. Höhepunkt ihrer Karriere war die Beteiligung an der Versenkung des britischen Zerstörers *HMS Zulu* vor Tobruk im September 1942. Insgesamt wurden 1153 Saetta gebaut.

Wie erwähnt war die italienische Industrie nicht in der Lage, einen Hochleistungs-Flugmotor zu entwickeln. Das Luftwaffenministerium arrangierte deshalb die Lizenzfertigung des Daimler-Benz DB.601, wie er in der Messerschmitt Bf 109 E verwendet wurde. Eine Hand voll in Deutschland gebaute DB 601 wurde nach Italien geliefert. Zwei erhielt Macchi, wo Castoldi eines dieser großen Triebwerke in einen völlig neu gestalteten Rumpf einbauen ließ und die Zelle mit den Flügeln und dem Leitwerk der MC.200 kombinierte. Fertig war die neue MC.202 Folgore (Blitzschlag). Wie einige der letzten MC.200 erhielt die neue MC.202 ein geschlossenes Cockpit mit seitlich angelenkter Haube. Ihr Rumpf war aerodynamisch viel günstiger gestaltet, das Kabinendach nach hinten verlängert und die Rückenlinie des Rumpfes angeglichen. Unter dem Mittelrumpf war ein mächtiger Bauchkühler montiert. Die Angriffsbewaffnung blieb erneut auf den Vorderrumpf beschränkt und bestand aus zwei über dem Motor eingebauten Breda SAFAT-MG Kaliber

***Unten:** Im Frühjahr 1942 verlegte man 21° Gruppo Caccia (Jagdgruppe) im Rahmen des italienischen Sonderverbandes „Corpo di Spedizione Italiano" an die Ostfront.*

12,7 mm. Ihren Erstflug absolvierte die MC.202 am 10. August 1940. Sie erwies sich als voller Erfolg, war 100 km/h schneller und stieg 2600 m (!) höher als jeder andere Jäger der *Regia Aeronautica*.

Die Berichte der Testpiloten waren so positiv, dass sofortige Serienfertigung angeordnet wurde und die Truppe schon im Juli 1941 ihre ersten MC.202 erhielt. Vom Prototyp unterschieden sie sich durch ein starres Spornrad und den hinter dem Cockpit hoch aufragenden Funkmast. Etwa ab der 400. Serienmaschine wurde die Produktion auf den bisher bei Alfa Romeo lizenzgefertigten DB 601 mit der italienischen Modellbezeichnung RA 1000 RC.41 Monsone (Monsun) umgestellt. Für Einsätze in Nordafrika erhielten spätere MC.202 für den linksseitig am Bug angeordneten Lader-Lufteinlauf einen Sandfilter.

Ihre Feuertaufe erhielt die MC.202 im September 1941 über Malta. In den Luftkämpfen mit

Oben: *Eine 1941 in Catania (Sizilien) stationierte MC.200 der 90° Squadriglia, 10° Gruppo, 4° Stormo.*

IM COCKPIT DER MACCHI MC.202

Giorgio Solaroli di Briona (*74a Squadriglia*; stationiert in Abu Haggag, Libyen) traf am 4. September 1942 mit einem Schwarm MC.202 auf einen RAF-Verband aus mittleren Bombern vom Typ Boston und zahlreichen Geleitjägern P-40. „Mein Rottenflieger, Sergente Maggiore Mantelli, und ich schwangen hinab und griffen die linke Flanke der Begleitjäger an. Ich nahm eine P-40 voll ins Visier und eröffnete sofort das Feuer. Der englische Pilot zeigte keinerlei Reaktion. Erst als ich nur noch wenige Meter von ihm entfernt war, rollte die P-40 auf den Rücken und zerschellte am Erdboden. Ich zog heftig hoch, weil ich jederzeit mit einem feindlichen Angriff rechnen musste. Dank der im Sturzflug gewonnenen Geschwindigkeit hatte ich bald wieder so viel Höhe gewonnen, dass ich eine andere Feindformation angreifen konnte. Erneut konnte ich eine P-40 überraschen und aus nächster Nähe unter Feuer nehmen. Ich traf und beobachtete, wie sie Feuer fing."

Links: *Das übersichtlich gestaltete Cockpit der MC.202. Bei diesem späteren Modell gut zu erkennen: das Reflexvisier.*

Aber die Geschichte ist noch lange nicht vorbei. Wenig später wird Solarolis Maschine von Sergeant N. D. Stebbings Kittyhawk *(No. 260 Squadron)* mehrfach getroffen. An Kopf und Bein verwundet, gelingt Solaroli die Bruchlandung hinter den eigenen Linien. Humpelnd macht er sich auf die Suche nach Hilfe. „Schließlich sah ich drei Männer. Sie winkten mir und riefen, ich solle mich keinen Schritt mehr bewegen. Ich war in einem Minenfeld gelandet. Es war reine Glückssache, dass ich nicht die ganze Gegend in die Luft gejagt hatte!"

Solaroli beendete den Krieg mit insgesamt elf Luftsiegen.

Unten: *MC.202 in Nordafrika, mit dem üblichen grün-braunen Tarnanstrich „Sand und Spinat".*

***Oben:** Die MC.205N Orione (Orion) mit größerer Tragflügelfläche und neuem Vorderrumpf sollte die MC.202 ablösen. Letztes Serienmuster wurde aber die „vorläufige" MC.205V.*

britischen Jägern zeigte sich, dass sie lediglich in den Hurricane ernsthafte Gegner hatte. Andere MC.202 verlegte man in größter Eile nach Nordafrika, wo die Briten im November zur Offensive angetreten waren. Nachdem der Angriff mithilfe des Deutschen Afrikakorps abgewehrt war, beherrschten MC.202 und deutsche Bf 109 im Juni 1942 den Himmel über Tobruk und Bir Hakeim.

Als Folge der Niederlage der Achsenmächte bei El Alamein zogen sich auch die Folgore-Verbände – stark bedrängt durch die überlegenen Spitfire – aus Tunesien zurück, wo im Januar 1943 nur noch ein Verband verblieb. Gleichzeitig waren auf Sizilien stationierte MC.202 in erbitterte Luftschlachten um Malta verwickelt.

Nach dem deutschen Angriff auf die UdSSR (22. Juni 1941) wollte auch Mussolini seinen Anteil an der erwarteten Kriegsbeute und ließ einen Sonderverband aufstellen. Die *Regia Aeronautica* leistete ihren Beitrag mit 51 Saetta, die später durch Folgore verstärkt wurden. Als sie im Januar 1943 nach Italien zurückverlegt wurden, hatten sie bei 15 eigenen Verlusten 88 sowjetische Flugzeuge zerstört.

Die schleppende Monsone-Produktion und die Umstellung der deutschen Motorenindustrie auf den kleineren DB 605 (1085 kW/1475 PS) führte dazu, dass viele MC.202 nicht schnell genug an die Front gelangten. Auf der Suche nach einem Ausweg aus dieser Misere kombinierte Macchi eine MC.202-Zelle mit einem DB 605, und fertig war die MC.202bis (Erstflug: 19. April 1942) mit einziehbarem Spornrad und stumpferer Propellerhaube. Auch die Flügel mussten modifiziert werden, um das starke Drehmoment des Motors „verarbeiten" zu können. Die Höchstgeschwindigkeit stieg um 47 km/h, die Reichweite um 235 km. Wie die letzten MC.202 erhielt auch das neue Muster zwei 7,7-mm-Flügel-MG. Seriengefertigt wurde die MC.202bis als MC.205V Veltro (Jagdhund). Als Motor diente der RA 1050 RC.58 Tifone (Taifun) eine Lizenzfertigung des deutschen DB 605. Es wurden auch viele MC.202 zu Veltro umgerüstet.

Ihre Feuertaufe erhielt die MC.205V im Juli 1943 bei Tiefangriffen gegen die auf Sizilien gelandeten Alliierten. Den Luftkrieg im Mittelmeerraum beeinflussen konnte die MC.205V nicht mehr, weil sie nur in ungenügender Zahl bereitgestellt werden konnte. Als Italien im September 1943 kapitulierte, waren noch keine 100 in Dienst gestellt. Nach dem Waffenstillstand waren noch 43 MC.205V, 23 MC.202 und einige MC.200 übrig, von denen einige sich als *Italian Co-Belligerent*

***Rechts:** Eine MC.205V der 70a Squadriglia, 23° Gruppo, 3° Stormo.*

***Links:** Mario Castoldi (mit Hut), Konstrukteur der Macchi-Jäger, überwacht Arbeiten an einer frühen MC.205 auf dem Werksgelände in Turin.*

Air Force den Alliierten anschlossen. Die übrigen flugtauglichen italienischen Jäger kämpften in der von Mussolini in Norditalien formierten *Aeronautica Nazionale Repubblicana* (ANR). Von den rund 130 noch fertig gestellten MC.205V waren die meisten mit zwei 2-cm-Flügelkanonen bestückt. Bevor sie der ANR übergeben wurden, dienten einige MC.205V kurzfristig auch beim deutschen JG 77. Auch die kroatische Luftwaffe erhielt MC.202.

Italiens Luftwaffe betrieb einige MC.205V als Trainer bis in die 1950er-Jahre. Nach Kriegsende lief sogar die Serienfertigung wieder an, um einen ägyptischen Auftrag über 62 MC.205V zu erfüllen. Nach Auslieferung der 42. Maschine wurde die Produktion nach israelischen Sabotageakten eingestellt. Im Verlauf des israelischen Unabhängigkeitskrieges haben die ägyptischen Macchi angeblich drei israelische Flugzeuge abgeschossen, während Israels Mustang und Spitfire zehn Veltro besiegt haben sollen. 1951 übergab Ägypten zehn seiner Veltro an Syrien.

Heute existieren nur noch zwei MC.202 und drei MC.205; keine in flugtauglichem Zustand.

***Unten:** Letzte flugtaugliche Macchi aus den Kriegsjahren war eine ehemals ägyptische, auf MC.205-Standards umgerüstete MC.202. In den 1980ern beschädigt, ist sie seitdem nicht mehr geflogen.*

Republic P-47 Thunderbolt

Die Piloten liebten die P-47 Thunderbolt (Blitzschlag), auch als „Jug" (Juggernaut = Moloch) bekannt, weil sie einen starken Motor hatte und einen Schlag vertragen konnte, während die Bodentruppen auf ihren Schutz vertrauten.

REPUBLIC P-47D-25 THUNDERBOLT

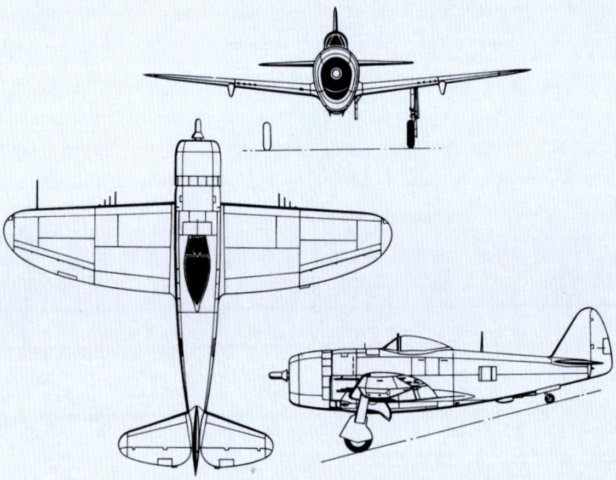

Besatzung: 1

Triebwerk: ein 18-Zylinder-Sternmotor Pratt & Whitney R-2800-59 mit 1716 kW (2300 PS)

Höchstgeschwindigkeit: 689 km/h

Einsatzradius: 1126 km

Dienstgipfelhöhe: 12 800 m

Gewicht: max. Startmasse 8800 kg

Bewaffnung: acht Browning-MG Kaliber 12,7 mm in den Flügeln und bis zu zwei 454-kg-Bomben

Abmessungen: Spannweite 12,42 m; Länge 11,02 m; Höhe 4,32 m

Rechte Seite: *Eine restaurierte P-47D trägt stolz das Kennzeichen der 78th Fighter Group und die im Juni 1944 eingeführten schwarzweißen D-Day-Streifen an Rumpf und Flügeln. Die Streifen dienten als Erkennungszeichen für die an der alliierten Invasion in der Normandie beteiligten Flugzeuge.*

Die Thunderbolt war der größte und schwerste US-Jagdeinsitzer des Zweiten Weltkrieges und mit 15 638 Exemplaren auch der meistgebaute (und zwar bis auf den heutigen Tag).

Der Exilrusse Alexander Kartveli, Chefkonstrukteur der Seversky Aircraft Corporation, siegte 1936 mit der P-35 im Wettbewerb für einen Jagdeinsitzer. Nachdem das 76. Exemplar im August 1938 ausgeliefert worden war, erklärte das *USA Army Air Corps* (USAAC) den Typ allerdings für veraltet. Die 77. P-35 verblieb beim Hersteller und wurde von Kartveli zur XP-41 weiterentwickelt (Einziehfahrwerk und andere Verbesserungen). 1938 wurde Seversky in Republic Aviation Corporation umbenannt und präsentierte dem USAAC die XP-41. Nach erfolgreichen Tests wurde die XP-41 als P-43 Lancer mit Doppelsternmotor R-1830 (894 kW/ 1200 PS) angenommen. Von mehr als 200 P-43 wurden 51 nach China exportiert. Aufgeschreckt durch Berichte vom europäischen Kriegsschauplatz und dem Leistungsvermögen der deutschen Jäger, machte sich Kartveli erneut an die Arbeit.

Er übernahm das Grundkonzept seiner P-43, allerdings in vergrößerter Form, um den neuen Motor Pratt & Whitney R-2800 nutzen zu können. Das USAAC akzeptierte Kartvelis Entwurf und bestellte den Prototyp XP-47B. Für Einsätze in großen Höhen erhielt die XP-47B im rückwärtigen Rumpfbereich einen Turbolader, dem die Luft durch einen Einlauf in der Motorverkleidung ein-

226671
MX

gespeist wurde. Um ausreichende Bodenfreiheit für den Vierblattpropeller mit 3,71 m Durchmesser von Curtiss-Electric zu gewinnen, wurde das Hauptfahrwerk sehr hochbeinig konstruiert. Da es in eingefahrenem Zustand zu viel Platz belegt hätte, entwickelte Kartveli einen Mechanismus, der das Fahrwerk beim Einfahren um 23 cm verkürzte. Somit verblieb in jedem Flügel genügend Raum für vier 12,7-mm-MG. Mit acht MG war die XP-47B der kampfstärkste einmotorige US-Jäger des Zweiten Weltkrieges. Das gut ausgestattete Cockpit war so ungewöhnlich groß, dass der Witz kursierte, der Pilot könne bei Feindbeschuss einfach weglaufen. Das Kabinendach war stark verstrebt. Beim ersten Flugzeug noch nach hinten oben aufklappbar, erhielten die späteren Maschinen eine Schiebehaube.

Mit Lowry Brabham am Steuer absolvierte die XP-47B am 6. Mai 1941 ihren Erstflug – nur acht Monate nach der offiziellen Auftragsvergabe. Zwar erfüllten die Flugeigenschaften nicht ganz die Erwartungen, doch in Sachen Geschwindigkeit war die XP-47B ein voller Erfolg. Schnell orderten die US-Militärs die noch nie da gewesene Zahl von 773 Exemplaren, davon 602 P-47C mit geringfügig

IM COCKPIT DER REPUBLIC P-47 THUNDERBOLT

Oben: *Thunderbolt-Piloten auf einer bombenbeladenen P-47. P-47 bewährten sich bei Tiefangriffen auf Flugplätze.*

Der Pole Mike Gladych hatte bei der RAF bereits acht Luftsiege errungen, als er zur *56th Fighter Group* versetzt wurde. Dieses Jagdgeschwader flog die P-47 auch dann noch, als die übrigen Jagdstaffeln der 8. US-Luftflotte auf P-51 umstiegen. Gladych erinnerte sich an eines seiner haarsträubenden Abenteuer: „Es war über Deutschland. Wir gaben Bombern Geleitschutz, als es ziemlich nahe am Boden zum Kampf kam. Plötzlich entdeckte ich neben und über mir drei Focke-Wulf. Ich griff an, aber sie hielten Abstand. Dann ging ich bis auf Baumwipfelhöhe hinab, und es entwickelte sich eine gnadenlose Jagd. Schließlich saß ich einem im Nacken. Um ihn abzuschießen, musste ich kurz geradeaus fliegen. Diese Gelegenheit nutzte einer der anderen, mir einige Löcher in den Flügel zu schießen. Mein Treibstoff wurde knapp, und ich drehte ab. Aber die beiden Focke-Wulf blieben an mir dran. Sie glaubten wohl, meine Tanks wären leer, und bedeuteten mir, dass ich landen sollte. Ich signalisierte „OK" und flog vor ihnen her, bis wir einen deutschen Flugplatz erreichten.

Ich wusste was zu tun war. Ich gab einen kurzen Feuerstoß ab, und die Flugabwehr eröffnete das Feuer mit allem, was sie hatte. Da die beiden Deutschen kaum mehr als zehn Meter hinter mir flogen, bekamen sie den ganzen Segen ab. Ich habe nicht gesehen, was weiter geschah, sondern machte mich schnellstens auf den Heimweg." Gladych erreichte die englische Küste mit dem letzten Tropfen Benzin und musste mit dem Fallschirm aussteigen. Als er dann glücklich gelandet war, galt es zunächst, eine Gruppe britischer Offiziere zu überzeugen, dass er kein Deutscher, sondern Pole war.

Rechts: *Francis „Gabby" Gabreski war nicht nur das Ass der Asse beim 56th Fighter Group, sondern auch erfolgreichster Thunderbolt-Pilot in Europa.*

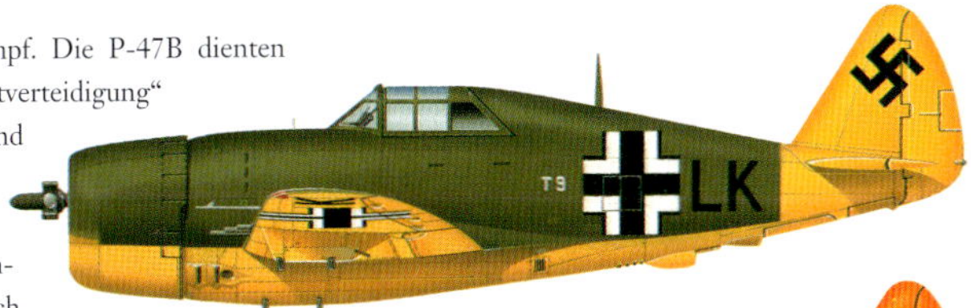

Links: Über Deutschland abgeschossen, diente diese Thunderbolt als Trainer. Sie sollte deutschen Jagdfliegern die Schwachstellen der P-47 aufzeigen.

Links: Die 358th Fighter Group der 9th Air Force (1944 im französischen Toul stationiert) prahlte mit dieser farbenfrohen P-47D.

verlängertem Vorderrumpf. Die P-47B dienten größtenteils zur „Heimatverteidigung" und als Trainer, während die ersten P-47C Ende 1942 bei der 8. US-Luftflotte in Europa eintrafen. Es zeigten sich viele Kinderkrankheiten, und Piloten, die bislang Spitfire geflogen waren, mussten sich stark umgewöhnen: Der neue schwere Jäger stieg nur langsam, stürzte wie ein Stein und wurde oft mit Focke-Wulf Fw 190 verwechselt. Zu einem ersten kurzen Luftgefecht mit Fw 190 kam es im April 1943. Die Amerikaner meldeten zwar drei Abschüsse bei drei eigenen Verlusten, tatsächlich scheinen die Deutschen aber keine Maschine verloren zu haben. Mit jedem neuen Baulos verbesserte sich die Leistungsfähigkeit der T-Bolt. Sehr begrüßt wurde die Einführung von Abwurftanks, weil die Jäger so ihre Bomber viel weiter als bisher nach Deutschland hineineskortieren konnten.

Die stabil gebaute „Jug" (Abkürzung von „Juggernaut" = Moloch oder wegen ihrer rundlichen Erscheinung abgeleitet auch „Milk Jug" = Milchkännchen genannt) zeigte eine sehr hohe Beschussunempfindlichkeit und kehrte oft noch mit schwersten Beschädigungen zur Basis zurück. Dank guter Höhenleistungen und unübertroffenen Sturzflugeigenschaften waren T-Bolt zur Bekämpfung von Erd- und Seezielen ideal geeignet.

Die Produktion stieg stetig, bis Mitte 1943 alle Republic-Werke ausgelastet waren. Wichtigstes

Unten: P-47B der 56th Fighter Group. Bevor die Einheit nach Europa verlegt wurde, trainierten ihre Piloten im US-Bundesstaat New York.

***Oben:** Bomberpiloten der 8. US-Luftflotte sagten zwar „kleine Freunde" zu ihren Jägern. Aber die P-47 war nicht klein, sondern der größte und schwerste einmotorige Jäger des Krieges.*

***Unten:** Typisch für die P-47N war die lang gestreckte, die Querstabilität verbessernde Verkleidung von Seitenflossenwurzel/Rumpf.*

Muster war die P-47D mit 12 602 Exemplaren. Curtiss-Wright allein baute mehr als 350 P-47G. Die D und G erhielten einen neuen Motor mit Wassereinspritzung, verstärkte Cockpitpanzerung und verbesserte Turbolader. Zwei Unterflügelstationen ermöglichten die Mitführung von zwei 454-kg-Bomben oder zwei dreirohrigen Bazooka-Raketenstartern. Alternativ konnten zwei Abwurftanks untergehängt werden. Im Laufe der P-47D-Produktion kam es zur äußerlich auffälligsten Veränderung der Baureihe: Ab der P-47D-25 war die Kabinenhaube tropfenförmig und der Rumpfrücken abgesenkt, was die Rundumsicht deutlich verbesserte. Die Modellbezeichnung änderte sich hingegen nicht. Häufig betrieben Staffeln ältere „Razorbacks" (= wilder Eber, wegen des hochgezogenen Rückens) und neuere „Bubbletops" (= Blasendach) nebeneinander. Da die Verkleinerung des Rumpfes die Querstabilität beeinträchtigte, erhielten spätere Versionen eine lang gestreckte Verkleidung am Übergang von der Seitenflossenwurzel zum Rumpf.

Man erprobte auch mehrere Versuchsmuster mit Reihenmotoren und sperrigen, meistens ziemlich hässlichen Kühlsystemen. Alle Serienmaschinen verwendeten Varianten des R-2800, dessen Leistung von minimal 1492 kW (2000 PS) bis maximal 2090 kW (2800 PS) mit Wassereinspritzung in 9900 m Höhe reichte.

Mit leistungsgesteigertem Turbolader und Luftbremsen war die P-47M für hohe Geschwindigkeit optimiert (811 km/h) und primär zum Abfangen der deutschen V1-Flugbomben gedacht. Speziell für die riesigen Entfernungen des pazifischen Kriegsschauplatzes geschaffen wurde die Langstreckenversion P-47N. Ihre Flügel (mit eckigen Enden) enthielten zusätzliche Kraftstoffbehälter und hatten folglich eine größere Spannweite.

Nach dem anfangs sehr wackligen Start wurde die Thunderbolt schon bald bei den Alliierten geachtet und von den Achsenmächten gefürchtet. Eine Gruppe der 8. US-Luftflotte behielt sogar ihre T-Bolt, als die anderen schon auf Mustang umgestiegen waren. Auch die beiden führenden US-Asse in Europa – Francis Gabreski (28 Luftsiege) und Robert S. Johnson (27) – flogen bei Kampfeinsätzen nur P-47. Thunderbolt dienten auch bei

Links: *Diese P-47N zeigt die „abgehackten", eckigen Flügelenden dieser Variante und ihre schwere Bewaffnung: Maschinengewehre, Bomben, Raketen.*

der 9. US-Luftflotte in England und Europa sowie bei der 15. in Italien, wo sie unter den Truppen und Panzern der Achsenmächte große Verwüstungen anrichteten. Im Verband der 15. US-Luftflotte kämpfende brasilianische Piloten waren mit P-47D sehr erfolgreich. Ebenso eine mexikanische Thunderbolt-Einheit, die an der Seite der US-Truppen auf den Philippinen kämpfte.

Die britische Luftwaffe (RAF) beschaffte eine große Zahl P-47, und zwar 120 „Razorback" D als Thunderbolt I und 710 „Bubbletop" als Thunderbolt II. Bei 16 Staffeln eingeführt, dienten sie fast ausschließlich als Schlachtflieger in Birma, China und Indien.

Nach Kriegsende überließ die USAF zahlreiche P-47 den Luftstreitkräften befreundeter Länder in Europa und Lateinamerika. In der USAF dienten P-47 (ab 1947 = F-47) noch bis 1954; letzte Betreiber waren Einheiten der Nationalgarde.

Von ursprünglich insgesamt 60 „Überlebenden" existieren heute nur noch 13 flugfähige T-Bolt; die meisten davon P-47D.

Links: *Die P-47B war die erste seriengefertigte Variante der Thunderbolt. Sie diente in den USA bei der „Heimatverteidigung" und als Trainer.*

Messerschmitt Me 262 „Schwalbe“

Die Me 262, das beste von zahlreichen strahl- und raketengetriebenen deutschen Flugprojekten, hätte den Krieg verlängern können, wäre sie in großer Zahl verfügbar gewesen. Zum Glück für die Alliierten erschienen zu wenige und zu spät.

MESSERSCHMITT ME 262 B-1A/U1

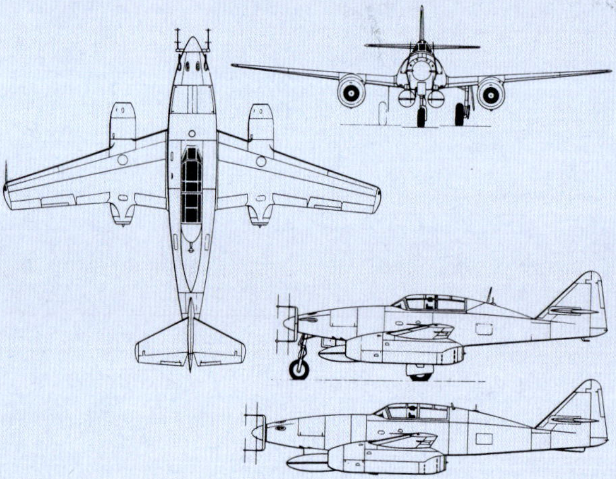

Besatzung: 2

Triebwerk: zwei Strahlturbinen Junkers Jumo 004 B, Standschub je 8,8 kN (900 – 910 kp)

Höchstgeschwindigkeit: 800 km/h

Einsatzradius: 526 km

Dienstgipfelhöhe: 11 000 m

Gewicht: Startmasse 6775 kg

Bewaffnung: vier Maschinenkanonen MK 108 Kaliber 3 cm in der Rumpfspitze

Abmessungen: Spannweite 12,51 m; Länge 10,60 m; Höhe 3,83 m

Rechte Seite: *Diese erbeutete Me 262 A wurde kurz nach Kriegsende in New York ausgestellt. Ein Beispiel für deutsche Hochtechnologie.*

Der erste einsatzreife Strahljäger verspätete sich durch Schwierigkeiten auf dem Triebwerksektor, aber mehr noch aus politischen Gründen. Für die Führung des Reiches standen Strahlflugzeuge auf ihrer Prioritätenliste weit unten. Sie glaubte den Krieg schon gewonnen. Als sich dann das Blatt wendete, war es zu spät, und auch ein so einzigartiges Flugzeug wie die Me 262 konnte den Ausgang des Krieges nicht mehr beeinflussen.

Die Me 262 beruht auf Studien über strahlgetriebene Jäger, die 1938 in Messerschmitts Projektabteilung unter Robert Lusser und – ab Juni 1939 – Woldemar Voigt ausgearbeitet wurden. Aber auch andere deutsche Flugzeugbauer hatten ähnliche Ideen, und es war die Heinkel He 178, die am 24. August 1939 das Düsenzeitalter einleitete. Als Kampfflugzeug war dieser erste Jet jedoch völlig ungeeignet.

Bei der Me 262, begonnen als Projekt Me P 1065, ging die Entwicklung nur schleppend voran, unter anderem deshalb, weil die vorgesehenen zwei Triebwerke BMW P 3302 (Gesamtschubleistung 1200 kp) sich

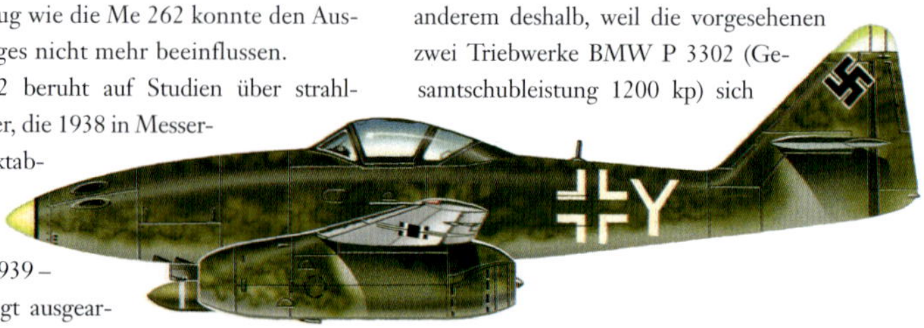

Rechts: *Frühjahr 1945: Me 262 A-2a „Blitzbomber“ der I./KG 51 (Kampfgeschwader Achmer).*

AIR POWER IS PEACE POWER
MESSERSCHMITT 262A
AIRCRAFT-TWIN
JET. GERMANY

Rechts: Im März 1945 wurden zwei Me 262 A-1a/U4 mit 5-cm-Kanone MK 214 erprobt. Mit nur einem Treffer hätten sie einen Bomber vernichten können. Abgebildet ist ein erbeutetes und in den USA getestetes Exemplar.

immer wieder verspäteten. Auch als im März 1941 der erste Prototyp (V1) fertig wurde, waren die BMW-Triebwerke noch nicht flugklar. Messerschmitt entschloss sich deshalb, im Bug der Me 262 (offizielle Bezeichnung seit 8. April 1941) zusätzlich einen Kolbenmotor Jumo 210 G (750 PS) einzubauen. Mit diesem Mischantrieb startete die Me 262 V1 am 18. April 1941 zum Erstflug.

Zum ersten rein strahlgetriebenen Flug rollte die Me 262 V3 am 18. Juli 1942 zum Start. Dabei bereitete das herkömmliche Spornradfahrwerk erhebliche Schwierigkeiten. Nachdem Pilot Fritz Wendel auf rund 180 km/h beschleunigt hatte, musste er – um überhaupt abheben zu können – durch ein kurzes Antippen der Bremsen das Spornrad anheben, um das Leitwerk in die laminare Luftströmung zu bringen. Als die Versuche weit genug fortgeschritten waren, flog Generalmajor und Inspekteur der Jagdflieger Adolf Galland am 22. Mai 1943 den vierten Prototyp. Beeindruckt und begeistert, berichtete er der Obersten Führung: „Das Flugzeug eröffnet völlig neue taktische Möglichkeiten“, und forderte, das Projekt mit höchster Priorität voranzutreiben. Unglücklicherweise stieß sein Ruf bei Hitler auf taube Ohren.

Mit dem fünften Prototyp erhielt die Me 262 ein Bugradfahrwerk, und die Erprobung ging – wenn auch langsam – weiter. Anfang März 1943 legte das RLM den künftigen Bauzustand der Me 262 fest. Die seriengefertigte Me 262 war ein schnittiges Flugzeug mit Dreieckrumpf und Vollsichtkanzel. Ihre beiden Turbinen waren den mit 18 Grad nur mäßig gepfeilten Tragflügeln untergehängt. In der Rumpfspitze waren vier MK 108 eingebaut. Diese

Unten: Die Me 262 V2 hatte ein Spornradfahrwerk und ließ sich nur mit einigen Tricks in die Luft bringen. Nach Einbau eines Bugrades war auch diese „Krankheit“ kuriert.

3-cm-Maschinenkanonen hatten eine hohe Feuergeschwindigkeit (680 Schuss/min), aber geringe Mündungsgeschwindigkeit und kurze Wirkschussweite. Allerdings genügten drei Treffer zur Vernichtung eines Bombers. Ab Frühjahr 1944 wurde die Schlagkraft durch 55-mm-Bordraketen R4/M Orkan verstärkt, die im Dutzend mitgeführt werden konnten. Die ersten Serienmaschinen erhielten zwei Strahltriebwerke mit Axialverdichter Jumo 004 B-1 mit je 8,8 kN (900 kp) Standschub. Da die für den Triebwerkbau benötigten hochwertigen Materialien knapp waren, wurden oft Ersatzstoffe verwendet, um die Teile gegen Oxidation zu schützen. In jedem Fall lag die Nutzungsdauer der ersten Triebwerke bei weniger als zehn Stunden.

***Oben:** Ohne Anstrich gut zu sehen: die schlanke, zukunftweisende Form des ersten einsatzfähigen Strahljägers der Welt.*

Anlässlich einer Demonstration der Me 262 vor Hitler Ende November 1943 fragte er Hermann Göring, den Oberbefehlshaber der Luftwaffe: „Kann dieses Flugzeug Bomben tragen?" Göring antwortete ausweichend „im Prinzip ja", worauf

AM STEUER DER MESSERSCHMITT ME 262

***Oben:** Adolf Galland war der jüngste Luftwaffen-General des Zweiten Weltkrieges und einer der erfolgreichsten Jetpiloten.*

Generalmajor Adolf Galland, im Januar 1945 als Inspekteur der Jagdflieger entlassen, erhielt noch im gleichen Monat den Befehl, den „Jagdverband 44" (JV 44) mit Me 262 aufzustellen. Sein JV 44 wurde zum Club der Besten, in dem das Ritterkreuz von der Uniform gar nicht mehr wegzudenken war. JV 44 flog seinen letzten Einsatz am 26. April 1945. Es waren sechs mit Bordraketen bewaffnete Me 262, die Galland gegen B-26 Marauder führte, die Ziele nördlich von München bombardierten. Auf großer Distanz schlug den Me 262 starkes Abwehrfeuer entgegen. Angespannt und aufgeregt, vergisst Galland, den zweiten Sicherungsschalter seiner Bordraketen zu betätigen. In bester Schussposition reagieren die Raketen nicht. Dennoch gelingt es ihm, zwei B-26 abzuschießen – und zwar mit seinen vier Bordkanonen. Den Abschuss einer dritten Marauder durfte dann noch Gallands Rottenflieger, Unteroffizier Schallmoser, für sich beanspruchen. Er hatte offensichtlich die Bordraketen korrekt einsatzfähig gemacht. Schallmoser trug übrigens zu diesem Zeitpunkt schon den Spitznamen „Turbo-Rammer", weil er einige Wochen zuvor mit einer B-26 kollidiert war.

Beim Angriff gegen eine weitere Bomberformation von einer von oben herabstoßenden Mustang überrascht, wurde Galland mit einem Feuerhagel überschüttet. Rechte und linke Turbine wurden getroffen, das Armaturenbrett zertrümmert und er selbst am rechten Knie verwundet. Er entkommt im Sturzflug. Während die Verkleidungsbleche seiner rechten Turbine im Fahrtwind flattern und zum Teil davonfliegen, bringt er seine kranke Maschine nach Hause. Da eine Turbine nicht mehr reagiert, muss er mit stehenden Turbinen landen. Eine Rauchfahne hinter sich herziehend und mit zerschossenem Bug setzt er auf, und das alles, während der Flugplatz von Tieffliegern bearbeitet wird.

***Oben:** „Blitzbomber" Me 262 A-2a mit 250-kg-Bomben und „Wikingerschiff" (Abwurfanlage für Bombenschlösser ETC 503 und ETC 504).*

Hitler die Me 262 zum „Blitzbomber" erklärte. Ein Gedanke, der von den anwesenden Fachleuten als kurioser Einfall eines Laien und nicht als Befehl aufgefasst wurde, weshalb die Produktion und Erprobung der Me 262 als Jäger unverändert blieb.

Im April 1944 kam Hitler wieder auf die Me 262 zu sprechen und hörte, dass keine einzige der ausgelieferten rund 120 Me 262 für den Bombenwurf eingerichtet war. Schäumend vor Wut, befahl er – zwei Monate vor der alliierten Invasion – Me 262 ausnahmslos zum Bomber umzurüsten. Offiziell durfte sie nur noch als „Schnellst-Bomber" bezeichnet werden. Damit hatte sich Hitler selbst ein Bein gestellt. Denn wegen der befohlenen Um- und Nachrüstungen war zum Zeitpunkt der Invasion nicht eine einzige Me 262 einsatzbereit!

Die Erprobungsskommandos für die Me 262 wurden am 30. September 1944 dem erfolgreichen Jagdflieger Walter Nowotny (283 Luftsiege) unterstellt, zum „Kommando Nowotny" zusammengefasst und nach Nordwestdeutschland verlegt. Die Me 262 benötigte lange, betonierte Pisten, die sich leicht bombardieren ließen. Über den Stützpunkten lauerten P-51 und schossen viele der bei Start und Landung langsamen und verwundbaren Jets ab. Nowotny selbst fiel am 8. November 1944 nach Abschuss eines viermotorigen Bombers – von 30 Mustang verfolgt – im Luftkampf.

***Rechts:** Im März 1944 kamen erstmals Bordraketen R4/M zum Einsatz. Unter jedem Flügel wurde ein Schienenrost mit je 12 Raketen montiert. Bei einer Reichweite von 1500 m erwies sie sich bei der Bekämpfung der schweren US-Bomber als sehr wirksam.*

Erst unter dem Eindruck der erdrückenden alliierten Überlegenheit gab Hitler Mitte November 1944 grünes Licht zur Aufstellung des JG 7, des ersten Düsen-Jagdgeschwaders der Welt. Die Reste des „Kommando Nowotny" verlegte man nach Süddeutschland, wo im November die Einweisung der zukünftigen Jetpiloten begann.

Obwohl inzwischen zuverlässigere Triebwerke verfügbar waren, blieben die Klarstände schlecht. Mehr als rund 30 Maschinen waren bei JG 7 nie einsatzbereit. Den Höhepunkt ihrer Einsätze und Erfolge erlebt das Geschwader im März 1945. Bei einem Kampfauftrag zerstörten 22 Jets neun Bomber B-17 bei vier eigenen Verlusten. Insgesamt 27 Piloten waren mit ihren Me 262 im Luftkampf erfolgreich. Als sie auf Me 262 umstiegen, zählten sieben dieser Männer mit mehr als 100 Luftsiegen bereits zu den Assen und konnten ihre Abschussziffern mit der Me 262 noch weiter erhöhen.

Die Me 262 war kein Flugzeug für Anfänger! Dennoch zwangen die Verhältnisse die Piloten, sich praktisch auf eigene Faust im Verband mit dem Jet vertraut zu machen. Entsprechend hoch waren die tödlichen Unfälle vor und während der ersten Kampfeinsätze. Eine zweisitzige Trainerver-

Links: *Es wurden zwar nur wenige Nachtjäger Me 262 B-1a gebaut, doch sie erzielten einige Erfolge. An den Bombenschlössern ließen sich abwerfbare Zusatztanks mitführen.*

sion hätte viele Leben gerettet. Leider ging die umgebaute Mustermaschine im Oktober 1944 verloren, und von den bis Kriegsende gebauten 15 Trainern verunglückten mehr als die Hälfte.

Ebenfalls im Oktober 1944 begann mit einer Me 262 A-1a die einsatzmäßige Erprobung eines Nachtjägers. Ergebnis war der damals modernste Nachtjäger Me 262 B-1a/U1 mit „Hirschgeweih"-Vielfachantenne des Lichtenstein-Nachtjagdgerätes in der Rumpfspitze.

Geführt von Adolf Galland, formierte sich im Januar 1945 der Jagdverband 44 (JV 44). Im JV 44 sammelten sich ein letztes Mal die erfolgreichsten deutschen Jäger. Trotz aller technischen, taktischen und nachschubmäßigen Schwierigkeiten blieben sie und ihre Me 262 bis in die letzten Kriegswochen Achtung gebietende Faktoren. Tag und Nacht durch alliierte Bomber bedroht, wurden die Produktionseinrichtungen in versteckte „Schattenwerke" verlagert, und die Me 262 operierten mehr und mehr von Autobahnen. Gelegentlich musste der modernste Jäger der Welt von Ochsengespannen zum Startplatz gezogen werden.

Von den insgesamt 1433 gebauten Me 262 kamen bis zum Ende des Krieges nur etwa 300 zum Einsatz. Da den Sowjets in der Tschechoslowakei die Produktionsanlagen in die Hände gefallen waren, entstanden dort nach 1945 weitere 17 Stück als Avia S.92 und als zweisitzige CS.92. Nur wenige Museen haben eine echte Me 262 als Exponat vorzuweisen. Aber Ende 2003 absolvierte in den USA eine rekonstruierte „Schwalbe" ihren Jungfernflug. Weitere sollen gebaut werden.

Unten: *Messerschmitt-Testpilot Fritz Wendel auf dem Flügel der Me 262 V3. Mit dieser Maschine absolvierte er am 18. Juli 1942 den ersten rein strahlgetriebenen Jungfernflug.*

North American P-51 Mustang

Vielen gilt die P-51 Mustang als „der Jäger, der den Krieg gewann", denn die „Wildpferde" bahnten den alliierten Bombern den Weg nach Berlin und Tokio. Ihre Überlegenheit beruhte auf amerikanischer und britischer Technologie.

NORTH AMERICAN P-51D MUSTANG

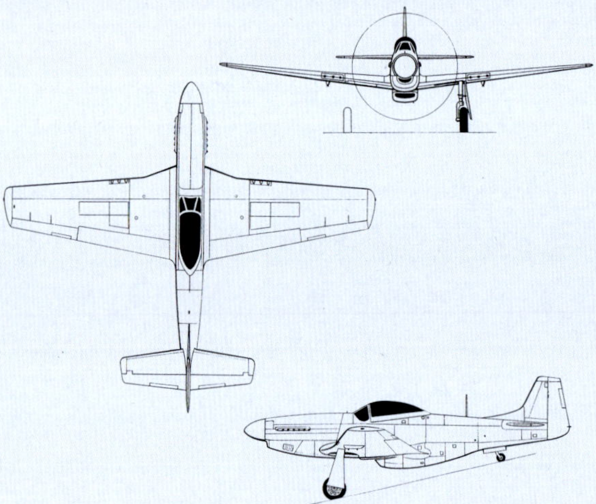

Besatzung: 1

Triebwerk: ein Packard/Rolls-Royce V-1650-7 (Merlin V-12) 1186 kW (1613 PS)

Höchstgeschwindigkeit: 703 km/h

Einsatzradius: 1287 km

Dienstgipfelhöhe: 12 771 m

Gewicht: Flugmasse 5493 kg

Bewaffnung: sechs Browning-MG Kaliber 12,7 mm; max. Kampflast (Bomben, Raketen) 908 kg

Abmessungen: Spannweite 11,29 m; Länge 9,83 m; Höhe 4,16 m

Die North American P-51 Mustang – häufig als bestes Jagdflugzeug des Zweiten Weltkrieges bewertet – beruht auf einem britischen Forderungskatalog. Obwohl die P-51 bei der britischen Luftwaffe (RAF) ihre Feuertaufe erhielt, gelangte sie in den Händen von US-Piloten zu Ruhm und Ehre.

Nach Kriegsausbruch schickte Großbritannien eine Beschaffungskommission nach New York. Ihre Aufgabe war die Kontaktpflege mit US-Rüstungsfirmen sowie die Beschaffung moderner Waffen für die britischen Streitkräfte. Bereits im Dezember 1939 besuchte der Leiter der Kommission die North American Aviation (NAA) im kalifornischen Inglewood. Sein Wunsch war die Einrichtung einer weiteren Fertigungsstraße für die Curtiss P-40, von der die RAF schon rund 2000 Stück bestellt hatte.

„Dutch" Kindelberger, Präsident und Chefkonstrukteur von NAA, machte den Briten klar, dass sein Unternehmen natürlich die P-40 bauen konnte, präsentierte ihnen aber auch ein noch nicht ganz ausgereiftes Jagdflugzeugprojekt und bot an, statt der Curtiss innerhalb kürzester Zeit diesen fortschrittlicheren Jäger zu realisieren. Mutig, wenn man bedenkt, dass NAA bis dahin keinerlei Erfahrung mit Jagdflugzeugen hatte. Die Konstrukteure Raymond Rice und Edgar Schmued machten sich gemeinsam mit dem Aerodynamiker Ed Horkey an die Arbeit und entwarfen einen sehr fortschrittlichen Jäger. Für die Fertigstellung des Prototyps hatten die etwas skeptischen Briten eine Frist von 120 Tagen gesetzt. Aber schon am 9. September 1940 – nach nur 117 Tagen – verließ die Muster-

Rechte Seite: *Beladen mit Abwurftanks, sind diese P-51D der 21st Fighter Group auf der Insel Saipan gestartet. Sie sollen B-29 über Japan Geleitschutz geben.*

Unten: P-51A des Geschwaderkommodores 1st Air Commando Group, Hailakandi, Indien; Im März 1944 waren nur noch wenige P-51A im Fronteinsatz.

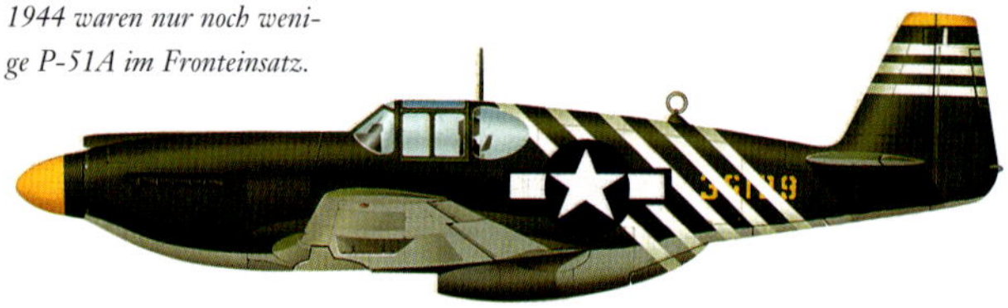

maschine NA-73X die Montagehalle. Allerdings verzögerte sich der Jungfernflug mit Testpilot Vance Breese wegen des fehlenden Triebwerks noch bis zum 26. Oktober 1940. Die NA-73X war aerodynamisch sehr günstig gestaltet. Charakteristisch war der Lufteinlass an der Unterseite des Mittelrumpfes. In diesem saßen die Kühler für den Allison V-1710-F3R (862 kW/1150 PS). Dieser Zwölfzylinder-Reihenmotor ähnelte dem Triebwerk der frühen P-40. Doch die bessere Aerodynamik machte die NA-73X der Curtiss stark überlegen. Daran änderte auch die Tatsache nichts, dass der Prototyp beim fünften Testflug verunglückte (der Motor setzte aus, weil der Pilot die Kraftstoffzufuhr falsch regelte) und stark beschädigt wurde.

IM COCKPIT DER P-51 MUSTANG

Rechts: Im Zweiten Weltkrieg vernichteten Mustang insgesamt mehr als 5000 deutsche, italienische und japanische Flugzeuge im Luftkampf.

Am 11. Januar 1945 sollten Captain William A. Shomo, Kommodore *82nd Reconnaissance Squadron*, und sein Rottenflieger Lt. Lipscomb im Norden von Luzón gelegene japanische Flugplätze fotografieren und angreifen. Shomo flog seine F-6D „Snooks 5th". In rund 800 m Höhe bemerkten sie einen von einem Dutzend Jäger eskortierten Bomber Mitsubishi G4M „Betty". Obwohl zahlenmäßig unterlegen, stürzten sie sich auf die Gegner. Als sie durch die Feindformation fegten, hatten sie noch das Überraschungsmoment auf ihrer Seite, und Shomo schoss vier Kawasaki Ki-61 „Tony" ab. Über den anschließenden Kampf berichtete er:

„Eine am rechten Flügel fliegende Rotte ‚Tonys' drehte nach links und setzte sich hinter Lt. Lipscomb. Sie flogen mir direkt vor die Nase. Ich schoss, und ein Japaner explodierte. Währenddessen hatte sich Lt. Lipscomb hinter eine Maschine der anderen Rotte gesetzt, und auch sie ging in Flammen auf. Dann griff Lt. Lipscomb den Bomber an, erzielte aber keine Wirkung. Nun setzte ich mich rechts hinter den Bomber. Als der Heckschütze das Feuer eröffnete, warf ich – um weniger verwundbar zu sein – meine Flügeltanks ab. Ich tauchte ab, setzte mich unter den Bomber und beharkte seinen Bauch mit einem langen Feuerstoß. Sofort züngelten Flammen an seiner rechten Tragflächenwurzel, und als ich unter ihm hindurchzog, stieß er schwarze Rauchwolken aus."

Shomo beobachtete, wie der Bomber am Boden explodierte. Dann griffen die F-6D zwei weitere Jäger an. Lipscomb vernichtete eine „Tony", während Shomo zwei im Tiefflug verfolgte und abschoss. Für seine einzigartige Leistung wurde Shomo mit der *Medal of Honor* ausgezeichnet.

Unten: Heiterer P-51D-Pilot der 47th FS, 15th FG. Dieser Jagdfliegerverband war bei Kriegsende im August 1945 auf Iwo Jima stationiert.

Trotz des Unfalls bestellten die Briten 320 NA-73. Der Erstflug des Serienmodells fand am 1. Mai 1941 statt, und im Oktober 1941 erreichten die ersten Maschinen England, wo sie Mustang I getauft wurden. Die Flugversuche bewiesen, dass der neue Jäger der Spitfire V überlegen war. Er war vor allem in Bodennähe schneller und hatte eine größere Reichweite. Die RAF setzte ihre Mustang I primär als Jagdbomber und als Aufklärer ein. Bewaffnet wurden sie mit sechs 7,7-mm-MG in den Flügeln und zwei 12,7-mm-MG im unteren Bug bzw. mit vier 20-mm-Maschinenkanonen (MK) in den Flügeln ohne Bugbewaffnung (Mustang IA).

Hatte die *US Army Air Force* (USAAF) zunächst kein Interesse gezeigt, kam sie nach den britischen Erfolgsberichten um die Mustang nicht mehr herum und bestellte 150 mit MK bewaffnete Maschinen (inzwischen als P-51 in Serie) sowie 310 P-51A mit vier 12,7-mm-MG. Andere, ursprünglich für die RAF bestimmte Mustang, wurden nach dem japanischen Angriff auf Pearl Harbor (7. Dez. 1941) von den USA für ihre eigenen Jägerverbände beschlagnahmt. Viele dieser Maschinen erhielten zwei Luftbildkameras K.24 und dienten mit der Bezeichnung F-6A als taktische Aufklärer. Im April 1942 orderte das *Air Material Command* (Materialamt der USAAF) 500 speziell für Tiefangriffe ausgelegte Maschinen des Typs A-36, die auch als Apache oder Invader bekannt wurden. In den Tragflächen waren hydraulische Sturzflugbremsen eingestrakt. Kampfeinsätze flogen die A-36 hauptsächlich auf Sizilien und dem italienischen Festland.

Die Schnelligkeit der P-51 lag im Laminarprofil ihrer Tragflächen begründet, dessen größte Dicke auf die rückwärtige Hälfte der Profilsehne und damit erheblich weiter nach hinten als sonst üblich verlegt war. Auch wurde die P-51 mit Senknieten und -schrauben montiert, sodass die Luft nicht verwirbelte und daher wenig Widerstand verursachte. Die Kraftstoffbehälter hatte man in den Innenflügeln sowie unter dem Pilotensitz und hinter dem Cockpit positioniert. Eine Panzerplatte hinter dem Cockpit schützte Rücken und Kopf des Piloten, eine zweite war an der Motorstirnseite angebracht. Auch die Frontscheibe bestand aus Panzerglas.

Unten: *Diese Mustang flog Lt. Urban Drew von der 361st Fighter Group. Mit einer anderen P-51D, getauft „Detroit Miss", schoss er zwei Me 262 ab.*

Links: *Die P-51D „Ferocious Frankie" der 374th FS, 361 FG, war die Maschine von Wallace Hopkins. In Europa errang er sechs Luftsiege.*

***Rechts:** Ein Mustang-Pilot der 4th Fighter Group posiert in heroischer Haltung für die Presse. Die Jagdflieger der USAAF waren selten älter als 25 Jahre.*

***Unten:** Ein „razorback"-Modell mit nach oben gezogenem Rumpfrücken und blasenförmiger einteiliger Malcom-Cockpithaube, die die Sichtverhältnisse nach hinten verbesserte.*

Dass die Mustang vom Aufklärer und Jagdbomber zum in großer Höhe operierenden Langstrecken-Begleitjäger weiterentwickelt werden konnte, ist nur den Rolls-Royce-Motoren Merlin 61 und Merlin 65 mit zweistufigem Kompressor zu verdanken, die die Briten im April 1942 versuchsweise in vier Mustang X einbauten. Bald fertigte US-Hersteller Packard den Merlin in Lizenz, und im November 1942 absolvierte die XP-51B mit dem neuen Motor ihren Erstflug. Ende 1943 war das Muster serienreif, und es begann die Auslieferung der P-51B mit Merlin V-1650-3 (1134 kW/1520 PS), die dann ab März 1944 Langstreckenbomber B-17 und B-24 nach Berlin eskortierten. Zur P-51B gesellte sich bald die identische, aber im neu errichteten NAA-Werk Dallas gebaute P-51C.

Endgültiges Kriegsmodell wurde die P-51D. Sie war mit sechs Flügel-MG bewaffnet, konnte größere Kampflasten mitführen und erhielt (Piloten klagten über schlechte Sicht nach rückwärts) eine tropfenförmige „Bubble"-Cockpithaube. Das fortschrittliche kreiselgestützte Kanonenvisier K.14 lieferte dem Piloten beim Zielen Vorhaltewerte. Ihre Feuertaufe erhielt die P-51D unmittelbar nach dem D-Day (alliierte Invasion in der Normandie, 6. Juni 1944). Mustang erzielten über die Hälfte der von der 8. US-Luftflotte gemeldeten Abschüsse, darunter auch einige Düsenjäger Me 262, die zumeist beim langsamen Landeanflug überrascht worden waren. Insgesamt errangen P-51-Piloten im Zweiten Weltkrieg über 5000 Luftsiege.

Auch auf dem pazifischen Kriegsschauplatz kamen P-51D in großer Zahl zum Einsatz, geleiteten B-29 nach Japan und kämpften in Birma, China und Indien. Bei den Kämpfen zur Befreiung der Philippinen wurden P-51D (ebenso wie die aus ihr abgeleitete Aufklärerversion F-6D) häufig in Kurvenkämpfe mit japanischen Jägern verwickelt.

Letzte Mustang-Version war die P-51H (nach 1947 F-51H). Dieser ultraleichte Jäger hatte kaum noch Ähnlichkeit mit der P-51D. Neben zahlreichen kleineren Verbesserungen sind ihre völlig neue Struktur, ein tieferer Rumpf und das größere Seiten- und Höhenleitwerk bemerkenswert. Ihr Merlin V-1650-9 lieferte bis zu 1685 kW (2220 PS). Nach Kriegsende meistens eingemottet, flogen P-51H Anfang der 1950er-Jahre als F-51H nur bei *Air National Guard* und *Air Reserve*.

Im Zweiten Weltkrieg leisteten P-51 neben den USA und Großbritannien auch Australien, Kanada, National-China, Niederländisch-Ostindien, Schweden und Südafrika gute Dienste. In Australien wurden von 1945 bis 1951 200 Mustang gebaut. Nach Kriegsende wurden Mustang (meistens P-51D) von mehr als 20 Ländern übernommen beziehungsweise beschafft.

Im Koreakrieg dienten Mustang in großer Zahl – in allen amerikanischen, südafrikanischen und australischen Staffeln flogen F-51D ebenso wie bei der südkoreanischen Luftwaffe. Trotz langer Einsatzdauer und starker Feuerkraft, war die Mustang bei Tiefangriffen gefährdet, weil ihr wassergekühlter Motor sogar durch Treffer von kleinkalibrigen Handfeuerwaffen sehr verwundbar war.

Noch lange nachdem *Air National Guard* und *Air Reserve* der USAF 1959 ihre letzten F-51H ausgemustert hatten, operierten Mustang in verschiedenen lateinamerikanischen Luftstreitkräften. Manche wurden von der in Florida ansässigen *Cavalier Company* für Länder wie Bolivien sogar noch modernisiert. Die Dominikanische Republik musterte ihre letzten Mustang erst 1984 aus.

Oben: *Erst kurz vor der alliierten Invasion in Nordfrankreich (D-Day) begannen P-51D die älteren „razorbacks“ (im Bild ganz unten) zu ersetzen.*

Links: *Von englischen Stützpunkten operierend, vernichtete die 4th Fighter Group im Verlauf des Krieges mehr als 1000 Feindflugzeuge in der Luft und am Boden.*

Northrop P-61 Black Widow

Speziell als Nachtjäger konstruiert, hatte auch die P-61 Black Widow mit diversen Kinderkrankheiten zu kämpfen. Dank ihrer hervorragenden Bewaffnung konnte sie bei ihren Einsätzen in Europa und Asien beachtliche Erfolge vorweisen.

NORTHROP P-61 BLACK WIDOW

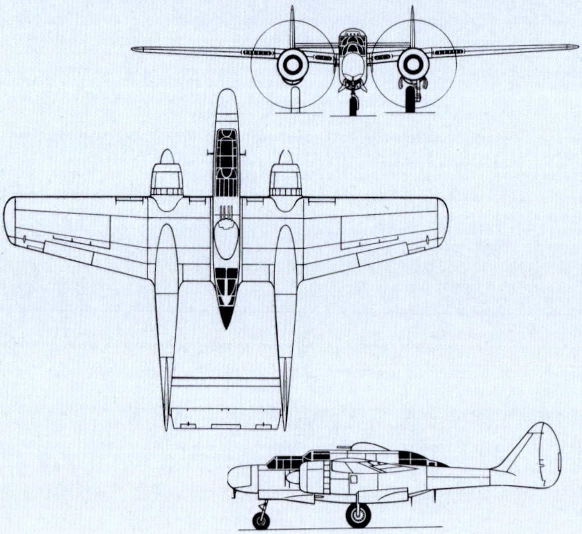

Besatzung: 3

Triebwerk: zwei 18-Zylinder-Doppelsternmotoren Pratt & Whitney R-2800-65 mit je 1492 kW (2028 PS)

Höchstgeschwindigkeit: 589 km/h

Einsatzradius: 1529 km

Dienstgipfelhöhe: 10 090 m

Gewicht: Startmasse 17 240 kg

Bewaffnung: vier seitlich in der Rumpfwanne montierte 20-mm-Kanonen, vier Browning-MG Kaliber 12,7 mm in fernbedientem Rückenturm und vier 726-kg-Bomben

Abmessungen: Spannweite 20,12 m; Länge 15,11 m; Höhe 4,46 m

Rechte Seite: *Die Besatzung der „Lady in the Dark" der 548th Night Fighter Squadron (stationiert auf Iwo Jima) errang den letzten Luftsieg des Zweiten Weltkrieges.*

Kaum ein anderes Flugzeug wurde jemals besser auf seinen zukünftigen Einsatzbereich vorbereitet als der Nachtjäger P-61 Black Widow. Allerdings führten Verzögerungen im Fertigungsprozess dazu, dass sich der Jäger erst spät im Fronteinsatz bewähren konnte.

Die Idee, Radar zur Ortung von Flugzeugen zu verwenden, entstand im Jahr 1936. Anfangs benötigte man riesige Antennentürme mit einer Wellenlänge, deren Frequenz in Metern errechnet wurde. Angesichts des drohenden Kriegsausbruchs arbeiteten die Briten jedoch intensiv an der Verkleinerung der Anlagen. Schon 1940 gelang es ihnen, sehr effektive Radarbordgeräte in ihre Bristol Beaufighter und Douglas Havoc zu installieren. Natürlich wurden auch die in London stationierten US-Verbindungsoffiziere über die bordgestützte Radartechnik (Funkmess-Technik) unterrichtet. Als die Luftwaffe während der Luftschlacht um England (von den Engländern „Blitz" genannt) ihre Angriffe wegen der hohen Verluste zunehmend in die Nachtstunden verlagerte, empfahlen sie Washington die Entwicklung eines mit Radar ausgestatteten Nachtjägers für das USAAC (*USA Army Air Corps*).

Bald darauf erhielten mehrere Flugzeugbauer den Auftrag, bis Ende 1940 den Entwurf für einen stark bewaffneten Nachtjäger mit sehr langer

Lady in the Dark

IM COCKPIT DER NORTHROP P-61 BLACK WIDOW

Oben: Unter der „Gewächshaus"-Haube dieser P-61A erkennt man Pilot und Radarbeobachter.

Wie entscheidend Teamwork für die Nachtjagd ist, beweist dieser Kampfbericht über einen Einsatz von Captain John Wilfong und seinem Radarbeobachter Lieutenant Glenn Ashley, die im November 1944 mit *426th Night Fighter Squadron* in Chengtu (China) stationiert waren. Ihre P-61A trug den Namen *„I'll Get By"* (etwa: „Ich komme vorbei").

„Nach dem Start führte uns die bodengestützte Leitstelle *(Ground Control Intercept = GCI)* an einen in rund 1800 Meter Höhe fliegenden Feind heran. Wegen unserer hohen Geschwindigkeit schossen wir aber über ihn hinweg und verloren ihn. Minuten später dirigierte man uns in gleicher Höhe mit Kurs 270 Grad zu einem anderen Flugzeug. Als *GCI* mich bis auf rund sechs Kilometer herangeführt hatte, erfasste Lt. Ashley den Unbekannten auf seinem Radarschirm. Doch der Feind muss mich entdeckt haben, als ich zum Angriff eindrehte. Er begann, Ausweichmanöver zu fliegen, und stieg auf 4200 Meter. Dennoch konnten wir die Lücke schließen und die Feindmaschine im hellen Mondlicht identifizieren. Es war eine japanische Ki-46 ‚Dinah' (ein zweimotoriger Aufklärer). Aus überhöhter Steuerbordposition gab ich einen schnellen Feuerstoß aus meinen 20-mm-Kanonen ab. Kaum hatte ich den Finger vom Abzug genommen, explodierte die Dinah."

Flugdauer zu unterbreiten. Seinen Konkurrenten weit voraus, ging Northrop aus dem Wettbewerb als Sieger hervor. Obwohl die Platzierung der Besatzung und die Anordnung der Bewaffnung noch einmal geändert werden mussten, bestellte das USAAC im März 1941 zwei Prototypen der XP-61 zu Erprobungszwecken.

Parallel machte man große Fortschritte bei der Entwicklung eines leistungsstarken Radars und konnte den neuen Jäger bald mit dem im eigenen Land entwickelten SCR-520 (brit. Bezeichnung AI Mk 10) ausrüsten. Die XP-61 (nach einem firmeninternen Wettbewerb auf den Namen „Black Widow" getauft) erinnerte mit ihrem Bugradfahrwerk und den Doppelleitwerkträgern an die P-38 Lightning, hatte jedoch eine größere Spannweite. Im vorderen Teil des Rumpfes saß der Pilot, dahinter – in erhöhter Position – der Radarbeobachter (bediente auch die Rückenturmwaffen) und schließlich – in einer stark verglasten Zelle – der Heckschütze. In der Bugkappe, bei den ersten Modellen noch aus Plexiglas gefertigt, war die Radarantenne installiert, sodass für die Angriffsbewaffnung ein anderer Platz gefunden werden musste. Man montierte eine Batterie von vier Kanonen im

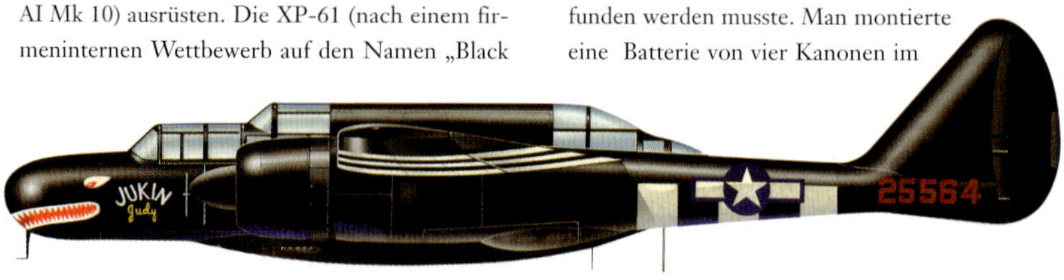

Rechts: „JUKIN Judy", eine P-61A, war Ende 1944 in Etain (Frankreich) stationiert. Wie bei den meisten in Europa operierenden „schwarzen Witwen" fehlte auch ihr der Rückenturm.

Unterrumpf und setzte auf den Rumpfrücken einen fernbedienten Waffenstand mit vier Browning-MG Kaliber 12,7 mm. Die beiden R-2800-Doppelsternmotoren trieben Vierblattpropeller an. An Stelle von Querrudern hatte sich Northrop für so genannte Zap-Klappen – sich über die gesamte Flächenlänge erstreckende Auftriebshilfen – entschieden.

Mit Vance Breese am Steuer startete die XP-61 am 26. Mai 1942 in Hawthorne (Kalifornien) zum Jungfernflug. Die nun folgende Flugerprobung führte zu einigen Veränderungen an den folgenden 13 Prototypen vom Typ YP-61. So wurden beispielsweise die Zap-Klappen durch normale Landeklappen und Querruder ersetzt. Waren die ersten Prototypen noch unbemalt gewesen, erhielten nun einige der Vorserienmaschinen einen matten Anstrich. Die ersten Serienmaschinen der „schwarzen Witwen" trugen einen olivgrünen Tarnanstrich mit grauer Unterseite. Noch ehe die Flugerprobung der YP-61 abgeschlossen war, bestellte das Militär die ersten 100 P-61A. Wenig später folgten Aufträge für rund 300 weitere Maschinen. Doch schon bald zeigten sich die ersten Mängel: So wurde bei hohen Geschwindigkeiten im Sturzflug oft die Verglasung der Heckschützenzelle weggerissen. Bei anderen Flugzeugen sackten bei hohen Temperaturen die Bugkappen durch. Außerdem löste die Bewegung des hinteren Turms heftige Nickbewegungen aus. Diese waren so gefährlich, dass die Besatzungen den Turm oft in Flugrichtung verriegelten oder ausbauten und im Turmsockel einen Zusatztank mitführten. Wirklich zufrieden stellend konnte das Problem nie gelöst werden. Jedoch ließ es sich beim Hauptserienmuster P-61B durch einen tropfenförmig gestalteten Turm erträglicher gestalten.

Die ersten Black Widow verlegten im Mai 1944 zu den Kampfverbänden, und zwar zur *422nd Night Fighter Squadron (NFS)* in England und zur *6th NFS* auf Hawaii. Die *422. NFS* war kurz nach der Invasion in Nordfrankreich einsatzbereit und unterstützte das *415. NFS* bei der Jagd auf V1-Flugbomben. Das *422. NFS* vernichtete neun V1 und verlegte dann zu den alliierten Truppen auf den Kontinent. Bei ihren Nachteinsätzen stießen sie auf alle möglichen Feindflugzeuge – vom Düsenjäger Me 262 bis zum langsamen Transporter Ju 52. Wegen der bekannten Turmprobleme operierten die P-61A gewöhnlich nur mit einem Piloten und einem Heckschützen. In Italien gab es für die Nachtjäger kaum noch

Unten: *Die ersten Black Widow wurden mit olivgrünem Tarnanstrich ausgeliefert. Einen drehbaren Rückenturm erhielten nur die ersten 38 P-61A. Er verursachte heftige Nickbewegungen und verschwand später ganz.*

***Oben:** John Myers, der Testpilot von Northrop. Beim Jungfernflug der Black Widow saß er allerdings nicht am Steuer.*

lohnende Ziele. Nur einer Staffel gelang es, im Mittelmeerraum einige Luftsiege zu erringen. Waren keine Feindflugzeuge in der Luft, machten die P-61 mit Bomben und Raketen Jagd auf Bodenziele wie Eisenbahnzüge und Kolonnen.

Die im Pazifikraum operierenden P-61-Staffeln flogen meistens P-61A und – später – P-61B. Oft mussten wenige Maschinen zur Sicherung des Luftraums auf viele abgelegene Stützpunkte verteilt werden. Während manche Besatzungen dort in etliche Kämpfe verwickelt wurden, führten andere ein fast schon friedliches Leben.

Die Nachtjäger erschienen überall: Von Guadalcanal auf den Salomonen bis Neuguinea, von Niederländisch-Ostindien bis Japan. P-61 dienten in Birma, China und Indien. Obschon es – wie im Mittelmeerraum – beim Eintreffen der Black-Widow-Staffeln dort kaum noch feindliche Luftstreitkräfte gab, fanden die P-61 keine Ruhe. Tag und Nacht stießen sie ins feindliche Hinterland vor und attackierten dort die Nachschubwege. Einige waren zu diesem Zweck mit dreirohrigen Bazooka-Raketenwerfern ausgerüstet worden.

Ihrer bedrohlichen, dunklen Erscheinung verdankte die P-61 viele Namen und kunstvolle, auf „nächtliche" Themen bezogene Bilder auf Bug und Rumpf; beispielsweise „Midnight Madonna", „Lady in the Dark", „Sleepytime Gal". Umfassende Versuche hatten gezeigt, dass ein seidenmatter schwarzer Anstrich den besten Sichtschutz bot, wenn die „schwarzen Witwen" nachts von Suchscheinwerfern erfasst wurden. Ab Anfang 1944 erhielten die P-61 einen tiefschwarzen Anstrich.

Nach dem Sieg in Europa und Asien waren die P-61-Staffeln Teil der Besatzungstruppen in Deutschland und Japan. Die meisten von ihnen rüsteten später erst auf die F-82G Twin Mustang um und dann auf die F-89 Scorpion, Northrops zweistrahligen Nachtjäger.

Eine Weiterentwicklung der Black Widow war die P-61C, leicht zu identifizieren an ihren Turboladern und schaufelförmigen Propellern. Mehr als

***Unten:** Diese F-15A Reporter, eine zum Bildaufklärer weiterentwickelte P-61, diente später bei der NASA.*

500 P-61C waren bestellt, doch da Japan in der Zwischenzeit kapituliert hatte, kamen nur noch 41 zum Kampfeinsatz. Die XP-61E sollte als Langstrecken-Begleitjäger für große Bomberverbände dienen. Man verzichtete auf den Heckschützen und brachte die zweiköpfige Besatzung in einem engen Tandemcockpit mit lang gestreckter blasenförmiger Kabinenhaube unter. Daneben sollte die P-61E anstelle des Radargerätes vier buglafettierte MG erhalten. Nach Absturz eines Prototyps wurde das Projekt eingestellt, und die USAAF entschied sich, die P-82 Twin Mustang als Langstrecken-Tagjäger einzusetzen. Gestützt auf die Arbeiten an der XP-61E, entwickelte Northrop nun den Prototyp des Fotoaufklärers XF-15A (damals stand „F" für „Photographic"). Von den 170 als F-15A Reporter (1948 in RF-61C umbenannt) bestellten Exemplaren übernahm die USAAF allerdings nur 36. Dies waren die letzten von insgesamt 742 Maschinen der „Black Widow"-Baureihe. Die F-15A dienten nur in Asien. Die letzten wurden 1949 ausgemustert.

Bis heute haben nur vier P-61 überlebt. Eine Ende der 1980er-Jahre in den Bergen Neuguineas gefundene Black Widow wird zurzeit noch aufwändig restauriert.

Oben: *Die P-61C war die letzte seriengefertigte Variante der Black Widow. Nur wenige Maschinen dieses Typs wurden in Gefechte verwickelt.*

Unten: *Deutlich heben sich die aus mattem Plexiglas gefertigten Abdeckungen der Radargeräte SCR-720 vom Tarnanstrich dieser P-61A ab.*

Grumman F6F Hellcat

Die F6F Hellcat, erfolgreichster Jäger der US Navy, war antriebsstark, robust und schwer bewaffnet. Trotz schwerster Beschussschäden kehrte sie oft noch zum Träger zurück. Diese Tatsache untermauerte Grummans Ruf als „gute alte Eisenhütte".

Rechte Seite: *Über der Bucht von San Francisco: Ein Nachtjäger F6F-5N führt drei F6F-5. Alle vier Maschinen dienten nach Kriegsende bei einem Marine-Reserveverband.*

Auf den ersten Blick der früheren F4F Wildcat ähnlich, war die F6F ein völlig neues Flugzeug. Ihre Ursprünge liegen jedoch in der XF4F-2, der Vorläuferin der seriengefertigten F4F-3. Schon 1938 hatte Grumman geplant, die XF4F-2 mit einem Wright-14-Zylinder-Doppelsternmotor R-2600 (1491 kW/2028 PS) auszustatten, erkannte aber noch rechtzeitig, dass eine Verdopplung der Motorleistung mehr erforderte als eine verstärkte Zelle, und legte das Projekt vorerst zu den Akten. Als aber die *US Navy* zwei Jahre später Ersatz für die F4U Corsair suchte, kramte Grumman die Pläne wieder hervor.

Auf Grundlage der in Asien und Europa gesammelten Erfahrungen überarbeiteten Leroy R. Grumman und W. T. „Bill" Schwendler die Zelle für den R-2600 und dessen größeren Propeller. Dabei behielten die beiden Konstrukteure auch den Gegner im Auge – die japanische A6M Zero. Da keine vollständig erhaltene Maschine verfügbar war, mussten sie ihre Erkenntnisse über die

Rechts: *1950. Eine landgestützte F6F-5 der uruguayischen Marineflieger.*

GRUMMAN F6F-5 HELLCAT

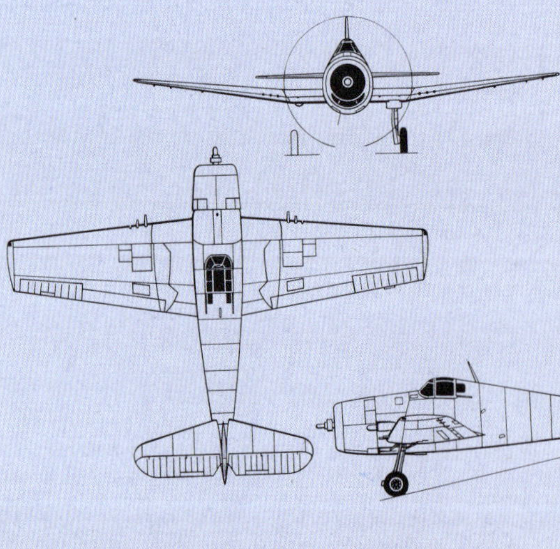

Besatzung: 1

Triebwerk: ein 18-Zylinder-Doppelsternmotor Pratt & Whitney R-2800-10W mit 1492 kW (2028 PS)

Höchstgeschwindigkeit: 612 km/h

Einsatzradius: 1520 km

Dienstgipfelhöhe: 11 370 m

Gewicht: Startmasse 6991 kg

Bewaffnung: sechs 12,7-mm-MG Typ Browning in den Flügeln, bis zu zwei 454-kg-Bomben

Abmessungen: Spannweite 13,05 m; Länge 10,23 m; Höhe 3,99 m

30
F
26 F
26
F
23 F
23
F
3 F
3
F
79270

Stärken und Schwächen der Zero aus Puzzlestücken zusammensetzen. Die Hellcat wurde also von der Zero beeinflusst, aber nur insofern, als Grumman frühere Studien bald verwarf und bei diesem neuen Jäger gesteigerten Wert auf Motorleistung, Feuerkraft und Schutz des Piloten legte.

Nachdem die *US Navy* Grummans Pläne geprüft hatte, bestellte sie im Juni 1941 zwei Prototypen XF6F-1. Mit Testpilot Seldon Converse am Steuer absolvierte die XF6F-1 am 26. Juni 1942 ihren Erstflug, drei Wochen nach der Schlacht bei den Midway-Inseln. Sie war ein sehr großer Jäger mit tief angesetzten Flügeln. Ihre Tragflügelfläche war größer als bei jedem anderen US-Jagdeinsitzer des Zweiten Weltkrieges. Die Flügel waren leicht geknickt (Möwenflügel) und, um den Luftwiderstand möglichst gering zu halten, im kleinstmöglichen Einfallwinkel montiert. Um an Bord der Flugzeugträger Platz zu sparen, konnten die Flügel – wie bei Wildcat und Avenger – so beigeklappt werden, dass sie parallel zum Rumpf lagen. Die F6F – schon bald „Hellcat" getauft – war sehr viel besser geschützt

IM COCKPIT DER GRUMMAN F6F HELLCAT

Oben: *USS Lexington, November 1943. Piloten der Jagdstaffel VF-16 auf dem Weg zu ihren F6F-3.*

Lieutenant L. G. Barnard, Jagdstaffel VF-2 an Bord der *USS Hornet*, schrieb seinen Bericht am 15. Juni 1944. In erbitterten Luftkämpfen über Iwo Jima war die Landung japanischer Luftverstärkungen auf Guam verhindert worden. „Ich schätze, dass 30 bis 40 „Zeke" (A6M Zero) in der Luft waren, als wir über dem Ziel eintrafen. Wir waren rund 4500 Meter hoch, und ich beobachtete, wie mehrere Zeke einige etwa 300 Meter tiefer fliegende F6F angriffen. Wir drückten nach und folgten ihnen. Dabei bemerkten wir weitere acht bis zehn Zeke unter uns. Ich griff eine aus überhöhter Position frontal an. Als ich an ihr vorbeijagte wendete ich und sah, wie sie explodierte. Ich zog hoch und geriet in rund 2700 Meter Höhe hinter eine andere Zero.

Ich nahm sie aus 6-Uhr-Position unter Feuer. Sie explodierte, und ich flog mitten durch den Feuerball. Als ich wendete, sah ich eine F6F, verfolgt von einer Zero. Aus 9-Uhr-Position unten gab ich einen langen Feuerstoß ab, und auch sie explodierte. Ich war umgeben von explodierenden Flugzeugen. Dann zog ich meine Maschine herum und sah tief eine Zeke unter mir, etwa 60 Meter über dem Wasserspiegel. Ich erwischte auch sie aus 8-Uhr-Position, und sie stürzte in die See.

Ich stieg auf 1500 Meter und bemerkte eine Zero über mir. Sie flog in 2400 Meter Höhe und griff eine in 1800 Meter fliegende F6F aus überhöhter Position an. Ich folgte ihr hinunter bis knapp über das Wasser. Sie fing früher ab, und ich zog in eine Kehrtkurve und schoss sie aus 8-Uhr-Position ab; nur 30 Meter über Wasser."

In diesem kurzen, aber heftigen Kampf wurde Barnard zum Ass. Auf dem pazifischen Kriegsschauplatz errang er insgesamt acht Luftsiege.

als die Zero. Sie erhielt beschusssicher ausgelegte Kraftstoffbehälter unter dem Cockpit, Stahlplatten vor Öltank und -kühler sowie hinter Rücken und Kopf des Piloten, und dicke Legierungen schützten den Motor gegen Bodenbeschuss. Allerdings erhöhte die Panzerung das Gewicht um fast 100 kg.

Die Zeit zwischen den Flügen der ersten beiden Hellcat nutzten Grummans Konstrukteure zum Erfahrungsaustausch mit Piloten aus der Schlacht um Midway. Das Ergebnis war eine radikale und mehrere kleinere Konstruktionsänderungen. Die wichtigste: Der Wright R-2600 wurde durch den Pratt & Whitney R-2800 Double Wasp ersetzt. Das erhöhte die Motorleistung um fast 25 Prozent und erleichterte – da der R-2800 auch in der F4U Corsair Verwendung fand – den Ersatzteilnachschub zu den Kampfverbänden. Die Umstellung auf das neue Triebwerk erfolgte sehr schnell, schon am 30. Juli 1942 absolvierte der zweite Prototyp, genannt XF6F-3, seinen Jungfernflug. Auf Propellerhaube und Fahrwerkverkleidung hatte man verzichtet und dem Muster dafür eine schlankere Motorhaube gegeben. Die erste seriengefertigte F6F-3 startete im Oktober 1942 – eine Meisterleistung, wenn man bedenkt, dass zu dieser Zeit noch nicht einmal die neuen Werkhallen für die Hellcat-Produktion fertig gestellt waren.

Bei Flugzeugträgertests zeigte die Hellcat sehr viel bessere Landeeigenschaften als die Wildcat, die bei der Landung zum Springen neigte. Abgesehen davon, dass es Schwierigkeiten mit den Fanghaken gab, konnte die Hellcat ihre Trägerqualifikation schnell absolvieren und wurde schon bald für den uneingeschränkten Trägerbetrieb freigegeben.

Als erste trägergestützte Jagdstaffel wurde die VF-9 (*USS Essex*) im Januar 1943 auf F6F umgerüstet. Ihre Feuertaufe erhielt die Hellcat am 31. August, als Jagdstaffeln der Träger *Yorktown*, *Essex* und *Independence* japanische Stellungen auf Marcus Island angriffen. Den ersten Luftsieg errang allerdings eine auf dem leichten Träger

Oben: *Kaum ist diese Hellcat gelandet, schwärmt die Deckmannschaft aus, um ein beschädigtes Fangkabel auszutauschen.*

Unten: *Mit dröhnenden Motoren warten Hellcat auf den Start zum Angriff auf einen japanischen Flugplatz. (Dahinter zu erkennen: Avenger und Dauntless.)*

Rechts: Von hydraulisch betätigten Katapulten geschleudert, starten diese Hellcat zum Angriff gegen Japan. Sie tragen die Kennzeichen der Fliegergruppe der USS Randolph.

Princeton stationierte Hellcat mit dem Abschuss eines Flugbootes Kawanishi H8K2 „Emily". Zu ersten großen Luftschlachten zwischen Hellcat und Zero kam es im September über den Salomonen. Zwar meldeten beide Seiten hohe Abschusszahlen, aber in Wirklichkeit war das Ergebnis höchstwahrscheinlich ziemlich ausgeglichen: drei Zero vernichtet, zwei Hellcat so schwer beschädigt, dass sie nicht mehr repariert werden konnten.

Unten: Nach einem Angriff auf die Marianen-Inseln Mitte 1944 auf Deck der USS Hornet gelandet, werden die Flügel dieser F6F beigeklappt.

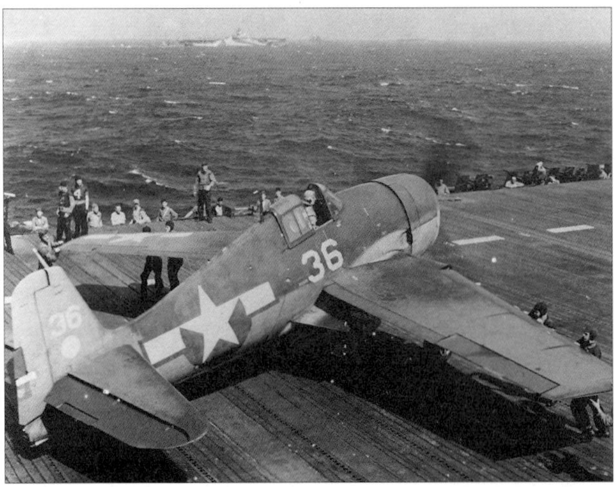

Es waren Hellcat, die im Oktober 1943 die Luftherrschaft über Wake Island (1941 von Japan besetzt) erkämpften. Die Insel selbst und ihre japanische Garnison blieben vorerst unbehelligt, weil sie die US-Truppen beim „Inselspringen" nach Japan nicht behinderten. Ihren größten Erfolg erlebten die Hellcat im Juni 1944 beim so genannten „*Marianas Turkey Shoot*" (Truthahnschießen bei den Marianen), als der Kampfverband „Task Force 58" der *US Navy* in einer der größten Luftschlachten aller Zeiten die Reste der japanischen trägergestützten Luftstreitmacht vernichtete und den Weg zur Eroberung der Inseln Guam, Saipan und Tinian frei machte.

Es gibt von der Hellcat verhältnismäßig wenige Varianten. Die F6F-3N war ein Nachtjäger mit Suchradar APS-6 in einem Flügelspitzenbehälter, während die F6F-3E das APS-4 erhielt. Ab 1944 wurde die F6F-5 gebaut, die sich von der F6F-3 aber nur unwesentlich unterschied. Die Kabinenhaube war verändert und Vorrichtungen für Bomben und Raketen eingebaut. Mit 6681 Exemplaren unter insgesamt 12 275 gebauten Hellcat wurde die F6F-5 zur Hauptserienversion. Auch 1189 Nachtjäger F6F-5N sind in dieser Zahl enthalten.

Die britische Marine beschaffte 252 F6F-3 als Hellcat I und 930 F6F-5 als Hellcat II. Einige wurden als Hellcat PR I und PR II zu Bildaufklärern umgerüstet. Die Hellcat der britischen Marineflieger waren besonders im Indischen Ozean und im Fernen Osten aktiv.

Von allen durch Piloten der *US Navy* und des *US Marine Corps* abgeschossenen Feindflugzeugen geht mehr als die Hälfte – knapp unter 5200 – auf das Konto der Hellcat. Insgesamt 307 F6F-Piloten errangen fünf oder mehr Luftsiege. Erfolgszahlen, mit denen sich kein anderer in den USA gebauter Jäger messen kann. Verglichen mit 270 eigenen Verlusten ergibt sich eine Abschuss/Verlust-Quote von 19:1.

Auch die Kunstflugstaffel der *US Navy* entschied sich bei ihrer Gründung für die Hellcat und führte ihre Flugakrobatik mit vier F6F-5 und einem SNJ-Trainer vor. Der gelb angemalte Trainer trug japanische Kennzeichen und wurde bei jeder Show „abgeschossen". Nach 1945 rüstete man überschüssige Hellcat zu ferngesteuerten unbemannten Drohnen um und setzte sie bei Raketentests ein – insbesondere bei „scharfen" Tests mit der weltweit ersten Luft-Luft-Lenkwaffe AIM-9 Sidewinder in China Lake (Kalifornien). Im Koreakrieg wurden zudem zahlreiche Drohnen des Typs F6F-3K als ferngelenkte Bomben eingesetzt.

Dritter großer Hellcat-Betreiber neben den USA und Großbritannien war Frankreich. Die französischen Marineflieger beschafften 1950 125 F6F-5 und 15 F6F-5N für ihren Träger *Arromanches*, von dessen Deck sie bis 1954 im Indochinakrieg Angriffe gegen Bodenziele flogen. Eine Nachtjägerstaffel diente bis 1960 in Algerien.

Acht F6F haben den Krieg überlebt und begeistern auf Flugveranstaltungen die Besucher.

Oben: *Mit beigeklappten Flügeln wird eine Hellcat vom Pier an Bord eines US-Flugzeugträgers gehievt.*

Unten: *Matrose Walter Chewning rettet Flieger-Ass Byron Johnson aus seiner brennenden F6F-3.*

Gloster Meteor

Die Meteor war einer der allerersten Jets, kämpfte im Zweiten Weltkrieg, in Korea und Nahost. Für Großbritanniens Royal Air Force und befreundete Länder wurden tausende als Nachtjäger, Erdkampf- und Schulflugzeuge gebaut.

GLOSTER METEOR F.8

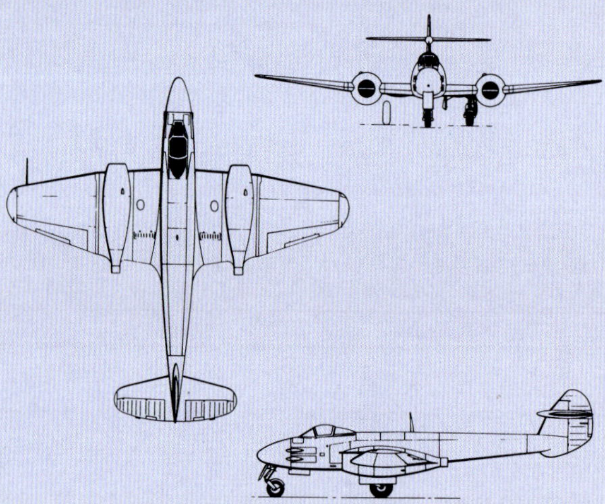

Besatzung: 1

Triebwerk: zwei Strahlturbinen Rolls-Royce Derwent 8 mit je 16 kN Schub

Höchstgeschwindigkeit: 962 km/h

Dienstgipfelhöhe: 13 100 m

Gewicht: Startmasse 7122 kg

Bewaffnung: vier 20-mm-Kanonen Hispano, bis zu zwei 450-kg-Bomben und acht HVAR-Raketen

Abmessungen: Spannweite 11,32 m; Länge 13,59 m; Höhe 3,96 m

***Rechte Seite:** Meteor T.7 der Central Flying School üben Kunstflugfiguren. Diese zweisitzigen Meteor dienten der RAF, nachdem die Jäger ausgemustert waren.*

Der Ingenieur Frank Whittle, führender britischer Protagonist für Gasturbinentriebwerke, versuchte in den 1930er-Jahren vergeblich, staatliche Dienststellen für seine Arbeit zu interessieren. Gute Kontakte zu George Carter, dem Chefkonstrukteur bei Gloster Aircraft, gaben schließlich den Ausschlag dafür, dass der erste britische Strahljäger gebaut wurde. Das *Air Ministry* (Luftwaffenministerium) beauftragte Gloster mit dem Bau eines Flugwerks für das von Whittle entworfene Turbinenluftstrahl-Triebwerk W.2 mit Radialverdichter. Vorläuferin der Meteor war die E.28/39, ein pummeliger, einstrahliger Jet. In den ab Mai 1941 laufenden Tests bewährte sich das W.2B-Triebwerk zwar, erbrachte aber zu wenig Schub. Carter erkannte sehr bald, dass nur ein zweistrahliges Konzept Aussicht auf Erfolg haben dürfte, und auf der Basis seiner Vorschläge gab das *Air Ministry* die Spezifikation F.9/40 heraus. Im Februar 1942 erhielt Gloster den Auftrag zur Fertigung und Erprobung von zwölf Versuchsflugzeugen F.9/40 (im Sommer 1942 „Meteor" getauft) mit Strahltriebwerken in unterschiedlichen Versionen. Allerdings wurde der Jungfernflug durch Probleme bei der Triebwerklieferung noch bis zum 5. März 1943 verzögert.

Die Ehre des Erstfluges wurde Michael Daunt zuteil, und zwar mit dem fünften Prototyp DG 206/DG mit zwei de Havilland Halford H.1 (Schubleistung je 10,23 kN). Schwierigkeiten mit

WH172
WH172
WH187
WH187

Rechts: *Eine Meteor F.8 der No. 77 Squadron RAAF, wie sie in Korea kämpften. Mit diesem Flugzeug wurden zwei MiG-15 abgeschossen.*

Rechts: *Der Nachtjäger NF.11 wurde bei Armstrong Whitworth entwickelt und lizenzgefertigt. NF.11 wurden unter anderem nach Nahost verkauft.*

Unten: *Die Meteor F.8 war die Hauptbaureihe und verwendete Strahlturbinen Derwent 8. Im Gegensatz zu ihren Vorläuferinnen erhielt sie einen Schleudersitz.*

der geringen Schubleistung der W.2B-Triebwerke (man schätzte eine Startlaufstrecke von rund 14 000 m!) hätten fast zur Einstellung des Projektes geführt. Aber auch dieses Problem konnte gelöst werden, und im Juli 1944 stellte man schließlich die erste Meteor F.Mk I, angetrieben von zwei Rolls-Royce W.2B/23C-Welland-Turbinen, bei *No. 616 Squadron* in Dienst.

Den Piloten von *No. 616* blieb kaum etwas anderes übrig, als sich schnell auf die Meteor umzustellen, denn ihr Stützpunkt Manston lag im Herzen der so genannten „flying-bomb alley", und Hauptaufgabe der Staffel war das Abfangen der deutschen Flugbomben. Immer wieder musste die Umschulung wegen V1-Alarms abgebrochen werden. Anfang August 1944 waren dann die ersten zwei Piloten so weit, dass sie die ersten beiden V1 vom Himmel holen konnten. Insgesamt vernichtete *No. 616 Squadron* deren 13, bevor die alliierte Invasion die Abschussbasen für die Flugbomben in Deutschland einnahm.

Ab Dezember 1944 rüstete man die auf britischem Territorium nicht mehr benötigte Staffel auf F.Mk III um (angetrieben von zwei Rolls-Royce Derwent mit je 8,9 kN Schub) und verlegte sie am 20. Januar 1945 nach Belgien und in die Niederlande. Flüge über Feindgebiet waren verboten, weil unbedingt verhindert werden sollte, dass den Deutschen durch den Absturz einer Meteor britische Jet-Technologie in die Hände fiel. Nach Aufhebung dieses Befehls gelangen den Meteor zahlreiche Abschüsse und vernichtende Einsätze gegen Bodenziele. Es stellte sich heraus, dass die Maschine von unbefestigten Pisten operieren und beträchtliche Beschussschäden einstecken konnte. Im Tiefflug war ihre Reichweite sehr gering, weshalb man die Staffel in den letzten Kriegswochen nach Lüneburg verlegte. Einige Zusammenstöße mit konventionellen deutschen Jägern verliefen für beide Seiten ergebnislos.

IM COCKPIT DER GLOSTER METEOR

Oben: *Eine Rotte Meteor F.8 von der No. 77 Squadron in Splitterboxen auf dem Stützpunkt Kimpo bei Seoul, Korea.*

Am 1. Dezember 1951 drang eine Staffel von zwölf Meteor nördlich von Kimpo ins so genannte „MiG-Land" ein. Der offizielle Bericht lautet: „ANZAC Able, Baker und Charlie flogen Kurs 070 Grad in 5880 m Höhe; über ihnen ungefähr 40 MiG. Zwei MiG griffen ‚Charlie 3' und ‚Charlie 4' aus 6-Uhr-Position an, während zwei weitere von rückwärts zum Angriff auf ‚Baker' ansetzten. ‚Able 1' hielt vorerst seinen Kurs bei, setzte sich dann hinter eine MiG-Rotte und feuerte, allerdings ohne sichtbaren Erfolg.

‚Able 3' (Flying Officer Bruce Gogerly) [...] beobachtete, wie eine Meteor von ‚Charlie' – eine Treibstofffahne hinter sich her ziehend – hart nach steuerbord kurvte. Auch ‚Able 3' drehte nach steuerbord ab und die beiden MiG, die ‚Charlie' angegriffen hatten, zogen über ihn hinweg.

‚Able 3' trennte sich von ‚Able 1' und folgte den MiG in einer Linkskurve. Aus 770 m Entfernung gab er einen zwei Sekunden dauernden Feuerstoß ab; ohne sichtbaren Erfolg. Die MiG kurvten enger, aber ‚Able 3' zog nach innen, näherte sich auf 480 m, feuerte fünf Sekunden lang und beobachtete Treffer im Heckrumpf und an der Steuerbordflügelwurzel. Die MiG zog hoch und verlor Treibstoff."

Die Luftschlacht entwickelte sich zu einer wilden Kurbelei, wobei die zahlenmäßig überlegenen MiG zahlreiche Angriffe gegen die Meteor flogen, die ihrerseits Treffer erzielten. Als die Australier nach Kimpo zurückkehrten, fehlten drei Maschinen. Ein Pilot war getötet worden, zwei in Gefangenschaft geraten. Dagegen hatte *No. 77 Squadron* zwei Abschüsse erzielt; einer wurde Bruce Gogerly zugesprochen, den zweiten teilte sich die Staffel.

Nach Kriegsende ging die Entwicklung weiter. Eine der ersten Maßnahmen war die Umrüstung einer Mk I auf zwei Propellerturbinen Rolls-Royce Trent und wurde damit zum ersten reinen Turboprop-Flugzeug weltweit. Dann folgten Tests mit Schleudersitzen und simulierten Trägerlandungen. Im November 1945 flog eine speziell modifizierte F.Mk IV mit Derwent-5-Triebwerken und Group Captain H. J. Wilson am Steuer mit 975 km/h Geschwindigkeitsweltrekord.

Die „Meatbox", wie die Meteor oft genannt wurde, war im Grunde genommen eine ziemlich konventionelle Konstruktion; eigentlich ein herkömmliches Jagdflugzeug – nur eben mit Düsenantrieb. Anders als bei der Me 262 hatten die Konstrukteure der Meteor einen Fehler vermieden und das Flugzeug von Anfang an mit einem Bugradfahrwerk versehen. Die nächste Version – F.Mk IV – erhielt längere Triebwerkgondeln, eine verstärkte Zellenstruktur sowie eine Druckkabine und wurde in beachtlicher Zahl nach Ägypten, Argentinien, Belgien, Dänemark und in die Niederlande exportiert.

Oben: *Diese Meteor Mk III von No. 616 Squadron war eine der ersten, die in den letzten Kriegsmonaten auf den europäischen Kontinent verlegt wurde.*

Rechts: *Über Englands Südküste. Luftbetankt durch einen umgerüsteten Lancaster-Bomber, flog diese Meteor im August 1949 mit zwölf Stunden Jet-Dauerflugweltrekord.*

Bis 1949 hatten die Piloten ohne Hilfe eines zweisitzigen Strahltrainers auf Meteor umschulen müssen. Dies sollte sich nun ändern. Aus der F.Mk IV entstand die T.Mk 7 mit Doppelsteuer (Erstflug am 19. März 1948). Allein für die *Royal Air Force* wurden 640 T.7 gebaut, viele weitere für den Export. Sie erleichterte das Fortgeschrittenentraining, verbarg hinter ihrem längeren Flugwerk aber auch einige unerfreuliche Flugeigenschaften. Besonders gefährlich war der durch unzureichende Kursstabilität verursachte so genannte „phantom dive". Die asymmetrischen Flugeigenschaften waren so schlecht, dass bei simulierten Triebwerkausfällen mehr Piloten ums Leben kamen als bei echten Pannen.

Wichtigste Jägerversion der Meteor war die F.8 mit zwei Derwent-8-Triebwerken (je 16 kN), gestrecktem Rumpf, Schleudersitz und größerem Leitwerk. Dieses Modell wurde ebenfalls in großer Zahl exportiert. In Korea war die F.8 der einzige Jet nichtamerikanischer oder sowjetischer Herkunft. Geflogen wurde er von einer Einheit der australischen Luftwaffe *(No. 77 Squadron)*. Den agileren MiG-15 fast in allen Bereichen unterlegen, behielten sich die australischen Piloten einen gewissen Galgenhumor und ließen

Rechts: *Um sie als Verbündete kenntlich zu machen, erhielten einige der ersten Ende 1944 nach Belgien verlegten Meteor einen weißen Anstrich.*

einmütig verlauten: „Zu Weihnachten wünschen wir uns eigentlich nichts lieber als Pfeilflügel."

Anhaltende Verluste führten dazu, dass die Meteor ab Anfang 1952 fast nur noch gegen Bodenziele eingesetzt wurden. Als in Korea die Waffen schwiegen, hatten die Meteor etwa ein Dutzend MiG abgeschossen, bei 32 eigenen Verlusten durch Bodenbeschuss und MiG.

In Großbritannien erprobte man unterdessen eine Variante der F.8, die der Pilot im Liegen steuern sollte. Weil ein Ausstieg im Notfall dabei aber unmöglich war, ließ man das Projekt fallen.

Die FR.9 war die Jagdaufklärerversion der F.8. In ihrer leicht verlängerten Nase befand sich eine Kameraausrüstung, die Aufnahmen aus jedem der drei Fenster machen konnte. Die Bugkanonen wurden aber bei diesem Muster beibehalten. Bei der PR.10 handelte es sich um einen Höhen-Bildaufklärer mit zusätzlichen Einbaumöglichkeiten für eine Heckkamera.

Armstrong Whitworth wurde 1949 mit der Ableitung von zweisitzigen Nachtjagdvarianten beauftragt. Erste Produktionsversion war die NF.11 (Erstflug Oktober 1949). Sie bestand aus dem Flügel der Mk III, dem Leitwerk der F.8 und einem bauchigen, verlängerten Rumpfbug zur Aufnahme des Suchradars AI Mk 10. Die Kanonen wurden in die Flügel verlagert. Auf insgesamt 338 NF.11 folgten dann 100 NF.12 und 40 NF.13 mit Radar AI Mk 21 und vergrößerter Seitenflosse. Die NF.13 war dabei die Tropenausführung. Die endgültige Version des Nachtjägers stellte dann die NF.14 dar, mit Vollsicht-Schiebehaube und Derwent-9-Triebwerken. Da Kanonen und Munition in den Flügeln viel Platz benötigten, litt die Torsionsfestigkeit, was bei hohen Geschwindigkeiten eine Querruderwirkungsumkehr zur Folge hatte. Die Höchstgeschwindigkeit musste deshalb auf 885 km/h begrenzt werden. Für einen Nachtjäger stellte dieses Tempolimit zwar kein großes Problem dar, aber die Weiterentwicklung zu einer Erdkampfversion wurde auf diese Art ausgebremst.

***Oben:** Diese ausgemusterte F.4 diente Lehrlingen als Ausbildungsobjekt.*

Die Meteor wurde einer der größten britischen Exportschlager. Um in Nahost keine Kunden zu verärgern, verkaufte London Nachtjäger sowohl an Ägypten und Syrien als auch an Israel. Darüber hinaus beschaffte Israel T.7, F.8 und FR.9. Die israelischen Meteor errangen die ersten Luftsiege, als sie im September 1955 zwei ägyptische Vampire abschossen. Später schoss eine NF.13 einen Transporter Il-14 ab, in dem sich der ägyptische Verteidigungsminister befunden haben soll.

Nach der Gladiator war die Meteor Glosters erstes Jagdflugzeug und mit 3875 Exemplaren der erfolgreichste britische Jet aller Zeiten. Einige flugtaugliche Meteor sind noch in Privathand.

***Links:** Die Meteor, Israels erstes Düsenkampfflugzeug, zerstörte in den 1950er-Jahren einige ägyptische Vampire, wurde aber überwiegend im Erdkampf eingesetzt.*

De Havilland Vampire und Venom

In den ersten Nachkriegsjahren waren die Doppelleitwerkträger Vampire und Venom zuverlässige Stützen der RAF und vieler anderer Luftstreitkräfte. Aus dem Grundkonzept entstand eine Serie erfolgreicher radargestützter Nacht-/Allwetterjäger.

DE HAVILLAND VAMPIRE FB.5

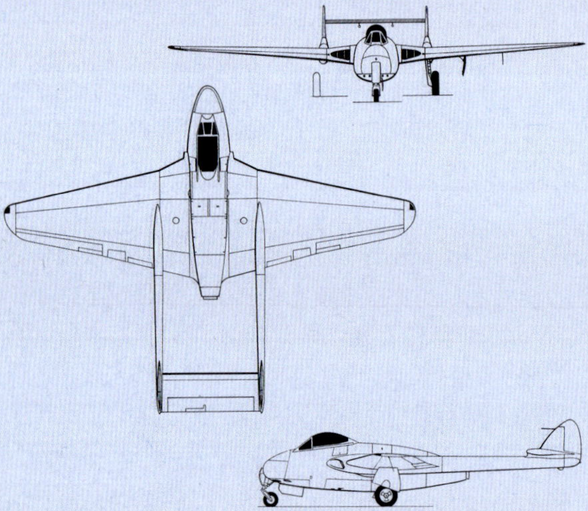

Besatzung: 1

Triebwerk: ein Turbinen-Luftstrahltriebwerk Goblin 2/2 mit 19,57 kN Schubleistung

Höchstgeschwindigkeit: 853 km/h

Reichweite: 1842 km

Dienstgipfelhöhe: 12 500 m

Gewicht: 5606 kg Startmasse

Bewaffnung: vier 20-mm-Kanonen Hispano, acht 27-kg-Raketen und entweder zwei 227-kg- oder 454-kg-Bomben

Abmessungen: Spannweite 11,58 m; Länge 9,37 m; Höhe 1,91 m

***Rechte Seite:** Die Sea Venom war das letzte Mitglied der Vampire- und Venom-Familie. Sie war zweisitzig und war mit Radar ausgerüstet. Für trägergestützte Einsätze konnten die Flügel beigeklappt werden.*

Die Vampire war der zweite britische Jet und flog etwa ein halbes Jahr nach der Meteor. Im Zweiten Weltkrieg kam sie nicht mehr zum Einsatz, dafür aber in den Konflikten, die dann folgten, umso häufiger. Die Vampire war das hundertste von Geoffrey de Havilland entworfene beziehungsweise unter seiner Regie entstandene Flugzeugmodell und der erste Jet des Unternehmens.

Chefkonstrukteur des DH.100-Projekts war R. E. Bishop. Da sich Triebwerke mit Radialverdichter bereits bei der Meteor bewährt hatten, setzte auch Bishop auf ein radiales Turbinenluftstrahltriebwerk – das Halford H1. Seriengefertigt als de Havilland Goblin, leistete es 12 kN Schub und wurde im Rumpfgondelheck eingebaut. Um die schwierige Gestaltung des Rumpfbuges mit Lufteinlauf zu umgehen, wurde der Lufteinlauf in den Flügelwurzeln angeordnet. Die Schubdüse selbst ragte zwischen den beiden Leitwerkträgern nach hinten. Am 20. September 1943 startete Geoffrey de Havilland jr. mit dem Prototyp „Spider Crab“ (Seespinne) zum Erstflug. Später benannte das *Air Ministry* das Flugzeug etwas treffender offiziell in „Vampire“ (Vampir) um.

Die Entwicklung verzögerte sich, weil das für den zweiten Prototyp benötigte Triebwerk für die Lockheed P-80 Shooting Star in die USA geliefert werden musste. Im Juni 1946 wurde die Vampire F.1 bei *No. 247 Squadron* eingeführt. Bald folgte die verbesserte F.3 mit größerer Reichweite und

ROYAL NAVY
WM569
WM5 69

für Abwurftanks eingerichtet. Im Juli 1949 überquerten sechs F.3 der *No. 54 Squadron* als erste Strahlflugzeuge den Atlantik.

Die Vampire übernahm viele Bauteile und Konstruktionsmerkmale von der propellergetriebenen Mosquito („Mossie“); so z. B. den hölzernen Kastenrumpf in Sandwich-Bauweise mit gepanzerten Schotten. Flügel, Leitwerk und Leitwerkträger waren dagegen aus einer Aluminiumlegierung, aber das Bugrad der Vampire war

IM COCKPIT DER DE HAVILLAND VAMPIRE

Oben: *Vampire-Nachtjäger dienten bei der britischen und italienischen sowie – wie hier berichtet – bei der indischen Luftwaffe (No. 10 Squadron).*

Wie sich „Chandu“ Gole, seit Mitte 1955 Adjutant von *No. 10*, erinnerte, eröffnete das Fliegen mit Nachtjägern zwar einen gänzlich neuen Blick auf seine indische Heimat, war aber auch nicht ungefährlich: „Hoch über einer schlafenden Welt zu fliegen, Mond und Sternen so nahe, dass man in dunkler Nacht sogar Schatten sehen konnte – ein wahres Hochgefühl! Den Kurs musste man im Kopf haben, und das Radar der Bodenleitstelle war damals noch sehr primitiv. Also musste man lernen, Städte und Dörfer am Muster ihrer Straßenbeleuchtung (wurde um Mitternacht garantiert ausgeschaltet) zu erkennen. Zur Simulierung des Ernstfalls wurde für Start und Landung nur eine Reihe schwacher Lichter eingeschaltet. Man lernte, Straßen, Eisenbahnstrecken, Flüsse und Kanäle auch ohne Mondlicht zu erkennen. Es ist erstaunlich, welch große Hilfe das Sternenlicht ist. Tatsächlich gewöhnten wir uns so an das nächtliche Dunkel, dass wir gern auf das Mondlicht verzichteten, weil es – so malerisch es auch war – unser räumliches Sehvermögen beeinträchtigte.

Besonders spannend, wenn auch manchmal nicht ohne Risiko, war die Schulung der neuen Funknavigatoren (Nav-Rads). Einmal lautete der Befehl, uns dem Ziel im Endanflug mit 300 Knoten (560 km/h) zu nähern. Aber als mein junger Nav-Rad das schnell näher kommende Zielobjekt auf dem Bildschirm erkannte, brachte er keinen Ton mehr heraus und vergaß, mich zu warnen. Vielleicht trieb ich es etwas zu weit, aber ich bremste tatsächlich nicht ab und zog absichtlich erst in letzter Sekunde hoch. Ich fühlte, wie mein Flugzeug seufzte, so knapp ging es her. Der junge Navigator war so erschrocken, dass er auf der Stelle die Nachtfliegerei quittierte. Ich musste meine ganze Überzeugungskraft aufbringen, bis er seine Meinung änderte. Schließlich schaffte auch er es und ging viele Jahre später mit einem sehr hohen Dienstgrad in Pension.

Wollte man im Notfall die Maschine verlassen, musste der Pilot die Vampire auf den Rücken legen (Aussteigen im Luftstrom galt als unmöglich), die Kabinenhaube entriegeln, zurückschieben, den Nav-Rad anweisen, seine Sauerstoff- und Funkverbindungen zu lösen, und ihm dann mit einem Klaps aufs Knie signalisieren, die Gurte zu öffnen. Dann half man ihm, sich aus dem Cockpit abzustoßen, wartete drei Sekunden und wiederholte die Prozedur für sich selbst. Bei der indischen Luftwaffe, gab es nur einen Fall (Feuer an Bord), in dem die Besatzung aussteigen musste. Überlebt hat niemand.“

wiederum identisch mit einem „Mossie"-Spornrad. Wie bei der Mosquito waren in der Rumpfwanne vier 20-mm-Kanonen eingebaut. Der Pilot saß auf einem herkömmlichen Schalensitz.

Am 3. Dezember 1945 landete der dritte Prototyp mit Captain Eric „Winkle" Brown am Steuer auf der *HMS Ocean*. Es war die erste Landung eines Jets an Deck eines Flugzeugträgers, und am folgenden Tag glückte auch der erste strahlgetriebene Start. Dennoch wurden die Vampire nicht für trägergestützte Operationen angenommen, hauptsächlich wohl deshalb, weil ihr Triebwerk zu langsam beschleunigte. Die Sea Vampire der RAF dienten primär zur Einweisung auf Jets. Nichtsdestoweniger übten drei Vampire in einer mehrjährigen Testserie Bauchlandungen auf dem mit einem speziellen Gummibelag versehenen Deck eines Flugzeugträgers. Dahinter stand die Theorie, durch den Wegfall des Fahrwerks könnte Gewicht eingespart und die Konstruktion vereinfacht werden. Aber obschon die Tests im Wesentlichen erfolgreich verliefen, erwies sich die Idee als praktisch undurchführbar.

Einsitzige Vampire wurden exportiert nach Ägypten, Australien, Frankreich, Indien, Irak, Italien, Kanada, Libanon, Neuseeland, Norwegen, Schweden, Schweiz, Südafrika, Südrhodesien und Venezuela. De Havillands „Tochter" in Australien baute 80 Vampire Mk 30–32 (Letztere mit Schleudersitz), die schweizerische F&W fertigte 103 FB.6, Hindustan Aeronautics in Indien 247 FB.52 sowie Fiat und Macchi in Italien 80 FB.5.

Links: *Zuletzt wurden schweizerische Venom meist nur noch als Zielschlepper verwendet. Dieses auffällig bemalte Exemplar war bis 1987 im Einsatz.*

Frankreich beschaffte 157 FB.5, und Sud-Est baute 251 weitere unter Lizenz als SE.530 Mistral. Die Mistral wurde von dem Rolls-Royce Nene (22 kN Schub) angetrieben und erhielt Schleudersitze französischer Herkunft. Beide Versionen wurden im Algerienkrieg eingesetzt. Als Ägyptens FB.52 1956 Tiefangriffe über dem Sinai flogen, fielen einige israelischen Mystère zum Opfer. Indiens einsitzige Vampire flogen Anfang 1965 Angriffe auf Bodenziele, wurden aber schnell wieder zurückgezogen, nachdem pakistanische Flugabwehr und Sabre einige abgeschossen hatten.

Eine Serie von Vampire-Nachtjägern ging aus dem privat finanzierten Projekt DH.113 (Erstflug

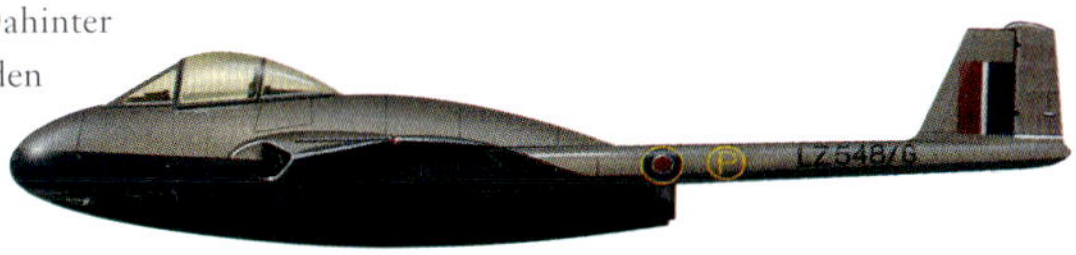

Links: *Das „G" hinter der Seriennummer des Prototyps stand für „guard" und wies darauf hin, ihn stets zu bewachen.*

Oben: *Eine Venom FB.4 der No. 60 Squadron, wie sie während der Unruhen in Malaysia als Schlachtflieger diente.*

Links: *RAF-Vampire wie diese FB.9 dienten bei den in Nahost stationierten Staffeln, bis sie durch Venom und Hunter ersetzt wurden.*

Rechts: Eine beschädigte Sea Venom FAW.21 wird zur Seite gehievt, damit der Weg für landende Flugzeuge frei wird.

August 1949) hervor. De Havilland hatte es sich dabei sehr leicht gemacht und dem Vampire-Rumpf einfach Cockpit und AI-Mk-10-Radar der Mosquito NF.36 aufgepfropft. Ägypten bestellte zwölf, deren Ausfuhr jedoch verboten wurde. Dann bestellte die RAF 78 Vampire NF.10, um die Zeit bis zur Auslieferung ihrer Meteor NF.11 zu überbrücken. Auch Italien erhielt einige NF.10, während Indien 1954 18 Exemplare als Vampire NF.54 einführte, wo sie bei *No. 10 Squadron* fast ein Jahrzehnt lang dienten.

Aus dem zweisitzigen Nachtjäger entwickelte de Havilland mit eigenen Mitteln das Schulflugzeug DH.115. Das Cockpit selbst war dabei nur 15 cm länger als bei den einsitzigen Versionen, sodass sich Schüler und Fluglehrer mühsam hineinzwängen mussten. Dennoch beschaffte die RAF mehr als 500 Stück davon unter der Bezeichnug T.11. Auch der Export der Zweisitzer lief gut, unter anderem nach Birma, Chile, Indonesien, Irland, Japan, Jordanien und Österreich. Diese Modelle waren mit Vielscheiben- oder Vollsichthauben sowie mit Schleudersitzen ausgestattet. Bei einigen wurden Unterflügellastträger montiert, um sie auch als Waffentrainer nutzen zu können. Insgesamt wurden 3268 Vampire gebaut.

Die DH.112 Venom war eine fortschrittliche Weiterentwicklung der Vampire, ursprünglich als Vampire FB.8 bekannt. Die RAF beschaffte sie als eine Art Interims-Tagjäger und -Jagdbomber, bis die Supermarine Swift und die Schlachtfliegerversionen der Hunter verfügbar wurden. Letztendlich dauerte das um Jahre länger als geplant.

Die Venom war speziell für die volle Ausnutzung der leistungsstärkeren Ghost-Turbine (Nennleistung 22 kN) ausgelegt. Dies betraf vor allem die Flügel mit gepfeilten (ca. 17 Grad) Vorderkanten und dünnerem Profil. Meist waren

Unten: WK 376 war die erste Sea Venom. Im Gegensatz zu den seriengefertigten Maschinen hatte sie keine beiklappbaren Flügel.

die Venom mit Zusatztanks an den Tragflächenenden ausgestattet. Rumpf und Leitwerkträger mit Leitwerk wurden fast unverändert übernommen. Spätere Venom erhielten Schleudersitze.

Die Venom FB.1 wurde 1952 von der RAF eingeführt. Hauptversion war die FB.4 mit neu gestalteten Seitenflossen, Triebwerk Ghost 105 (23 kN) und hydraulisch betätigten Querrudern. Viele Venom dienten bei den britischen Besatzungstruppen in Deutschland und Nahost.

Als Exportartikel war die Venom nicht so erfolgreich wie die Vampire. Zwar baute die schweizerische EFW 250 FB.1 und .4 in Lizenz, aber nur wenige Venom wurden in den Irak, nach Italien und Venezuela exportiert. Neuseeland mietete FB.1, die aber nie dorthin gelangten, sondern in Malaysia an der Seite britischer Venom Aufständische mit Raketen und Bomben angriffen.

Nach demselben Konzept wie die Vampire-Nachtjäger entwickelte de Havilland mit eigenen Mitteln im August 1950 auch die Venom als Nacht-/Allwetterjäger mit breiterem Vorderrumpf und Ghost 104 (21 kN). Die RAF beschaffte 90 dieser Venom NF.2, von denen viele mit verbesserten Leitwerken und Vollsicht-Kabinenhauben zu NF.2A modifiziert wurden. Noch mehr wurden als NF.3 gebaut. Sie erhielten das Radar AI.23, Ghost 105 und weiterverbesserte Leitwerke. Schweden beschaffte über 60 Stück als J33 und stattete sie mit lizenzgefertigten Ghost RM 2A aus.

Die zweisitzige Venom ließ die *Royal Navy* zum Allwetterjäger Sea Venom FAW.20 umrüsten. Diese hatte kraftgefaltete Tragflächen, verbesserte Flügelendtanks und führte zur Bekämpfung von Erdzielen Bomben und Raketen mit. Schwache Triebwerkleistung und mangelhafte Schleudersitze führten zu den FAW.21 mit Ghost 104 und FAW.22 mit Ghost 105. Letztere Version konnte mit zwei Luft-Luft-Lenkwaffen Firestreak bewaffnet werden. Während des Sueskonfliktes im November 1956 attackierten britische Sea Venom Flugplätze und versenkten Patrouillenboote.

Auf Grundlage der Sea Venom entwickelte Frankreich seine ersten trägergestützten Jets Sud-Est SE.20 und SE.202 Aquilon. Einige der einsitzigen SE.203 erhielten das US-Radargerät APQ-65. 1956–1967 flog die Aquilon in Algerien und Tunesien. Australiens FAW.53 operierten trägergestützt von *HMAS Melbourne* aus und später als Flugzielschlepper, bis sie schließlich 1969 ausgemustert wurden.

Von der Venom wurden 816 Einsitzer, 283 Nachtjäger und 393 Sea Venom gebaut. In der Schweiz stellte man die letzten im August 1983 außer Dienst, während einige Vampire noch bis 1990 flogen. Die heute noch fliegenden Modelle stammen allesamt aus den Schweizer Beständen.

***Links:** Mit Bomben und 152-mm-Luft-Boden-Raketen war die Vampire das ideale Schlachtflugzeug. Hier wird mit Raketen im scharfen Schuss trainiert.*

***Unten:** Schweizerische Vampire Mitte der 1960er-Jahre auf dem Flugplatz Sitten (Sion). Von den mehr als 100 in der Schweiz gebauten Vampire dienten einige noch bis Ende der 1980er-Jahre.*

North American F-86 Sabre

Obwohl die Sabre in der sowjetischen MiG-15 eine mindestens gleichwertige Rivalin hatte, konnte sie den Alliierten die Luftherrschaft über Korea sichern. Immer wieder kampfwert- und leistungsgesteigert, wurde sie in großer Zahl exportiert.

NORTH AMERICAN F-86E SABRE

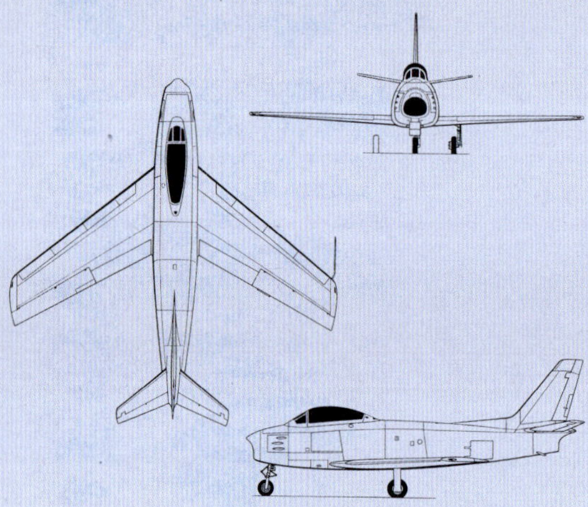

Besatzung: 1

Triebwerk: eine Strahlturbine J47-GE-13 mit 23,13 kN Schubleistung

Höchstgeschwindigkeit: 1093 km/h

Einsatzradius: 531 km

Dienstgipfelhöhe: 13 716 m

Gewicht: Startmasse 8077 kg

Bewaffnung: sechs 12,7-mm-MG; bis zu zwei 454-kg-Bomben oder 16 Raketen

Abmessungen: Spannweite 11,85 m; Länge 13,43 m; Höhe 4,77 m

Rechte Seite: *Juli 1951. F-86A der 4th Fighter Interception Wing in Korea. Deutlich zu erkennen ihre Nasenklappen an den Tragflächen.*

Aufbauend auf erbeuteten deutschen Forschungsergebnissen, wurde die Sabre der erste seriengefertigte und in Dienst gestellte US-Strahljäger mit Pfeilflügeln. Über Korea erlebte sie die letzten großen Kurvenkämpfe im Nahbereich vor Anbruch des Lenkwaffenzeitalters. Danach diente sie in zahlreichen Ländern und wurde so zu einem der wirklich klassischen Düsenjäger.

Die Arbeiten an dem später als F-86 Sabre bekannten Flugzeug begannen Ende 1944. Damals waren die Werke der *North American Aviation* (NAA) in Kalifornien und Texas mit der Fertigung der P-51 Mustang, B-25 Mitchell und T-6 völlig ausgelastet. Längst hatten die Konstrukteure jedoch erkannt, dass die Zukunft dem Jet gehörte. Im November 1944 erarbeiteten sie den Vorschlag RD 1265, der zur NA-134 führte, aus der wiederum die XFJ-1 Fury für die *US Navy* und die NA 140 hervorgingen. Drei dieser NA 140 bestellte die USAAF im Mai 1945 als XP-86.

Ursprünglich sollte die XP-86 ungepfeilte Flügel mit Endtanks und ohne Kanonen erhalten. Ein Lufteinlauf in der Nase führte geradewegs zum Strahltriebwerk General Electric J35 mit Axialverdichter (17,79 kN). Die Ingenieurattrappe der XP-86 war bereits fertig gestellt, als NAA das Projekt stoppte, um die bei Kriegsende in Deutschland erbeuteten Daten vollends auszuwerten. Am viel versprechendsten erschienen die bei Messerschmitt durchgeführten aerodynamischen Forschungen, wonach Pfeilflügel den Kompressibilitätseffekt hinauszögern und höhere Geschwindigkeiten ermöglichen. Bei den im Laufe des Krieges entwickelten immer schnelleren Flug-

FU-236
FU-261
U.S. AIR FORCE
91251
FU-251
U.S. AIR FORCE
91276
FU-276

Rechts: *Diese Sabre der No. 92 Squadron ist eine von 428 bei Canadair für die RAF gebauten Maschinen. Andere wurden den RAF-Besatzungstruppen in Deutschland zugeteilt.*

zeugen hatten viele Piloten beobachtet, dass sich mit zunehmender Geschwindigkeit der Kompressibilitätswiderstand erhöhte und die Stoßwellen der zusammengepressten Luft die Zelle stark beanspruchten. Zahlreiche Flugzeuge stürzten ab oder wurden beschädigt, sobald sie sich aus großen Höhen im Sturzflug der Schallgeschwindigkeit näherten. Der Theorie nach konnten Pfeilflügel die Flatterbereichsgrenze (kritische Mach-Zahl) und damit das Auftreten der Schockwellen hinauszögern.

Andererseits stellte sich das Problem der Langsamflugstabilität. Speziell bei der Landung drohte beim Pfeilflügler ein Strömungsabriss. Also übernahm NAA Messerschmitts Lösung der im Langsamflug ausfahrenden Nasenklappen. Mit 35 Grad (bei Flügeln und Höhenleitwerk) fiel die Pfeilung deutlich stärker aus als bei der Me 262. Um das Flugzeug für Hochgeschwindigkeits- oder Langsamflug trimmen zu können, wurde das Höhenleitwerk kraftgesteuert. Außer dem allerersten Flugzeug erhielten alle Serienmaschinen Luftbremsen links und rechts am Heckrumpf.

Mit George Welch am Steuer startete die XP-86 am 1. Oktober 1947 zum Erstflug. Provisorisch nur mit einem J35-Triebwerk (Serienmaschinen erhielten das 22,24 kN Schub leistende J47) ausgestattet, könnte Welch dennoch schon bei diesen ersten Tests im Bahnneigungsflug Mach 1 überschritten haben. Leider wurden seine Flüge nicht exakt gemessen, sodass offiziell Charles E. Yeager mit der Bell XS-1 am 14. Oktober 1947 als erster Mensch die Schallmauer durchbrach. Im Frühjahr 1948 machte dann auch die „Sabre“ genannte XP-86, inzwischen F-86 getauft („F“ für „Fighter“), offiziell ihre ersten Überschallflüge.

Der neue pfeilgeflügelte Jet wurde im März 1949 von der USAF als F-86A in Dienst gestellt. Eine Version mit Unterflügelstationen und neuer Frontscheibe erschien kurzfristig als F-86B, wurde dann aber in F-86A-5 umbenannt. Die Bewaffnung der seriengefertigten Sabre umfasste sechs 12,7-mm-MG in der Rumpfspitze. Ein radargestütztes Visier erleichterte bei hohen Geschwindigkeiten die Entfernungsberechnung zum Ziel.

Als im Juli 1950 der Koreakrieg ausbrach, kämpfte die USAF anfangs mit älteren Flugzeugmodellen, musste aber nach dem Auftreten von MiG-15 sowjetischer Herkunft im November 1950 schnellstmöglich Sabre an die Front bringen. Im Allgemeinen waren Sabre und MiG einander ebenbürtig, obschon die MiG eine bessere Steigleistung hatte, überlegene Höhenleistungen besaß und stärker bewaffnet war. Dagegen war die Sabre eine stabilere Waffenplattform und hatte bessere Tiefflugeigenschaften. Entscheidend war jedoch,

Unten: *In Korea operierten auch südafrikanische Sabre. Dieses Foto eines Jagdbombers F-86F „B“ der No. 2 Squadron SAAF stammt aus den letzten Kriegsmonaten.*

Rechts: *Um das Abfangradar zu installieren, erhielt die F-86D „Dog Sabre“ ihre „Hundeschnauze“ über dem modifizierten Triebwerklufteinlauf. Die „Mighty Mouse“-Raketenwanne ist abgesenkt.*

IM COCKPIT DER F-86 SABRE

Der erste Luftsieg über eine MiG-15 wurde am 17. Dezember 1950 errungen. Es hatte aufgeklart, und das *4th Fighter Interceptor Wing* (FIW) stieß zum ersten offensiven Aufklärungseinsatz Richtung Jalu in die Region vor, die als „MiG-Allee" bekannt werden sollte. Lieutenant Colonel Bruce Hinton führte vier F-86A des „Baker"-Flight als Jagdstreife. Sie sollten als Köder dienen und die jenseits der chinesischen Grenze in sicherer Zuflucht liegenden MiG hervorlocken und zum Kampf stellen.

Oben: *Eine Sabre des 4th FIW kehrt vom Feindflug zurück. Zu Beginn des Koreakrieges waren die schwarz-weißen Streifen das Erkennungszeichen dieses Geschwaders.*

Es dauerte dann auch nicht lange, und vier MiG erschienen. Die Piloten kannten die Sabre wohl nicht oder verwechselten sie mit der langsameren F-80 Shooting Star. Sie kreuzten Hintons Kurs ungefähr 1500 m voraus. Er befahl, die Zusatztanks abzuwerfen, aber der Funk hatte eine Störung. So war die Verwirrung bei seinen Kameraden groß, als Hinton die Tanks abwarf, beschleunigte und seinem Schwarm davonflog. Schnell kurvte er hinter zwei MiG ein, deren Piloten offensichtlich glaubten, sie könnten dank ihrer größeren Schnelligkeit einfach davonfliegen. Hinton folgte dem feindlichen Schwarmführer im Sturzflug, gelangte in 6-Uhr-Position, gab einen kurzen Feuerstoß ab und glaubte, Trümmer davonfliegen zu sehen – außerdem schien der Gegner Treibstoff zu verlieren.

Dann nahm sich Hinton die zweite MiG vor. In ihrem Abgasstrahl taumelnd, traf er das MiG-Triebwerk mit einem langen Feuerstoß. Hinter seinem Gegner nach links kurvend, bot sich Hinton ein spektakulärer Blick auf den sowjetischen Jäger. Er drehte nochmals zum Angriff ein, feuerte erneut und hielt den Abzug gedrückt. Flammen hüllten das Heck der MiG ein, sie rollte auf den Rücken und stürzte senkrecht ab. Sie schlug 16 km südlich des Jalu auf. Der Pilot war nicht ausgestiegen.

Links: *Eine der vielen Kunstflugstaffeln, die sich für die Sabre entschieden, war auch „Blue Impulse" der japanischen Luft-Selbstverteidigungskräfte. Die Japaner flogen die F-86F 1960–1981.*

dass die US-Piloten besser ausgebildet waren als die chinesischen oder koreanischen Gegner. Gefährlich wurde es aber, wenn sowjetische Piloten im Cockpit der nordkoreanischen MiG saßen.

Die verbesserte F-86E erschien ab Juli 1951 und ein Jahr später die F-86F. Viele F-86F erhielten so genannte „harte" Flügel ohne Nasenklappen, was die Kurvengeschwindigkeit erhöhte. Auch als Jagdbomber bewährten sich die F-86F. Als der Koreakrieg im Juli 1953 endete, hatten Sabre bei 78 Verlusten 792 Luftsiege errungen. Erfolgreichster Pilot war Joseph McConnell mit 16 Abschüssen.

Obwohl Versuche mit zwei 20-mm-Kanonen zunächst wenig zufrieden stellend verliefen, gab es

Rechts: *Die Australier bauten ihre eigenen Sabre mit einem größeren Rumpf für das Avon-Triebwerk und bestückten sie mit zwei 30-mm-Kanonen.*

Oben: *Sabre mit Unterflügelraketen waren ein seltener Anblick. Die F-86A hatten nur zwei Unterflügelstationen und belegten sie mit Abwurftanks oder – gelegentlich – mit Bomben.*

später Versionen der Sabre mit MK. In Korea führten Tests mit kamerabestückten Sabre zu den berühmten Aufklärermustern RF-86.

Auf die Tagjäger folgte im Dezember 1949 der Allwetter-Abfangjäger F-86D. Im kegelförmigen, über dem Lufteinlauf angeordneten Radom waren die Radarkomponenten des Feuerleitsystems Hughes E-3 installiert. Dieser wie eine Hundenase vorstehende Radarbug und das „D" in ihrem Typennamen brachten der F-86D den Spitznamen „Dog Sabre" oder „Sabre Dog" ein. Angetrieben von einem Nachbrennertriebwerk J47-GE-17 mit maximal 33,4 kN Schubleistung, erreichte sie knapp 1135 km/h. Damit war sie der schnellste Abfangjäger der USAF und wurde bei den meisten Staffeln des Luftverteidigungskommandos eingeführt. Die F-86D war der erste einsitzige Allwetter-Abfangjäger im Dienst der US-Streitkräfte, während ihre Zeitgenossinnen F-89 Scorpion und F-94C Starfire als Zweisitzer für Pilot und Radarbeobachter ausgelegt waren.

Bei der F-86D ersetzte man die Rohrwaffen gegen 24 Raketen „Mighty Mouse", die in einer absenkbaren Wanne unter der Nase mitgeführt wurden. Mithilfe des Feuerleitsystems flog der Pilot auf Kollisionskurs, bis das Zielobjekt in den Feuerbereich gelangte, dann senkte er die Wanne ab, und die Raketen starteten automatisch. Die separaten Höhenruder der frühen Versionen wurden bei der F-86D durch ein voll steuerbares Höhenleitwerk ausgetauscht.

Exportversion der „D" war die F-86K. Statt der Raketen mit zwei 20-mm-Kanonen bewaffnet, wurde sie von verschiedenen NATO-Partnern beschafft. Ähnlich konzipiert war die „L" für die Staffeln der USAF-Nationalgarde (ANG). Die „leichte" F-86H (auch „Hog Sabre" genannt) mit größerem Rumpf war als Atomwaffenträger für die Nuklearbombe Mk12 ausgelegt. Starr eingebaut waren zwei 20-mm-Kanonen T-160. Das Nachbrennertriebwerk J73-GE-3 leistete maximal 40,94 kN Schub. Die F-86H wurde hauptsächlich von ANG-Staffeln betrieben und nicht exportiert.

***Links:** Die tropfenförmige Kabinenhaube verlieh den Piloten der F-86E eine exzellente Rundumsicht – ein Merkmal, das bei fast allen US-Jägern der nächsten Generation wieder verschwand.*

Die mit vier 20-mm-Kanonen bewaffnete FJ-2 Fury der *US Navy* war praktisch eine für bordgestützte Einsätze modifizierte F-86E. Ihre Nachfolgemuster FJ-3 und -4 erhielten das neue Triebwerk J65 und hatten mit der Sabre kaum noch etwas gemeinsam.

Kanada und Australien entwickelten eigene Sabre-Versionen. Canadair baute 1800 Stück, vor allem Sabre Mk 5 und Mk 6 mit Avro-Orenda-Triebwerk (26,68 kN), und exportierte sie an NATO-Partner. Australiens *Commonwealth Aircraft Corporation* (CAC) stellte 112 CA-27 Sabre her, mit Rolls-Royce Avon 26 (33,38 kN) und zwei 30-mm-Aden-Kanonen. Einige davon gelangten später nach Malaysia und Indonesien.

Insgesamt dienten Sabre – meistens F-86F – in rund 40 Ländern und kämpften in vielen Konflikten der 1960er- und 1970er-Jahre. In den Luftkämpfen zwischen Taiwan und China, Indien und Pakistan setzten sie frühe Sidewinder-Modelle ein.

Argentinien und Honduras betrieben ihre Sabre bis in die 1980er-Jahre, die letzte bolivianische F-86F wurde erst Anfang der 1990er-Jahre ausgemustert. In Museen ist die F-86 keine Seltenheit, und rund ein halbes Dutzend – meistens Canadair-Versionen – fliegen heute noch.

***Links:** Bei Mitsubishi wurden 300 Sabre lizenzgefertigt. Alle waren F-86F, davon einige als Aufklärer umgerüstet.*

Mikojan-Gurjewitsch MiG-15 und MiG-17

Als die robuste MiG-15 1950 am Himmel über Korea erschien, war das ein Schock für die USAF. Der Sabre ebenbürtig, wurde die MiG-15 zur MiG-17 weiterentwickelt, die später die US-Piloten über Vietnam in Schwierigkeiten brachte.

MIKOJAN-GURJEWITSCH MIG-15 UND MIG-17

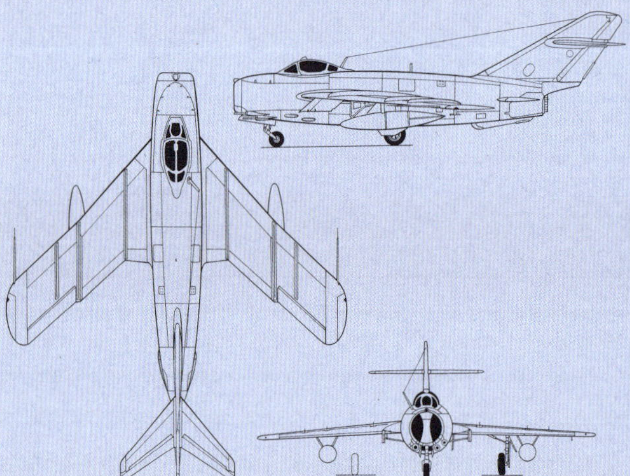

Triebwerk: ein Strahltriebwerk Klimow WK-1F mit 29,50 kN Nennleistung

Höchstgeschwindigkeit: 1100 km/h

Einsatzradius: 700 km

Dienstgipfelhöhe: 16 600 m

Gewicht: Startmasse 6069 kg

Bewaffnung: drei 20-mm-Kanonen NR-23, bis zu 500 kg Kampflast (Bomben oder Raketen)

Abmessungen: Spannweite 9,63 m; Länge 11,26 m; Höhe 3,80 m

Rechte Seite: *Die Shenyang FT-7 war die in China gebaute zweisitzige Version der MiG-17. Pakistan, einer der größten Betreiber, musterte seine letzten Exemplare 2002 aus.*

Auf der Grundlage von im Zweiten Weltkrieg erbeuteten deutschen Flugzeugen und von aerodynamischen Studien über Pfeilflügel sowie mithilfe nach Kriegsende in die UdSSR „umgesiedelter" deutscher Fachkräfte und britischer Triebwerktechnologie entstand mit der MiG-15 der erste erfolgreiche sowjetische Düsenjäger. Die MiG-15 gilt als die „Mutter" der berühmten MiG-Jägerfamilie. Länger als 40 Jahre stand „MiG" für sowjetische Jagdflugzeuge allgemein – wenigstens für westliche Piloten.

1946 erhielten die sowjetischen Flugzeug-Versuchskonstruktionsbüros (OKB) eine Forderung für einen Tag-Abfangjäger für große Höhen. Eines dieser Büros hatten Artjom I. Mikojan und Michail J. Gurjewitsch 1939 gegründet und im Zweiten Weltkrieg einige konventionelle Jäger mit Kolbenmotor geschaffen. Wenn auch in großer Zahl gebaut, zählten sie nicht zur sowjetischen Spitzengruppe. Mit Pfeilflügel, T-Leitwerk und geradlinigem Triebwerklufteinlauf erinnerte das erste Konzept des MiG-OKB an Kurt Tanks Studien für die Ta 183. Da die Sowjets noch keine ausgereiften Strahltriebwerke besaßen, musste MiG-OKB das Projekt vorerst auf Eis legen. Dann kam der Zufall zu Hilfe, als Großbritannien im Mai 1946 den Sowjets im Rahmen eines Handelsabkommens 25 Radialtriebwerke Rolls-Royce

201
55-1201
2215

Oben: MiG-15 mit nordkoreanischen Kennzeichen. In vielen Bereichen war die MiG-15 der F-86 Sabre überlegen.

Nene lieferte. Sofort wurde das Triebwerk bei OKB Klimow kopiert, RD-45 getauft und – ohne Lizenz – gebaut. Nun konnte auch das OKB MiG seine Konstruktion realisieren. Am 30. Dezember 1947 startete der Prototyp S-01 („S" stand für „strelovidnostj" = Pfeilform) zum Erstflug.

Obwohl die S-01 die geforderten Geschwindigkeits- und Höhenforderungen erfüllte und auch, wie verlangt, von unbefestigten Pisten operieren konnte, zeigte sie zahlreiche Mängel. Am schwer wiegendsten war ihre Neigung zur Schnapprolle im engen Hochgeschwindigkeits-Kurvenflug, die übergangslos in ein nicht zu kontrollierendes Trudeln überging. Alles in allem wurden aber nur einige wenige, meistens „kosmetische" Änderungen vorgenommen, bevor der Jäger Ende 1948 als MiG-15 in Serie ging. Die erste seriengefertigte Maschine flog exakt ein Jahr nach dem Jungfernflug der S-01. Auslieferungen an die sowjetischen Luftstreitkräfte begannen 1949, und spätestens als MiG-15 im Mai 1949 für jeden sichtbar über die traditionelle Militärparade in Moskau hinweg-

IM COCKPIT DER MIG-17

Oben: Im Vietnamkrieg setzte der Norden auch mit Radar ausgerüstete, begrenzt allwettertaugliche MiG-17PF ein. Der Radarbildschirm ist im Cockpit rechts angeordnet.

In den 1960er-Jahren waren MiG-17 im Kampfeinsatz gegen Israel und natürlich in Vietnam, wo der schlichte, zuverlässige und wendige Jäger US-Piloten das Fürchten lehrte. Ein solcher Luftkampf ereignete sich am 19. November 1967. Vier nordvietnamesische MiG-17F starteten von ihrem vorgeschobenen Flugplatz bei Kien An. Ihr Ziel war ein aus 20 Maschinen gebildeter gemischter Kampfverband (A-4 Skyhawk der *US Navy* und F-4 Phantom II von der *USS Coral Sea*) mit Kurs auf Haiphong. Zwei F-4B der trägergestützten Jagdstaffel VF-151 „Screaming Eagles" erfassten einen Schwarm MiG, der von seinem Hauptstützpunkt Gia Lam gestartet war. Zum Schutz der angegriffenen Skyhawk nach Südwest kurvend, bemerkten sie allerdings zwei andere MiG nicht (ihre Piloten waren vermutlich Nguyen Dinh Phuc und Nguyen Phi Hung des 923. Jägerregiments). Plötzlich meldete der Pilot der führenden Phantom, Lieutenant Commander Claude Clower, MiG an Steuerbord. Er schaltete den Nachbrenner ein und riss seine Maschine in eine Steilkurve. Zu spät. Von einer Kanonengarbe getroffen, explodierte die Phantom. Clower schaffte es, mit dem Schleudersitz auszusteigen, und geriet in Gefangenschaft, während sein Waffensystemoffizier, Lieutenant Junior Grade (Oberleutnant) Walter Estes, den Tod fand. Augenblicke später stürzte auch die zweite F-4B ab; entweder von einer MiG-Kanone oder von Trümmern des ersten Flugzeuges getroffen. In diesem Fall wurde Lieutenant (JG) James Teague getötet und sein Radarsystemoffizier Lieutenant (JG) Theodore Stier gefangen genommen. Was genau geschah, konnte nie endgültig geklärt werden. Die Vietnamesen meldeten vier abgeschossene Phantom. Wie dem auch sei, der Vorfall macht deutlich, wie leicht die billige, kleine und folglich schwer zu entdeckende MiG die sehr viel stärkere, mit Lenkwaffen bestückte und sehr viel teurere Phantom – ein Jäger der nächsten Generation! – überraschen konnte. Nordvietnams erfolgreichstes „Fresco"-Ass war Nguyen Van Bay mit sieben Luftsiegen.

donnerten, erhielt der neue Sowjet-Jäger bei der NATO den Decknamen „Fagot A".

Bewaffnet war die MiG-15 mit drei unter dem Bug lafettierten Kanonen (1 x 37 mm N-37, 2 x 23 mm NS-23) mit Kreiselvisier. In der Druckkabine mit tropfenförmiger Kabinenhaube saß der Pilot auf einem Schleudersitz. Die Tragflügelpfeilung entsprach mit 35 Grad exakt der F-86 Sabre. Diese und andere Ähnlichkeiten waren kein Zufall. Gewiss arbeiteten MiG und North American unter strengster Geheimhaltung, beide nutzten jedoch erbeutete deutsche Forschungsergebnisse und „beschäftigten" deutsche Fachkräfte. Die Querruder der MiG-15 wurden hydraulisch betätigt, und Klappen mit großem Ausschlag verkürzten die Landestrecke.

Wichtigste einsitzige Baureihe war die MiG-15bis („bis" entstammt der französischen Aeronautik und bedeutet völlig überarbeitete Konstruktion). Die Schubleistung des RD-45 wurde auf 26,5 kN gesteigert (ursprünglich 22,2 kN) und in WK-1 umbenannt. Neben größerer Tankkapazität gab es noch viele kleinere Unterschiede.

MiG-15 wurden in Polen, der Tschechoslowakei und in Ungarn lizenzgefertigt. Zusammen mit den in der UdSSR gebauten kann man von über 3000 produzierten Einsitzern ausgehen, plus eine unbekannte, sicher nicht kleine Zahl MiG-15, die China und andere sozialistische Staaten erhielten.

Links: *Ungarn war einer der vielen europäischen MiG-15-Betreiber. Anfang der 1960er-Jahre war diese MiG-15bis in Pécs stationiert.*

Oben: *Ägyptische MiG-17F. Ein Vergleich mit der MiG-15 offenbart die Unterschiede bei Bewaffnung, Unterflügelwaffenträger und Seitenflosse.*

Anfang November 1950 erschienen MiG-15 am Himmel über Korea, und ihre nordkoreanischen Piloten lieferten den amerikanischen Sabre wilde Kurvenkämpfe. Zahlreiche MiG wurden aber auch von sowjetischen Piloten geflogen und waren dann noch gefährlichere Gegner. Erfolgreichstes Ass war Jewgeni Pepeljaew mit 23 Luftsiegen. Bei dieser Abschussziffer konnten auch die Piloten der Vereinten Nationen nicht mithalten. Ihr Ass der Asse war der Amerikaner Joseph McConnell mit 16 Luftsiegen.

Die MiG-15 stiegen schneller, erreichten eine weitaus höhere Dienstgipfelhöhe und waren über 6000 m Höhe auch schneller als die Sabre. Jenseits der chinesischen Grenze konnten die MiG-15 unbehelligt Höhe gewinnen. Erst dann überquer-

Links: *Nach dem Waffenstillstand in Korea (1953) wurde diese erbeutete nordkoreanische MiG-15 von der USAF eingehenden Tests unterzogen und alle ihre Geheimnisse gelüftet.*

***Oben:** Die schwere Bewaffnung einer MiG-15 (Kanonen 1 x 37 mm, 2 x 23 mm) zeigt dieses zusätzlich noch mit Bombenschlössern ausgestattete arabische Exemplar.*

ten sie den Jalu und stellten sich zum Kampf. Dass die MiG-15 nicht die Luftherrschaft erringen konnten, verhinderten die besser ausgebildeten Sabre-Piloten und die Tatsache, dass die F-86 eine weitaus wendigere und stabilere Schussplattform war. Nichtsdestoweniger vernichteten die MiG mehr als 70 Sabre. Auch MiG-15bis kämpften in Korea, was die USAF zur Entwicklung verbesserter Sabre-Versionen anspornte.

Zahlenmäßig wichtigste Version war die MiG-15UTI „Midget", ein zweisitziger Trainer mit lang gestreckter Kabinenhaube. Von ihr wurden mehr als 5000 gebaut und in großer Zahl zur Umschulung auf MiG-17 verwendet. Insgesamt sollen mehr als 13 000 von der robusten MiG-15 produziert worden sein – eine Rekordstückzahl, die wohl nie wieder ein Jet erreichen wird. Albanien musterte seine letzten MiG-15UTI erst 1999 aus, in der Luftwaffe Chinas und des Yemen sind vermutlich sogar noch einige im Einsatz. Nach dem Zusammenbruch der UdSSR konnten verschiedene westliche Länder den Jet-Klassiker auch als Privatmaschine registrieren.

Im Bemühen, die Mängel der MiG-15 zu beseitigen, verband das Konstruktionsbüro MiG einen neuen, 45 Grad gepfeilten Tragflügel mit einem verlängerten MiG-15-Rumpf und baute das stärkere Triebwerk WK-1A (26,5 kN Schub) ein. Am 14. Januar 1950 startete der Prototyp SI-1 mit Testpilot I. T. Iwaschtschenko am Steuer zum Erstflug. Als die SI-1 am 17. März abstürzte, fand Iwaschtschenko den Tod. Da in Korea dringend MiG-15 benötigt wurden, verzögerte sich die Serienfertigung der neuen Version. Die Auslieferung des verbesserten Jägers – in der UdSSR MiG-17, bei der NATO „Fresco" getauft – an die Kampfverbände begann erst Ende 1951.

Das Serienmodell der MiG-17 (Erstflug im September 1951) erhielt das Nachbrennertriebwerk WK-1F, das ohne Nachbrenner 25,5 kN und mit 33,1 kN leistete. Heckrumpf und Luftbremsen wurden neu gestaltet, während 190-mm- oder 210-mm-Raketen als Zusatzbewaffnung mitgeführt werden konnten. Auch an der Anordnung der Grenzschichtzäune auf den Tragflügeln ließ sich die MiG-17 von den MiG-15 unterscheiden.

***Rechts:** Als einer der vielen afrikanischen Staaten erhielt auch Marokko MiG-17. Die hier abgebildete Maschine wurde einem US-Museum übergeben.*

1952 erschien die MiG-17PF mit begrenzter Allwettertauglichkeit. Sie war mit dem Festkeulenradar Isumrud ausgerüstet, dessen Suchantenne in der Lippe über dem Lufteinlauf und das Feuerleitsystem am Lufteinlaufteiler installiert waren. Statt der 30-mm-Kanone wurde eine dritte im Kaliber 23 mm eingebaut. Eine Variante war die MiG-17PFU, einer der ersten mit Luft-Luft-Lenkwaffen bestückten Abfangjäger weltweit.

Auch MiG-17 wurden in großer Zahl exportiert und lizenzgefertigt, und zwar vorrangig in Polen und China. Später flogen MiG-17 meistens als Jagdbomber oder Trainer. Wie die MiG-15 gelangten auch mehrere MiG-17 nach dem Zusammenbruch der Sowjetunion in Privathand – hauptsächlich in den USA. Vermutlich dienen noch einige Maschinen in China und in Ländern wie Algerien, Kuba und Mali.

Oben: *MiG-17 bauten die Sowjets zu tausenden für ihre Satelliten wie Polen und „befreundete" Staaten in der Dritten Welt. In Polen wurden die MiG-17 erst Anfang der 1990er-Jahre ausgemustert.*

Links: *Eine Formation lizenzgefertigter MiG-17, in Polen als Lim-5 und -6 gebaut. Sie wurden an die meisten Warschauer-Pakt-Staaten geliefert.*

Hawker Hunter

Den Piloten galt sie als echter „Sportwagen“, manche nannten sie „Jet Spitfire“. In jedem Fall war die Hunter der letzte nur mit Kanonen bewaffnete britische Tagjäger und diente außer in der Royal Air Force noch in mehr als 20 Ländern.

***Rechte Seite:** Letzter Hunter-Verband der RAF war No. 208 Squadron. Bis 1994 betrieb sie T.8B mit modifiziertem Cockpit zur Schulung auf die einsitzige Buccaneer.*

Großbritannien gehörte zwar zu den Pionieren des Düsenjägers, verlor seine führende Position jedoch Ende der 1940er-Jahre an Amerikaner und Sowjets und deren Pfeilflügler F-86 beziehungsweise MiG-15. Bezeichnend für diese Entwicklung war, dass der erste europäische Pfeilflügeljäger 1948 in Schweden zum Jungfernflug startete. Es war die J-29 Tunnan, Prototyp der späteren Saab-29. Mit ihren ungepfeilten Flügeln waren die britischen Meteor und Vampire zu langsam und im Koreakrieg (1950–1953) veraltet. Lange vorher – 1944 – hatte Hawkers Chefkonstrukteur Sir Sydney Camm seinen Entwurf P.1040 für einen schnellen Abfangjäger vorgelegt. Zuerst von der RAF abgelehnt, wählte die *Royal Navy* ein Jahr später dieses Flugzeug als ihren trägergestützten Jäger Sea Hawk. Währenddessen modifizierte Hawker den Entwurf P.1040 zum Pfeilflügler P.1052, der im November 1948 seinen Erstflug absolvierte. Auf derselben Grundlage entstand auch die P.1081. Schon im März dieses Jahres hatte das *Air Ministry* die Spezifikation F3/48 erstellt und forderte ein einsitziges landgestütztes Flugzeug, das in 13 700 Meter Höhe 630 km/h und im Sturzflug Mach 1,2 erreichte.

Gestützt auf umfassende, mit P.1052 und P.1081 gewonnene spezifische Flugeigenschaften dieser Pfeilflügler, war bei Hawker inzwischen die P.1067 entstanden. Als

***Rechts:** 1963. Die Hunter T.12 war ein Einzelstück. Sie flog beim Royal Aircraft Establishment, der größten britischen Forschungs- und Entwicklungsanstalt für alle Bereiche der Flugtechnik in Farnborough.*

HAWKER HUNTER F.6

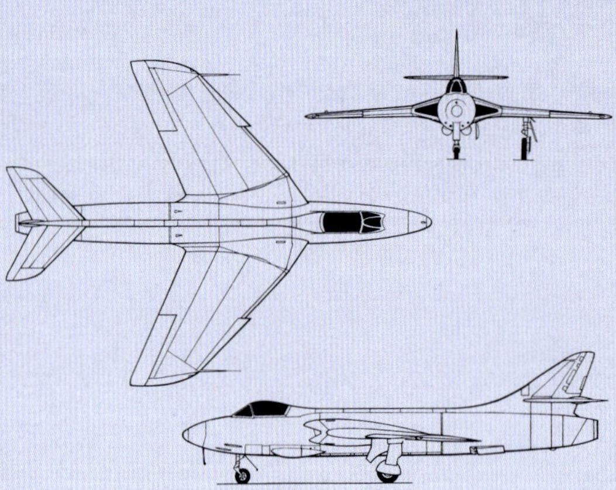

Besatzung: 1

Triebwerk: eine Strahlturbine Rolls-Royce Avon 203, Standschub 45 kN

Höchstgeschwindigkeit: 1150 km/h

Einsatzradius: 713 km

Dienstgipfelhöhe: 15 707 m

Gewicht: Startmasse 5795 kg

Bewaffnung: vier 30-mm-Aden-Kanonen

Abmessungen: Spannweite 10,20 m; Länge 14,00 m; Höhe 4,01 m

***Rechts:** 1961/62 formierte No. 92 Squadron das Kunstflugteam „Blue Diamonds“ mit bis zu 16 Hunter F.6.*

***Unten:** Die Hunter war einer der wenigen nicht einheimischen Jäger der schwedischen Luftwaffe.*

***Unten:** Die erste von vielen zweisitzigen Hunter war die XJ 615. Die Verkleidung hinter dem Cockpit verhinderte Instabilität bei hohen Geschwindigkeiten.*

Abfangjäger entworfen und von einem Rolls-Royce AJ.65 (später bekannt als Avon) angetrieben, hatte die P.1067 ein gepfeiltes (40 Grad) Trag- und Leitwerk. Sie wirkte wie eine radikal gestreckte Version der Sea Hawk. Ihre Angriffsbewaffnung umfasste vier 30-mm-Aden-Kanonen, die auf einer rasch auswechselbaren Bodenlafette montiert waren. Zur Munitionierung wurde dieser Kanonenrüstsatz abgesenkt. Mit Neville Duke am Steuer startete die P.1067 (inzwischen „Hunter“ getauft) am 20. Juli 1951 zum Jungfernflug. Während der Flugerprobung wurde im April Mach 1 überschritten, und am 7. September 1953 flog Duke mit der zur Hunter F.3 modifizierten P.1067 mit 1171 km/h über die 3-km-Messstrecke einen absoluten Geschwindigkeitsweltrekord.

Da sie sich nicht auf ein Triebwerk festlegen wollte, bestellte die RAF gleich zwei Versionen: F Mk 1 mit Avon (33 kN Schub) und F Mk 2 mit Armstrong-Siddeley Sapphire (35 kN Schub). Bei *No. 43 Squadron* wurde die F.1 im Juli 1954 und F.2 bei *No. 257* im September eingeführt. Keine der beiden Versionen blieb lange im Dienst. Wie bei jeder neuen Konstruktion zeigten sich auch bei der Hunter Kinderkrankheiten. So traten beispielsweise bei der F.1 Triebwerkschwingungen auf, sobald in großen Höhen die Kanonen betätigt wurden. Da beide Triebwerkmuster sehr „durstig“ waren, war die Tankkapazität von nur 1502 Litern ungenügend und beeinträchtigte Flugdauer und Reichweite erheblich. Umstrukturierte Flügel und Stationen für Abwurftanks lösten das Problem, und die F.4 war geschaffen. Ihre Tankkapazität betrug 1884 Liter, weitere 910 Liter konnte sie in zwei Zusatztanks mitführen. Zudem hingen unter dem Vorderrumpf der meisten F.4 zwei Sammelbehälter für „Leergut“ (leere Hülsen und Patronengurtglieder). Weshalb diese beiden Wölbungen nach einem damals beliebten Fotomodell

IM COCKPIT DER HAWKER HUNTER

Exportierte Hunter kämpften in vielen Ländern. Den Anfang machte Indien 1965 und 1971, als es in kurzen Konflikten mit Pakistan seine Pfeilflügeljets einsetzte. Wie die Kämpfe mit den pakistanischen F-86 Sabre verliefen und welche Erkenntnisse daraus gewonnen wurden, ist noch unbekannt. Meistens scheinen die nur mit Kanonen bewaffneten Hunter gegen die gelegentlich schon mit AIM-9B Sidewinder bestückten Pakistanis jedoch den Kürzeren gezogen zu haben. Narenda Gupta, der später bis zum Brigadegeneral aufstieg, diente 1971 als Hunter-Pilot und flog Tiefangriffe gegen vorrückende pakistanische Panzer. Über einen seiner besonders denkwürdigen Einsätze berichtet er:

„Ruhig höher steigend, warf ich einen kurzen Blick nach rechts. Dort flog – weit voraus und in 30 Grad zum Horizont – Dan Singh als meine No. 2 in der anderen Hunter. Die Schultergurte geöffnet, drehte und wendete ich meinen Kopf, sah aber nichts als blauen Winterhimmel.

– Bravo, Ihr Rücken ist frei.

Mein Höhenmesser stand auf rund 760 m, als ich über den Flügel steil nach links kurvte. Weitere und noch kampffähige Panzer mussten in der Nähe sein.

– Zwei Panzer, elf Uhr, 450 m von der ersten Rauchwolke. Ich nehme den entfernteren.

– Verstanden; ich nehme den anderen.

Bevor ich in Angriffsposition ging, warf ich einen Blick auf die Schalter. Die Raketen waren entsichert, und der Wählknopf stand auf 4. Neben vier Kanonen mit je 150 Schuss war meine Hunter mit acht französischen T-10-Raketen bewaffnet.

Oben: Die indische Luftwaffe betrieb ihre Hunter F.56A bis 1999. Die abgebildete Maschine diente als Flugzielschlepper in Westbengalen.

Ich platzierte den Leuchtpunkt (Pipper) meines Kreiselvisiers auf dem Panzer, drückte den Zielverfolgungsschalter, ging auf 1000 m heran, feuerte und fing meine Hunter aus dem Sturzflug ab. Schlangengleich waren vier Raketen unter meinen Flügeln hervorgeschossen und nahmen Kurs nach unten. Gleichzeitig sah ich einen wahren Funkenregen vorbeizischen. Die Maschinengewehre der Panzer nahmen mich unter Feuer. Etwa in 10-Uhr-Position von dem Panzer, den ich gerade angegriffen hatte, blitzte es besonders heftig. Das war mein nächstes Ziel.

‚Ich habe einen erwischt', meldete Dan. Um aus dem Feuerbereich der Panzer zu kommen, zog ich in einer Steilkurve links hoch. Dan war im Sturzflug. Heck frei. Seine Raketen starteten – ein Blitz, dann grau-schwarzer Rauch. Jetzt hatten wir jeder einen Panzer. Beim nächsten Angriff schoss ich aus zu großer Entfernung, und meine Raketen lagen zu kurz. Jetzt hatte ich keine Raketen mehr, wollte aber noch einen Panzer erwischen. Ich flog noch einen Angriff und gab – als ich durch das Abwehrfeuer stieß – aus allen vier Kanonen einen langen Feuerstoß ab. In geringer Höhe abfangend, sah ich, wie meine Geschosse einschlugen. Den Pulvergeruch im Cockpit empfand ich als geradezu erfrischend. Der Panzer stand in Flammen. Ob meine Geschosse seine dünnere Dachpanzerung durchschlagen oder einen Benzinkanister getroffen hatten, wie ihn alle Panzer mitführten, konnte ich nicht erkennen. Bei meinem Tiefflug muss ich ein leichtes Ziel abgegeben haben. Denn als ich meine Hunter nach der Landung inspizierte, entdeckte ich zwei Einschusslöcher im Steuerbordquerruder und eines in der Flügelspitze sowie eine Kerbe am Heckrumpf rechts. Kein Problem. Das werden die Männer vom Bodenpersonal wieder flicken."

„Sabrinas" genannt wurden, dürfte auf der Hand liegen. Die RAF Germany (RAFG) sowie die Staffeln der Heimatverteidigung ersetzten alsbald ihre Sabre und Venom durch die F.4. Später übernahm die *Royal Navy* einige davon als Waffentrainer Hunter GA.11. Zur Avon-getriebenen F.4 gesellte sich die F.5 mit Sapphire-Triebwerk, die in der Sueskanalkrise 1956 ihre Feuertaufe erhielt.

Das Flugwerk der Hunter war aerodynamisch sehr günstig gestaltet und machte sie zu einem der interessantesten Militärjets jener Zeit. Mit ihren vier Kanonen war sie auch stärker bewaffnet als ihre Zeitgenossinnen. Spätere Exportversionen waren für zwei Luft-Luft-Lenkwaffen – gewöhnlich Sidewinder – ausgelegt, während britische Hunter Luft-Luft-Lenkwaffen ausschließlich für Tests einsetzten. Typisch für die Exportmuster war der „Mod-228"-Tragflügel mit vier Unterflügelstationen für Bomben oder Raketen. Auf einem Schleudersitz Martin-Baker Mk. 2H sitzend, hatte der Pilot eine gute Rundumsicht, wenn auch nicht so exzellent wie beispielsweise bei der Sabre. Auch das Cockpit war erheblich enger als bei der F-86.

Hauptserienmodell der RAF war die F.6, deren Fertigung mit der Serienreife der Strahlturbine Avon 203 (44,48 kN) anlief. Bis 1963 waren alle reinen Jäger außer der F.6 aus dem Truppendienst verschwunden. In Abwandlung der F.6 baute man speziell als Tiefangriffs-Schlachtflugzeug für die RAF-Einheiten in Aden, Borneo und Malaysia die FGA.9. Sie erhielt einige „tropische" Besonderheiten, wie z. B. eine verbesserte Klimaanlage, konnte größere Treibstofftanks sowie mehr Bomben und Raketen mitführen.

Sehr viel friedlicher ging es bei den Kunstflugteams „Blue Diamonds" *(No. 92 Squadron)* und „Black Arrows" *(No. 111 Squadron)* zu. Für ihre Flugvorführungen nutzten sie sämtliche 16 Hunter ihrer Staffeln. Anlässlich der *Farnborough Air Show* von 1958 borgten sie sich einige Jets und vollführten mit 22 Maschinen einen unvergesslichen, gemeinsamen Looping, wie er in dieser Form wahrscheinlich nicht übertroffen werden kann. Von 1965–1969 unterhielt auch *No. 768 Squadron* der Marineflieger ein Kunstflugteam namens „Rough Diamonds" (Rohdiamanten).

Unten: *WT 555 war die erste seriengefertigte Hunter F.1. Sie absolvierte ihren Jungfernflug im Mai 1953, wurde von der RAF aber nicht eingeführt.*

Rechts: *Einige ihrer letzten T.8B flog die RAF mit schwarzem Anstrich und einem unauffälligeren Farbschema, wie es ähnlich von dem berühmten Kunstflugteam „Black Diamonds" in den 1950er-Jahren verwendet wurde.*

__Links:__ In den 1960er-Jahren kaufte Kuwait elf Hunter. Darunter waren fünf T.67, wobei es sich größtenteils um modernisierte ehemals britische und niederländische Flugzeuge handelte.

Haupttrainerversion war die T.7 mit breiterem Vorderrumpf und zwei nebeneinander platzierten Sitzen. Einige der letzten T.7 (ohne Doppelsteuerung) nutzte die RAF als Fortgeschrittenentrainer für den Jagdbomber Buccaneer. Die *Fleet Requirements and Development Unit* der britischen Marine nutzte Hunter primär für Scheinangriffe mit Seezielflugkörpern gegen Kriegsschiffe.

Die Hunter war einer der größten britischen Exportschlager der Nachkriegszeit. 1954 bestellten Dänemark, Peru und Schweden, später Abu Dhabi, Belgien, Chile, Indien, Irak, Jordanien, Katar, Kenia, Kuwait, Libanon, Niederlande, Oman, Rhodesien/Simbabwe, Saudi-Arabien, die Schweiz, Singapur und Somalia. Belgien und die Niederlande bauten Hunter unter Lizenz.

Zahlreiche ausländische Kunstflugteams flogen Hunter, und zwar Belgiens „Diables Rouges", Jordaniens „Hashemite Diamonds", Schwedens „Acro Hunter", Indiens „Thunderbolts" und die „Patrouille Suisse" der Schweiz.

Zu Beginn des Sechstagekrieges 1967 vernichteten israelische Jäger die Masse der jordanischen Hunter auf ihren Flugplätzen. Doch Jordaniens Hunter-Piloten flogen bei irakischen Hunter-Staffeln. Israelische Jäger meldeten sechs abgeschossene Hunter. Aber auch die arabischen Hunter-Piloten errangen Luftsiege, einer schoss sogar vier israelische Maschinen ab, und zwar je eine Mirage III und Vautour sowie zwei Mystère. Einige der erfolgreichen jordanischen Hunter-Piloten waren von der pakistanischen Luftwaffe ausgeliehen. 1973 machten irakische Hunter zwölf Abschüsse bei fünf eigenen Verlusten geltend.

Dem Libanon waren nur wenige Hunter verblieben. Bei der israelischen Invasion 1982 spielten sie kaum eine Rolle. Im Folgejahr flogen sie im Verlauf des Bürgerkrieges zahlreiche Einsätze, wobei durch Bodenbeschuss und Unfälle mindestens fünf Maschinen verloren gingen. Vermutlich sind zu Beginn des Iran-Irak-Krieges gelegentlich irakische Hunter eingesetzt worden. Hunter flogen Tiefangriffe im rhodesischen Bürgerkrieg, in Chile 1973 und gegen Guerillas im Südjemen.

Als einer der letzten großen Betreiber orderte die Schweiz Ende der 1950er-Jahre 100 Schlachtflugzeuge F.58 mit Luft-Boden-Flugkörpern AGM-65 Maverick. Auch Indien beschaffte gut 100 Hunter, von denen einige immer noch als Flugzielschlepper dienen.

Heute befinden sich mehr als 50 Exemplare des begehrten Jägers in Privathand – nachweislich in Australien, Brasilien, Frankreich, Großbritannien, Kanada, Neuseeland, der Schweiz und den USA.

__Unten:__ Singapurs Hunter dienten 1970–1992. Abgebildet eine FGA.74 der No. 141 Squadron, Paya Lebar.

Convair F-102 Delta Dagger und F-106 Delta Dart

Convair F-102 war der erste militärische Deltaflügler. Nach Überwindung ihrer Kinderkrankheiten wurde sie zu einem Stützpfeiler der USAF im Kalten Krieg. Die verbesserte F-106 galt als der „ideale Abfangjäger" und diente über 30 Jahre.

Rechte Seite: *Aerodynamische Probleme bei der ursprünglichen YF-102 beseitigte man bei der F-102A gemäß der so genannten Flächenregel durch die „Wespentaille".*

Die wohl berühmteste Kampfflugzeugserie mit Deltaflügeln wurde im Convair-Werk in San Diego (Kalifornien) geboren – bei einer Firma also, die ansonsten nicht gerade als Brutstätte von Hochgeschwindigkeitsflugzeugen galt.

Convair Aircraft entstand am 17. März 1943 durch eine der ersten großen Fusionen der Flugzeugindustrie: den Zusammenschluss von Consolidated und Vultee. Consolidated hatte sich durch große Flugzeuge (wie den Bomber B-24) und Flugboote einen vorzüglichen Ruf erworben, während Vultee hauptsächlich Sturzkampfbomber wie die Vindicator und Trainer wie die BT-13 gebaut hatte. Mit Jets oder Jägern hatte keines der Unternehmen Erfahrung. Gleichwohl begann Convair 1945 unter Nutzung erbeuteter deutscher Dokumente sogleich mit Projektstudien für einen Abfangjäger mit überragenden Flugleistungen.

Schon 1945 präsentierte Convair ihre XP-92. Es war ein sehr ehrgeiziges Projekt mit kombiniertem

CONVAIR F-106B DELTA DART

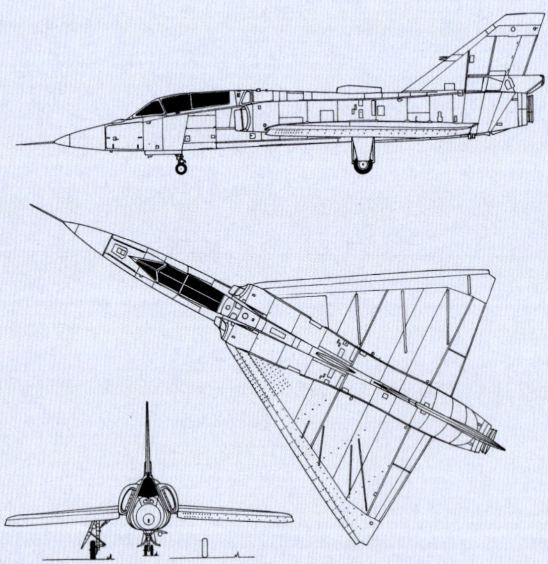

Besatzung: 2

Triebwerk: eine Strahlturbine Pratt & Whitney J75-P-17 mit 76,5 kN (Standschub) und 108,98 kN (Nachbrenner)

Höchstgeschwindigkeit: 2137 km/h

Einsatzradius: 925 km

Dienstgipfelhöhe: 17 380 m

Gewicht: Startmasse 17 779 kg

Bewaffnung: eine MB-1 Genie mit Nuklearsprengkopf und vier radar- oder IR-gelenkte Luft-Luft-Flugkörper AIM-4 Falcon

Abmessungen: Spannweite 11,67 m; Länge 21,56 m; Höhe 6,18 m

USAF

Raketen-/Staustrahltriebwerk – praktisch nur eine Röhre mit Deltaflügel und -leitwerk, in der der Pilot im Lufteinlaufkonus saß. Das Pentagon war interessiert, erachtete es jedoch für nötig, zuerst ein weniger kompliziertes Versuchsflugzeug mit herkömmlichem Cockpit zu bauen. Das Resultat war die XF-92. Ihr Jungfernflug im September 1948 war gleichzeitig der erste Flug eines reinen Deltaflüglers. Die Erprobung verlief erfolgreich und ohne nennenswerte Steuerungsprobleme.

Nicht nur die Aerodynamik, auch Radar-, Lenkwaffen- und Feuerleitsysteme machten in dieser Zeit enorme Fortschritte. Zusammen mit Convair gewann Hughes eine USAF-Ausschreibung für ein Luftüberlegenheits-Waffensystem. Hughes hatte zur XF-92 ein neues Feuerleitsystem beigesteuert; zudem war der Jäger so modifiziert worden, dass er Luft-Luft-Flugkörper AIM-4 Falcon in einem internen Waffenschacht mitführen konnte. So entstanden die Versionen XF-98, GAR-1 und schließlich die F-102.

Um den neuen Jäger schnellstmöglich in Dienst zu stellen, entschied sich die USAF für den nach zwei Generälen benannten „Cook-Craigie-Plan". Er sah vor, die Serienfertigung schnell, aber in begrenztem Umfang anlaufen zu lassen und Mängel durch intensive Testflüge früh zu erkennen und auszumerzen. Offensichtlich hielt man das Konzept für weitgehend ausgereift. Als sich die YF-102 beim Erstflug am 24. Oktober 1953 jedoch beharrlich weigerte, im Horizontalflug die Schallmauer zu durchbrechen, wurde es peinlich. Schließlich war Mach 1 ursprünglich die Hauptforderung der USAF gewesen!

Unten: *F-102A des in Keflavik (Island) stationierten 57th Fighter Interceptor Wing.*

IM COCKPIT DER CONVAIR F-106 DELTA DART

Oben: *Flugzeug 59-0061 war die letzte F-106 und wurde am 6. Juli 1990 ausgemustert, bevor man sie zur unbemannten QF-106 umrüstete und bei Zielübungen abschoss.*

Im Gegensatz zur F-102 musste die F-106 keine Kampfeinsätze fliegen. Lieutenant Colonel Mike „Buddha" Nelson erinnert sich jedoch, wie sie sich bei Scheinkämpfen verhielt: „Im Kampf zeigte sich die ‚Six' dank ihrer geringen Flächenbelastung als außerordentlich wendig, ließ sich schnell in den Normalflug zurückführen und reagierte hervorragend auf jede Steuerbewegung. Diese Eigenschaft ermöglichte es ihren Piloten, sich so günstig hinter den Gegner zu setzten, dass sie ihre infrarotgelenkten AIM-4G direkt auf dessen heißes Strahlrohr feuern und danach den optimalen Vorhaltewinkel für AIM-4F und/oder Kanone wählen konnten. Die Sensibilität, mit der die ‚Six' auf jeden Steuerbefehl ansprach, ihre engen Kurvenradien, die hohe Steigleistung und Geschwindigkeit – das war eine echte Liebe. Die F-106 hat mich nie überrascht. Andere behaupten, die ‚Six' sei geduldig gewesen. Nein! Viele tollpatschige Flieger sind mit ihr gescheitert. In den Händen eines guten Piloten, eines Piloten der mit seinem Flugzeug sprach, war sie ein Vollblut, und es gab nichts Schöneres, als sie zu fliegen."

Alles wurde ausprobiert, sogar gewölbte Tragflächen. Vergeblich! Man stand vor einem Rätsel. Dann machte Dr. Richard Whitcomb mit seiner „Flächenregel" die entscheidende Entdeckung. Sie besagt, dass der Widerstandszuwachs beim Überschallflug abnimmt, wenn der Gesamtquerschnitt Rumpf plus Flächen vom Bug zum Heck dem Querschnitt eines stromlinienförmigen Körpers entspricht. Für Convairs Projekt bedeutete dies, dass der Rumpf im Bereich der Flächen verjüngt (Wespentaille) und gleichzeitig verlängert werden musste. Die Ingenieure arbeiteten pausenlos. Sie verlegten die Lufteinläufe, vergrößerten die Seitenflosse und schufen eine völlig neue Kabinenhaube. So modifiziert, startete die neue YF-102A am 20. Dezember 1954 zum Erstflug und erreichte schon am nächsten Tag problemlos Mach 1,2. Ungeachtet der Tatsache, dass das Seitenleitwerk nochmals vergrößert werden musste, blieb die Konstruktion bei den folgenden 873 seriengefertigten F-102 fast unverändert. Einzige Variante war der bewaffnete Kampftrainer TF-102A mit verbreitertem Vorderrumpf für zwei Sitze nebeneinander. Die Überschallfähigkeit blieb erhalten.

Die Delta Dagger, wie sie inzwischen offiziell hieß, erhielt – um die Aerodynamik nicht negativ zu beeinflussen – als erster Jäger einen internen Waffenschacht. Er bot Platz für bis zu sechs Flugkörper eines Typs, entweder radargelenkte AIM-4A oder infrarotgelenkte AIM-4C bzw. -4G. Später erhielten einige Einheiten auch AIM-26A mit Nuklearsprengkopf. Die ersten F-102A führten noch zusätzlich an der Innenseite der Waffenschachtklappen ungelenkte Raketen mit. Eine Bordkanone gab es nicht.

Angetrieben wurde die Delta Dagger von einer Strahlturbine Pratt & Whitney J57-P-23 (Nachbrennerleistung 76,50 kN) mit einer Steigleistung von 3961 m/min und einer Höchstgeschwindigkeit von Mach 1,25 in 12 190 m Höhe.

Die Indienststellung begann im April 1956 bei der *327th Fighter Interceptor Squadron* (FIS) des ADC (Luftverteidigungskommando der USAF). Schon bald bildete die F-102 das Rückgrat der

***Oben:** Die erste F-106A in auffälliger Bemalung bei einem ihrer ersten Testflüge von der Edwards Air Force Base aus.*

***Links:** Als F-102B entwickelt, wurde die Delta Dart F-106A genannt, sobald 1956 in San Diego die ersten Maschinen flogen.*

***Rechts:** Mit ihren tandemartig angeordneten zwei Sitzen war die F-106B im Gegensatz zur TF-102B uneingeschränkt einsatzbereit. Die TF-102B hatte nebeneinander liegende Sitze und reduzierte Ausrüstung.*

***Oben:** Die Urform der F-102: Mit kürzerem Rumpf und ohne „Wespentaille" hatte der Jäger keine Chance, die Schallmauer zu durchbrechen.*

ADC-Staffeln in den USA, diente aber auch bei den Luftwaffenkommandos Alaska, Europa und Pazifik. Weit über den Nordatlantik und Alaska vorstoßende sowjetische „Bear"-Bomber wurden von „Deuce" (Spitzname der F-102 = Mordskrach) immer wieder abgefangen. Erstaunlicherweise wurde dieser hoch entwickelte Abfangjäger auch nach Südvietnam und Thailand verlegt, wo es praktisch keine Bomberbedrohung gab. Jedoch wurde eine F-102A im Februar 1968 von einer MiG-21 überrascht und abgeschossen. Die „Deuce"-Besatzungen spürten mit ihren Infrarotsensoren Lagerfeuer des Vietcong auf, und einmal – so wird erzählt – soll ein solches Lagerfeuer mit einer infrarotgelenkten Falcon „gelöscht" worden sein. Ansonsten setzte die F-102A ihre begrenzten Erdkampffähigkeiten bevorzugt gegen Gebäude und die Flussschifffahrt ein. TF-102A dienten bei B-52-Angriffen als Beobachter.

Bereits 1960 begann für die F-102A auch ihre langjährige Karriere bei der *Air National Guard* (ANG = USAF Nationalgarde; Heimatverteidigung). Beim ADC war man darüber etwas verstimmt, vermittelte die Verwendung der Delta Dagger bei der ANG doch den Eindruck, die Maschine wäre nur noch für Einsätze im zweiten Glied tauglich. 1977 wurden die letzten F-102 ausgemustert. Mehr als 200 rüstete man zu unbemannten Drohnen PQM-102 um und benutzte sie als Übungsziele für Raketen und Bordwaffen.

Die Serienfertigung der F-102 hatte kaum begonnen, da entwickelte Convair bereits ein verbessertes Nachfolgemuster. Bei der USAF war die F-102 von Anfang an nur als Übergangslösung betrachtet worden. Sie sollte nur die Lücke schließen, bis der „*1954 ultimate interceptor*" einsatzbereit war und die verschiedenen Modelle im ADC-Dienst (einschließlich F-86D, F-89, F-94) ablösen konnte. Mehr noch als die F-102A sollte das neue Flugzeug primär als Waffenplattform denn als Jäger im herkömmlichen Sinne verwendet werden. Als Basis für den zukünftigen Abfangjäger wählte die USAF die F-102B mit Feuerleitsystem Hughes MA-1. Nach deutlichen Modifikationen absolvierte dann am 26. Dezember 1956 das Modell YF-106A seinen Erstflug. Die Entwicklung zur Serienreife verlief weitaus reibungsloser als bei der Vorgängerin, und schon im Mai 1959 konnte die Indienststellung der

Links: *Gegen Ende ihrer Karriere diente die F-106 im Rahmen der Flugerprobung der B-1B als „Chaser". Das heißt, ihr Pilot beobachtete das Flugverhalten des neuen Bombers und hielt engen Kontakt zu dessen Besatzung.*

F-106 Delta Dart beginnen. Äußerlich unterschied sie sich durch eine größere, trapezförmige Seitenflosse sowie eine noch ausgeprägtere „Wespentaille" von ihrer älteren Schwester; die neu gestalteten Lufteinläufe waren bis zum Flügelansatz zurückgezogen. Im Waffenschacht konnte die „Six" (Sechs; abgeleitet von 106) nicht nur AIM-4, sondern auch eine MB-1 Genie mitführen. Diese ungelenkte Rakete trug einen Nuklearsprengkopf, hatte eine Reichweite von rund 10 km und eine Flugdauer von zwölf Sekunden. Im Ernstfall vom MA-1-Leitsystem in Schussweite an eine Bomberformation herangeführt, würde die Explosion ihres 1,5 kT starken Gefechtskopfes selbst dann vernichtend wirken, wenn die Rakete nicht exakt im Ziel lag. Neu bei der F-106 waren auch ihr Luftbetankungsstutzen und ihr Fanghaken. Im Laufe der Jahre erhielt die „Six" einige Verbesserungen, unter anderem ein tropfenförmiges Kabinendach, ein IRST (IR-gestütztes Zielsuch- und -verfolgungssystem) sowie eine im Waffenschacht als „Six Gun" lafettierte Kanone M61 Vulcan.

Unter den 340 seriengefertigten F-106 waren 63 zweisitzige F-106B mit Tandemcockpit, aber unveränderten Flugleistungen. Mit ihrer aerodynamisch günstigeren Form und ihrem stärkeren J75-Triebwerk erreichte die „Six" Mach 2 und eine Steigleistung von 13 045 m/min.

Die Delta Dart wurde nicht für den Export freigegeben und auch nicht in so großer Zahl eingeführt wie die F-102. Im August 1988 wurden die letzten F-106 bei der ANG ausgemustert. Bei der NASA und im Rahmen des Bomberprogramms B-1B blieben sie jedoch bis 1998 als unbemannte Zieldrohnen QF-106 im Dienst. Die insgesamt 173 Stück wurden größtenteils bei Lenkwaffentests mit Stinger SAM oder AIM-120 AMRAAM abgeschossen.

Links: *Lange Zeit dienten F-102A als Abfangjäger bei ANG-Staffeln. Oft wurde der Südostasien-Tarnanstrich gewählt.*

Vought F-8 Crusader

Die F-8 Crusader war der letzte Jäger seiner Art, der als Hauptbewaffnung noch Bordkanonen statt Lenkflugkörper trug. Ein Sprichwort der Crusader-Piloten lautete: „Wer nicht mehr F-8 geflogen ist, ist keinen Jäger mehr geflogen."

VOUGHT F-8 CRUSADER

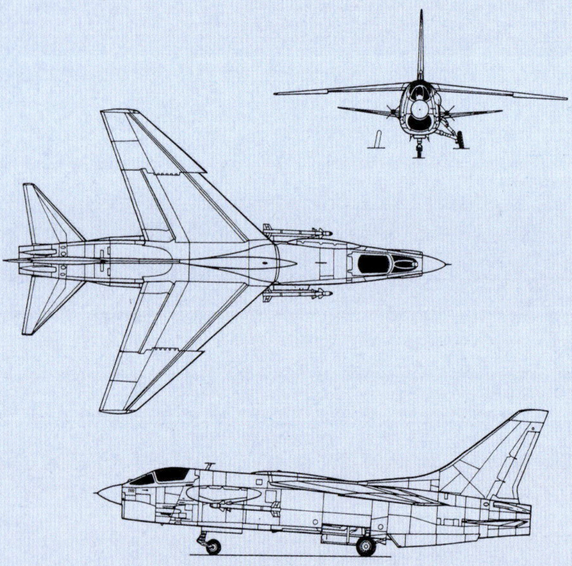

Besatzung: 1

Triebwerk: Nachbrennertriebwerk Pratt & Whitney J57-P-20A mit 47,61 kN Standard- und 80,07 kN Nachbrennerschub

Höchstgeschwindigkeit: 1827 km/h

Einsatzradius: 2293 km

Dienstgipfelhöhe: 17 680 m

Gewicht: Startmasse 15 467 kg

Bewaffnung: vier 20-mm-Kanonen Colt Mk 12, vier Luft-Luft-Flugkörper AIM-9 Sidewinder und bis zu 2270 kg Bomben oder Raketen

Abmessungen: Spannweite 10,87 m; Länge 16,53 m; Höhe 4,80 m

***Rechte Seite:** Eine frühe F8U-1P im Landeanflug auf die USS Forrestal. Crusader bildeten das Rückgrat der Fliegergruppe auf den kleineren Trägern der „Essex"-Klasse.*

Voughts Crusader gilt wegen ihrer Bewaffnung als letzter echter „Revolverheld". Zudem war sie wie die Mitsubishi Zero einer der wenigen Marinejäger, der landgestützten Zeitgenossen überlegen war. Wegen ihrer Erfolge in Vietnam erhielt sie den Spitznamen „MiG Master".

Im September 1952 schrieb die *US Navy* einen trägergestützten Jäger aus, der im Horizontalflug Überschallgeschwindigkeit erreichen sollte. Acht US-Flugzeugbauer reichten Angebote ein, darunter eine navalisierte Version der North American F-100 und ein zweistrahliges Muster der McDonnell F3H Demon. Auch Vought Aircraft aus Dallas (Texas) präsentierte mehrere Entwürfe.

Voughts letzte Projekte – die untermotorisierte F6U Pirate und die unzuverlässige F7U Cutlass – waren Fehlschläge. Zum Glück für Vought war bei dieser Ausschreibung niemand nachtragend, und die Entscheidung für die F8U fiel allein auf der Basis der technischen Fakten. Das Konzept, das Chefkonstrukteur John Russell Clark unter der firmeninternen Modellbezeichnung V-383

-GA
904
NAVY

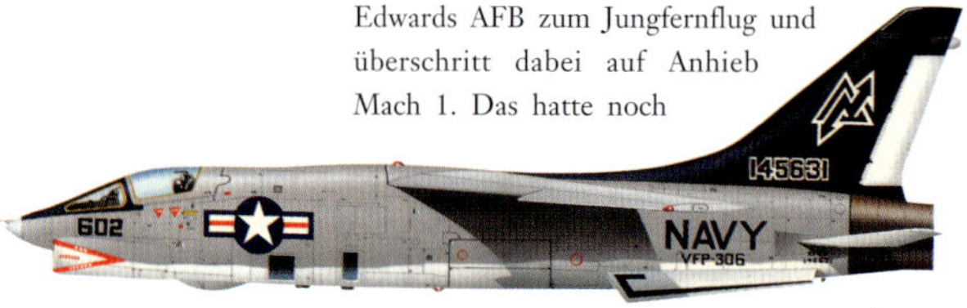

Unten: *Dieser Bildaufklärer RF-8G gehörte zur Reservestaffel VFP-306, Andrews Air Force Base (Maryland).*

Rechts: *Die TF-8A war die einzige Crusader mit Doppelsteuerung. Sie diente lange Jahre und wurde bei einem Unfall zerstört.*

entwickelt hatte, war zwar weniger radikal, aber so viel versprechend, dass man Vought im Mai 1953 zum Sieger der Ausschreibung erklärte.

Die Planungs- und Testphase verlief unglaublich schnell. Mit Testpilot John Konrad am Steuer startete der Prototyp am 25. Mai 1955 in Edwards AFB zum Jungfernflug und überschritt dabei auf Anhieb Mach 1. Das hatte noch nie zuvor ein Jäger geschafft! Wenig später wurde die Maschine „Crusader" (Kreuzritter) getauft.

Nachdem die Maschine im April 1956 ihre Trägertauglichkeit nachgewiesen hatte, wurde im März 1957 das VF-32 „Swordsmen" als erste bordgestützte Crusader-Jagdstaffel formiert und stach noch im selben Jahr in See. Die erste Jagdstaffel des *US Marine Corps (USMC)*, die auf Crusader umgerüstet wurde, war Ende 1957 VMF-122. Selten war in den Nachkriegsjahren ein Hochleistungsjägerprojekt so schnell vorangeschritten. Nur 4¼ Jahre nach dem ersten Beschaffungsauftrag war die Crusader einsatzreif.

Wenig später folgten die ersten Aufklärer. Erste Version war die F8U-1P (RF-8A), ein unbewaffneter Bildaufklärer, dessen Unterrumpf hinter dem Bug so ausgebildet war, dass er vier Kameras aufnehmen konnte. Bildaufklärer spielten bei der Kuba-Krise 1962 eine bedeutende Rolle. Sie lieferten fast lückenlose Bildfolgen vom Bau der Startrampen für sowjetische Mittelstreckenraketen und die dazugehörigen FlaRak-Batterien.

Wegen ihrer außergewöhnlich hohen Horizontalgeschwindigkeit wurde die Crusader für öffentlichkeitswirksame Rekordflüge genutzt. Auch dies war ein Mittel, der Welt die Überlegenheit der amerikanischen über die sowjetische Technologie zu demonstrieren. Unter dem Decknamen *Project Bullet* legte eine F8U-1P am 16. Juli 1957 die Strecke Los Angeles–New York in drei Stunden und 23 Minuten zurück. Am Steuer: John Glenn, der 1962 als erster US-Astronaut die Erde umrundete. Bei einem weiteren Rekordflug starteten zwei Crusader von einem vor der kalifornischen Küste liegenden Träger und landeten knapp 3½ Stunden später auf einem Flugzeugträger vor der Küste Floridas. Natürlich wurden die Maschinen auf diesen Nonstopflügen unterwegs mehrmals durch „AJ Savage"-Tanker luftbetankt.

Das vermutlich charakteristischste Merkmal der F8U war ihr in zwei Anstellwinkelstellungen veränderlicher Flügel. Gelenkig am Hinterholm

Rechts: *Frankreichs Crusader waren die letzten und wurden 1999 nach fast 40-jähriger Dienstzeit ausgemustert.*

IM COCKPIT DER VOUGHT F-8 CRUSADER

Oben: Juni 1969. Eine F-8J hebt donnernd vom Deck der Oriskany, eines Trägers der „Essex"-Klasse, ab.

Mit den Bordkanonen konnte die Crusader insgesamt nur zwei Abschüsse erzielen. An einen davon erinnert sich Lt. Commander Robert Kirkwood von Jagdstaffel VF-24. Im Juli 1967 vom alten Holzdeck der *Bon Homme Richard*, einem Träger der „Essex"-Klasse, gestartet, war er über einem Zielobjekt für 15 A-4 Skyhawk als bewaffnete Luftraumüberwachung eingesetzt, als eine Gruppe von MiG-17 erschien.

„Zuerst sahen wir nur die ersten vier MiG: Vier weitere gelangten unentdeckt in unseren Rücken. Ich zündete den Nachbrenner, richtete den Bug auf eine MiG und wählte eine Sidewinder. In der Aufregung, ich hatte Jagdfieber, wartete ich nicht auf das leichte Brummen für ‚klar', sondern feuerte sofort. Die Sidewinder hatte keine Zeit aufzuschalten und sauste ins Blaue. Ich beruhigte mich etwas, nahm eine andere MiG ins Visier, wartete, bis meine zweite Sidewinder auf ihrem Startgestell brummte, und feuerte. Aber diesmal war der Flugkörper einer anderen F-8 schneller. Aber da war noch eine MiG, und nach einigen 180-Grad-Kurven startete ich meine dritte Sidewinder. Sie lag voll im Ziel, aber die MiG flog weiter. Ihr Pilot drehte nach rechts weg. Ich schnitt ihm den Weg ab und machte meine Kanonen klar. Ich war in idealer 6-Uhr-Position und wollte aus kurzer Distanz schießen.

Ich drückte den Abzug erst, als ich auf etwa 180 m heran war, und ging feuernd bis auf 90 m heran. Meine Geschosse trafen den Rumpf der MiG, Stücke der Verkleidung wirbelten davon, und ein heller Feuerschein schlug aus der beschädigten Hülle. Ich drehte nach links ab, senkte dann meinen rechten Flügel und blickte hinüber. Obwohl es kaum noch gefährlich werden konnte, wagte ich nicht, ihr den Rücken zuzuwenden. Ich hatte die MiG gerade passiert, als der Pilot mit dem Schleudersitz ausstieg."

gelagert, konnte der komplette Flügel an der Vorderkante um ±7 Grad in einen für den Trägerstart optimalen Anstellwinkel angehoben werden. Bei der stets gefährlichen Landung auf einem Flugzeugträger ermöglichte der Verstellflügel, dass der Rumpf in der Horizontalen blieb. Die Bewaffnung bestand aus vier im Vorderrumpf lafettierten 20-mm-Kanonen Colt 12 sowie zwei oder vier links/rechts am Rumpf auf Startschienen mitgeführten AIM-9 Sidewinder. Die frühen Versionen waren mit acht ungelenkten Raketen mit Faltflossen bewaffnet, die aus einem im Unterrumpf absenkbaren Kasten gestartet wurden und primär der Bekämpfung von Luftzielen dienten. Die in Vietnam eingesetzte F-8E war mit Bomben und Raketen bestückt und zumeist auch für den

Links: An Bord der USS Franklin D. Roosevelt werden frühe F8U-1 der Teststaffel VX-3 startklar gemacht.

Einsatz der Luft-Boden-Lenkwaffe AGM-12B Bullpup eingerichtet. In der Nase saß ursprünglich ein radargestütztes Kanonenvisier, das später durch verschiedenste Feuerleitradars ersetzt wurde. Das

Radar der F-8D lenkte die nur in kleiner Stückzahl gebaute Sidewinder-Version AIM-9C.

Der Lufteinlaufkanal begann mit einem Einlass in konstanter Geometrie und lief mehr als 7,60 m zum Verdichter des J57-Triebwerks. Im Bereich des Strahlrohrs war der Heckrumpf größtenteils aus Titan gefertigt. Bei den Flugleistungen war die Crusader der F-100 Super Sabre in fast allen Belangen überlegen, obwohl beide Typen dasselbe Triebwerk hatten. Tatsächlich war die Crusader der einzige US-Jäger, der noch gut mithalten konnte, als die MiG-21 erschien. Die Crusader war nicht nur sehr schnell, hatte nicht nur ein ausgesprochen gutes Steigvermögen, sondern war für die damalige Zeit auch äußerst wendig, sodass sie es mit jeder ihrer Zeitgenossinnen im Kurvenkampf aufnehmen konnte.

Unten: *Crusader konnten auch von der kleineren „Essex"-Klasse operieren. Abgebildet sind F8U-1E der VF-33 und Douglas F4D-1 an Bord der USS Intrepid.*

Auf die erste Tagjägerversion, die F8U-1 (im September 1962 in F-8A umbenannt), folgten die allwettertaugliche F8U-1E (F-8B) und die F8U-2 (F-8C) mit Kielflossen und vier AIM-9. Die F8U-2N (F-8D) erhielten das leistungsstärkere J57-P-20 (80,07 kN mit Nachbrenner) und ein leistungsgesteigertes Radar, aber keine Raketen.

Hauptserienmodell war die Mehrzweckversion F8U-2NE (F-8E) mit Allwetterradar APQ-92. Gegen die nordvietnamesischen MiG sehr erfolgreich, erzielte sie im Zeitraum 1966/68 elf von insgesamt 18 Crusader-Luftsiegen. Über Vietnam gingen 21 F-8 verloren, davon drei durch MiG.

Insgesamt wurden 1261 Crusader gebaut. Es gab aber auch viele umgearbeitete Varianten, wie beispielsweise F-8J (umgebaute F-8E), F-8K (F-8B) und F-8L (F-8C). Von der zweisitzigen TF-8A wurde nur ein einziges Exemplar gebaut. Dieses startete 1962 zum Erstflug und wurde für die verschiedensten Aufgaben verwendet, bis es 1978 während der Ausbildung eines philippinischen Piloten in Texas abstürzte.

Die XF8U-3 Crusader III war eine stark modifizierte Version mit J75-Triebwerk (131,22 kN Nachbrennerleistung), neuem Lufteinlauf und größeren Kielflossen. Drei Sparrow-Flugkörper konnten in einer Vertiefung im Unterrumpf mitgeführt werden. Obwohl sie Mach 2,2 erreichte und eine größere Reichweite hatte, unterlag die F8U-3 im Wettbewerb um den neuen Marineabfangjäger der zweisitzigen F4H-1 Phantom. Viele glauben, dass die F8U-3 das beste Flugzeug

Rechts: *Die philippinische Luftwaffe erhielt eine Flotte grundüberholter Crusader, deren Einsatzbereitschaft sehr unter dem tropischen Klima litt. Sie wurden in den 1990ern ausgemustert.*

***Links:** Die XF-8U3 war eine verbesserte Hochleistungsversion. Im Wettbewerb um den Marinejäger der 1960er- und 1970er-Jahre unterlag sie der F4H-1 Phantom.*

war, das die *US Navy* jemals zurückgewiesen hat. Damals herrschte allerdings die Meinung vor, ein Pilot könnte unmöglich die Aufgaben eines Radarsystemoffiziers erfüllen und gleichzeitig kämpfen. Jagdflieger mussten sich damit abfinden, dass – wie es ein späterer Phantom-Pilot ausdrückte – „ein Radarsystemoffizier auf dem Rücksitz so wichtig ist wie ein Rottenflieger, den man nicht verlieren kann".

1975 entließ die *US Navy* ihre letzten aktiven Crusader aus dem Dienst. Die letzten RF-8G wurden 1987 ausgemustert. Von den insgesamt 1261 amerikanischen Crusader gingen 517 durch Unfälle verloren.

Exportiert wurden Crusader an die französischen Marineflieger *(Aéronavale)* und die philippinische Luftwaffe. Die Philippinen erhielten 25 (1977 von Vought grundüberholte) F-8H. Das tropische Klima ließ zahlreiche Bauteile verrotten, was die Einsatzbereitschaft stark beeinträchtigte. 1991 waren die letzten ausgemustert.

1962 bestellte Frankreich 42 Crusader der Version F-8E(FN) zum Einsatz auf den Flugzeugträgern *Foch* und *Clemençeau* und rüsteten ab 1964 zwei Staffeln der trägergestützten Fliegergruppen um. Da die französischen Träger nur 265 m lang waren, mussten die Start- und Landeeigenschaften der Crusader bedeutend verbessert werden. Die Folge war, dass die F-8E (FN) verbesserte Tragflächen mit einer viel stärker verstellbaren Profilwölbung erhielten. Auch der Fahrbereich der Landeklappen und Querruder wurde verdoppelt, mit Triebwerkzapfluft zur Grenzschichtbeeinflussung angeblasen und dadurch beim Start der Auftrieb verstärkt.

Zusätzlich zu den Kanonen erhielten die „Franzosen" die infrarot- oder radargelenkten Luft-Luft-Flugkörper Matra R.530, Matra Magic oder – für kürzere Kampfentfernungen – Sidewinder. Da sich die Entwicklung der Rafale M immer wieder verzögerte, mussten die F-8E (FN) Ende der 1980er-Jahre einer Grundüberholung unterzogen werden. Die benötigten Ersatzteile lieferten eingemottete US-Marineflugzeuge. Als F-8P dienten 17 dieser Maschinen noch ein weiteres Jahrzehnt, bis diese letzten „Croisé" im Dezember 1999 endgültig ausgemustert wurden.

***Unten:** In den 1980ern erprobte die NASA diese Crusader mit einem stark veränderten superkritischen Flügel. Den Originalflügel auszutauschen war eine einfache Sache.*

Mikojan-Gurjewitsch MiG-21 „Fishbed“

Kein anderes Jagdflugzeug des Kalten Krieges wurde in größerer Zahl gebaut und kein anderes war weiter verbreitet. Von vielen Betreibern immer wieder leistungs- und kampfwertgesteigert, ist die MiG-21 heute noch in großer Zahl im Einsatz.

MIKOJAN-GURJEWITSCH MIG-21MF

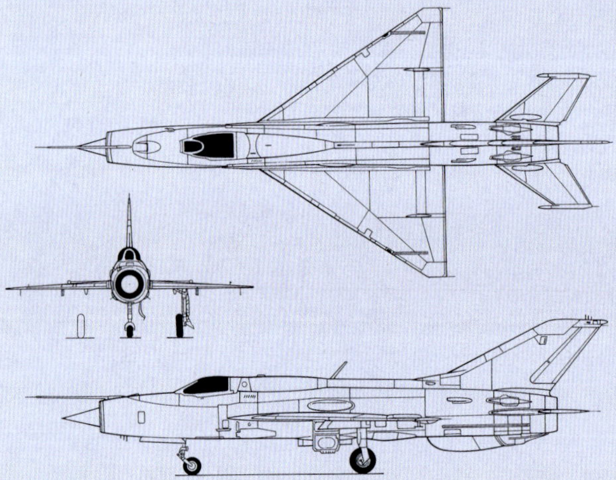

Besatzung: 1

Triebwerk: ein Strahltriebwerk Tumanski R-13-300 mit 39,92 kN Stand- und 63,66 kN Nachbrennerschub

Höchstgeschwindigkeit: 2220 km/h

Einsatzradius: 550 km

Dienstgipfelhöhe: 18 200 m

Gewicht: max. Startmasse 9400 kg

Bewaffnung: eine 23-mm-Kanone Gsh-23L und vier infrarotgelenkte Luft-Luft-Flugkörper K-13

Abmessungen: Spannweite 7,15 m; Länge 15,76 m; Höhe 4,10 m

***Rechte Seite:** Diese MiG-21PF zeigt das ungewöhnliche, vorne angelenkte Kabinendach dieser und anderer „Fishbed“-Versionen.*

Die Baureihe der klassischen MiG-21-Jäger beruht auf einem Entwicklungsprogramm aus dem Jahr 1954. Der Kreml forderte einen leichten Abfangjäger mit Geschwindigkeiten bis zu Mach 2 und Einsatzhöhen von über 20 000 m. Hatten sich die Ingenieure bei der MiG-19 noch auf die MiG-15/17 stützen können, so mussten sie nun bei null anfangen. Diskussionen über die Vor- und Nachteile verschiedener Flügelkonstruktionen führten 1955 zu den Testflugzeugen E-2 mit Pfeil- und E-4 mit Deltaflügel. Bei beiden wurde das Triebwerk durch einen Ringspalt im Bug mit Luft versorgt. Der schlanke Rumpf endete in einem gepfeilten Seitenleitwerk und einer beweglichen Höhenflosse. Das tropfenförmige Kabinendach war aus einem Stück gearbeitet und vorne angelenkt und wurde beim Notausstieg abgesprengt.

Die Flugleistungen beider Versionen waren zunächst enttäuschend. Aber schon mit dem nächsten Prototyp E-5 war das Problem gelöst. Auch dieser war ein Deltaflügler, aber mit stärkerem Triebwerk und geändertem Heck. Der Erstflug fand am 9. Januar 1956 statt, und die Eprobung verlief so zufrieden stellend, dass die E-5 als Grundlage für die Serienfertigung des inzwischen MiG-21 genannten Abfangjägers gewählt wurde. Unter den folgenden Prototypen befand sich auch die Sondermodifikation E-66, auf der G. K. Mossolow am 31. Oktober 1959 mit 2388 km/h einen neuen Geschwindigkeitsrekord aufstellte.

503

***Oben:** Indien bleibt der größte MiG-21-Betreiber. Zuletzt gingen viele durch Unfälle verloren. Abgebildet sind MiG-21FL, von denen Indien ungefähr 240 in Dienst gestellt hat.*

Erstes Serienmuster war die MiG-21F; im Westen als „Fishbed-B“ bekannt. Als im Herbst 1959 ihre Produktion begann, war das noch rechtzeitig, um auch die Vorzüge der neuen Flugkörpertechnologie nutzen zu können. Die sowjetische R-3S (AA-2 „Atoll“) war eine Kopie der infrarotgelenkten AIM-9B Sidewinder. Frühe MiG-21 trugen derer zwei sowie eine 23-mm-Kanone.

Von Bodenleitstellen sollte die MiG-21 schnellstmöglich auf Einsatzhöhe steigen und an den Feind geführt werden, den Eindringling mit Kanone oder Kurzstreckenflugkörpern abschießen und zurückkehren. Folglich gab es an Bord keine überflüssige Ausrüstung und keinen unnötigen Tropfen Treibstoff in ihrem schlanken Rumpf. Abhängig davon, ob Zusatztanks mitgeführt wurden, sollte ein typischer Einsatz 30–45 Minuten dauern.

Beeindruckende Flugleistungen zeigte die MiG-21F nur auf dem Papier, und den Spitznamen „überschallschneller Sportwagen“ hatte sie bestimmt nicht verdient. Sie war ein reines Gutwetterflugzeug und abhängig von ihren Bodenleitstellen. Wie zahlreiche andere Sowjetflugzeuge wurde deshalb auch die MiG-21 – gezwungenermaßen – stetig weiterentwickelt. Erste wichtige kampfwert- und leistungsgesteigerte Version wurde die MiG-21P mit seitlich angelenktem und fließend ins „Rückgrat“ übergehendem Kabinendach. Im Nasenkonus war ein neues Radar RP-21 installiert, und bei den ersten Serienmaschinen entfiel die Kanone. Als weniger leistungsfähig erwies sich das Exportmuster MiG-21FL.

Indien fertigte fast 200 MiG-21. China baute weitaus mehr – ohne sowjetische Genehmigung – als Chengdu J-7. Ebenfalls für den Export bestimmt war die F-7M Airguard. Sie hatte ein hinten angelenktes Kabinendach und war mit zwei Kanonen und bis zu vier Luft-Luft-Flugkörpern bewaffnet. Mit zahlreichen Ausrüstungsstücken westlicher Herkunft wurden F-7M an den Iran, Pakistan, Simbabwe und andere Länder geliefert. Im April 1966 erschienen MiG-21 auch in Vietnam. Anfangs nur F-13 mit begrenzter Kapazität, später aber auch PF und PFM.

***Unten:** Viele der indischen MiG und SEPECAT Jaguar wurden bei HAL lizenzgefertigt. Hier abgebildet ist (Vordergrund) eine MiG-21bis mit einer Jaguar britischer Herkunft.*

IM COCKPIT DER MIKOJAN-GURJEWITSCH MIG-21 „FISHBED"

Mit neun Luftsiegen erfolgreichster Jagdflieger (Ass der Asse) des Vietnamkrieges war der MiG-21-Pilot Nguyen Van Coc vom 921. Regiment. Den Status „Ass" (nach westlichen Standards mindestens fünf Luftsiege) erreichten weitere zwölf Vietnamesen. Am 7. Mai 1968 erhielten Van Coc und ein anderer Pilot Befehl, im Golf von Tonking von Trägern gestartete US-Marinejäger abzufangen. „Mein Führer, Dang Ngoc Nhu, und ich starteten in Tho Xuan. Eine zweite MiG-Rotte eskortierte uns. Wegen der schlechten Abstimmung unserer bodengestützten Luftverteidigung verwechselte man unsere MiG mit amerikanischen Jägern; unsere Flak nahm uns unter Beschuss. Aber dies blieb nicht der einzige Fehler. Sogar Dang Ngoc Nhu hielt die begleitenden MiG für Amerikaner, warf seine Zusatztanks ab und erwartete einen Angriff, erkannte sie aber wenig später als Nordvietnamesen. Wir flogen drei Runden über Do Luong, bevor uns der Anflug von Feindjägern von See gemeldet wurde – diesmal waren es wirklich Amerikaner. Dang Ngoc Nhu erkannte zwei F-4 Phantom fünf Kilometer an steuerbord. Wegen starker Bewölkung kam er nicht in Schussposition. Als ich ihm folgen wollte, erkannte ich, dass ich nur noch wenig Treibstoff hatte. Ich wollte zurück nach Tho Xuan, als ich plötzlich voraus in 2500 m Höhe eine Phantom erkannte. Ich hängte mich an sie ran und feuerte zwei Flugkörper aus 1500 m Entfernung. In Flammen gehüllt stürzte die Phantom ins Meer."

***Oben:** MiG-21-Piloten waren angewiesen, bei Abfangjagdeinsätzen die Befehle der Bodenleitstellen unbedingt zu befolgen.*

Van Cocs Opfer war eine F-4B der VF-92 von der *USS Enterprise*, die wegen einer Radarpanne den Anschluss an ihre Gruppe verloren hatte. Ihre Besatzung, Lieutenant Commander E. S. Christensen und Lieutenant (Junior Grade) W. A. Kramer, konnte sich mit dem Schleudersitz retten. Für Van Coc war dies der neunte Abschuss. Mit sechs Luftsiegen wurde auch Ngoc Nhu zum Ass.

Die „Fishbed" der zweiten Generation – angeführt vom Aufklärer MiG-21R und dem Jäger MiG-21S – war sehr viel ausgeklügelter, hatte größere Tankkapazität und stärkere Bewaffnung. Unterscheiden konnte man die Baureihen häufig nur durch die Größe und Form des Rumpfrückens, in dem Treibstoff und/oder Avionikausrüstung untergebracht war. Verschieden waren auch die Tumanski R-13-Triebwerke, die etwa bei der MiG-21MF 39,92 kN Stand- und 63,66 kN Nachbrennerschub leisteten.

Leistungsfähige Serienversion war die MiG-21bis der dritten Generation mit einer sehr viel umfassenderen Waffenpalette vom

***Links:** Diese tschechoslowakische „Fishbed" war ein Aufklärer MiG-21R, die erste MiG-21-Version der zweiten Generation.*

Oben: Seit Einführung der MiG-21PFM ist das Kabinendach seitlich angelenkt. Abgebildet ist eine „Fishbed" der sowjetischen Luftstreitkräfte.

Unten: Eine MiG-21PF der sowjetischen Luftstreitkräfte hebt mithilfe von Starthilfsraketen ab.

Luft-Luft-Flugkörper R-60 (AA-8 „Aphid") über Bomben und Raketen bis hin zu Nuklearwaffen. Ihr R-25-300 erbrachte drei Minuten bis zu 97,12 kN Notleistungsschub und beschleunigte die MiG-21bis noch unter eine Flughöhe von 4000 m auf mehr als Mach 1. Eine solche Leistung erfordert enormen Treibstoffverbrauch. Da weder die MiG-21bis noch ein anderes Muster luftbetankt werden konnten, war ihre Flugdauer entsprechend kurz.

MiG-21bis dienten in der Dritten Welt sowie den sowjetischen Satellitenstaaten und „Bruderländern". Indiens *Hindustan Aeronautics Limited* (HAL) baute viele MiG-21 unter Lizenz bis Ende der 1980er-Jahre. Mit mehr als 830 Exemplaren sind sie immer noch das zahlenmäßig stärkste Kampfflugzeug der indischen Luftwaffe, obwohl mehr als 100 durch Unfälle verloren gingen. Erst 2003 hat Indien sich zur Beschaffung der BAE Systems Hawk entschlossen und mit ihnen zumindest teilweise die MiG als Schulungs- und leichtes Angriffsflugzeug abgelöst. Das HAL-Projekt eines leichten Jägers absolvierte nach langjährigen Vorbereitungen am 25. November 2003 als „Tejas" endlich im Serienstandard den Erstflug.

Im Nahen und Mittleren Osten war die MiG-21 gewöhnlich nur zweiter Sieger. Israelische Mirage, Phantom, F-15 und F-16 meldeten mehr als 380 Luftsiege, während ägyptische und syrische „Fishbed"-Piloten über 100 Abschüsse beanspruchten.

Eine zweisitzige, auch in großer Zahl exportierte Trainerversion ist die MiG-21U „Mongol" mit separaten Cockpits. Untervarianten waren MiG-21UM und MiG-21US, meist mit Kanonenbehältern und zwei Unterflügelwaffenstationen.

Mit – in den 1990er-Jahren – immer noch rund 5000 MiG-21 rund um den Globus im Einsatz, wetteifern östliche und westliche Flugzeugbauer darum, sie zu ersetzen oder zu modernisieren. So bietet die russische Luftfahrt-Holding MAPO-MiG ein Modernisierungsprogramm für die MiG-21bis an. Dieses „MiG-21bis Upgrade" für 125 Flugzeuge geht nur schleppend voran; die meisten werden bei HAL überarbeitet. Auf gute Geschäfte hofft auch die Mikojan-Fabrik Russian Aircraft Corporation (RAC) mit ihrem Modernisierungsprogramm MiG-21-98, das auf die älteren MiG-21 ausgerichtet ist. Beide Modernisierungsprogramme offerieren modernen Mehrbetriebsar-

Oben: *Einige indische „Fishbed" – hier eine MiG-21bis – wählten ungewöhnliche Farbmuster als Erkennungszeichen bei Luft- kampfübungen.*

tenradar, die Nachrüstung auf moderne Luft-Luft-Flugkörper und präzisionsgelenkte Luft-Boden-Waffen.

Das ehrgeizigste Modernisierungsprojekt ist Rumäniens Aerostar mit der „MiG-21 Lancer". Inzwischen wurden bereits 110 rumänische MiG umgerüstet: 75 Erdkampfflugzeuge Lancer A, 25 Luftverteidigungsjäger Lancer C und zehn Trainer Lancer B. Ausgerüstet mit israelischer Elektronik, können die modernisierten MiG sowohl mit östlichen als auch mit westlichen Waffensystemen ausgestattet werden. Mit Mehrfunktionsbildschirmgeräten, Helmvisier und HoTaS (alle wichtigen Bedienungselemente an Schubhebel und Steuerknüppel) entsprechen ihre Cockpits dem neuesten Stand der Technik. Die erste Lancer absolvierte ihren Jungfernflug 1995, die letzte 2003.

Aerostar bietet MiG-Modernisierungspläne auch ohne Beteiligung des Mutterunternehmens an. Aber das Interesse schwindet immer mehr, weil viele Länder ihre alten MiG gegen westliche Kampfflugzeuge austauschen oder ihre MiG ersatzlos ausmustern. Man schätzt, dass 2002 weltweit noch ungefähr 1000 MiG im Einsatz waren.

Links: ***Nach ihrer Unabhängigkeit von der tschechischen Republik betrieb die slowakische Luftwaffe dieses Exportmuster MiG-21MF „Fishbed J".***

Dassault Mirage III und 5

Die Mirage III war das erfolgreichste französische Kampfflugzeug. In Argentinien, Frankreich und Israel brachte sie zahlreiche – offizielle und inoffizielle – Varianten hervor. Dassaults Deltaflügler haben sich in vielen Konflikten bewährt.

DASSAULT MIRAGE IIIC

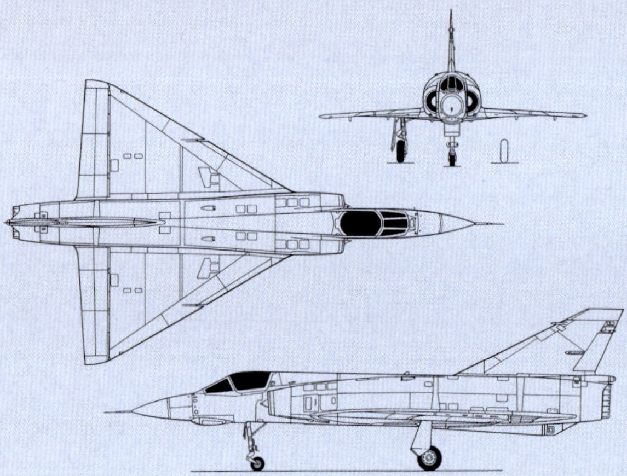

Besatzung: 1

Triebwerk: ein Strahltriebwerk SNECMA Atar 9C mit 58,84 kN Nachbrennerschub

Höchstgeschwindigkeit: 2112 km/h

Einsatzradius: 290 km

Dienstgipfelhöhe: 20 000 m

Gewicht: Startmasse 12 700 kg

Bewaffnung: zwei 30-mm-DEFA-Kanonen; je zwei Luft-Luft-Flugkörper vom Typ AIM-9 Sidewinder und Matra R.530

Abmessungen: Spannweite 8,22 m; Länge 14,75 m; Höhe 4,50 m

Rechte Seite: *Typisch für das ab 1972 angebotene Exportmodell Mirage Milan waren zwei kleine, einziehbare, auch „Schnurrbart" genannte Vorflügel.*

Rechts: *April 1982. Eine Mirage IIIEA der Fuerza Aérea Argentina, Grupo 8 de Caza, stationiert in Rio Gallegos.*

Dassaults Mirage sind Klassiker der modernen Militärfliegerei. Ihre Varianten haben sich in zahlreichen Konflikten bewährt und dienen heute noch rund um den Globus.

Wie zahlreiche andere Jagdflugzeuge wurde der Grundstein für die französische Mirage-Serie Anfang der 1950er-Jahre gelegt. Gestützt auf die im Koreakrieg gewonnenen Erkenntnisse, forderte der Führungsstab der französischen Luftstreitkräfte 1953 ein überschallschnelles Flugzeug. Mit Flugkörpern bewaffnet, sollte es von einem oder mehreren Strahltriebwerken sowie von Flüssigkeits- und/oder Festtreibstoffraketenmotoren angetrieben werden. Die französischen Flugzeugbauer präsentierten ein halbes Dutzend Entwürfe, von denen drei als Prototyp in Auftrag gegeben wurden: die strahl- und raketengetriebenen Sud-Est Durandal und Sud-Ouest Trident sowie die Dassault Mystère Delta, ein Jet mit zusätzlichem Flüssigkeitsraketenmotor.

Obwohl nach Dassaults erfolgreichem Pfeilflügler Mystère benannt, hatte die kleine Delta mit ihrer Vorgängerin kaum etwas gemeinsam, als sie am 25. Juni 1955 mit Roland Glavany am Steuer zum Erstflug startete. Diese MD.550 Mystère-Delta hatte eine spitze Nase, seitlich angeordnete Lufteinläufe, Deltaflügel mit großen Landeklappenquerrudern und einer großen,

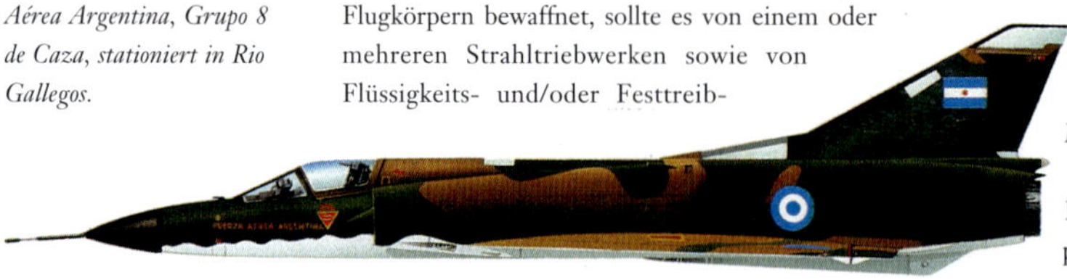

dreieckigen Seitenflosse – Merkmale, die bei allen Mirage-Kampfflugzeugen bis zur Mirage 4000 beibehalten wurden. Angetrieben wurde die MD.550 von zwei Strahlturbinen Armstrong Siddeley MD30 Viper mit einer Schubleistung von je 7,35 kN. Bald nach Beginn der Flugerprobung erhielt die MD.550 eine kleinere Seitenflosse sowie zwei Nachbrennertriebwerke MD30R Viper (je 9,61 kN). Zusätzlichen Schub (14,7 kN!) in allen Höhenbereichen lieferte ein SEPR-Flüssigkeitsraketenmotor. In dieser modifizierten Form wurde das Flugzeug „Mirage I" getauft, doch bald erkannte man, dass die Mirage I für europäische Einsatzbedingungen zu klein war. Die kaum größere Mirage II endete schon auf dem Reißbrett, weil Dassault eine Version bevorzugte, die das neue SNECMA Atar-Triebwerk aufnehmen konnte. Diese Mirage III-01 machte am 17. November 1956 ihren Erstflug. Während der Flugerprobung wurden im Triebwerklufteinlauf automatisch verstellbare Eintrittskörper und unter dem Seitenleitwerk ein SEPR-Raketenmotor eingebaut. Sehr bald erhielt Dassault einen Auftrag zum Bau einer weiterentwickelten Version, als Mirage III-A bekannt. Verglichen mit ihrer Vorgängerin war sie etwas länger und ihr Flügel größer. Betrachtete man die Mirage zunächst nur als Abfangjäger, so entwickelte sie sich unter der Führung von Phillipe Ambiard mehr und mehr zu einem Mehrzweck-Kampfflugzeug. Angetrieben von einem Atar 09B (58,9 kN), flog die erste IIIA am 12. Mai 1958. Sie war mit Kanonen bewaffnet und konnte an der Unterrumpfmittellinie einen Luft-Luft-Flugkörper Matra R.530 oder R.511 oder einen Nord 5103 mitführen. Ungewöhnlich war ein in der Nase der externen Zusatztanks eingebauter Raketenrüstsatz (man könnte dies auch beschreiben als Raketenwerfer mit angehängtem Treibstoffbehälter).

Nachdem zehn Vorserienmuster IIIA gebaut waren, wurde die Konstruktion erneut überarbeitet, und es entstand die Serienausführung IIIC, die im Juli 1961 als erste Mirage-Version von der

Unten: *Spanien beschaffte 1970 24 Mirage IIIEE und sechs IIIDE. Diese Exemplare dienten bei 112 Escuadrón von Ala 11, stationiert in Valencia.*

Rechts: *Wichtigste Abfangjägerversion war die Mirage IIIC. Gewöhnlich war sie mit einem nicht sehr effizienten Luft-Luft-Flugkörper R.530 bewaffnet.*

IM COCKPIT DER DASSAULT MIRAGE

Am 21. Mai 1982 flogen die Argentinier mehr als 50 Luftangriffe gegen britische Kriegsschiffe in San Carlos Water, eine schmale Bucht des Falkland Sound und der Kanal zwischen Ost- und Westfalkland. „Raton", der zweite von drei Dagger-Schwärmen, startete kurz vor Mittag von dem kleinen, südlich San Julian gelegenen Flugfeld. Schwarmführer Capitán Guillermo Donadille schildert was geschah, nachdem sie die Berge im Tiefflug überflogen und die kühle Warnung seines Rottenfliegers hörten: „Sea Harrier auf 3 Uhr!"

„Die angespannte Stimme von Jorge Senn ließ mein Herz fast stillstehen. Ich erkannte rechts von uns die unverwechselbare Silhouette einer Sea Harrier etwa 300 m über unserem Schwarm. Fast im selben Augenblick entdeckte uns der Brite und ging im Sturzflug zum Angriff über. ‚Bomben und Tanks abwerfen, rechts abdrehen, los!', befahl ich und kurvte frontal der Sea Harrier entgegen. Einer meiner Kameraden zögerte, und ich wiederholte den Befehl. Die Außenlasten lösten sich von seinen Flügeln, und die Maschine, befreit von diesen ‚Luftbremsen', hüpfte wie ein erschrecktes Kaninchen und kreuzte meinen Kurs. Der britische Pilot hielt in leicht geneigtem Kurs stur auf mich zu. Auf 700 m Entfernung drückte ich den Abzug und glaubte, dass ihn das Mündungsfeuer meiner Kanonen überraschte. Doch meine Garbe ging hoch über sein Cockpit hinweg, ohne ihm irgendein Leid zuzufügen. Ich flog eine 90-Grad-Kurve, trat voll ins Seitenruder, senkte die Nase und versuchte, die Sea Harrier unter mir nicht aus den Augen zu verlieren. Ich feuerte erneut. Die Erde näherte sich verdammt schnell, meine Frontscheibe schien völlig ausgefüllt zu sein mit einem dunkelgrauen, von zwei großen Lufteinläufen und zwei Flügeln flankierten Rumpf: Knüppel an den Bauch und vorsichtige Gierbewegungen. Ich fühlte, wie mich die g-Kräfte in den Sitz pressten und sich mein Anti-g-Anzug aufblies, um den Verlust des Sehvermögens zu verhindern. Ich sah, wie einer meiner Kameraden in scharfer Linkskurve über mich hinwegflog, zog meine Dagger in eine halbe Rolle, und während ich auf dem Kopf flog, sah ich, wie sich die Maschine mit grell aus dem Strahlrohr schlagender Flamme (also mit voll betätigtem Nachbrenner) schnell entfernte. Dann hörte ich eine kleine, nicht sehr laute Detonation, als ob neben meinem Ohr eine Papiertüte geplatzt wäre. Ich verlor die Kontrolle über mein Flugzeug. Zuerst zeigte der Bug nach oben und kippte dann in Furcht erregender Weise ab. Flach in den Sitz gepresst, schien mir der ganze Staub des Cockpitfußbodens ins Gesicht zu wirbeln. Plötzlich begann die Dagger schnell zu rollen – parallel zum Erdboden –, und der Steuerknüppel war ohne jeden Druck. Ich betätigte den Schleudersitz, als meine Dagger fast auf dem Rücken lag. Aber der Fallschirm öffnete sich, Sekunden später schlug ich hart auf dem Boden auf. Ich versteckte meinen Fallschirm und verließ meinen Landeplatz so schnell wie möglich; verfolgt von den Explosionen der 30-mm-Granaten meiner nur 30 m neben mir brennend abgestürzten Dagger."

***Oben:** Im Falkland-Konflikt verlor Argentinien fast die Hälfte seiner Dagger. Mirage III kamen kaum zum Einsatz; nur zwei wurden abgeschossen.*

Donadilles Flugzeug war von Lieutenant Steve Thomas mit einer AIM-9L abgeschossen worden. Anschließend holt Thomas auch noch Major Piuma vom Himmel, während Lieutenant Commander „Sharky" Ward Jorge Senns Dagger abschoss und damit den „Raton"-Schwarm völlig vernichtete. Alle drei Piloten überlebten und schlossen sich den argentinischen Bodentruppen an.

Rechts: *Mirage 5 wurden in aller Herren Länder exportiert. Abgebildet ist eine zweisitzige 5DM für Zaire. Insgesamt beschaffte Zaire drei 5DM und acht einsitzige 5M.*

Rechts: *Diese kampfwert- und leistungsgesteigerte israelische Mirage erhielt ein Frontscheibensicht- (HUD) und ein Mehrfunktionsbildschirmgerät (MFD). Viele der ursprünglichen Instrumente wurden durch volldigitalisierte Geräte ersetzt.*

Armée de l'Air eingeführt wurde. Etwas länger als die IIIA, verzichtete man bei der IIIC auf den Raketenmotor. Im Rumpfbug war das Feuerleitradar Thomson CSF Cyrano installiert. 95 IIIC und 26 IIIB (zweisitziges Schul- und Erdkampfflugzeug) betrieben die französischen Luftstreitkräfte bis 1988 primär als Abfangjäger. Fast ebenso viele wurden exportiert, meist nach Israel. Südafrika und Argentinien beschafften überschüssige israelische Flugzeuge.

1962 erhielt Israel die ersten Mirage III und taufte sie Shahak. Anfangs nur von den erfahrensten Piloten geflogen, errang eine Shahak ihren ersten Luftsieg bei den Grenzgefechten im August 1966. Im Sechstagekrieg (Juni 1967) schossen israelische Shahak ungefähr 60 ägyptische, irakische, jordanische, libanesische und syrische Kampfflugzeuge ab; bei sieben eigenen Verlusten durch Jäger und/oder Bodenabwehr. Sehr viele andere arabische Flugzeuge wurden am Boden zerstört, wobei allein die 101. Staffel an einem einzigen Tag 35 sichere und neun wahrscheinliche vernichtende Treffer meldete. Bis 1974 meldeten die israelischen Mirage insgesamt bis zu 250 Abschüsse; größtenteils mit Bordkanonen und mit Sidewinder AIM-9B statt der unzuverlässigen R.530. Erfolgreichster israelischer Jagdflieger war Abraham Shalmon mit 13 Luftsiegen.

Weitere französische Fortschritte führten zu der als Schlachtflieger und Aufklärer konzipierten Mirage IIIE. In der *Armée de l'Air* diente die IIIE als Atombombenträger, Luftüberlegenheitsjäger und zur Unterdrückung der gegnerischen Luftabwehr. Die IIIE war auch ein Exportschlager und wurde von Abu Dhabi, Ägypten, Argentinien, Brasilien, Libanon, Pakistan, Südafrika, Spanien und Zaire beschafft. Australien testete eine Variante mit Rolls-Royce Avon, entschloss sich dann aber zur Lizenzfertigung der Mirage III0 mit Atar 09C. In der Schweiz wurde die später mit kleinen Entenflügeln (Bugflossen) nachgerüstete IIIS gebaut.

Unten: *Belgiens Aufklärer Mirage 5BR dienten bis in die 1990er-Jahre. Abgelöst wurden sie durch F-16 mit behälterinstallierten Kameras.*

Die Mirage 5 entstand durch die Forderung Israels nach einer preisgünstigeren, schlichteren Version für Langstreckentiefangriffe. Allwetternavigationssysteme und Radar wurden nicht gewünscht, weshalb ein schlankerer Rumpfbug gewählt und im frei gewordenen Avionik-Ausrüstungsschacht hinter dem Cockpit eine Treibstoffzelle eingebaut werden konnte. Hinzu kamen zwei zusätzliche Außenlaststationen im rückwärtigen Flügelwurzelbereich. Nach erfolgreichem Erstflug am 19. Mai 1967 sollte Israel 50 Mirage 5J erhalten. Sie wurden jedoch nie ausgeliefert, weil General de Gaulle als Folge des Sechstagekrieges ein Waffenembargo über Israel verhängte.

Israel erhielt sein Geld zurück, und die *Armée de l'Air* musste die „israelischen" Maschinen offiziell als Mirage 5F übernehmen, konnte sie aber schon bald weitergeben. Begierig nach diesem Typ griffen unter anderem Abu Dhabi, Ägypten, Belgien, Gabun, Kolumbien, Libyen, Pakistan, Peru, Venezuela und Zaire zu. Einige von Dassault als Mirage 5 geführte Maschinen haben sehr viel mehr mit der Mirage III gemeinsam (mit Cyrano-Radar). Viele Mirage 5 erhielten das E-Mess-Radar Aida von EMD (Electronique Marcel Dassault) und Radarwarnempfänger. Besonders bei Verhandlungen mit weniger entwickelten Ländern war die „Wartungsarmut" der Mirage 5 ein wichtiges Verkaufsargument. So brauchte eine Mirage 5 je Flugstunde nur ungefähr 15 Wartungs-Mannstunden – eine F-104 benötigte 50!

Als Käufer der Mirage 5 abgewiesen, beschaffte sich Israel die Baupläne auf dunklen, geheimen Wegen (vermutlich mit wohlwollender Unterstützung durch Dassault). Das Ergebnis war die Nesher (Adler), die als nicht genehmigte Kopie ab 1969 mit einheimischen Avioniksystemen, Lastträgern für Luft-Luft-Flugkörper Shafrir und andere Waffen sowie einem Martin-Baker-Schleudersitz gebaut wurde. Im 1973er-Krieg war die Nesher sehr erfolgreich. Einem ihrer Piloten gelangen sogar zehn Abschüsse. Von 1978–1980 beschaffte Argentinien 35 Nesher als „Dagger" zur Verstärkung seiner Mirage-III-Flotte.

Im Konflikt um die Falklandinseln zeigten sich die argentinischen Maschinen den britischen Sea Harrier allerdings hoffnungslos unterlegen. Insgesamt verlor Argentinien im Falklandkonflikt zwei Mirage und elf Dagger; meistens durch die Kombination von Sea Harrier und Sidewinder AIM-9L. Einige der überlebenden Dagger wurden später zum Modell „Finger" umgerüstet.

Weitere ausländische Weiterentwicklungen der Mirage III/5 sind Israels Kfir (Löwe), Chiles Pantera und Südafrikas Cheetah.

Oben: *In den Jahren 1966 – 1973 schoss diese israelische Shahak (Mirage IIICJ) 13 syrische und ägyptische Flugzeuge ab. Nach Argentinien verkauft, kehrte sie später wieder nach Israel zurück.*

Unten: *Mittlerweile eingemottet, dienten Libyens Mirage 5DD den fünf vormals mit diesem Typ ausgerüsteten Staffeln der libyschen Luftwaffe als Fortgeschrittenentrainer.*

English Electric Lightning

Die Lightning erwies sich als idealer Abfangjäger und hielt sich auch im Kurvenkampf gut. Obwohl ihre Ausmusterung ständig für „nächstes Jahr“ angekündigt wurde, blieb sie (mit Avionik und Bewaffnung der 1950er-Jahre) bis 1988 im Dienst.

Rechte Seite: *Wichtigste Lightning-Variante war die F.6. Hier eine Formation der No. 5 Squadron, stationiert in Binbrook, Lincolnshire.*

Im Jahr 1947 reichte „Teddy“ Petter der English Electric Company (EE) beim britischen Amt für Beschaffung den Entwurf für ein Überschallflugzeug mit stark gepfeilten Flügeln ein. Beeindruckt und angespornt durch den – Anfang des Jahres in den Vereinigten Staaten von Amerika geglückten – ersten Überschallflug, forderte das Amt ein überschallschnelles Forschungsflugzeug auf der Basis der P.1. Als EE dann endlich im April 1950 einen Auftrag für zwei flugtaugliche Prototypen erhielt, war „Teddy“ Petter bereits zur Folland Aircraft Ltd. gewechselt, sodass erst sein Nachfolger F. W. Page die P.1 verwirklichen konnte.

Die P.1 hatte einen lang gestreckten, ovalen Rumpf. Ihre zwei übereinander angeordneten Sapphire-Triebwerke leisteten je 36 kN Schub. Die Flügelvorderkante der P.1 war 60 Grad gepfeilt. Ebenfalls 60 Grad gepfeilt war das tief angesetzte Höhenleitwerk. Das hochbeinige Hauptfahrwerk der P.1 mit den sehr dünnen Reifen wurde nach außen in den Flügel eingezogen. Noch fehlte allerdings im Buglufteintritt das später serienmäßig installierte Radarsystem. Im Torsionskasten des Flügels waren die Treibstoffbehälter konzentriert.

Da die Luftfahrtforschungs- und Entwicklungsanstalt (RAE) die tiefe Anordnung des Höhenleitwerks eher skeptisch betrachtete und Petters Berechnungen nicht traute, nutzte sie die im Jahr 1949 bei Short gebaute SB.5 zur Erforschung der

ENGLISH ELECTRIC LIGHTNING F.6

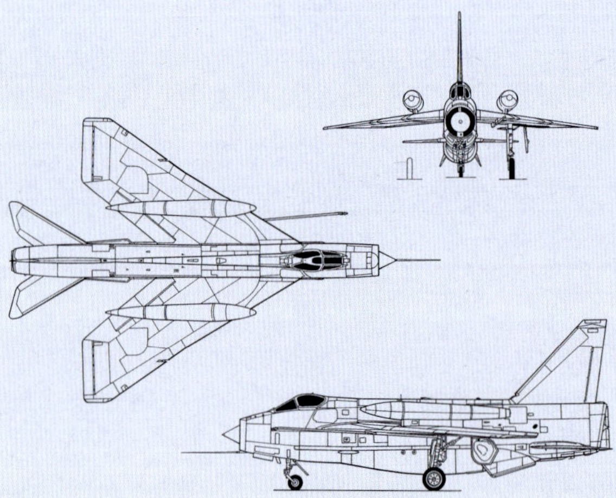

Besatzung: 1

Triebwerk: zwei Strahltriebwerke Rolls-Royce Avon 301 mit 72,76 kN Nachbrennerleistung

Höchstgeschwindigkeit: 2112 km/h

Einsatzradius: 560 km

Dienstgipfelhöhe: 16 770 m

Gewicht: Startmasse 19 047 kg

Bewaffnung: zwei infrarotgelenkte Luft-Luft-Flugkörper Red Top oder Firestreak oder bis zu 44 ungelenkte Raketen Kaliber 50 mm; zwei 30-mm-Aden-Kanonen im Unterrumpf (Bauchpack)

Abmessungen: Spannweite 10,62 m; Länge 16,84 m; Höhe 5,97 m

K
J
XR762

IM COCKPIT DER ENGLISH ELECTRIC LIGHTNING

Oben: In den 1960er-Jahren war das Lightning-Cockpit der engste Raum in der ganzen RAF. Abgebildet sind F.1 der No. 74 „Tiger"-Staffel.

Flying Officer Tony Paxton erinnert sich: „Mit ihren großen Flügeln und starken Triebwerken zeigte sich die Lightning F.3 bei Tiefflügen von ihrer besten Seite. Phantom waren kein Problem. Normalerweise flitzt man ziemlich schnell rein und wieder raus, weil sie mit zwei Schwärmen zu je vier Maschinen flogen, während wir einzeln oder – wenn man Glück hatte – mit einem Rottenflieger operierten. Bei großen Manövern schirmten wir gewöhnlich eine Linie von der österreichischen Grenze bis zur Ostsee ab, wobei Lightning im Mittelabschnitt und Phantom oder Eagle weiter nördlich eingesetzt wurden. Unser Auftrag lautete meistens ‚Tiefflug hinter dem Gürtel der Flugabwehrraketen'. Ich erinnere mich an manche große Rauferei mit F-4. Man greift eine Phantom an und sieht plötzlich seinen Rottenflieger. ‚O Gott! Da sind zwei!', denkt man, ruft die Kameraden zu Hilfe, und es erinnert an die Luftschlacht um England: ‚Komm her und hilf mir!' – ‚Wo ist er?' – ‚Siehst du den kleinen See? Wir sind gleich da.' – ‚Oh, halt dich fest. Ich sehe noch einen!' – ‚Richtig, ich sehe dich. Kurve weiter!' – ‚O Gott, da kommt auch noch ein Harrier!' Wir hatten wirklich viel Spaß.

Den meisten Ärger machten die Ginas (Fiat G.91), vermutlich weil sie so klein und schwierig zu erkennen waren. Auch mit den F-104 hatten wir Probleme. Einmal jagte ich eine F-104 an der Möhnetalsperre in rund 90 m Höhe mit Mach 1,1 morgens um 7.30 Uhr, und fast hätte ich ihn erwischt! Es war erstaunlich. Gewöhnlich gingen wir bei den Luftkämpfen nicht tiefer als 3000 m, und oft durchstießen wir dabei auch die Schallmauer. Aber nie hat sich jemand wegen Lärmbelästigung beschwert.

Als ich Deutschland verließ, machte sich die Anwesenheit der F-15 gerade bemerkbar. Die Eagle war noch ziemlich neu, und die Piloten waren nicht ganz so wunderbar. Ich meine, im Kampf Mann gegen Mann hatten wir keine Chance. Nur wenn wir eine richtig gute Taktik wählten und zu zweit operierten, konnten wir es mit einer F-15 aufnehmen. Da sie meistens als Rotte flogen, mussten wir sie irgendwie dazu bringen, einen Fehler zu machen. Wenn wir uns trennten, mussten auch sie sich trennen und uns einzeln verfolgen. Dann brauchten wir nur noch eine auszuwählen und uns zu zweit auf sie zu stürzen.

Den Gegner im Tiefflug mit der Kanone abzuschießen ist nicht einfach. Wenn man ihn zum Kurven verleiten konnte, hatte man schon halb gewonnen. Dann konnte man ihn über Eck seitlich unter Feuer nehmen. Wenn er allerdings sehr tief und sehr schnell flog, musste man ständig über irgendwelche Hindernisse springen, und dann war es praktisch unmöglich, ihn noch ins Visier zu bekommen."

Rechts: Mit dem grünen, in den 1970er-Jahren für Tiefflugeinsätze eingeführten Tarnanstrich landet eine Lightning der No. 92 Squadron in Gütersloh.

günstigsten Flügelpfeilung und Leitwerksanordnung. Gleichzeitig diente die SB.5 als Versuchsträger zur Erprobung der Langsamflugeigenschaften.

Die SB.5 testete verschiedene Flügelkonstruktionen sowie die Vor- und Nachteile eines tief angeordneten Höhen- beziehungsweise eines T-Leitwerks. Letztendlich musste aber die RAE dann doch Petters ursprünglichen Entwurf akzeptieren.

Am 4. August 1954 flog Roland Beamont die P.1 erstmals und überschritt eine Woche später die Mach-1-Grenze. Bemerkenswert ist, dass er Überschall-Marschgeschwindigkeit ohne Nachbrenner erreichte.

Zweiter Prototyp war die mit zwei Kanonen bewaffnete P.1A. Während ihrer Flugerprobung entschied das Luftwaffenministerium im Juli des Jahres 1955 die Beschaffung der Jägerversion P.1B. Diese erhielt eine größere Seitenflosse. Im Buglufteintritt mit zentral angeordnetem Diffusorkegel wurde die Antenne des Bordradargerätes AI.23 Airpass installiert. Das Radar konnte Luftziele begrenzt erfassen und mit Luft-Luft-Flugkörpern bekämpfen. Die erforderliche Schubleistung lieferten schließlich Rolls-Royce RA.24 Avon (Nachbrennerschub 64 kN).

Als Waffen vorgesehen waren ein modularer Rüstsatz aus infrarotgelenkten Flugkörpern Blue Jay (später Firestreak genannt) und zwei 30-mm-Aden-Kanonen. Alternativ konnten auch 22 Raketen und zwei Kanonen gewählt werden. Später wurde die Firestreak durch Red Top (ursprünglich bekannt als Firestreak Mk IV) ergänzt. Statt der Firestreak konnte die F.2 auch mit zwei zusätzlichen Kanonen bestückt werden.

Am 4. April 1957 startete der P.1B-Prototyp zum Erstflug. Es war der Tag, an dem das Verteidigungsministerium die Stornierung aller bemannten Kampfflugzeugprojekte verkündete. Duncan Sandys erklärte damals, die Stunde des bodengestützten Flugkörpers sei gekommen, und Jäger würden nicht länger benötigt. Die P.1B war allerdings schon „zu weit entwickelt, um storniert

Oben: *Eine F.2 der No. 19 Squadron, bewaffnet mit Firestreak, mit der für F.1 und F.2 Lightning charakteristischen abgerundeten Seitenflossenspitze.*

Unten: *Die T.5, eine Trainer-Ausführung der Lightning, diente bei vielen Einheiten, auch beim Lightning-Schulungsverband.*

Oben: *Kurzfristig machten die Lightning sogar den grell bemalten Jagddoppeldeckern der 1930er-Jahre Konkurrenz. Abgebildet (von oben nach unten) sind Lightning der Jagdstaffeln No. 92, 111, 56 und 19.*

werden zu können". Im Juli 1957 flog sie mit Mach 1,72 inoffiziell neuen Geschwindigkeitsweltrekord. Tatsächlich war die Höchstgeschwindigkeit zwar noch viel schneller, aber die britische Regierung wollte die wahren Flugleistungen aus nachvollziehbaren Gründen nur ungern veröffentlichen. Mach 2,0 wurde im November 1958 überschritten.

Im Oktober des Jahres 1958 wurde die P.1B „Lightning" getauft, und im Juli 1960 erhielt die *No. 74 Squadron* ihre ersten seriengefertigten Lightning F Mk 1. Die *No. 74* war die erste von acht RAF-Einsatzstaffeln, die in den darauf folgenden 28 Jahren Lightning betreiben sollten.

In Großbritannien waren alle Lightning-Staffeln an der Ostküste stationiert, um aus Richtung Ostsee oder Kola-Halbinsel anfliegende Sowjetbomber abfangen zu können. Bei solchen Missionen, so wurde berichtet, machten sie auch häufig Bekanntschaft mit „Bear"- und „Badger"-Flugzeugen, die die Reaktionsfähigkeit der NATO-Flugabwehr testeten.

Lightning der RAF dienten aber nicht nur in der Heimat, sondern auch in Westdeutschland, auf Zypern und in Singapur. An der innerdeutschen Grenze patrouillierten die britischen Lightnings auf der Suche nach einzeln aus Osten eindringenden Störflugzeugen.

Obwohl für solche Einsätze nicht entwickelt, bewies die Lightning erstklassige Tiefflugeigenschaften, ein hohes Schub-Masse-Verhältnis und zeigte sich auch in niedrigen Höhen als ein ganz exzellenter Kurvenkämpfer. In ihren späteren Dienstjahren erhielten die in Westdeutschland stationierten Lightning einen grünen Tarnanstrich, während man in Großbritannien von dem grün gemusterten Metallic (grau/blau) zu Grau wechselte.

Der F.1 folgte die F.1A mit Luftbetankungsfähigkeit und UHF-Ausrüstung, während die F.2

Rechts: *Eine F.6 der No. 56 Squadron ist auf RAF Akrotiri (Zypern) gelandet. Die Ein- beziehungsweise Ausstiegsleiter hält genug Abstand zum Flugkörper und zu dem Luftbetankungsrohr.*

leistungsfähigeres Navigationssystem und deutlich verbesserte, sich bei maximalem Nachbrennerschub weit öffnende Gelenkklappen erhielt. Die F.3 erhielt zwar keine Kanonen, aber dafür gehörten zu ihrer Ausstattung auch ein moderneres Radargerät, Luft-Luft-Flugkörper des Typs Red Top sowie eine größere Seitenflosse.

Im Jahr 1962 wurde die T.4, ein Trainer mit Doppelsteuerung und nebeneinander liegenden Sitzen, in Dienst gestellt. Die T.5 mit veränderter Cockpitauslegung war dagegen eher der F.3 ähnlich. Die letzte RAF-Variante hieß F.6. Sie erhielt modifizierte Flügel mit stärker gewölbten und verlängerten Vorderkanten sowie einen großen Bauchtank. Den letzten Fighter des Typs F.6 übernahm die RAF im August des Jahres 1967. Später kamen dann aber auch noch auf F.2A-Standards modifizierte F.2 hinzu.

Da die Lage des Hauptfahrwerks eine Verwendung regulärer Unterflügeltanks in der Praxis unmöglich machte, wurden beginnend mit der F.6 Oberflügel-Lastträger zur Mitführung von Zusatztanks eingeführt. Das war allerdings eine ziemlich abwegige Idee, weil diese Tanks Gewicht und Luftwiderstand und folglich auch den Treibstoffverbrauch dermaßen erhöhten, dass ein positiver Effekt nicht erzielt werden konnte.

Nur mit dem widerstandsarmen Bauchtank konnte die Reichweite schließlich problemlos um ungefähr 20 Prozent gesteigert werden. Da sich aber besonders bei langen Patrouillenflügen die begrenzte interne Tankkapazität durchaus negativ bemerkbar machte, wurde unter dem linken (backbord) Flügel ein so genanntes Luftbetankungsrohr montiert. Bei den Piloten war dieses Rohr allerdings nicht sehr beliebt, weil es ihren Zugang zum Cockpit überaus erschwerte.

Ohne Luftbetankung hatte die F.6 eine Flugdauer von nur etwa 50 Minuten, weshalb sich die Fighter nur selten weiter als 160–240 km von ihrer Basis entfernen konnten. Wurde ein Triebwerk abgeschaltet und ein besonderes Sinkflugprofil gewählt, ließ sich die Flugdauer etwas verlängern. Manche Piloten prahlten damit, sie seien 90 Minuten lang geflogen oder sogar zwei Stunden im Einsatz gewesen.

Anders als die durchschnittliche Flugdauer, war die Steigleistung der Lightning mit 15 240 m/min geradezu spektakulär: Vom Lösen der Bremsen bis auf 10 970 m dauerte es nur 2,5 Minuten!

So sehr die Lightning auch mit ihren spektakulären Flugleistungen überzeugen konnten, hatten sie doch einen wesentlichen Nachteil: Sie veralteten schnell. Denn sie verfügten noch über keinerlei Selbstschutzmaßnahmen – weder elektronischer Art noch über Düppel oder Leuchtkörper. Auch das Bordradar war längst veraltet, und der Pilot hatte in der Regel alle Hände voll zu tun, neben der Bedienung des Radars mit seinem knapp bemessenen Treibstoff auch noch präzise Abfangeinsätze zu fliegen. Bei der effektiven Reichweite seines Radars von nur 40 km näherte sich die Lightning ihrem Zielobjekt mit ungefähr 30 km/min. Da blieb dem Piloten nicht viel Zeit!

Hinzu kommt: Die Reichweite der Firestreak war kurz, und bei starker Bewölkung reagierte ihr Suchkopf nicht. Der entscheidende Nachteil war allerdings, dass die Lightning nur zwei dieser Flugkörper mitführen konnte; danach blieben ihr nur noch die Kanonen.

Pläne, die Lightning mit Sidewinder nachzurüsten, wurden nie realisiert, da angeblich jeden Moment mit ihrer Ausmusterung gerechnet werden musste.

Erst 1988 trennten sich die RAF-Einsatzstaffeln von ihren Lightning und ersetzten sie durch Tornado F.3.

Oben: *Die saudi-arabischen F.53 kamen als einzige Lightning zum (begrenzten) „scharfen" Kampfeinsatz. Abgebildet ist eine RAF F.6 mit saudi-arabischen Kennzeichen.*

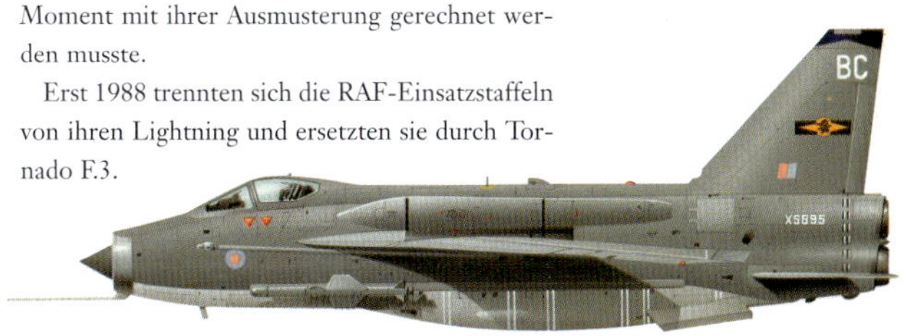

Unten: *Eine F.6 der No. 11 Squadron, RAF Binbrook in den 1980er-Jahren. Gegen Ende ihrer Dienstzeit hatten Lightning meistens einen grauen Tarnanstrich.*

McDonnell Douglas F-4 Phantom II

In den 1950er-Jahren als Marinejäger für die US Navy entworfen, übernahm McDonnells fabelhafte Phantom bald zahlreiche andere Aufgaben und wurde zum vielseitigsten taktischen Kampfflugzeug der westlichen Welt.

MCDONNELL DOUGLAS RF-4E PHANTOM II

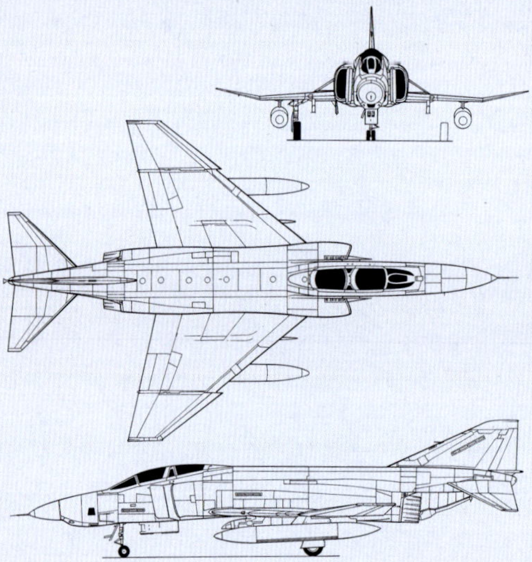

Besatzung: 2

Triebwerk: zwei Strahltriebwerke General Electric J79-GE-17A mit je 79,62 kN Nachbrennerschub

Höchstgeschwindigkeit: 2390 km/h

Einsatzradius: 958 km

Dienstgipfelhöhe: 18 975 m

Gewicht: Startmasse 28 030 kg

Bewaffnung: keine (Jäger tragen normalerweise je vier Luft-Luft-Flugkörper AIM-7 Sparrow und AIM-9 Sidewinder)

Abmessungen: Spannweite 11,71 m; Länge 19,20 m; Höhe 5,03 m

***Rechte Seite:** Zu den letzten Phantom in britischen Diensten gehörten die FGR.2 „Tiger" von No. 74 Squadron.*

***Rechts:** Eine F-4J Phantom von VF-31 „Tomcatters", die während des Vietnamkrieges auf USS Saratoga stationiert war.*

Häufiger in Kampfeinsätzen als die meisten ihrer Zeitgenossinnen, war die F-4 Phantom nach der F-86 Sabre das am meisten gebaute westliche Düsenkampfflugzeug. Selbst heute, fast 50 Jahre nach ihrer Einführung, dienen immer noch hunderte von Phantom rund um den Globus und werden häufig ausgeklügelten kampfwert- und leistungssteigernden Maßnahmen unterzogen.

Die Geschichte der Phantom reicht zurück bis in die 1940er-Jahre, bis zur einstrahligen F3H Demon. Auf der Basis dieses Pfeilflüglers entwarf McDonnell eine zweistrahlige bordgestützte Maschine, die sowohl als Jäger wie auch als Tiefangriffsflugzeug geplant war. Bis Mai 1955, als die *US Navy* zwei Prototypen bestellte, hatte sich McDonnells Modell 98 zu einem zweistrahligen Jäger mit zweiköpfiger Besatzung und bis zu acht Luft-Luft-Flugkörpern gemausert. Während die Flügelaußenteile nach oben (positive V-Form) gerichtet waren, erhielt das Höhenleitwerk mit 23 Grad eine beachtliche negative V-Form.

IM COCKPIT DER MCDONNELL DOUGLAS F-4 PHANTOM II

Rechts: *Einer F-4B-Besatzung der VF-161 „Rock Rivers" gelang der letzte Luftsieg der US Navy im Vietnamkrieg.*

Die Besatzung einer *US Navy* Phantom errang am 12. Januar 1973 den letzten Luftsieg des Vietnamkrieges. Auf *USS Midway* stationiert, startete eine F-4B der VF-161 „Rock Rivers" routinemäßig zu einem BARCAP-Einsatz (bewaffnete Luftraumüberwachung), um auf der wahrscheinlichen Anflugroute nordvietnamesischer Flugzeuge zu patrouillieren. Pilot Lieutenant Victor Kovaleski und sein Radarsystemoffizier (RIO) Lieutenant (Junior Grade) James Wise wurden gemeinsam mit einer anderen Phantom von einer luftgestützten Leitstelle mit dem Decknamen „Red Crown" Richtung Nordost zu einem Radarkontakt dirigiert. Die beiden Phantom flogen in gestufter Angriffsformation, der Rottenflieger 458 m höher und 916 m querab von „Rock River 102". Als sie sich der MiG näherten, stiegen Kovaleski und Wise auf 916 m und beschleunigten auf ungefähr 830 km/h. Auf 7,4 km Entfernung meldete Kovaleski Sichtkontakt zu einer dunkelfarbigen, in 153 m Höhe Richtung Norden fliegenden MiG-17. Nachdem sie Feuererlaubnis erhalten hatten, näherten sich die Phantom der MiG aus 7-Uhr-Position auf weniger als 1600 m. In diesem Augenblick drehte der vietnamesische Pilot hart nach links ab und griff die beiden an. Die Phantom glitten in den toten Winkel (6-Uhr-Position) der MiG. Ihr Pilot erwartete offensichtlich, dass die Phantom über ihn hinwegschießen würden, und kurvte nun steil nach rechts. Immer noch in guter Position, folgten Kovaleski und Wise der MiG und nahmen sie ins Visier. Kovaleski startete eine Sidewinder. Sie detonierte hinter der MiG und riss ein Stück des Leitwerks ab. Aber die MiG flog weiter. Kovaleski startete eine zweite Sidewinder; diesmal aus 916 m Entfernung. Sie lag optimal auf Kurs, und Sekunden, bevor sie einschlug, beobachtete die F-4-Besatzung, wie der Vietnamese mit dem Schleudersitz ausstieg. Die MiG explodierte in einem riesigen Feuerball und stürzte in die See. Niemand sah einen Fallschirm.

Zwei Tage später wurden Kovaleski und ein anderer RIO nahe Than Hoa von der Bodenabwehr abgeschossen. Ihre Phantom war das letzte über Nordvietnam abgeschossene amerikanische Flugzeug. Glücklicherweise konnte die Besatzung über See aussteigen, wo sie dann schließlich von einem Hubschrauber der *US Navy* gerettet werden konnte.

Rechts: *Mit großem Radarbildschirm und zahlreichen Digitalanzeigen entsprach die Auslegung des vorderen Cockpits der F-4E dem Standard ihrer Zeit.*

Mit Cheftestpilot Robert C. Little am Steuer startete der Prototyp F4H-1 am 27. Mai 1958 in St. Louis zum Erstflug. Im Juli 1959 wurde die F4H-1 „Phantom II" getauft. Erste Phantom war McDonnells FH-1, der erste bordgestützte Marinejäger der *US Navy* des Jahres 1946. Ende der 1950er-, Anfang der 1960er-Jahre flogen Phantom II zahlreiche Weltrekorde; unter anderem im Rahmen des Projektes Top Flight mit 30 041 m einen Höhenrekord sowie im Rahmen der Projekte Skyburner und Sageburner über einen geraden 16-km-Kurs 2585,299 km/h Durchschnittsgeschwindigkeit beziehungsweise im Tiefflug über den 3-km-Kurs 1452,902 km/h. Aber die ersten in Serie gefertigten 45 F4H-1F (ab September 1962 F-4A genannt) galten noch nicht als voll einsatzbereit und dienten zum Umschulungstraining und für Trägerversuche. Mit den später seriengefertigten F4H-1F erschien die typische Phantom-Form: erhöhtes hinteres Cockpit, viel größerer Radom für den 81 cm großen Parabolspiegel des APQ-72-Radars. Sie wurden bald durch F4H-1 (F-4B) abgelöst und erhielten die komplette Bewaffnung, umgearbeitete Triebwerklufteinläufe, schubstärkere J79. Schon Ende des ersten Dienstjahres, 1961, meldete VF-74 „Bedevilers" als erste trägergestützte Jagdstaffel volle Einsatzbereitschaft.

Als die USAF 1961 ein Typenvergleichsprogramm zwischen F-106A Delta Dart und F4H-1 durchführte, waren die taktischen Einsatzwerte der Phantom so beeindruckend, dass sie sich für die Beschaffung einer eigenen F-4B-Version mit der Bezeichnung F-110 entschied. Geplant war auch eine unbewaffnete Aufklärerversion, die RF-110. Beide USAF-Muster wurden später in F-4C beziehungsweise RF-4C umbenannt. Sie behielten ihre charakteristischen Marinemerkmale wie Fanghaken und Faltflügel, wurden aber mit Doppelsteuerung für den Waffensystemoffizier (WSO) nachgerüstet. Für Einsätze von unbefestigten Behelfsflugplätzen erhielten beide Muster zudem größere Niederdruckreifen und – um diese einziehen zu

Unten: *Bevor sie aufgelöst oder auf Tornado F.3 umgerüstet wurden, trugen einige Phantom-Staffeln der RAF vielfältige Anstriche. Beispielhaft ist diese Phantom von No. 56 Squadron.*

Links: *Spanien betrieb als einziger Exportkunde F-4C. Die ähnliche F-4D beschafften sich Südkorea und der Iran.*

Oben: Die F-4G war die spezielle „Wild Weasel"-Version. Als ehemalige F-4E sollten sie die bodengebundene Feindabwehr (Radarsender) niederhalten und schließlich unterdrücken.

Unten: Die FG.1 oder F-4K war der letzte Starrflügel-Jäger der Royal Navy und No. 892 Squadron die einzige Betreiberin.

können – Ausbauchungen im Oberflügelbereich. Eine rückeninstallierte Luftbetankungsanlage (für die USAF-Tanker unerlässlich) ersetzte die einziehbare Luftbetankungssonde der *US Navy*. Als direkte Ableitung aus der F-4C entstand für die USAF der Jagdbomber F-4D.

Beide frühen USAF-Muster waren sowohl für die Luft-Luft-Flugkörper AIM-9 Sidewinder als auch für die AIM-7 Sparrow eingerichtet. Die in einem Rohrwaffenbehälter unter dem Mittelrumpf montierbare 20-mm-Kanone M61 Vulcan verlieh F-4D und späteren Versionen zusätzliche Feuerkraft.

Weiterentwickelt aus der F-4B für Verwendung bei *US Navy* und *US Marine Corps* (USMC), entstand die F-4J. Sie erhielt J79-GE-10-Triebwerke, ein stärkeres Fahrwerk, größere Tankkapazität, ein Spalt-Höhenleitwerk, eine bessere Erdkampffähigkeit sowie ein APG-59-Radar mit neuem Feuerleitsystem. Alle verbliebenen F-4B wurden Anfang der 1970er-Jahre zur F-4N umgerüstet. Modernisierte F-4J erhielten die Bezeichnung F-4S.

Im Vietnamkrieg wurden Phantom von *US Navy*, USAF und USMC als Bomber, Jäger und Aufklärer eingesetzt und von 1965 bis 1973 fast 150 nordvietnamesische MiG abgeschossen. 1969 führte die USAF die F-4E ein: die erste Version mit interner Kanone M61 Vulcan, in einem Gehäuse unter einer gestreckteren Nase lafettiert. Außerdem erhielt die „E" größere Tankkapazität und ein Radar APS-107B. Mit fast 1400 Exemplaren war sie die am meisten gebaute Version. Verwandte Modelle: die F-4G „Wild Weasel" zur Niederhaltung/Unterdrückung bodengebundener Feindabwehr und der für den Export bestimmte Aufklärer RF-4E.

Elf Länder beschafften die Phantom, von denen die Japaner ihr eigenes Modell lizenzfertigten. An der Spitze der Betreiber liegt Spanien (F-4C, RF-4C), gefolgt von Großbritannien (F-4K, -M und -J), Israel (F-4E, RF-4E), Deutschland (F-4F, RF-4E), Südkorea (F-4D, -E und RF-4C), Ägypten (F-4E), Griechenland (F-4E, RF-4E), dem Iran (F-4D, -E und RF-4E), Japan (F-4EJ, RF-4EJ) und der Türkei (F-4E, RF-4E). Australien mietete F-4E, bis die F-111 verfügbar war. Nur die britischen F-4K und -M erhielten Rolls-Royce Spey. Diese Mantelstromtriebwerke erforderten größere Lufteinläufe, deren zusätzlicher Widerstand die höhere Schubleistung fast zunichte machte. Bevor sie der RAF übergeben wurden, operierten F-4K (Phantom FG.1) gemeinsam mit F-4M (FGR.2) von britischen Flugzeugträgern. Nach dem Falklandkonflikt übernahm Großbritannien von der *US Navy* einige Phantom als F-4J (UK). Israel erhielt im September 1969 die ersten von insgesamt 238 Exemplaren; ein halbes Jahr, nachdem Ägypten den Waffenstillstand gekündigt hatte und die Spannungen an der Sueskanalfront eskalierten. Mit ihren F-4E und RF-4E stieß Israel erstmals tief ins feindliche Hinterland vor. Bewaffnet mit acht

Links: *Eine F-4EJ der 305. Hikotai der JASDF (Japanische Luft-Selbstverteidigungskräfte). Inzwischen hat die Staffel auf F-15J Eagle umgerüstet.*

Flugkörpern plus Kanone war die Phantom jedem anderen Kampfflugzeug in der Region überlegen. Im Jom-Kippur-Krieg (6.–24. Okt. 1973) fielen so viele Phantom der ägyptischen und syrischen Flugabwehr zum Opfer, dass sich die USAF gezwungen sah, im Rahmen der Operation Nickel Glass 50 Phantom nach Israel zu liefern. Vom September 1969 bis Juni 1982 meldeten israelische F-4E 116 über dem Libanon abgeschossene arabische Flugzeuge. Etwa 60 F-4E wurden nach 1987 als Kurnass 2000 (Vorschlaghammer) kampfwert- und leistungsgesteigert. Sie erhielten Mehrbetriebsarten-Radar APG-76, ein Frontscheibensichtgerät (HUD), moderne Waffen und HoTaS (alle wichtigen Bedienungselemente befinden sich an Schubhebel und Steuerknüppel). Ein noch ehrgeizigeres Projekt Super Phantom mit modernsten Mantelstromtriebwerken PW1120 kam jedoch über die Prototypphase nicht hinaus.

Mit 225 Phantom – meistens F-4E – wurde der Iran von 1971 bis 1979 zum zweitgrößten Exportkunden. Nach Ausbruch der islamischen Revolution erließ Washington ein Waffenembargo. Dennoch unterhielt der Iran im Krieg mit dem Irak (1980–1988) eine beträchtliche Phantom-Flotte. Nachweislich gelangen iranischen F-4 mehr als 20 Luftsiege bei rund einem Dutzend eigenen Verlusten durch irakische Phantom. Nach unbestätigten Meldungen sollen weitaus mehr iranische F-4 der irakischen Flugabwehr zum Opfer gefallen sein.

Zahlreiche ausländische Betreiber haben ihre Phantom leistungs- und kampfwertgesteigert. So erhielten Japans F-4EJ Kai (kai = verstärkt) APG-66J-Radar, während die deutschen F-4F im Rahmen eines KWS-Programms für AMRAAM-Flugkörper nachgerüstet wurden. Ähnliche Modernisierungsprogramme erfolgten in Griechenland, der Türkei und Israel. Fast immer handelte es sich um Nachrüstung mit modernen Mehrbetriebsarten-Radargeräten, HoTaS, HUD und modernen Präzisionswaffen. Die letzte von insgesamt 5201 Phantom wurde 1981 gebaut. Als einzige Exportbetreiber musterten Großbritannien und Spanien ihre Phantom aus. Die letzten F-4E der USAF dienen zur Schulung deutscher Luftwaffenbesatzungen; einige als Drohnen QF-4E und -4G. Auch die *US Navy* betreibt noch einige QF-4J und -4N. Rüstungsunternehmen besitzen noch einige F-4, und nur eine einzige ist in privater Hand.

Unten: *Eine F-4E der USAF. Sie trägt die in den 1980er-Jahren eingeführten und nicht mehr sehr auffälligen (gedämpften) Kennzeichen. Am Backbordflügel erkennbar ein TISEO (elektro-optisches Zielidentifizierungssystem).*

SAAB Viggen

Saabs Viggen, eine robuste Konstruktion und eine technische Herausforderung für ein kleines Land, ist für Schweden geradezu maßgeschneidert. Sie war der fünfte Spross einer in den 1940er-Jahren geborenen zukunftweisenden Jägerfamilie.

SAAB JA 37 VIGGEN

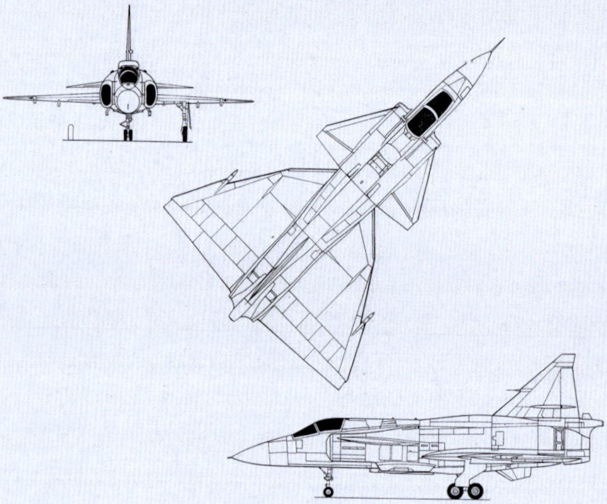

Besatzung: 1

Triebwerk: ein Mantelstromtriebwerk Volvo Flygmotor RM8B mit 126 kN Nachbrennerschubleistung

Höchstgeschwindigkeit: 2126 km/h

Einsatzradius: über 1000 km

Dienstgipfelhöhe: 18 290 m

Gewicht: Startmasse 17 000 kg

Bewaffnung: eine 30-mm-Kanone Oerlikon KCA in Unterrumpfbehälter; max. Kampflast 5897 kg

Abmessungen: Spannweite 10,60 m; Länge 16,40 m; Höhe 5,90 m

Rechte Seite: *Mit ihren Delta- und Canardflügeln ist die Viggen eines der am wenigsten verwechselbaren modernen Kampfflugzeuge.*

Nach dem Blitze schleudernden Donnerhammer des Gottes Thor benannt, war die Viggen eines der bahnbrechendsten Kampfflugzeuge der 1970er-Jahre. Erste Studien über ein Nachfolgemuster für den Allwetterjäger J35 Draken und das Schlachtflugzeug J32 Lansen begannen bereits 1952. In einer Bedrohungsanalyse erkannten die Schweden, dass herkömmliche Flugplätze schon in den ersten Stunden eines Präventivangriffs vernichtet werden würden. Folgerichtig entwickelten sie ein Konzept, wonach Kampfflugzeuge im Falle drohender Kriegsgefahr auf viele kleine Basen, Straßen und Autobahnen ausweichen konnten, um von dort zu Vergeltungsschlägen zu starten und nach erfülltem Auftrag landen zu können. Straßen wurden verbreitert, die für den Luftkrieg nötige Infrastruktur wurde über das ganze Land verteilt, und unter mehr als hundert Vorschlägen für das neue Kampfflugzeug wählte man schließlich den Entwurf „System 37" (Flygplan 37) aus. Größte Aufmerksamkeit wurde auf Kurzpistenleistung und darauf gelegt, dass das Flugzeug im Konfliktfall von Wehrpflichtigen ohne Spezialausbildung gewartet werden konnte. Um die geforderten Kurzstart- und Kurzlandefähigkeiten erfüllen zu können, befassten sich Saabs Konstrukteure unter der Leitung von Erik Bratt mit Hubtriebwerken und Schwenkflügeln: Ideen, die sich aber als zu komplex und zu teuer erwiesen. Stattdessen wählte man den damals sehr modernen Deltaflügel und

34
13
39
323
13

IM COCKPIT DER SAAB VIGGEN

Oben: *Da Viggen-Einheiten aufgelöst oder auf Gripen umgerüstet wurden, erschienen viele ungewöhnliche Bemalungen – unter anderem diese rote AJS 37 der F 10.*

Major Bengt Eriksson, Pilot einer AJ 37 der inzwischen aufgelösten *Flygflottilj 6*, erinnert sich an eine 5-Minuten-Bereitschaft auf dem Flugplatz Visby an einem Sommertag in den 1980er-Jahren. Östlich von Gotland war ein Luftraumverletzer erkannt worden, und der Befehl lautete, zwei Piloten müssten bei absoluter Funkstille in spätestens zehn Minuten startklar sein. In den Tagen des Kalten Krieges waren in den „Attack"-Viggen keine Datenverbindungssysteme installiert, weil man befürchtete, von den Wehrpflichtigen könnten einige mit der „anderen Seite" sympathisieren und dem potenziellen Gegner Flugdaten und einsatzspezifische Details melden. Deshalb rannten die Piloten auch nicht zu ihren Maschinen, sondern gingen unauffällig. Zum befohlenen Zeitpunkt gestartet, flogen die Viggen Richtung Norden, wandten sich dann nach Osten und rasten mit Mach 0,9 nur 50 m über den Wellen einer vorher bestimmten Position entgegen, wo sie wieder auf Höhe gehen sollten.

Es war Erikssons erster „live"-Abfangeinsatz, und er hoffte, als Erster seiner Staffel eine MiG-29 zu sehen; auch deshalb, weil damals noch keine guten Fotos dieses Typs existierten. Die Viggen stiegen, unterbrachen die Funkstille und erbaten Anweisungen der Bodenleitstelle. Der Eindringling entpuppte sich als eine sowjetische Tu-16 „Badger" und wurde gründlich fotografiert. Die Ehre, die erste „Fulcrum" einzufangen, fiel dem Staffelführer einige Wochen später zu. Bengt Eriksson musste noch einige Jahre auf „seine" MiG-29 warten. Glücklicherweise führten die Abfangeinsätze der AJ-Staffeln (die sich beim Bereitschaftsdienst mit den JA-Staffeln abwechselten) niemals zu einem „scharfen" Kurvenkampf. Nur mit einer Kanone bewaffnet, hätten es die AJ sowieso nicht mit den MiG-29 aufnehmen können – weder innerhalb noch außerhalb Kanonenschussweite.

fügte noch zwei deltaförmige Vorflügel mit breiten, über die Hinterkanten reichenden Höhenrudern an. Erstmalig wurde eine solche Doppeldelta-Konstruktion für ein Kampfflugzeug angewandt; viele Fachleute betrachteten die Viggen als modernen Doppeldecker. Bei der Landung wurde die Nase durch die kombinierten Kräfte der Vorflügel- und Flügelklappen sowie der Höhenquerruder hinabgedrückt und die Ausrollstrecke reduziert.

Das Triebwerk war ein als Volvo Flygmotor RM8A lizenzgefertigtes Pratt & Whitney JT8D, wie es auch bei der Boeing 727 verwendet wurde. Es war das erste Triebwerk weltweit, das sowohl über einen Nachbrenner als auch über eine Schubumkehranlage verfügte. Dank der idealen Kombination aus Aerodynamik und Schubumkehr wurde die geforderte Landestrecke von 500 m erreicht. Ein ungewöhnliches Hauptfahrwerk mit tandemartig angeordneten Haupträdern konnte extrem hohe Landestöße auffangen und war für verschneite Pisten geradezu ideal geeignet. Mit den nacheinander angeordneten Haupträdern war es

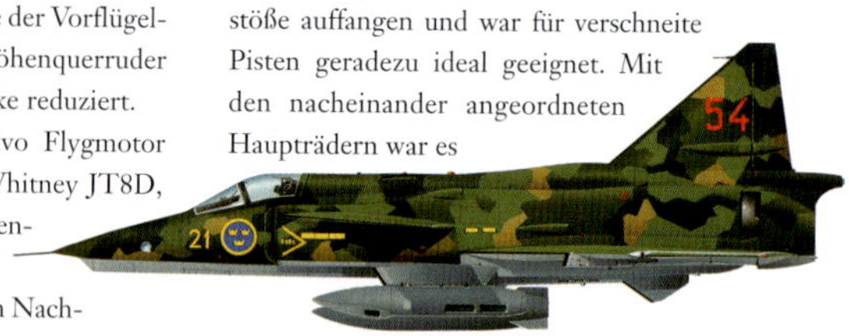

Rechts: *Ein Bildaufklärer SF 37 der im nordschwedischen Luleå stationierten F 21.*

schlanker als ein einzelnes dickes Rad und ließ sich problemlos in die dünnen Flügel einziehen. Dank seines Zwillingsbugrads konnte das Flugzeug am Ende der Landepiste wenden und aus eigener Kraft zum Startpunkt zurückrollen.

Unter der Führung von Cheftestpilot Erik Dahlstrom startete die erste Viggen (37-1) am 8. Februar 1967 in Linköping zum Jungfernflug. Zu Beginn der Flugerprobung ereignete sich ein tragischer Unfall, als ein anderer Testpilot beim Start ungewollt den Schleudersitz betätigte und getötet wurde (Saabs Schleudersitz war nur bei Geschwindigkeiten von mehr als 70 km/h effektiv). Spätere Serienmaschinen erhielten Sitze mit Null-Null-Eignung (das heißt, sie retteten auch aus stehendem Fluggerät am Boden). Es wurden acht Prototypen (einschl. ein Doppelsitzer) gefertigt, bevor die Auslieferung der ersten Serienmaschinen AJ 37 (Attack-Jakt = Jäger) 1971 begann. Fast zum selben Zeitpunkt akzeptierte *Flygvapnet* zwei Aufklärerversionen: SF 37 und SH 37. Äußerlich unterschieden sich die beiden nur durch ihre Rumpfspitzen. Die Ausrüstung des Bildaufklärers SF 37 bestand aus sieben, in einer meißelförmigen Nase installierten Kameras unterschiedlicher Brennweite, während das Seeraumüberwachungsradar des allwettertauglichen Hochseeaufklärers SH 37 in

Oben: *Neben den Luft-Luft-Flugkörpern Sidewinder und Skyflash trägt diese AJ 37 unter dem Rumpf einen Abwurftank mit. Solche Zusatztanks wurden von Viggen fast immer mitgeführt.*

Links: *Flygflottilj 7 (F 7) rüstete als erste Einheit auf die neue AJ 37 um. Abgebildet sind vier Maschinen dieser ersten Serienversion. Erst später hatten die Viggen den charakteristischen Vierfarben-Tarnanstrich.*

Rechts: In den späteren Jahren übernahmen viele Viggen, etwa diese JA 37, einen grauen Tarnanstrich mit deutlich sichtbaren Hoheitszeichen.

Oben: Diese frühe Viggen ist mit drei Sidewinder und zwei Skyflash bewaffnet und trägt an einem ihrer Schulterlastträger einen Abwurftank.

einem Standardradom untergebracht war. Zusätzliche Aufklärungsausrüstung wurde in Sonderbehältern an Rumpf- und Flügelstationen mitgeführt.

Als erste *Flygvapnet*-Einheit tauschte die in Såtenäs stationierte 2. Staffel der F 7 (*Flygflottilj* 7 = 7. Geschwader) ihre sechs älteren Schlachtflugzeuge Saab 32 Lansen gegen Viggen ein. Typisch für die Viggen war, dass sie ihre Geschwadernummer am Vorderrumpf und eine individuelle Nummer am Seitenleitwerk führten. Die AJ 37 konnten Raketenbehälter und bis zu 16 120-kg-Bomben mitführen. Hauptwaffe waren allerdings Luft-Boden-Flugkörper schwedischer Herkunft: Rb 04E gegen Seeziele, Rb 05A gegen Land- und Seeziele sowie Rb 75 (lizenzgefertigte AGM-65 Maverick) gegen Landziele („Rb" steht für Robotbyran, das schwedische Direktorat für Lenkflugkörper). Prototypen und frühe Serienmaschinen wurden noch ohne Anstrich im „natürlichen" Metallfinish ausgeliefert. Aber schon bald trugen die Viggen den „Felder und Wiesen"-Vierfarben-Tarnanstrich (zackenförmig ineinander laufende sandbraune, grüne, dunkelgrüne und schwarzgrüne Farbflächen auf hellgrauem Untergrund. Es dauerte nicht lange, dann trug die gesamte *Flygvapnet*-Ausrüstung den gleichen Tarnanstrich. Nach längeren Experimenten, wozu auch Versuche mit weißer Farbe gehörten, erhielten die JA 37, einige Trainer und Bildaufklärer einen Tarnanstrich aus zwei hellen Grautönen, der im Wesentlichen bis Ende der 1990er-Jahre unverändert blieb. Erst dann wurden einige spektakuläre Spezialanstriche erlaubt. So trugen beispielsweise die AJS 37 der F 10 einen roten und der F 17 das Blau und Gelb der schwedischen Staatsfarben.

Die letzte SH 37 wurde 1980 ausgeliefert, während die Serienfertigung von Viggen der zweiten Generation noch ein weiteres Jahrzehnt weiterlief. Vermutlich wurden 329 Viggen gebaut, und zwar 108 AJ 37, 17 Sk 37, 28 SF 37 und 27 SH 37 sowie 149 JA 37. Die ungefähr 115 AJS 37 entstanden durch Modernisierung von AJ, SF und SH zu AJS und AJSF beziehungsweise AJSH-Versionen.

Der echte Viggen-Jäger ist die JA 37 Jakt Viggen. Anfang bis Mitte der 1970er-Jahre speziell als Abfangjäger entwickelt, erhielt der Fighter ein modernes Impulsdoppler-Radar PS-47 zur Erfassung und Bekämpfung tiefer fliegender Ziele, moderne Avionikausrüstung, ein schubstärkeres RM8B-

Triebwerk und eine 30-mm-Oerlikon-Kanone im Unterrumpfbehälter. Hauptwaffen waren je zwei halbautomatische radargelenkte Luft-Luft-Flugkörper (AAM) Rb 71 (BAe Dynamics Sky Flash) und Rb 24 (AIM-9B/J Sidewinder) oder Rb 74 (AIM-9L). Am 27. September 1974 startete eine modifizierte AJ 37 als Prototyp der JA 37. Seriengefertigte JA 37 kamen ab 1978 zur Truppe. Seitdem wurden viele Maschinen im Rahmen des Kampfwertsteigerungsprogramms „JA 37 Mod D" für AIM-120 AMRAAM (Rb 99) sowie die Avionik und Bildschirme der JAS 39 Gripen modernisiert. Sparmaßnahmen der 1990er-Jahre hinterließen ihre Spuren, und mit Einführung der Gripen wird der Viggen-Bestand weiter zusammenschmelzen.

Als das Viggen-Programm anlief, erwartete man den Bau von bis zu 831 Flugzeugen und ein beachtliches Exportpotenzial. Als die NATO in den 1970er-Jahren ein Nachfolgemuster für den Starfighter ausschrieb, konkurrierte die Viggen mit F-16, F-18 und Mirage F1: erfolglos. Potenzielle Kunden befürchteten, dass Ersatzteillieferungen im Kriegsfall oder bei politischen Spannungen unterbrochen würden. Dank riesiger USAF-Aufträge konnte General Dynamics die F-16A/B so günstig anbieten, dass Belgien, Dänemark, die Niederlande und Norwegen sich 1975 für die F-16 entschieden. Saab bot überschüssige Viggen solchen Ländern an, die noch über die Beschaffung der JAS Gripen nachdenken. Große Hoffnungen setzte man auch in den Draken-Betreiber Österreich, aber Wien entschied sich für den Eurofighter Typhoon. So deutet alles darauf hin, dass Schweden der einzige Viggen-Betreiber bleiben und dieser unverwechselbare Jäger schon bald vom nordischen Himmel verschwinden wird.

***Oben:** Die AJ 37 – das ursprüngliche Modell für Angriffsaufgaben. Viele wurden leistungs- und kampfwertgesteigert und dienten als AJS 37.*

***Links:** Typisch für die Viggen (hier eine AJ 37 der F 17) war ihr ganz unverwechselbarer Vierfarben-Tarnanstrich („Felder und Wiesen").*

Grumman F-14 Tomcat

Zum Abfangen sowjetischer Langstreckenbomber entwickelt, kämpfte die F-14 gegen libysche Jäger, über dem Balkan, in beiden Golfkriegen gegen den Irak und im irakisch-iranischen Konflikt. Bei der US Navy verbringt die F-14 ihren Lebensabend.

***Rechte Seite:** Die enorme Reichweite der Tomcat kann durch Luftbetankung noch vergrößert werden. Abgebildet ist hier die Treibstoffübernahme von einem USAF-Tanker KC-135.*

Dank leistungsfähigem Radar und einem Waffen-Mix aus Lang-, Mittel- und Kurzstreckenflugkörpern galt die F-14 Tomcat seit Anfang der 1970er-Jahre als der leistungsfähigste bordgestützte Jäger. Aber selbst 20 Jahre später, als dann in den 1990er-Jahren schließlich doch ein Ende ihrer Karriere absehbar wurde, bewies sie durch die Integration von Präzisionswaffen, dass mit ihr immer noch zu rechnen war.

Die Ursprünge der F-14 reichen allerdings sogar noch weiter zurück, bis zum Anfang der 1960er-Jahre totgeborenen Douglas-Projekt F6D Missileer der *US Navy* und dem TFX-Wettbewerb für einen fortschrittlichen taktischen Jäger (Tactical Fighter Experimental) der USAF. Um die Entwicklungskosten möglichst niedrig zu halten, sollten die Marine- und Luftwaffenversion möglichst viele Gemeinsamkeiten aufweisen. Als Douglas und Grumman 1962 im TFX-Wettbewerb siegten, wurde allgemein erwartet, dass es sich bei dem neuen Jagdbomber der USAF und dem bordgestützten Abfangjäger der *US Navy* um Varianten der General Dynamics F-111 handeln würde. Das bedeutete schließlich: Die Marineversion F-111B wurde im Mai 1968 storniert, nachdem die Kosten explodiert waren und erkennbar wurde, dass sie die gestellten Anforderungen unmöglich erfüllen konnte.

Als die *US Navy* im Juli 1968 ein völlig neues Flugzeug ausschrieb, präsentierte Grumman den

GRUMMAN F-14D TOMCAT

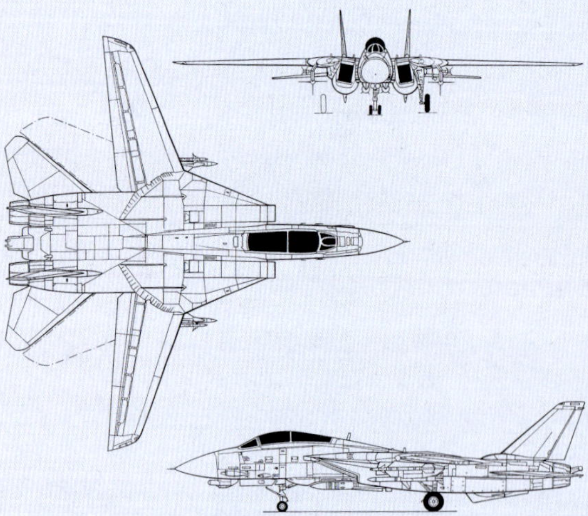

Besatzung: 2

Triebwerk: zwei Mantelstromtriebwerke General Electric F110-GE-400 mit je 102,75 kN Nachbrennerleistung

Höchstgeschwindigkeit: 2470 km/h (Mach 1,88)

Einsatzradius: 1994 km

Dienstgipfelhöhe: 16 150 m

Gewicht: Startmasse 33 724 kg

Bewaffnung: eine 20-mm-Kanone M61 Vulcan; max. Kampflast 6577 kg, unter anderem folgende Luft-Luft-Flugkörper: zwei AIM-9 und je vier AIM-7 Sparrow und AIM-54 Phoenix

Abmessungen: Spannweite 19,54 m (ungepfeilt) und 11,65 m (gepfeilt); Länge 19,10 m; Höhe 4,88 m

Entwurf „Design 303“ für einen zweisitzigen, bordgestützten Luftüberlegenheitsjäger mit Schwenkflügeln. Im Gegensatz zur F-111 waren die Sitze allerdings nicht nebeneinander, sondern tandemartig angeordnet. Die beiden Flügelhälften waren schwenkbar ausgelegt, und zwar in einem Normalbereich von 20 Grad für den Langsamflug und bis zu 68 Grad für hohe Geschwindigkeiten. Hinzu kam mit 75 Grad eine „Überpfeilung“, die zur besseren Unterbringung auf den Flugzeugträgern diente. Die beim Luftkampf optimale Schwenkposition wurde automatisch eingestellt. Zur Steuerung um die Längsachse unter 57 Grad Schwenkung dienen Flügelspoiler und vollbewegliche Höhenflossen; bei mehr als 57 Grad dienten nur die Höhenflossen zur Quersteuerung.

IM COCKPIT DER GRUMMAN F-14 TOMCAT

Oben: Mit dem Luft-Luft-Flugkörper AIM-54 Phoenix kann die Tomcat Ziele schon aus großer Entfernung bekämpfen. In jüngster Zeit sind allerdings alle US-Luftsiege mit anderen Waffen erzielt worden.

Zweimal bewiesen Tomcat in den 1980er-Jahren bei Luftkämpfen mit libyschen Jägern über dem Golf von Sidra ihre Überlegenheit. Am 4. Januar 1989 demonstrierte die Trägerkampfgruppe John F. Kennedy die „Freiheit der Meere“ und stieß provozierend in von Libyen beanspruchte Hoheitsgewässer vor. Zwei patrouillierenden F-14 von VF-32 „Swordsmen“ wurde der Start einer Rotte MiG-23 „Flogger“ vom Flugplatz Al Bumbah bei Tripolis gemeldet. Sie erfassten die MiG mit ihrem Bordradar auf etwa 116 km und eröffneten den Angriff in 6095 m Höhe, während die MiG von 3050 m auf 2440 m sanken. Links kurvend, gingen die Tomcat in einen schnellen Sinkflug, sodass ihre Radargeräte die beiden MiG ungestört durch Bodeneinflüsse von unten erfassen konnten. Um nicht umfasst zu werden, griffen die MiG nun die Tomcat frontal an. Während Flogger und Tomcat kurvten, erhielten die F-14 von ihrem Jägerleitoffizier die Feuererlaubnis, falls sie sich bedroht fühlen sollten.

„Die Bogies [gesichtetes unbekanntes Flugzeug] sind schon fünfmal ausgewichen. Sie sind vor meiner Nase; jetzt in 32 Kilometern“, meldete Leo Enright, Radarsystemoffizier (RIO) der führenden F-14. Sein Pilot, Joseph Connelly, startete aus 20,7 Kilometern schnell in Folge zwei Sparrow – beide gingen fehl. Dann drehten die beiden Tomcat scharf nach links beziehungsweise nach rechts ab und wendeten, um die in diesem Augenblick in Sicht kommenden MiG erneut zu umklammern. Hermon „Munster“ Cook, Pilot der zweiten F-14, rief: „Tally-ho! Elf-Uhr hoch. Sie kurven auf mich ein“, und startete eine Sparrow aus elf Kilometer Entfernung. Die Sparrow flog direkt in den rechten Lufteinlauf der zweiten MiG, die in einem riesigen Feuerball explodierte. Der Pilot stieg mit dem Schleudersitz aus, wurde von den Libyern aber nicht gerettet. Beide F-14 wendeten in einer 4,5-g-Kurve der anderen MiG hinterher und starteten eine Sidewinder, die die MiG unmittelbar hinter dem Cockpit traf. Auch ihr Pilot stieg aus. „Zwei Flogger im Wasser, zwei offene Fallschirme in der Luft“, meldete Connelly, während er in den Sinkflug ging und seinen Rottenflieger zum Träger zurückführte. Der Treibstoff wurde knapp.

Im August 1989 schossen zwei F-14A von VF-41 zwei Suchoi Su-22 „Fitter“ mit AIM-9L ab.

Rechts: VF-11 „Red Rippers“ ist eine der ältesten Jagdstaffeln der US Navy. Ihr Stammbaum reicht zurück bis in die Zeiten des Doppeldeckers.

Links: *Die „Diamondbacks" der VF-102 wurde als eine der ersten Tomcat-Staffeln auf F/A-18F Super Hornet umgerüstet.*

Links: *In den 1960er-Jahren entworfen, reflektiert das Frontcockpit der F-14A den Stand der damaligen Technik.*

Hatte „Design 303" noch nur eine einzige Seitenflosse, so wählte Grumman dann später eine doppelte Ausführung, weil man sich davon deutlich bessere Manövriereigenschaften versprach. Als Triebwerk wurden zwei Pratt & Whitney TF30 (Leistung 94,2 kN mit Nachverbrennung) gewählt. Grummans „Design 303" wurde im Januar 1969 zum Sieger über die McDonnell 225D erklärt und erhielt die Typenbezeichnung F-14A. Grumman nahm den neuen Jäger in seine „Katzenfamilie" auf (von der F4F Wildcat bis zur F11F Tiger) und taufte ihn „Tomcat" (Kater).

Unter der Führung von Robert Smythe und Bill Millar startete die erste Tomcat am 21. Dezember 1970 zum Jungfernflug. Neun Tage danach stürzte die Maschine beim zweiten Testflug wegen Störungen im Hydrauliksystem ab. Die Piloten konnten sich retten.

Die Tomcat wurde um das von Hughes entwickelte Lenkwaffensystem AIM-54 Phoenix konstruiert. Das AIM-54 umfasste das Feuerleitradar AWG-9, den dazugehörigen Luft-Luft-Flugkörper AIM-54 und dessen Starter.

Damals hatte die *US Navy* in Vietnam eine entscheidende Lektion gelernt: Kurvenkämpfe im Nahbereich gehörten keineswegs der Vergangenheit an. Deshalb forderte die *US Navy* für die F-14A eine fest eingebaute 20-mm-Kanone. Die Lücke zwischen den Feuerbereichen von Kanone und Langstreckenflugkörper Phoenix schlossen schließlich die AIM-9 Sidewinder für den Nahbereich mit bis zu vier an Außenlastträgern unter dem Flügelkasten und AIM-7 Sparrow III mittlerer Reichweite, von denen vier halbversenkt am Unterrumpf und zwei an Unterflügelträgern mitgeführt werden konnten.

Die Phoenix wurden an speziellen Lenkwaffenträgern mitgeführt. Theoretisch hätten diese „John Wayne"-Träger sechs Phoenix aufnehmen können, was aber das Fluggewicht der F-14A dermaßen erhöht hätte, dass sichere bordgestützte Einsätze unmöglich gewesen wären.

Nach der Erprobung von nicht weniger als 20 Prototypen und Vorserienmodellen wurde VF-1 „Wolfpack" im Juli des Jahres 1972 als erste trägergestützte Jagdstaffel auf F-14A umgerüstet und stach dann zwei Jahre später, 1974, zum ersten Kampfeinsatz in See. F-14 deckten ein weiteres Jahr darauf, 1975, zwar die

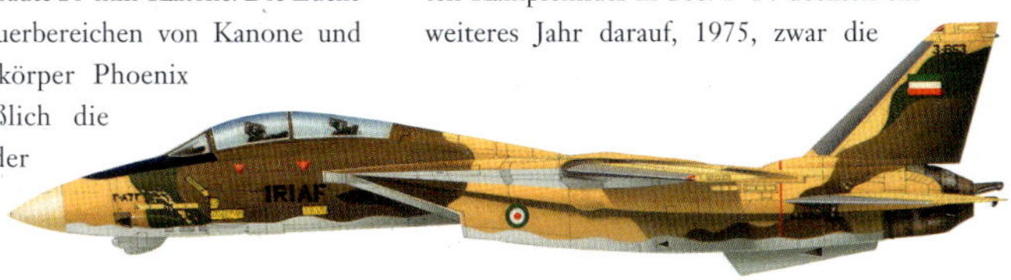

Links: *Einziger Exportkunde war der Iran. Trotz Sanktionen und Krieg ist immer noch eine beachtliche Zahl F-14A im Einsatz.*

__Oben:__ Weltberühmt wurde die Tomcat durch den „Top Gun"-Film mit Tom Cruise 1986. Wie die fiktiven Kennzeichen zeigen, war die abgebildete F-14 einer der Filmstars.

__Unten:__ Mit drei Flugkörpertypen und einer Kanone konnte die Tomcat Luftziele bis auf große Entfernungen bekämpfen. Sichtbar sind Flugkörper AIM-7, AIM-9 und AIM-54.

Evakuierung Saigons, wurden aber nicht in Kämpfe verwickelt. Schließlich dienten Tomcat bei 29 Staffeln und der Naval Fighter Weapons School „Top Gun".

Sorgen bereitete das TF30-Triebwerk, was schließlich zu dem Entschluss führte, die siebte Tomcat als Prototyp für die geplante F-14B mit zwei F401-PW-400 zu testen. Dieser Prototyp erschien später als F-14B Super Tomcat mit F101-DFE-Triebwerk, das zum F110-GE-400 weiterentwickelt und später als Antrieb für modernisierte Tomcat-Versionen gewählt wurde.

Mit dem neuen Triebwerk ausgestattet werden sollten zwei Versionen: F-14A (Plus), eine Art Übergangslösung, und die F-14D, die zusätzlich eine digitalisierte Avionikausrüstung erhalten sollte. Aus der F-14A (Plus) wurde die F-14B. 38 seriengefertigte Exemplare dieses Typs wurden bis 1988 durch 32 umgebaute F-14A verstärkt. Letztere erhielten eine zeitgemäßere Avionikausrüstung, bestehend aus Feuerleitsystem, neuer Funkausrüstung, leistungsgesteigerten Radarwarnanlagen und verbesserter Cockpitausstattung. Die B/D hatten so starke Triebwerke, dass Katapultstarts ohne Nachbrenner möglich waren. Verglichen mit den temperamentvollen F-14A ließen sie sich außerdem sehr viel leichter handhaben.

Die erste seriengefertigte F-14D flog am 9. Februar 1990. Das „alte" AWG-9 erhielt ein digitalisiertes Radardaten-Verarbeitungssystem sowie einen an der Bugunterseite installierten TV/Infrarot-Sensorbehälter und wurde in APG-71 umbenannt. Weitere Verbesserungen waren neue Schleudersitze und Radarwarngeräte. Wegen Kürzungen des Wehretats wurden nur 37 seriengefertigte F-14D in Dienst gestellt und ab 1990 ausgeliefert. Die Auslieferung umgerüsteter F-14D endete 1995 mit dem 110. Exemplar.

Im Golfkrieg 1991 holte eine F-14A einen irakischen Hubschrauber Mi-8 mit einer AIM-9M Sidewinder vom Himmel. Auch im Nachkriegsirak kam es über der südlichen Flugverbotszone zu Zusammenstößen. Bei einer Gelegenheit feuerte eine Tomcat eine Sidewinder, dann eine Sparrow und schließlich noch eine Phoenix einer fliehenden irakischen MiG hinterher – erfolglos.

Einziger Tomcat-Exportkunde war der Iran. Der Schah bestellte 1974 80 F-14A – in erster Linie, um Luftraumverletzungen sowjetischer Aufklärer vom Typ MiG-25 zu verhindern. Kaum hatten 1976 die Auslieferungen begonnen, als die

Sowjets auch prompt ihre Aufklärungsflüge einstellten. Mit Ausnahme einer in den USA getesteten Maschine, waren alle übrigen iranischen Tomcat (einschließlich 284 AIM-54!) in Dienst gestellt, als 1979 die Islamische Revolution ausbrach. Trotz Revolution blieben im iranisch-irakischen Krieg 1980–1988 noch mindestens 30 F-14 einsatzbereit und erzielten fast 40 Luftsiege. Auf der Gegenseite meldeten irakische MiG-21, MiG-29 und Mirage F1 zehn abgeschossene F-14.

Dass die F-14 zur Bekämpfung von Erdzielen nur begrenzt fähig war, wurde erst Mitte der 1990er-Jahre erkannt. Es wird behauptet, dass der Plan, die F-14 mit Präzisionswaffen auszurüsten, von Staffelführern in fröhlicher Runde im Oceana Officer's Club ausgebrütet worden sei. Auf alle Fälle warf eine F-14 im Mai 1994 erstmalig eine Laserlenkbombe GBU-16 ab.

Der erste Kampfeinsatz mit dieser Waffe erfolgte dann im Jahr 1995 über Bosnien. Anfangs dienten F/A-18 als Zielbeleuchter, bis die F-14 mit LANTIRN-Behältern ebenso nachgerüstet waren wie mit GPS-gelenkten JDAM-Bomben. In dieser neuen Rolle haben die Tomcat als Marine-Plattform mit der größten Reichweite und den modernsten Präzisionswaffen mehr Kampfeinsätze erlebt als je zuvor: über Serbien und dem Kosovo, Afghanistan und dem Irak. Vermutlich werden alle Tomcat bis zum Jahr 2007 ausgemustert sein.

Oben: *Mit voll eingeschwenkten Flügeln rast eine F-14 der VF-84 „Jolly Rogers" zwischen ihrem Träger und Begleitzerstörern vorbei.*

Links: *VF-33 ist eine der bereits aufgelösten F-14-Staffeln. Die meisten verbliebenen Einheiten werden auf die zweisitzige Version der Super Hornet umrüsten.*

McDonnell Douglas F-15 Eagle

Amerikas F-15 Eagle kann eine beeindruckende Zahl von Luftsiegen vorweisen. Nicht nur US-Piloten, auch Israelis und Saudis haben diese Erfolgsstory geschrieben. Dieser „Adler“ ist der Beste seiner Generation und ein wahrer König der Lüfte.

MCDONNELL DOUGLAS F-15C EAGLE

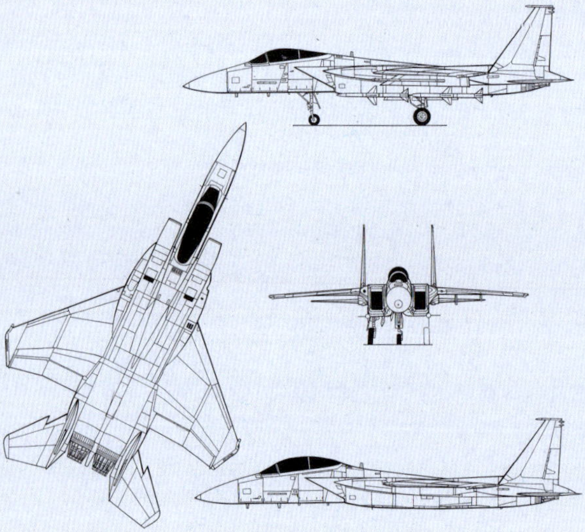

Besatzung: 1

Triebwerk: zwei Mantelstromtriebwerke Pratt & Whitney F100-P-220 mit 106,0 kN Nachbrennerleistung

Höchstgeschwindigkeit: 2125 km/h

Einsatzradius: 1967 km

Dienstgipfelhöhe: 18 290 m

Gewicht: Startmasse 30 884 kg

Bewaffnung: eine 20-mm-Kanone M61; max. Kampflast 7247 kg, unter anderem folgende Luft-Luft-Flugkörper: je vier AIM-7 oder AIM-120 und AIM-9

Abmessungen: Spannweite 13,05 m; Länge 19,43 m; Höhe 5,63 m

Rechte Seite: *Eine F-15C der 390th Fighter Squadron, stationiert in Mountain Home (Idaho) wird von einem Tanker KC-135 luftbetankt.*

1965. In Vietnam eskaliert der Konflikt, und die USA können nur unter wachsenden Verlusten die Luftüberlegenheit bewahren. Daran ändern auch immer wieder neue Versionen der F-4 Phantom nichts. Auch die Bedrohung durch die sowjetische Luftrüstung erfordert die Entwicklung eines modernen Hochleistungsjägers. Schon im März 1966 gehen im Rahmen des FX-Projektes (Fighter eXperimental) erste Studienaufträge an führende US-Flugzeugbauer. Gefordert wird ein taktischer Luftüberlegenheitsjäger, der Luftziele sowohl außerhalb der Sichtweite als auch im Nahbereich bekämpfen kann. Er soll Mach 2,5 erreichen und ohne Luftbetankung nonstop von den USA nach Europa fliegen können. Im Gegensatz zur F-4 ist keine Verwendung als Mehrzweckkampfflugzeug geplant, und bei der USAF wird gebetsmühlenartig

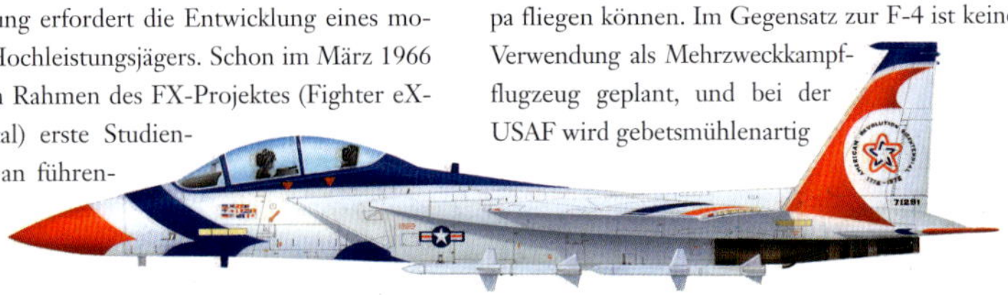

Rechts: *Zur Feier „Amerikanische Revolution 1776 – 1976“ trägt diese F-15B ein besonderes „Kleid“ (Bicentennial Colors).*

GUNFIGHTERS
MO
MO
390FS

Rechts: *Die F-15D ist die voll einsatzbereite zweisitzige Version der Eagle. Abgebildet sieht man hier eine Maschine der 6512th Test Squadron in Edwards AFB.*

betont: „Not a pound for air-to-ground", was heißt, dass eine Erhöhung der Leermasse wegen der nur sekundär geplanten Erdkampffähigkeit vermieden werden soll.

Gegen North American Rockwell, General Dynamics und Fairchild Republic siegte schließlich McDonnell Douglas im Dezember 1969 im FX-Wettbewerb, und am 29. Juli 1972 startete die erste F-15A Eagle in Edwards AFB zum Jungfernflug. Eine zweisitzige TF-15A wurde danach in F-15B umbenannt. Den ursprünglich geplanten Bau von insgesamt 730 F-15A und TF-15A kürzte man später auf 355 Serienmaschinen. Ab 1979 wurden diese beiden Versionen in der Produktion durch F-15C und -D ersetzt, die leistungsgesteigerte Varianten sowohl des Radars APG-63 als auch des Mantelstromtriebwerks Pratt & Whitney F100 erhielten. Die Nachbrennerleistung des F100 blieb mit 106 kN allerdings unverändert. Andere Veränderungen erhöhten Startgewicht, Lastfaktor und

Rechts: *Im Rahmen des Unternehmens „Streak Eagle" flog diese F-15A 1975 an zwei Tagen acht Steiggeschwindigkeits-Weltrekorde. Unter anderem stieg sie in 207,8 Sekunden auf 30 000 m. Für die Rekordversuche war das Startgewicht durch den Ausbau von Bewaffnung und Feuerleitradar um fast 2000 kg reduziert worden.*

IM COCKPIT DER MCDONNELL DOUGLAS F-15 EAGLE

Oben: F-15C des 493rd Fighter Squadron errangen vier der insgesamt sechs USAF-Luftsiege über dem Kosovo; alle mit AMRAAM.

26. März 1999. Im Rahmen der Operation „Allied Force" starten zwei Piloten der *493rd Fighter Squadron* „Grim Reapers" zu einem Patrouillenflug über Bosnien. Die beiden „Eagle-Fahrer" mit den Rufzeichen „Boomer" und „Claw" (Jeffery Hwang) operieren als Flug „Dirk 21". Was sie später Captain Lawrence Spinetta im Magazin Jets berichten, wird hier in verkürzter Form wiedergegeben: „Der Einsatz verlief zunächst ohne besondere Vorkommnisse. Keinerlei gegnerische Aktivitäten am Boden oder in der Luft. Luftraumüberwachung (CAP) kann sehr langweilig sein, wenn niemand erscheint, mit dem man spielen kann." Ungefähr nach der Hälfte der geplanten Einsatzdauer wandelt sich aber plötzlich das Bild. Auf Boomers Radardisplay erscheint ein Radarkontakt, der sich von Serbien Richtung Bosnien bewegt. Überrascht informiert er sofort eine Boeing E-3 AWACS und bittet, den Kontakt zu verifizieren. Boomer: „Dirk Two, Gruppe östlich Bullseye, Entfernung 30 Meilen (48 km), zehntausend." [„Bullseye" war ein zuvor festgelegter Festpunkt.] – AWACS: „Auch wir haben Kontakt." – Claw: „Dirk One ebenso ... Dirk Flug beschleunigen ... wird Ärger geben." – AWACS: „Kontakt feindlich. Feuerfreigabe." Claws Blutdruck verdreifacht sich sofort. Er hört sein Herz schlagen. Blitzschnell prüft er seine Position und erkennt, dass ihn sein geplanter Abfangkurs über serbisches Territorium führen würde, und er beschließt (wegen der Bedrohung durch Luftabwehrsysteme), den Angriff abzubrechen. Claw: „Dirk cold right." [Befehl nach Westen abzudrehen; fort von der Bedrohung.] Der Kontakt, inzwischen als eine MiG-29 identifiziert, hält Kurs Richtung bosnischen Luftraum. – Claw: „Hot right. Tapes on." [„nach Osten abdrehen. Systeme ein."] Er wählt das System, das die HUD-Bilder für spätere Analysen aufzeichnet, und meldet „Anzeige Einzelgruppe Bullseye 090/10. Dirk Two dort Zielobjekt." Dann befiehlt Boomer: „Combat jet One." Beide Eagle werfen ihre Zusatztanks ab und springen durch die plötzliche Gewichtsabnahme förmlich vorwärts: „Es gibt im Luftkampf einen Punkt, wo man erkennt, es geht um Leben und Tod. Du oder ich. Man kann nicht davonlaufen, weil man weiß, dass der feindliche Flugkörper schneller ist." – Boomer: „Fox!" Seine Stimme klingt ruhig und sicher, während er einer AMRAAM der MiG entgegenrast. – Claw: „Da ist ein Kondensstreifen. Ein Raketenkondensstreifen!" [Pause.] „Eine zweite Feindmaschine!" Sie erkennen, dass es sich bei ihrem Radarkontakt nicht um ein, sondern um zwei Flugzeuge handelt, die in enger Formation hintereinander flogen. Claw ist in der besseren Position und feuert in schneller Folge zwei Flugkörper ab, während Boomer die führende MiG angreift. Flugkörper schießen wie Blitze aus beiden Eagle. Die AMRAAM ist außerordentlich schnell. Soldaten der *US Army* sehen ihre Kondensstreifen, glauben an einen Angriff, geben Alarm und suchen Deckung in ihren Schützenlöchern. Claw: „Horrido, die Jagd ist eröffnet." Beide Jäger nehmen die gegnerischen Radarkontakte ins Zentrum ihrer Frontscheibensichtgeräte, als wollten sie sie im Visier behalten. Dann sehen sie – über stark aufgelockerter Bewölkung – zwei Feuerbälle. Claw: „Treffer, zwei MiG!" Fast hätte Claw gebrüllt. Später sagte er, er wünschte, er wäre etwas beherrschter gewesen. Bis ihre Ablösung erschien, hatten die beiden F-15 noch drei Stunden Patrouillenzeit vor sich. Bei der Landung in Cervia (Italien) wurden sie jubelnd begrüßt, aber es gab nur eine kleine Feier, denn am nächsten Tag mussten sie wieder fliegen.

Claw erhielt beide Treffer zugesprochen. Obwohl Boomer etwas früher gefeuert hatte, bewiesen die Videos, dass Claws AMRAAM den tödlichen Treffer erzielt hatte.

Die beiden MiG-Piloten retteten sich mit dem Schleudersitz.

Ganz oben: *Mit Canards und Schubvektordüsen demonstrierte die buntlackierte Testmaschine F-15 STOL/MTD ihre Kurzstart- und Kurzlandefähigkeiten sowie eine hohe Manövrierfähigkeit.*

Oben: *Israels zweisitzige F-15B und -D sind kampferprobt. Im Juni 1982 schoss diese F-15D drei syrische MiG ab.*

Treibstoffkapazität durch Verwendung widerstandsarmer Außenbehälter für Treibstoff. Hauptbewaffnung der Eagle: je vier Sidewinder und Sparrow (später AMRAAM) und die Bordkanone M61.

Ihre Kurvenkampffähigkeit verdankt die F-15 ihrer Flügelfläche, die wegen ihrer Größe (56,5 m^2) gern mit einem Tennisplatz verglichen wird. Ein Doppelleitwerk verlieh die geforderte Stabilität um die Längsachse, das tropfenförmige Kabinendach markierte die Rückkehr zur Rundumsicht der F-86, die bei den meisten nachfolgenden US-Jägern verloren gegangen war. Mach 2,5 erreichte die F-15 nur dann, wenn der Pilot den Schalter „VMAX" betätigte. Anschließend müssen die Triebwerke zwecks Inspektion ausgebaut werden. Unter normalen Bedingungen liegt die Geschwindigkeit einer bewaffneten Eagle bei maximal Mach 1,78.

Als erstes Einsatzgeschwader erhielt das 1st TFW (taktisches Jagdgeschwader) ab Januar 1976 seine F-15A und -B. Die ersten F-15C wurden dem 18th TFW (Okinawa) im September 1979 zugeteilt. Insgesamt baute man 408 F-15C und 62 -D für die USAF. Exportkunden: Saudi-Arabien, Japan (F-15J und -DJ lizenzgefertigt von Mitsubishi), Israel. Die Israelis erhielten ihre erste F-15A Ende 1976; weitere 105 Eagle folgten ab 1978. Israels F-15A, -B, -C und -D tragen den Namen Baz (Bussard). Einige wurden mit Präzisionslenkwaffen zur Erdzielbekämpfung nachgerüstet. Seit Juni 1979 zerstörten Israels ein- und zweisitzige Eagle fast 60 syrische MiG.

Im Golfkrieg 1991 holten F-15C 32 irakische Kampfflugzeuge vom Himmel; zwei schoss ein saudischer Pilot ab. Eine F-15E vernichtete einen im Schwebeflug befindlichen Hubschrauber mit einer Laserlenkbombe. Cesar Rodriguez, ein F-15C-Pilot der USAF, zerstörte 1991 je eine MiG-23 und -29 über dem Irak und eine zweite MiG-29 im Rahmen der Operation „Allied Force" über Bosnien. Damit ist er derzeit der erfolgreichste Eagle-Pilot der USAF.

Obwohl man die Eagle anfänglich nur ungern zur Erdzielbekämpfung einrichten wollte, wurden dennoch entsprechende – vorerst nur theoretische –

Rechts: *Eagle wie diese F-15C über Lake Mead (Nevada) werden für viele Testprogramme verwendet.*

***Links:** März 1982, Manöver Alloy Express. Eine Eagle-Rotte aus Bitburg (Deutschland) hebt von einer im Regen nass gewordenen Piste im norwegischen Bodö ab.*

Vorkehrungen getroffen. Das zweisitzige Mehrzweckkampfflugzeug F-15E erschien 1982 als das von McDonnell Douglas finanzierte Erprobungsmuster „Strike Eagle". Aus der F-15E gingen weitere Exportversionen hervor, darunter die F-15S für Saudi-Arabien. Die israelische Luftwaffe übernahm ihre erste F-15I Ra'am (Donner) 1998. Obschon in Israel primär als Jagdbomber verwendet, kann die F-15I auch Atomwaffen tragen und besitzt dank ihrer Luft-Luft-Flugkörper Python 4 und 5 auch beachtliche Abfangjagdfähigkeiten. Von der F-15I existieren mehrere Versionen mit ausgeklügelter Ausrüstung für elektronische Kampfführung, Helmvisier und eine Cockpitausstattung israelischer Herkunft.

Nach den Terroranschlägen des 11. September 2001 in den USA erhielten die F-15 den bis dahin undenkbaren Auftrag, notfalls auch Passagierflugzeuge abzuschießen, und flogen in den folgenden Monaten im Rahmen der Operation *Noble Eagle* tausende von Flugstunden über US-Großstädten.

Im Irakkrieg des Jahres 2003 beherrschten die F-15C erneut den Himmel. Aber die irakische Luftwaffe stellte sich nicht zum Kampf und rettete damit das Leben ihrer Piloten und die große Masse ihrer Flugzeuge. F-15E nutzten ihre unübertroffene Nachtangrifffähigkeit mit großem Erfolg. Allerdings wurde eine F-15E abgeschossen; wahrscheinlich mit einer erbeuteten schultergestützten Fliegerfaust.

Schien es vor wenigen Jahren noch so, als ob die F-15-Fertigung zur Jahrtausendwende zu Ende gehen würde, so haben sich seitdem neue Perspektiven ergeben. Die USAF orderte Jagdbomber vom Typ F-15E, und auch Israel und Saudi-Arabien wollen ähnliche Modelle beschaffen. Sogar Südkorea gab im April 2002 den Kauf von 40 F-15K (ähnlich wie F-15E) bekannt, womit die Auslastung bei Boeing (fusionierte 1997 mit McDonnell Douglas) bis zum Jahr 2008 gesichert zu sein scheint.

***Unten:** 1987. Bei Schießversuchen wurden zwei AIM-120 AMRAAM (fortschrittliche Luft-Luft-Lenkwaffe mittlerer Reichweite) auch von F-15 Eagle gestartet.*

General Dynamics/Lockheed Martin F-16 Fighting Falcon

Sie setzt die Standards für moderne Jäger. Seit einem Vierteljahrhundert dient die F-16 rund um den Globus und wird dennoch immer wieder für neue Aufgaben und neue Kunden kampfwert- und leistungsgesteigert.

Rechte Seite: *Bei ihrem Erscheinen in den 1970er-Jahren bot die F-16 beispiellose Flugleistungen und Manövrierfähigkeit. Abgebildet ist eine der ersten seriengefertigten F-16A.*

Ursprünglich als leichter Abfangjäger konzipiert, hat sich die F-16 längst zu einem technisch ausgeklügelten, vielseitigen Mehrzweckkampfflugzeug und zum Exportschlager gemausert. Wohl kein anderer Jäger ist für so viele verschiedene Waffen zugelassen, und selbst beim Eintritt ins vierte Lebensjahrzehnt besitzt der Fighter noch beträchtliche Erweiterungsmöglichkeiten.

Ihre Erfolgsgeschichte begann im Jahr 1971, als die USAF einen leichten, kleinen und wendigen Jäger ausschrieb. Es ging der USAF darum, einen Jäger zu entwickeln, der allen in Vietnam erkannten Herausforderungen – in erster Linie den MiG-17, -19 und -21 – gewachsen sein sollte.

Nachdem General Dynamics im FX-Wettbewerb um die F-15 Eagle gescheitert war, bildete Chefkonstrukteur Harry Hillaker ein neues Team und erarbeitete Studien für einen Leichtbaujäger (LWF).

Gefördert wurde diese Idee von einer Gruppe einflussreicher USAF-Offiziere (unter ihnen der spätere General John Boyd). Hinzu kamen Spezialisten aus dem Pentagon und Flugzeugbauer, auch als „Fighter Mafia“ bekannt. Sie widersetzten sich den Forderungen nach immer größeren, schwereren, komplexeren und teureren Jägern und begünstigten stattdessen einen erschwinglichen, einstrahligen Entwurf. Statt rekordverdäch-

LOCKHEED MARTIN F-16C BLOCK 52

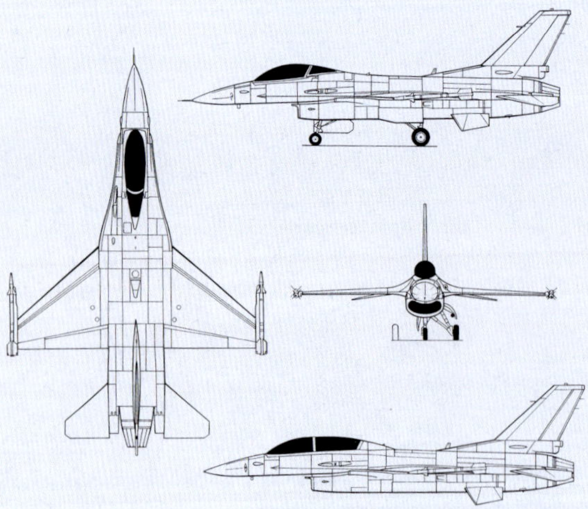

Besatzung: 1

Triebwerk: ein Mantelstromtriebwerk General Electric F110-GE-129 IPE, leistungsgesteigert auf 129,4 kN Nachbrennerschub

Höchstgeschwindigkeit: 2125 km/h +

Einsatzradius: mind. 1250 km (abhängig von Bewaffnung und Zusatztanks)

Dienstgipfelhöhe: 15 240 m

Gewicht: Startmasse 12 292 kg

Bewaffnung: 20-mm-Bordkanone M61 Vulcan; max. Kampflast 7072 kg

Abmessungen: Spannweite 9,45 m; Länge 15,03 m; Höhe 5,09 m

AF
80
543

tiger Höchstgeschwindigkeiten legten sie Wert auf überlegene Manövriereigenschaften, große Reichweite und starke Beschleunigung.

Der LWF wurde anfangs auch deshalb als Technologieträger finanziert, um bei einem Scheitern des FX-Projektes nicht mit leeren Händen dazustehen. Zur Ermittlung des Siegers forderte die USAF ein Vergleichsfliegen zwischen den Konkurrenten Northrop YF-17 und General Dynamics YF-16.

Die erste YF-16 startete am 2. Februar 1974 mit Phil Oestricher zum offiziellen Jungfernflug.

IM COCKPIT DER F-16 FIGHTING FALCON

Oben: Zahlenmäßig die stärksten Flugzeuge im USAF-Arsenal, sind die F-16A und -B nun durch F-16C und -D abgelöst worden.

Im Golfkrieg 1991 fiel den F-15 der USAF die Ehre der Luftkämpfe zu, während die F-16 hauptsächlich zur Luftnahunterstützung eingesetzt wurden. Damals waren die Falcon weitgehend noch mit „dummen" Freifallbomben bestückt. Im Januar 1991 flog Major Dick „Disco" Naumann (*157th TFS*, South Carolina ANG) an der Spitze einer Gruppe von F-16, britischen Tornado und französischen Jaguar einen Einsatz zur Unterdrückung der gegnerischen Luftabwehr über Kuwait: „Als wir die Grenze überflogen, schien noch alles friedlich. Wir trugen 907-kg-Bomben Mk 84, deren Radarzünder so eingestellt waren, dass sie ungefähr fünf Meter über Grund detonierten. (Plötzlich) ... brach die Hölle los. Wir erhielten starkes Flakfeuer und viele, viele SAM-Anzeigen – visuell und auf Sensoren. Im Sprechfunk sofort großes Stimmengewirr. Aber wir hielten weiter Kurs auf unsere Ziele. Einige Burschen mussten wegen dichter Wolken oder zu starker SAM-Abwehr abdrehen und luden ihre Bomben über El Salimyah ab.

Einer unserer Piloten war über Kuwait City erst knapp einer SAM ausgewichen, als eine zweite so nahe an ihm vorbeizischte, dass er ihren Tarnanstrich erkennen konnte. Glücklicherweise explodierte sie erst in sicherer Entfernung.

Jeder lud seine Bomben ab und nahm Kurs auf den Ablaufpunkt. Als abgezählt wurde, fehlte niemand, was bei so starkem SAM-Beschuss an ein Wunder grenzte.

Wir hatten angenommen, wir wären die dritte Kampfgruppe gewesen, die dieser Gegend einen Besuch abstattete. Tatsächlich scheinen wir seit Kriegsausbruch aber die Ersten gewesen zu sein. Wir hatten einen Einsatz wie einen Spaziergang im Park erwartet, der sich dann aber wie ein Spaziergang im Central Park (Manhattan, New York City) um Mitternacht entpuppte."

Rechts: Mit nach hinten geneigtem Sitz, seitlich angeordnetem kleinem „Steuergriff" und Mehrzweckbildschirmen erschien das Cockpit der F-16A geradezu sensationell. Bei den moderneren Versionen liefern große Farbbildschirme Navigations- und Sensordaten.

Inoffiziell hatte Phil Oestricher die Maschine allerdings schon am 20. Januar für wenige Minuten geflogen, als sich bei einem Hochgeschwindigkeitsrollversuch ein Problem ergab und ihn zum Abheben zwang. Der ersten YF-16 folgten noch neun weitere, die zur Erprobung neuer Triebwerke und zu Verbesserungen der Konstruktion dienten.

Von der USAF 1975 offiziell als neuer Jäger angenommen, sollte die F-16 die F-15 im Einsatz ergänzen sowie die Phantom und die verbliebenen Jäger der so genannten „Century Serie" beim Taktischen Luftwaffenkommando, den Reserveverbänden und bei der *Air National Guard* ablösen.

Zum Zeitpunkt ihres Erscheinens war die F-16 geradezu eine Sensation in der Luftfahrttechnik. Die Anordnung der starren Triebwerklufteinläufe unterhalb des Cockpits sowie die fließenden Übergänge von Flügeln und Rumpf waren bis dahin unbekannte Merkmale eines Fighters. Als wirklich zukunftweisend erwies es sich vor allem, dass die F-16 instabil konstruiert (deshalb außerordentlich wendig!) und nur mittels Computer sowie mit elektronischen Steuersignalen kontrollierbar war.

Das schwach gepfeilte Tragwerk bot eine optimale Kombination von exzellenter Manövrierbarkeit, starker Beschleunigung und hohen Auftriebskräften für gute Höhenleistungen. Mit einem Rechner gesteuerte Vorflügel garantierten stets den bestmöglichen aerodynamischen Wirkungsgrad. Dank ihres Mantelstromtriebwerks F100-PW-200 (Nachbrennerleistung 106 kN) erzielte die leichte F-16 ein Schub-Masse-Verhältnis von mehr als 1:1. Die Kabinenhaube war mit Ausnahme eines kleinen hinteren Abschnitts ohne jeden Rahmen gefertigt und bot ideale Sicht. Die seriengefertigten F-16A erhielten ein größeres Tragwerk, größere Tankkapazität und – zur Installierung des APG-66-Radars – ein tieferes Radom.

Von der USAF in Dienst gestellt wurde die erste F-16A im Januar 1979 beim 388th TFW, einem in Hill AFB (Utah) stationierten Jagdgeschwader. Im selben Monat erhielt auch die belgische Luftwaffe ihre ersten Exemplare.

Wie die Belgier hatten sich auch Dänen, Niederländer und Norweger schon im Juni 1975 für die F-16A und den Zweisitzer F-16B als Nachfolger ihrer F-104 Starfighter entschieden und im „Jägergeschäft des Jahrhunderts" einen Erstauftrag über 348 Maschinen erteilt. In Belgien wie in den Niederlanden wurden Montagestraßen eingerichtet und in mehreren anderen Ländern Baugruppen gefertigt. Später richteten die Türkei und Südkorea dann ihre eigenen Fertigungsstraßen ein. 1980 erhielt Israel die erste von vorerst 67 und später

Oben: *Zur Bekämpfung feindlicher bodengebundener und radargestützter Luftverteidigung trägt diese F-16 neben Sidewinder und AMRAAM zwei Hochgeschwindigkeits-Radarbekämpfungsflugkörper AGM-88 HARM.*

Links: *Als eines der ersten außerhalb der USA stationierten Jagdgeschwader rüstete das im südkoreanischen Kunsan stationierte 8th TFW „Wolf Pack" auf F-16 um.*

Rechts: *Norwegen wünschte für seine F-16A und -B ausdrücklich Bremsschirme. Diese kampfwertgesteigerte Fighting Falcon strotzt vor AMRAAM und Sidewinder.*

Unten: *Griechenland ist einer der wichtigsten F-16-Kunden. Diese Block 50 tragt den einzigartigen blau-grauen Tarnanstrich der griechischen Luftwaffe.*

insgesamt 260 Fighting Falcon. In den Blickpunkt der Weltöffentlichkeit trat die F-16 im Juni 1981, als acht israelische Fighting Falcon den irakischen Atomreaktor Osirak in Schutt und Asche legten und Saddam Husseins Atomwaffenprogramm einen schweren Schlag versetzten. Über dem libanesischen Beka'a-Tal fielen 1982 mehr als 40 syrische Jäger israelischen F-16 Netz (Falke) zum Opfer.

Obwohl äußerlich fast unverändert, erhielt die F-16 im Lauf der Jahre modernere Systeme, bessere Cockpitdisplays und schubstärkere Triebwerke. Wer aber wirklich wissen möchte, was sich hinter ihrer Außenhaut verbirgt, muss sich an den Nummern der Produktionsblöcke orientieren: Die den ersten F-16A und F-16A/B der USAF entsprechenden Maschinen der Blöcke 5 und 10 wurden nach Belgien, Dänemark, Israel, in die Niederlande und Norwegen exportiert. F-16A/B Block 15 erhielten ein größeres Seiten- und Höhenleitwerk. Das Bordradar APG-66 wurde leistungsgesteigert, moderne EloKa- und Freund-Feind-Kennungssysteme (IFF) wurden nachgerüstet. Exportiert wurde nach Ägypten, Belgien, Dänemark, Israel, in die Niederlande, Norwegen, Pakistan und Venezuela. Die F-16 Block 15 OCU erhielten einige „Spezialitäten" der F-16C/D wie das F100-PW-220E und wurden exportiert nach Belgien, Dänemark, Indonesien, in die Niederlande, Norwegen, Pakistan, Portugal und Thailand. Speziell für die USAF

Rechts: *Die „Thunderbirds", das Kunstflugteam der USAF, fliegt die F-16 seit Anfang der 1980er-Jahre.*

entwickelte man mit AIM-7 bewaffnete Luftverteidigungsjäger F-16 Block ADF.

Um Ziele außerhalb der Sichtweite bekämpfen zu können, erhielten F-16C/D Luft-Luft-Flugkörper AIM-7 oder -120 und das Mehrfunktionsradar AN/APG-68(V) mit größerer Reichweite, höherer Auflösung und zusätzlichen Betriebsarten. F-16C/D Block 32 erhielten das schubstärkere F100-PW-220 und wurden von Ägypten und Südkorea beschafft. Seit Block 30/32 „verraten" die Endzahlen der Hauptfertigungsblöcke die Triebwerkhersteller: „0" = General Electric, „2" = Pratt & Whitney. Bei den F-16C/D Block 40/42 Night Falcon handelt es sich um Nachtjäger für die USAF, Ägypten, Bahrain, Israel und die Türkei. Die israelischen F-16C sind als Barak (Blitz) und die F-16D als Brakeet (Blitzstrahl) bekannt. Zu den neuesten Varianten gehört die F-16C/D Block 50/52 mit Radar APG-68(V)9, erhöhter Startmasse, umfangreicher EloKa-Ausrüstung und der Möglichkeit, auf dem Rumpfrücken Zusatztanks mitzuführen. Zu ihren Kunden gehören Griechenland, Singapur, Südkorea und die Türkei.

Zur Unterdrückung/Niederhaltung bodengebundener Feindabwehr hat Israel eine spezielle Version der F-16D Block 30/40 entwickelt. Singapur erhielt vergleichbare Maschinen. Die europäischen F-16 werden gegenwärtig KWS-Maßnahmen (Kampfwertsteigerung nach 50 Prozent der Lebenserwartung) unterzogen, die sie – mit AIM-120 AMRAAM und Präzisionswaffen – auf den Standard der F-16C Block 50 bringen werden. Im Jahr 1992 erwarb Lockheed General Dynamics den Unternehmensbereich „Flugzeuge" im texanischen Fort Worth.

Im Golfkrieg 1991 gelangen den F-16 keine Luftsiege. Dafür schoss eine F-16D im Dezember 1992 über der nördlichen Flugverbotszone eine irakische MiG-23 ab. Für die US-amerikanischen F-16 und die AIM-120 AMRAAM war dies der erste Luftsieg. Gegen serbische Jets glückten USAF-Piloten 1994 und 1999 insgesamt fünf Luftsiege. Auch einem niederländischen Piloten mit F-16MLU gelang im Rahmen der Operation „Allied Force" der Abschuss einer MiG-29.

Laut Lockheed Martin haben F-16-Piloten weltweit insgesamt 71 Luftsiege errungen. Die Masse dieser Erfolge geht auf das Konto israelischer Falcon. Zum Schmunzeln regt die Meldung an, wonach ein F-16-Pilot versehentlich seinen Rottenflieger abschoss: ein „Sieg", der in Lockheeds Abschussliste verständlicherweise nicht erscheint.

Mit 4400 Verkäufen ist die F-16 das erfolgreichste Kampfflugzeug der letzten Jahrzehnte. Eine der jüngsten Versionen ist die für die Vereinigten Arabischen Emirate entwickelte F-16E/F. Sie erhält ein Radar mit elektronischer Strahlschwenkung und absolvierte ihren Erstflug im Dezember 2003. Im Herbst 2004 lagen Lockheed Martin noch 250 Bestellungen vor. Die Fertigung müsste demnach bis zum Jahr 2008 gesichert sein.

Oben: *Die F-17C wird von einem Mantelstromtriebwerk General Electric F110-GE-100 oder Pratt & Whitney F100-P-220 angetrieben.*

Unten: *Desert Storm. Bewaffnet mit Sidewinder und Streubomben, dreht eine F-16 der USAF nach Treibstoffübernahme von einem Tanker ab zum Irak.*

Mikojan-Gurjewitsch MiG-29 „Fulcrum“

Als sie in den 1980er-Jahren erschien, verkörperte die MiG-29 eine neue Generation sowjetischer „Superjäger“. Von vielen Warschauer-Pakt-Staaten und anderen Ländern eingeführt, müssen die meisten heute dringend modernisiert werden.

MIG-29 FULCRUM

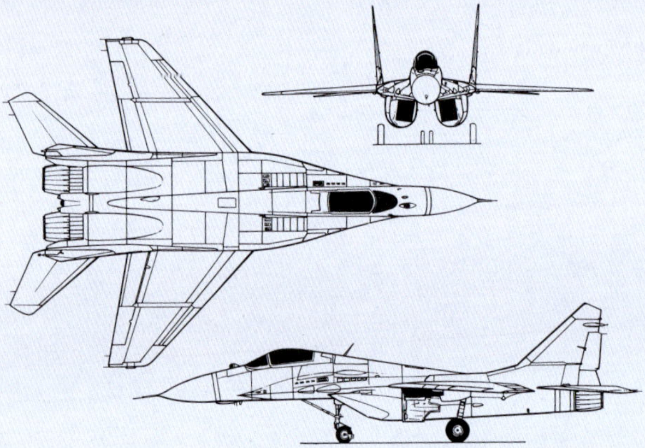

Besatzung: 1

Triebwerk: zwei Mantelstromtriebwerke Klimow/Leningrad RD-33 mit je 81,39 kN Nachbrennerschub

Höchstgeschwindigkeit: 2445 km/h

Einsatzradius: 750 km

Dienstgipfelhöhe: 17 000 m

Gewicht: Startmasse 18 500 kg

Bewaffnung: eine 30-mm-Kanone GSh-301; max. Kampflast 3000 kg

Abmessungen: Spannweite 11,36 m; Länge 17,32 m; Höhe 4,73 m

Rechte Seite: *Die „Strishi“ (Schwalben) sind nur eines der in jüngster Zeit formierten russischen Kunstflugteams. Sie treten auch außerhalb Russlands auf.*

Unten: *Die MiG-29M ist eine der vielen geplanten Versionen, die allerdings nicht in größerer Stückzahl seriengefertigt wurde.*

Die sowjetischen Luftstreitkräfte forderten einen sekundär auch als Jagdbomber einzusetzenden „leichten Front-Jäger“. Das Resultat war die MiG-29: einer der besten Kurvenkämpfer der letzten Jahrzehnte. Westliche Spezialisten mussten anerkennen, dass sowjetische Jäger mit ihren amerikanischen und europäischen Gegenstücken konkurrieren konnten. Die Planungen unter der Leitung von Rostislaw Beljakow begannen 1974 mit dem Ziel, MiG-21, MiG-23 und Su-15 bei den Kampfverbänden zu ersetzen. Auf den ersten Blick erinnerte der Prototyp 9-12 an amerikanische Flugzeuge: Sie hatte den Grundriss der F-15; ihre Konstruktion ähnelte der F/A-18, und ihre Triebwerke lagen wie bei der F-14 Tomcat weit auseinander. Verglichen mit früheren Sowjetjägern, verfügte der Pilot über eine weitaus bessere Sicht. HUD und HMCS (Pilotenhelm mit integriertem Visier für die Zielzuweisung von Lenkwaffen) ermöglichen es, im Kurvenkampf – weit abseits der eigenen Flugrichtung – auf Ziele aufzuschalten und mit Flugkörpern aus Winkeln von bis zu 45 Grad zu kämpfen.

Mit Alexander Fedotow am Steuer startete 9-12 am 6. Oktober 1977 in Schukowski bei Moskau zum Erstflug. Anschließend wurden am Fuß des Höhenleitwerks Kielflossen montiert, die später wieder entfielen. Typisch für alle weiteren Prototypen

Rechts: Immer noch einer der größten „Fulcrum“-Betreiber, hat Polen seine Flotte noch in jüngster Zeit mit ehemals tschechischen und deutschen MiG-29 verstärkt.

und Serienmaschinen war, dass das nach hinten einziehbare Bugfahrwerk verkürzt und so der Vorderrumpf abgesenkt wurde. Hinzu kamen kleinere Reifen und weitere Verbesserungen.

US-Spionagesatelliten erspähten die MiG-29 erstmalig 1979 auf den Abstellplätzen in Schukowski. Westliche Spezialisten nannten den Flugplatz nach dem nächstgelegenen Dorf gewöhnlich Ramonskoje. Bei der NATO wurde das neu entdeckte Modell zunächst als RAM-L geführt (die Su-27 war die RAM-K), später unter dem Decknamen „Fulcrum“. Die Indienststellung der MiG-29 begann 1983 bei der 16. Luftarmee. Zwei Jahre später flogen die Sowjets sie auch in der DDR.

Unten: Die Klappflügel identifizieren diese Maschine als MiG-29K. Indien hat zwölf MiG-29K und vier Doppelsitzer MiG-29KUB bestellt.

Von westlichen Piloten abgefangen und fotografiert wurden MiG-29 erst 1985. Gelegenheit zu einer gründlichen Besichtigung bot sich dem Westen, als sechs MiG-29 im August 1986 Finnland einen Freundschaftsbesuch abstatteten und ihre unglaubliche Wendigkeit demonstrierten. Bei der Farnborough Air Show demonstrierte die MiG-29 zwei Jahre später vor den Augen der Weltöffentlichkeit Wendigkeit, Steigvermögen gutes Handling und den spektakulären Tail-slide, bei dem die MiG-29 senkrecht in der Luft stehen bleibt und sich dann langsam zurückfallen lässt. Als Testpilot Anatoli Kwotchur das Flugprogramm wenig später auch beim Aero Salon in Paris wiederholen wollte und in 150 m Höhe im extremen Langsamflug die Leistungshebel vorschob, streikte das Steuerbordtriebwerk. Die MiG-29 kippte nach rechts ab. Kwotchur schoss sich in rund 100 m Höhe in fast horizontaler Richtung aus und demonstrierte damit unbeabsichtigt die Leistungsfähigkeit des Zwezda-Schleudersitzes K-36. Die Manövrierfähigkeit der Standard-Fulcrum ist vor allem deshalb bemerkenswert, weil sie nicht über die elektronische Steuerung verfügte, wie man sie im Westen bereits seit den F-16 und F/A-18 kannte.

Die Fertigungsqualität der MiG-29 ist zwar besser als bei früheren sowjetischen Kampfflugzeugen, hat westliche Standards aber noch nicht erreicht. Verbundwerkstoffe wie Karbonfasern und Wabenbauweise finden sich nur vereinzelt. Als Antrieb

IM COCKPIT DER MIG-29 FULCRUM

Nach der Wiedervereinigung übernahm die 1. Staffel des Jagdgeschwaders 73 der deutschen Luftwaffe die MiG-29 der DDR. Führer von 1./JG 73 wurde Johann Koeck, ein westlich geschulter Pilot. Im Interview mit dem britischen Journalisten John Lake berichtete er: „Der Betrieb wird durch einige Mängel erheblich beeinträchtigt; vor allem durch ihre begrenzte Tankkapazität, die mit Unterrumpfzusatztank nur 4400 kg umfasst. Luftbetankung ist unmöglich, der Zusatztank beeinträchtigt Geschwindigkeit und Manövrierfähigkeit, und ohne TACAN ist unser Navigationssystem nicht sehr präzise (ich würde es am liebsten Schätzsystem nennen). Es beruht auf drei trigonometrischen Bodenbaken. Sie liefern Entfernungs- und Seitenwinkelwerte – wenn nur eine ausfällt, bricht das System zusammen. Wir können nur drei Wegpunkte einspeisen, und das genügt nicht. Als Fernmeldeverbindung haben wir nur VHF/UHF-Funk. Das Bordradar ist mindestens eine Generation hinter dem AN/APG-65 zurück [...], der Bildschirm von minderer Qualität, was das Erkennen der taktischen Lage erschwert und durch die Cockpit-Ergonomie noch schwieriger wird. Das Radar ist nicht absolut zuverlässig und die Bekämpfung tiefer fliegender Ziele problematisch. Bei Gruppenanzeigen sind die einzelnen Flugzeuge kaum zu unterscheiden, und wir können nur auf das führende Ziel aufschalten. Wir leiden unter der schlechten Darstellung der Radarinformationen (erschwert Lagebeurteilung und Freund-Feind-Kennung), zu kurzer Waffenreichweite, einem schlechten Navigationssystem und zu kurzen Einsatzzeiten im Zielgebiet. Sonst ist die MiG-29 im Nahbereich einfach erstklassig; sogar im Vergleich F-15, F-16 und F/A-18: nicht nur wegen großartiger Flugeigenschaften und dem Helmvisier. In einem Umkreis von zehn nautischen Meilen bin ich kaum zu schlagen und dank IRST und „Archer" unbesiegbar. Punkt. Sogar gegen die modernste F-16 Block 50 ist die MiG-29 im Nahkampf praktisch unverwundbar. Ich erinnere mich an eine Übung, in deren Verlauf die F-16 einige Abschüsse meldeten, obwohl sie vorher schon 18 „Archer" schlucken mussten. Dennoch brauchten sie nicht auszuscheiden (kill removal). Weil ihnen jede Erfahrung fehlte, ‚töteten' wir sie zu schnell. Wir wären aber nie so nahe an sie herangekommen, wenn sie ihre AMRAAM schon jenseits der Sichtweite eingesetzt hätten. Bei der Einsatzbesprechung wollten sie es nicht wahrhaben, standen auf und verließen den Raum."

Oben: *Nach der Wiedervereinigung wurde die MiG-29 als einziges Flugzeugmuster der ehemaligen Nationalen Volksarmee der DDR von der Bundesluftwaffe übernommen.*

dienen zwei Mantelstromtriebwerke RD-33. Mit ihrer Nachbrennerleistung von je 81 kN verleihen sie einer MiG-29 (ohne Außenlasten) ein Schub-Masse-Verhältnis von 1,2. Hydraulisch betätigte Klappen verschließen die Lufteinläufe, solange sich die Maschine am Boden befindet (Abrollen und Start) und verhindern das Einsaugen von Fremdkörpern. Bei geschlossenen Klappen wird die zur Verbrennung erforderliche Luft durch Öffnungen an der Flügelwurzeloberfläche eingesaugt. Die Bewaffnung umfasst eine in der Back-

Links: *Ihr Erscheinen war eine Sensation. Inzwischen ist bekannt, dass die meisten MiG-29 verglichen mit modernen westlichen Jägern längst veraltet sind.*

Oben: *Für drei seiner Luftwaffenstaffeln beschaffte Indien 70 MiG-29 (inklusive acht Doppelsitzern).*

Unten: *Die Slowakei übernahm die MiG-29 der ehemaligen tschechoslowakischen Luftwaffe.*

bordflügelwurzel lafettierte 30-mm-Kanone GSh-301 und einen Mix aus bis zu sechs Luft-Luft-Flugkörpern; gewöhnlich vier infrarotgelenkte R-73 (AA-11 Archer) für mittlere sowie zwei infrarot- oder radargelenkte R-27 (AA-10 Alamo) für mittlere und große Kampfentfernungen.

Weniger befriedigender Aspekt der MiG-29 war ihre kurze Reichweite (rund 50 Prozent kürzer als bei F-16 und F-18). Als Hochgeschwindigkeitsabfangjäger für große Höhen entworfen, konzentrierten die Konstrukteure sich primär auf Steig- und Beschleunigungsleistung und verzichteten auf die Luftbetankungsfähigkeit – die Rolle des Langstreckenjägers war für die Su-27 gedacht.

Das recht spartanisch ausgestattete Cockpit der frühen MiG-29 ohne elektronische Schutzsysteme hatte eine umso bessere Radar- und Feuerleitanlage. Das Impulsdopplerradar RP-29 (NATO-Code: Slot Back) kann höher fliegende Ziele in mehr als 80 km Entfernung erfassen und tiefer fliegende Objekte auf 50 km aus überhöhender Position bekämpfen. Als zusätzliche Zielkanäle für den Luftkampf dienten ein IRST (IR-gestütztes Zielsuch- und Verfolgungssystem) sowie ein Laser-E-Messer.

Alle Standard-Einsitzer waren im Westen als „Fulcrum-A“ bekannt, während die Sowjets die Exportversionen MiG-29A nannten. Zu den Betreibern der MiG-29A zählten Bulgarien, die DDR, Polen, Rumänien und die Tschechoslowakei. Zweisitzige Trainerversion ist die MiG-29UB (Fulcrum-B). Statt des Hauptradars erhielt sie nur einen buginstallierten Radar-E-Messer sowie im zweiten Cockpit ein einziehbares Periskop für den Fluglehrer zur Sicht in Flugrichtung.

MiG-29B waren modernisierte Fulcrum-A und wurden in Länder exportiert, die nicht über Bodenleitsysteme sowjetischer Herkunft verfügen wie Indien, der Irak, der Iran, Jugoslawien, Kuba, Nordkorea und Syrien. Während die Fulcrum-A in begrenztem Maße als Atomwaffenträger dienen konnten, wurde die konventionelle und atomare Angriffsfähigkeit der Fulcrum-C bedeutend verstärkt. Größere Kraftstofftanks und ein Störsystem wurden in einem breiteren „Rückgrat“ untergebracht. Mehrere andere Muster, meistens Erprobungsträger, wie MiG-29SE und -SM, sind ebenfalls als Fulcrum-C oder Modell 9-13 bekannt. Typisch für die russische Luftfahrtindustrie nach 1992 war eine große Angebotsvielfalt, die keine Kunden fand. Wegen fehlender Nachfrage verfolgen die Russen inzwischen eine andere Verkaufsstrategie. Man konzentriert sich auf die Modernisierung vorhandener Flugzeuge, genauer gesagt auf das Produkt 9-17 alias MiG-29SMT: etwa mit voluminöserem Rumpfrücken, getrennter Luftbremse und „Glas“-Cockpit samt großen Farbdisplays. Links neben dem Cockpit kann eine beiklappbare Luftbetankungssonde montiert werden.

Eine der jüngsten Versionen ist die in den 1980er-Jahren geplante und für schiffsgestützte Verwen-

dungen auf dem Flugzeugträger *Admiral Gorschkow* vorgesehene MiG-29K mit Klappflügeln und Fanghaken. Als dieser Träger im Januar 2004 an Indien verkauft wurde, verknüpfte man dieses Geschäft mit einer Bestellung von zwölf MiG-29K und vier Doppelsitzern MiG-29KUB.

Im Dienst von Exportkunden und ehemaligen Sowjetrepubliken haben MiG-29 einen ansehnlichen Gefechtskalender. Im Golfkrieg 1991 vernichteten F-15 der USAF fünf irakische MiG-29 im Luftkampf und eine größere Zahl am Boden. Ungefähr 21 von insgesamt 41 irakischen MiG-29 flohen in den Iran, wo sie von der dortigen Luftwaffe einverleibt wurden. Einige irakische MiG-29 waren Anfang 2003 noch im Dienst, spielten in diesem Konflikt aber keine Rolle mehr.

1997 erwarb die US-Regierung in Moldau 21 MiG-29C zusammen mit 500 R-73. Offiziell wollte Washington verhindern, dass Flugzeuge und Waffen in die Hände so genannter Schurkenstaaten fielen. Zumindest ebenso groß wird aber auch das Interesse der USAF gewesen sein, dieses Flugzeug gründlich zu erproben. Mit C-17-Frachtern nach Wright-Patterson AFB transportiert, wurden die MiG-29C verschiedenen Dienststellen überlassen. Einige tauchten inzwischen in Museen auf.

Sieben der insgesamt 14 jugoslawischen MiG-29 wurden im Rahmen der Operation „Allied Force" von amerikanischen und niederländischen Piloten abgeschossen, andere wurden am Boden zerstört. Im Februar 1996 schoss eine kubanische MiG-29B eine zivile Cessna 337 ab, die Exilkubanern in Florida gehörte: einer der wenigen bestätigten „Luftsiege" der MiG-29.

Einige Länder arbeiten derweil an kampfwert- und leistungssteigernden Programmen. So schlossen sich Dasa, Elbit und Aerostar zur Modernisierung der rumänischen Fulcrum zusammen. Diese MiG-29 „Sniper" (Erstflug 5. Mai 2000) sind kompatibel mit westlichen Waffen- und Avioniksystemen. Auch die deutschen MiG-29 wurden in ihrer mehr als 13-jährigen Nutzungsphase mehrfach modernisiert. Am 4. August 2004 überführte man die letzten neun nach Polen.

Die russische Flugzeugbauvereinigung (RSK MiG) empfiehlt immer neue Versionen; manchmal gelingt ein Export. 2003 übernahm der Jemen seine erste MiG-29MT, eine Version der SMT ohne das breite „Rückgrat". Der SMT gleichwertig ist die MiG-29UBT, ein modernisierter, erstmalig auch für Kampfeinsätze geeigneter Trainer. Russland betreibt noch mehr als 450 MiG-29. In den ehemaligen Sowjetrepubliken und früheren „Bruderländern" fliegen noch bis zu 800. Da vielen das Geld für neue Jäger fehlt, müssen sie sich mit Modernisierungsmaßnahmen begnügen.

***Oben:** Innovativ – das „Glas"-Cockpit einer MiG-29SMT mit den großen Farbdisplays.*

***Unten:** „Fulcrum" – gefürchteter Kurvenkämpfer, schwer bewaffnet, wendig.*

McDonnell Douglas F/A-18 Hornet und Boeing Super Hornet

Hervorgegangen aus dem Entwurf für einen Leichtbaujäger, hat sich die Hornet zu einem kampfstarken Mehrzweckkampfflugzeug entwickelt. Als Super Hornet soll sie die F-14 und vielleicht sogar Marineflugzeuge für Sonderaufgaben ersetzen.

Rechte Seite: *Diese F/A-18C zeigt, dass sie bis zu 10 AIM-120 AMRAAM und zwei AIM-9 Sidewinder mitführen kann. Allerdings könnte sich diese Kampflast für eine Trägerlandung als zu schwer erweisen.*

Während die USAF 1974 einen Leichtbaujäger (LWF) suchte, hielt auch die *US Navy* Ausschau nach einem neuen, „preiswerten" Kampfflugzeug. Sie wünschte ein Flugzeug, das vielseitiger als die A-7 Corsair II und F-4 Phantom II sein sollte und die F-14 Tomcat wirksam unterstützen konnte, forderte also ein trägergestütztes Mehrzweckkampfflugzeug, das sowohl als Jäger als auch als Jabo dienen konnte. Der Kongress verweigerte diesem Vorhaben jedoch seine Zustimmung und ordnete an, die *US Navy* müsste ihren neuen Jäger unter den beiden, im Rahmen des LWF-Wettbewerbs bereits finanzierten und getesteten Leichtbaujägern auswählen. Zur Wahl stand die von Northrop entwickelte YF-17 Cobra, angetrieben von zwei Mantelstromtriebwerken YJ101-GE-100 (Nachbrennerleistung je 64,5 kN), ein sehr wendiger Jäger mit nach außen geneigtem, doppeltem Seitenleitwerk und weit nach vorn gezogenen Flügelwurzeln, was eine außergewöhnlich gute Handhabung bei hohen Anstellwinkeln erlaubt.

Da Northrop keine Erfahrung mit trägergestützten Flugzeugen hatte, bildete sie mit McDonnell Douglas ein gemeinsames Team. Das Konzept der YF-17 wurde weitgehend beibehalten, lediglich gemäß den Marineforderungen „na-

BOEING F/A-18C HORNET

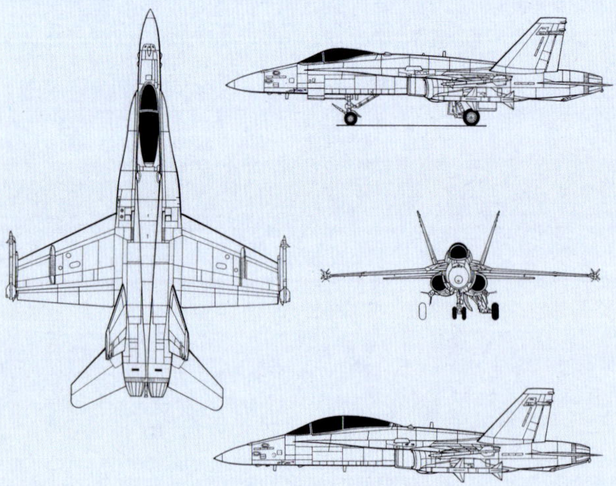

Besatzung: 1

Triebwerk: zwei Mantelstromtriebwerke General Electric F404-GE-402 mit 78,73 kN Nachbrennerschubleistung

Höchstgeschwindigkeit: 1915 km/h +

Einsatzradius: 740 km +

Dienstgipfelhöhe: 15 250 m

Gewicht: Startmasse 23 541 kg

Bewaffnung: eine 20-mm-Kanone M61A1 mit 570 Schuss Munition; max. Kampflast 7031 kg

Abmessungen: Spannweite (über Flügelspitzen-Flugkörper) 12,31 m; Länge 17,07 m; Höhe 4,66 m

16
16

valisiert“ (klappbare Außenflügel, verbesserte Reichweite durch größere Tankkapazität, verbesserte Langsamflugeigenschaften). Die mechanisch-hydraulische Steuerung wurde durch ein modernes elektronisches System (FBW) ersetzt.

Gegen diesen Entwurf konkurrierten General Dynamics und Ling-Temco-Vought mit der YF-16. Als die USAF die YF-16 im Januar 1975 zum Sieger im LWF-Wettbewerb erklärte, lehnte die *US Navy* diesen Entwurf umgehend als ungeeignet ab und wählte im Mai die YF-17. Entscheidend war das vermeintlich größere Potenzial der YF-17 als Mehrzweckkampfflugzeug. Ursprünglich sollte das neue Modell in drei Versionen beschafft werden: Luftkampf- und Begleitjäger F-18, Jagdbomber A-18, Besatzungstrainer TF-18.

Rechts: *F/A-18D der VMFA(AW)-225. Das USMC verwendet die „D“ zur vorgeschobenen Luftraumüberwachung und für Nachtangriffe.*

IM COCKPIT DER F/A-18 HORNET

Oben: *Die Hornet, im Desert Storm der zahlenmäßig stärkste US-Navy-Jagdbomber, diente auch bei vielen landgestützten USMC-Verbänden.*

Im Golfkrieg 1991 trugen die Hornet der *US Navy* die Hauptlast der Angriffe über Irak und Kuwait. Am 17. Januar, dem ersten Kriegstag, starteten vier mit je vier 907-kg-Bomben Mk 84 beladene F/A-18C der VFA-81 „Sunliners“ vom Deck der *USS Saratoga*. Ihr Kampfauftrag: Angriff auf Flugplatz H-3 im West-Irak. Noch etwa 50 km vom Ziel entfernt, meldete eine E-2C Hawkeye, dass Feindflugzeuge in der Nähe wären: „Hornets, Feinde vor ihrer Nase, 15 Meilen!“

Die Piloten der beiden führenden Hornet, Lieutenant Commander Mark Fox und Lieutenant Nick Mongillo, schalteten ihr Bordsystem von Luft-Boden- auf Luft-Luft-Betrieb und wählten Flugkörper. Während der Schwarm nach den herannahenden MiG Ausschau hielt, erhielt Fox eine Zielaufschaltung in 16 km Entfernung – zwei MiG in Kettenreihe links; eine sowjetische Standardformation. Fox erinnerte sich später an diesen Einsatz wie folgt: „Es geschah alles sehr schnell. Ich wählte Luft-Luft-Betrieb und schaltete auf eine von ihnen auf. Ich nahm die rechte MiG, während unsere zweite Hornet – Lieutenant Mongillo – die linke nahm. Die MiG griff frontal an, überschallschnell mit Mach 1,2. Wir näherten uns mit mehr als 2200 km/h. Sie flog stur geradeaus. Ich feuerte zuerst eine Sidewinder. Ich sah keine Rauchfahne und dachte, ich hätte sie vergeudet. Ich feuerte eine Sparrow. Aber mein erster Flugkörper machte gute Arbeit, und die Sparrow raste in den Feuerball. Seit der Warnung der E-2 bis zum Treffer waren weniger als 40 Sekunden vergangen.“

Eine zweite Sparrow wurde von Lieutenant Mongillo gestartet und vernichtete schließlich die zweite MiG-21. Die Hornet trugen immer noch ihre Bomben; insgesamt 3628 kg. Sie flogen weiter und griffen den Flugplatz erfolgreich an.

Dieser Einsatz verdeutlicht die Mehrzweck-Fähigkeit der F/A-18, ihre Einsatzart während einer Mission zu ändern und sowohl Luft- als auch Erdziele bei ein und demselben Einsatz wirksam bekämpfen zu können.

Dies waren die einzigen Hornet-Luftsiege des Golfkrieges von 1991, und es sind bis heute auch die letzten geblieben. Beim selben Einsatz 1991 wurde eine Hornet der VFA-81 von einer MiG-25 abgeschossen; der einzige irakische Luftsieg des Krieges.

McDonnell sollte als Generalunternehmer für die Marineversion verantwortlich sein, Northrop die landgestützte F-18L entwickeln und vermarkten. Da sich die Unternehmen über diese Vereinbarung zerstritten, erhielt McDonnell Douglas die Rechte für alle Versionen.

In ihrer Form als F-18 musste die YF-17 auch strukturell den stärkeren Belastungen einer bordgestützten Verwendung (vom Katapultstart bis zur „harten" Landung mit Fanghaken) angepasst werden. Dies führte zu einer Gewichtserhöhung, sodass das Fahrwerk verstärkt und neue, leistungsstärkere Triebwerke (F404-GE-400 mit je 71,2 kN in Nachverbrennungsschub) übernommen werden mussten. Im vergrößerten Rumpfvorderteil waren das Bordradar APG-65 und darüber eine 20-mm-Kanone M61 eingebaut. An jeweils zwei Unterflügelstationen und zwei Startschienen an den Flügelspitzen und drei Rumpfstationen konnte eine umfangreiche Kampflast mitgeführt werden; etwa Luft-Luft-Flugkörper AIM-9 und AIM-7.

Die erste, Hornet getaufte F-18 startete am 18. November 1978 in St. Louis zum Jungfernflug. Acht weitere ein- und zwei doppelsitzige Vorserienmaschinen folgten. Neu gestaltete Waffenstationen ermöglichten die Zusammenfassung der Jäger- und Jagdbombervarianten in einer Zelle. Deshalb ließ man den ursprünglichen Plan, für jede Version getrennte Staffeln zu formieren, fallen. Alle diese Maßnahmen und Erkenntnisse führten aber auch dazu, dass die etwas umständliche Modellbezeichnungen F/A-18A und -B („F" und „A" standen für „Fighter/Attack") erst 1984 verwendet wurden.

Die *US Navy* führte ihre Hornet unter der Staffelbezeichnung „VFA", das USMC als „VMFA", und als erster Kampfverband war die USMC-Staffel VMFA-314 „Black Knights" im August 1982 einsatzbereit, gefolgt von VFA-113 „Stingers" der *US Navy* im März 1983.

Kaum lief der normale Dienstbetrieb, als sich – verursacht durch Luftverwirbelungen – im Leit-

Oben: *Die Prototypen der Hornet trugen einen weißen Anstrich; an den Seitenflossen das Blau-Gold der Seeflieger.*

Oben: *Die F/A-18E Super Hornet ist groß und sehr leistungsfähig. Hier der Start zum Erstflug im November 1995.*

Links: *Ursprünglich plante Spanien die Beschaffung von 144 Hornet, erwarb dann aber nur die Hälfte. Diese EF-18A gehört zur Ala 12 in Torrejón.*

Oben: *Die F-18 der Schweiz sind nicht als Jagdbomber ausgelegt, sondern reine Luftverteidigungsjäger.*

werkbereich Risse zeigten und die komplette Hornet-Flotte vorübergehend Startverbot erhielt. Durch Verstärkung bestimmter Strukturen und Nachrüstung mit einem starren Grenzschichtzaun im Bereich der Übergänge Flügel/Rumpf konnte das Problem behoben werden.

Auf dem Höhepunkt der Spannungen mit Libyen erhielt die Hornet im März 1986 ihre Feuertaufe, als sie SAM-Stellungen mit Hochgeschwindigkeits-Radarbekämpfungsflugkörpern AGM-88 angriff. Ähnliche Einsätze folgten wenige Wochen später im Verlauf der Operation „El Dorado Canyon".

1987 wurde die Serienfertigung auf die F/A-18C (und die zweisitzige F/A-18D) umgestellt. Äußerlich unterschieden sich die C/D-Versionen kaum von ihren älteren Schwestern, erhielten jedoch neue Schleudersitze, Störsender, einen verbesserten Einsatzcomputer. Ihre modernisierte Kampflast umfasste unter anderem AIM-120 AMRAAM, Seezielflugkörper AGM-84 und den infrarotgelenkten Luft-Boden-Flugkörper AGM-65F Maverick. Vor nicht allzu langer Zeit wurden die US-Hornet erneut kampfwertgesteigert, erhielten GPS-gelenkte JDAM-Bomben, JSOW-Gleitbomben und SLAM-ER (abstandsfähige Luft-Boden-Lenkwaffe mit erweiterter Einsatzfähigkeit).

Einige der älteren amerikanischen Hornet wurden mit Neuerungen der F/A-18C zu F/A-18A (Plus) aufgerüstet; beim USMC löste die Hornet die F-14 Phantom, A-4 Skyhawk und A-6 Intruder ab. Die Nachtkampfaufgaben der Intruder übernahmen speziell ausgerüstete F/A-18D, in deren Heckcockpit ein komplettes Feuerleit-, aber kein Flugsteuerungssystem installiert war. Beide Cockpits haben Nachtsichtbrillen und farbtüchtige Mehrfunktionsbildschirmgeräte.

F/A-18A/B wurden nach Australien und Kanada (als CF-188) sowie als EF-18A/B nach Spanien exportiert. F/A-18C/D gingen nach Finnland, Kuwait und in die Schweiz. Finnen und Schweizer betreiben aber praktisch nur Jäger F-18 (ohne Jagdbomberfähigkeit). Nur Malaysia beschaffte nach dem neusten Stand der Technik gefertigte, mit Luft-Luft- und Luft-Boden-Flugkörpern bewaffnete F/A-18D. Die letzte von 1479 Hornet wurde im September 2000 ausgeliefert.

Kanadas Hornet kämpften über dem Irak und Kuwait (1991), dem ehemaligen Jugoslawien und Afghanistan. Im Rahmen der Operation *Iraqi Freedom* kämpften australische F/A-18A 2003 erstmals seit Vietnam wieder in einem bewaffneten Konflikt.

Sowohl Australien als auch Kanada haben ihre Hornet auf C/D-Standards gebracht, wobei die Australier auch ASRAAM (fortschrittlicher Luft-Luft-Flugkörper kurzer Reichweite) einführten. Nachdem rund die halbe Nutzungsdauer verstrichen ist, unterzieht auch Spanien seine EF-18 kampfwertsteigernden Maßnahmen.

Bemühungen, den französischen Marinefliegern die „Hornet 2000" als „Überbrückung" von der Ausmusterung der Crusader bis zu Verfügbarkeit der Rafale schmackhaft zu machen, blieben erfolglos. Quasi als Nebenprodukt dieser Bemühungen entstanden die Super Hornet F/A-18E/F.

Als die US-Regierung 1991 die radargetarnte

Unten: *1986 ersetzten die „Blue Angels", das Kunstflugteam der US Navy, ihre A-4 Skyhawk durch F/A-18A.*

(stealth) A-12 Avenger II als Nachfolgemuster für die A-6 Intruder stornierte, entzog sie der *US Navy* und der USMC die Nacht/Allwetter-Fähigkeit. Bei der hektischen Suche nach Alternativen entschied man sich schließlich 1992 für die einsitzige F/A-18E und die zweisitzige F/A-18F als Nachfolgemuster für A-6 beziehungsweise F-14.

Die Super Hornet absolvierte ihren Erstflug am 29. November 1995. Sie ist 86 cm länger als das Standardmodell und hat eine um 25 Prozent größere Tragflügelfläche. Unter den Flügeln befinden sich zwölf Aufhängungspunkte und ein „Sägezahn" an den Flügelvorderkanten. Neue, rechtwinklige Triebwerklufteinläufe und die ausgiebige Verwendung Radar schluckender Materialien vermindern die Radarrückstrahlfläche, verbessern die Überlebensfähigkeit. Als Triebwerke dienen zwei F414-GE-400 (je 97,9 kN). Das Radargerät APG-73, von der F/A-18C/D übernommen, wird vermutlich bald durch ein moderneres Gerät mit elektronisch gesteuerter Radarantenne und größerer Datenverarbeitungskapazität ersetzt.

Die Super Hornet bietet größere Reichweite und Kampflastkapazität, längere Einsatzdauer, vereinfachte Wartung. Verglichen mit den F/A-18C/D ist auch ihre Bring-Back-Kapazität um 4310 kg höher. Taktisch bedeutet dies, dass sie auch dann noch sicher auf ihrem Träger landen kann, wenn sie eine ansehnliche Kampflast an Bord zurückbringen muss. „Normale" Hornet mussten bisher nicht verwendete Waffen vor der Landung abwerfen oder mit geringerer Kampflast zum Einsatz starten.

Bei der Operation *Enduring Freedom* flogen Super Hornet ihre ersten Kampfeinsätze. Sie bombardierten Taliban-Truppen und Ausbildungslager der Al Quaida. Im Verlauf der Operation *Iraqi Freedom* unterstützte eine begrenzte Zahl die S-3B Viking als Lufttanker. Eine zweisitzige Version der Super Hornet, E/A-18G „Growler" genannt, soll die EA-6B Prowler bei der Bekämpfung der gegnerischen Luftabwehr ablösen.

Die Exportaussichten der Boeing Super Hornet (Boeing übernahm McDonnell Douglas 1997) erscheinen gut.

Oben: *Die für Jägereinsätze optimierte F/A-18F löst die F-14 Tomcat auf den US-Flugzeugträgern ab.*

Unten: *Malaysia beschaffte eine Hand voll zweisitzige F/A-18D zur Erdzielbekämpfung und gilt als potenzieller Super-Hornet-Kunde.*

Hawker Siddeley Harrier/Sea Harrier McDonnell Douglas/BAe Harrier II

Der Harrier, als „Jump Jet“ weltberühmt geworden, ist eines der wenigen europäischen Flugzeuge, die von den USA in großer Zahl beschafft wurden. Als begeisterter Betreiber unterstützte das USMC die Entwicklung des Harrier II.

Rechte Seite: *Trotz all seiner Mängel verlieh der Harrier einigen Ländern eine bis dahin unbekannte Schlagkraft zu Wasser und zu Lande.*

Rechts: *Die AV-8B Plus ist die modernste Version des USMC. Ausgerüstet mit APG-65-Radar, kann sie eine Vielzahl präzisionsgelenkter Waffen einsetzen.*

Als Kampfflugzeug war der Harrier lange einzigartig. Er konnte starten und schweben wie ein Hubschrauber, mit Bomben in die Erdkämpfe eingreifen und dann zu einer verborgenen Basis in den Wäldern zurückkehren, um dort neue Kampflasten und Treibstoff zu übernehmen. Im Lauf der Jahre verlor die Senkrechtstartfähigkeit an Bedeutung, und es erschienen neue, primär für den Luftkampf und den Schutz schwimmender Einheiten ausgelegte Varianten. So entwickelte sich der ursprüngliche „Bomber“ zu einem der kampfstärksten kleinen Jäger.

Mit einem Flugzeug senkrecht starten und landen – das war eines der wichtigsten Themen der Luftfahrtindustrie in den 1950er- und 1960er-Jahren. Dahinter stand die Erwartung, dass die UdSSR in den ersten Stunden eines Krieges in Mitteleuropa sämtliche „ortsfesten“ NATO-Flugplätze mit Bombern und Raketen angreifen und ausschalten würde. Ziel der NATO-Strategen musste folglich sein, Kampfflugzeuge abseits der verwundbaren Basen in frontnahen Verstecken für Vergeltungsschläge zu retten und diese Fähigkeit zur Abschreckung zu nutzen.

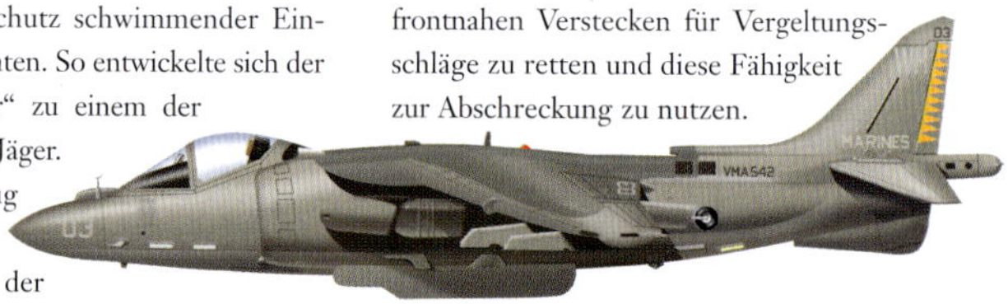

BRITISH AEROSPACE SEA HARRIER FRS.1

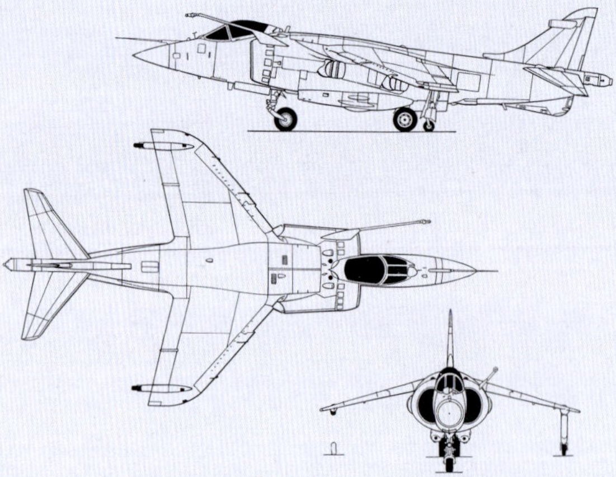

Besatzung: 1

Triebwerk: ein Mantelstromtriebwerk Rolls-Royce Pegasus Mk 104 mit 95,64 kN Schubleistung

Höchstgeschwindigkeit: 1183 km/h

Reichweite: 1480 km

Dienstgipfelhöhe: 15 240 m +

Gewicht: Startmasse 11 880 kg

Bewaffnung: zwei 30-mm-ADEN-Kanonen in Unterrumpfbehältern; Kampflast max. 3629 kg, u. a. Seezielflugkörper Sea Eagle oder Luft-Luft-Flugkörper AIM-9 Sidewinder

Abmessungen: Spannweite 7,70 m; Länge 14,50 m; Höhe 3,71 m

01
814

Rechts: *Angriffswaffe der meisten Harrier-Muster war die AIM-9 Sidewinder. Notfalls kann sogar die GR.5-Version als Jäger eingesetzt werden.*

Der Weg, den Ralph Hooper bei Hawker Aircraft 1957 betrat und der vom Entwurf für einen kompakten, einstrahligen Hochdecker mit vier schwenkbaren Schubdüsen über die Erprobung des Entwicklungsflugzeuges P.1127 bis zur Indienststellung des Harrier bei der RAF 1969 führte, war lang und kurvenreich. Hawker-Cheftestpilot Bill Bedford gelang am 21. Oktober 1960 der erste Fesselflug mit der P.1127. Eine langwierige (und manchmal schwierige) Flugerprobung folgte. Dennoch schien das Ziel erreicht, als die Bundesrepublik Deutschland, Großbritannien und die USA Anfang 1963 eine gemeinsame Erprobungsstaffel formierten, die die Einsatzfähigkeit des inzwischen in Kestrel umbenannten Senkrechtstarters nachweisen sollte. Das Ganze war erfolgreich. Es ermutigte die RAF und den USMC, die Senkrechtstarter Harrier GR.1 bzw. AV-8A zu kaufen.

Unten: *Die AV-8A des USMC unterschieden sich von den britischen GR.1 durch ihre Funkausrüstung und die Ausstattung mit Sidewinder.*

Hawkers überlegenes Triebwerk „bediente" mehrere Schwenkdüsen, die die Schubleistung von der Senkrechten in die Horizontale leiten konnten. Dieses einzigartige Triebwerk war das anfangs auf eine Schubleistung von rund 49 kN ausgelegte Rolls-Royce Pegasus. Andere VTOL-Projekte verwendeten mehrere Triebwerke, die sich im Horizontalflug als unnötige Belastung erwiesen. Senkrechtstarts und -landungen duldeten kein „Übergewicht" und schluckten sehr viel Treibstoff. Größere Kampflast- und Treibstoffzuladungen waren nur möglich, wenn das Flugzeug nicht senkrecht operierte, sondern bei Start und Landung eine kurze Strecke rollte. Die Düsen brauchten bei Start und Landung nur in eine mittlere Position geschwenkt zu werden: Schon „stützte" sich das Flugzeug stärker auf seine Flügel und konnte von kleinsten Plätzen mit sehr viel größeren Lasten starten; gelandet wurde senkrecht. Der Begriff „VTOL" wurde in „V/STOL" (Steil-, Senkrecht- oder Kurzstart und kürzeste Landung) geändert, und nach sorgfältiger Nacherprobung in den USA entschloss sich das USMC zum Kauf von insgesamt 102 Maschinen des Exportmusters Harrier Mk.50. Es nannte sie AV-8A und stattete sie mit Funkausrüstungen amerikanischer Herkunft und Vorrichtungen für zwei Sidewinder aus. Die Marines liebten die AV-8 – trotz zahlreicher Unfälle: fast 50 AV-8A und acht von zehn (!) zweisitzigen TAV-8A. Ein USMC-Pilot namens Harry Blot erkannte das VIFF-Potenzial des Harrier

Rechts: *1960. Einzigartig und klein wurde die P.1127 Vorläufer des Harrier.*

IM COCKPIT DES SEA HARRIER

Oben: *Für Großbritannien spielten die Sea Harrier bei der Rückeroberung der Falklandinseln eine bedeutende Rolle.*

Commander Neill Thomas, Kommandeur *No. 899 NAS*, patrouillierte gemeinsam mit Lieutenant Mike Blissett über Falkland Sound. Geleitet wurden sie von *HMS Brilliant*, einer Fregatte vom Typ 22.

Es war der 21. Mai, der erste Tag des Landungsunternehmens in San Carlos Water: „Wir flogen in rund 300 m Höhe auf halbem Weg im Falkland Sound, als wir von Brilliant auf einen Kontakt vor der Küste von West Falkland eingewiesen wurden." Eine einzelne A-4B Skyhawk der argentinischen Luftwaffe, *Grupo 5*, hatte eben erst *HMS Ardent* angegriffen: „Wir änderten unseren Kurs, und als wir uns Chartres näherten, erfassten wir vier A-4." Es waren A-4C von *Grupo 4*, mit 227-kg-Bomben bestückt, vor 45 Minuten in San Julian gestartet und unterwegs von einer KC-130H luftbetankt. Sie hielten Kurs Nordwest und befanden sich, als sie von links unten von Thomas und Blissett erfasst wurden, nur noch ungefähr 65 km (Flugzeit vier Minuten) vom Ankerplatz der Landungsflotte entfernt. Der Kurs der angreifenden und verteidigenden Flugzeuge kreuzte sich rechtwinklig. Als die Sea Harrier nach steuerbord abdrehten, um hinter die A-4 zu gelangen, kurvten auch die Argentinier um 180 Grad nach steuerbord: „Als sie uns erkannten, gaben sie Fersengeld, warfen ihre Bomben ab und flohen Richtung Süden." Thomas und Blissett kurvten steiler, schwenkten mit Vollgas um 270 Grad herum und gelangten in 6-Uhr-Position hinter die Skyhawk: „Sie mussten viel Geschwindigkeit verloren haben, denn wir waren nur noch rund 2,5 Kilometer hinter ihnen. Mike war näher dran und feuerte; ich hatte ihn bis dahin nicht gesehen. Er traf den linken Mann, und nachdem ich Mike 40 Grad querab links von mir deutlich erkannt hatte, zeigte mir ein deutliches Brummen, dass meine A-4 erfasst war. Ich feuerte, und meine Sidewinder lag genau im Ziel. Die beiden anderen A-4 drehten nach steuerbord ab; Mike nahe hinter ihnen. Nun brummte meine zweite Sidewinder, aber ich wagte nicht, zu feuern, weil ich nicht wusste, wo Mike war. Deshalb entwischten uns die beiden." Tatsächlich beschädigte Mike Blissett eine der beiden verbliebenen A-4 mit seiner Kanone; sie konnte jedoch zu ihrem Stützpunkt zurückkehren. Beide Skyhawk stürzten nur 100 m voneinander entfernt ab.

(„VIFF" = vectoring in forward flight = Verstellen der drehbaren Schubdüsen im Normalflug). Durch schnelles Schwenken der Düsen konnte die Flugrichtung gewechselt werden, war blitzschnelles Steigen und Abbremsen möglich: ein erstaunlicher Trick, der im Luftkampf über Sieg und Niederlage entscheiden konnte.

Als McDonnell Douglas und British Aerospace (1977 durch Verstaatlichung mehrerer Unternehmen entstanden; u. a. Hawker Siddeley) gemeinsam den Harrier II entwickelten, kamen auch die Mängel des „alten" Harrier zur Sprache. Die alte Grundkonstruktion sowie das Pegasus (leistete als Mk 105 inzwischen 95,42 kN Schub) wurden beibehalten. Allerdings erhielt der Harrier II ein größeres Tragwerk, sechs Unterflügelstationen sowie

Links: *Harrier II. Zusätzliche Waffenstationen ermöglichen die Mitführung einer vielfältigen Kampflast.*

***Rechts:** Die meisten FA.2 Sea Harrier sind umgebaute FRS.1. Es wurden aber auch einige neue Exemplare gebaut.*

ein völlig modernes Cockpit und eine neue Kabinenhaube. Keine Baugruppen der frühen Harrier wurden für GR.5 und AV-8B verwendet.

Während das USMC auf den AV-8B Harrier II wartete, wurden die verbliebenen AV-8A von 1979 bis 1984 mit Düppel- und Fackelwerfern, Radarwarnempfängern und leistungsfähigeren, ursprünglich für den Harrier II entwickelten (LID) Auftriebshilfen zur AV-8C nachgerüstet. Später LERX (nach vorne gezogene Flügelwurzeln) genannt, verbessern LIDs die Kurvengeschwindigkeit und verleihen im Schwebeflug zusätzlichen Auftrieb. 1987 wurde die AV-8C durch AV-8B abgelöst. Spanien und Thailand beschafften einige AV-8A für ihre Träger. Um ihre Harrier GR.1 mit einem modernen LRMTS (Laser-E-Messer und Ortungsgerät für lasermarkierte Ziele) nachzurüsten, vergrößterte die RAF deren Nasen.

Dass der Harrier für Trägereinsätze geeignet war, hatte die P.1127 schon 1963 an Bord der *HMS Ark Royal* demonstriert. Weitere Tests auf amerikanischen wie britischen Flugzeug- und Hubschrauberträgern unter Einsatzbedingungen folgten, und 1971 begann das USMC mit der Aufstellung seiner ersten Trägerstaffeln. Als sich die letzten konventionellen britischen Träger dem Ende ihrer Dienstzeit näherten und ihre Aufgaben landgestützten Marinefliegern übertragen werden sollten, heckte die *Royal Navy* im Rahmen des Projektes *Harrier Carrier* kleine Trägerschiffe für V/STOL-Flugzeuge und Hubschrauber aus, so genannte *Jet Capable Ships*. Sie erhielten speziell gestaltete Trägerdecks für Sprungstartverfahren. Bei solchen Schanzenstarts starteten die Harrier nicht senkrecht, sondern rollten zum Start und flogen mit

***Unten:** Als Besatzungstrainer dient die T.10. Sie besitzt die komplette Einsatzausrüstung eines Einsitzers. Dieses Trio gehört zu No. 4 Squadron.*

Oben: *Dank ihrem Blue-Vixen-Radar kann der Sea Harrier FA.2 mit AIM-120 AMRAAM Ziele jenseits der Sichtweite bekämpfen, was der FRS.1 noch unmöglich war.*

beträchtlich erhöhter Kampflastkapazität wie Skispringer von der Schanze.

Der Sea Harrier FRS.1 war im Grunde eine GR.1-Zelle mit neu gestaltetem Rumpfvorderteil für das Luft-Luft-Radar Blue Fox, erhöhtem Cockpit und einer Schrägsichtkamera. Die erste einsatzbereite Staffel *(No. 899 Naval Air Squadron)* wurde im April 1980 aufgestellt; zwei Einheiten *(No. 800* und *801 NAS)* verlegte man wenig später in den Südatlantik. Sie bewährten sich im Falklandkonflikt und erzielten 23 bestätigte Luftsiege. RAF-Harrier flogen außerdem Angriffe von Trägern und von unbefestigten Pisten an Land.

Nach dem Falklandkonflikt stockte die *Royal Navy* ihr Kontingent auf über 57 FRS.1 und vier Trainer (davon drei T.4N) auf. Die Nachrüstungen umfassten verbesserte Stationen für vier AIM-9L (an Zwillingsstartern), größere Abwurftanks sowie Installationen für leistungsgesteigerte Radar- und Radarwarngeräte. Mit einem Auftrag über 24 FRS.51 und vier Trainer T.Mk 60 wurde die indische Marine zum einzigen Exportkunden.

Trotz aller Erfolge hatte der Falklandkonflikt einige Schwächen offenbart und BAe prompt mit einem Modernisierungsprogramm beauftragt. BAe modifizierte zwei FRS.1 zu FRS.2-Prototypen; Erstflug September 1988. Um das neue Impuls-Doppler-Radar Blue Vixen zu installieren, musste die Nase geändert, der Rumpf um 35 cm gestreckt werden. In Verbindung mit vier AIM-120 AMRAAM gilt das Blue Vixen (erfasst sogar langsam fliegende Objekte und tief fliegende Seezielflugkörper) derzeit als eines der besten Radargeräte. Das Cockpit erhielt Mehrzweck-CRT-Bildschirmanzeigen und HoTaS-Steuerung.

Im Mai 1994 wurden die FRS.2 in F/A.2 und 1995 in FA.2 umbenannt. Ihre Feuertaufe erhielt die FA.2 Mitte der 1990er-Jahre über dem ehemaligen Jugoslawien (eine durch SAM verloren). Die Sea Harrier werden noch so lange Dienst tun, bis Lockheed Martin der *Royal Navy* – wohl 2012 – die ersten F35C (STOVL-Version) liefern wird.

Die RAF hat ihre Harrier zu GR.7 und T.10 modernisiert. Ihre Feuertaufe erhielten sie 1999 über dem Kosovo. Das USMC rüstete einige AV-8B zu nachtkampftauglichen Night Attack Harrier II um und steigerte den Kampfwert anderer – als AV-8B Plus – durch Einbau des APG-65-Radars mit AIM-120 AMRAAM, Sidewinder und Kanone zu echten Jägern. Die große Masse der US-Harrier ist im Begriff, auf Plus-Standards nachgerüstet zu werden. Auch Spanien und Italien führten AV-8B ein. Den letzten seriengefertigten Harrier (AV-8B) erhielt das USMC im Oktober 2003.

Panavia Tornado ADV

Hervorgegangen aus einem Jagdbomberkonzept für die Royal Air Force, bot der Tornado ADV, verglichen mit seinem Vorgängermodell, beim Kampfwert geradezu einen Quantensprung. Als Kompromiss entstanden, war der ADV kein voller Erfolg.

PANAVIA TORNADO F.3

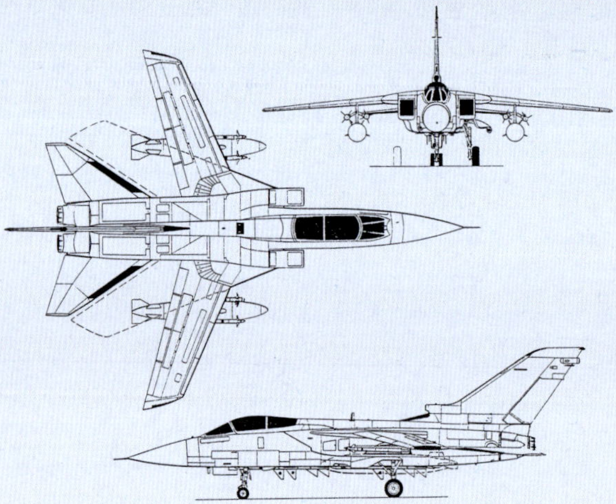

Besatzung: 2

Triebwerk: zwei Mantelstromtriebwerke Turbo-Union RB199-34R Mk 104 mit je 73,5 kN Nachbrennerschubleistung

Höchstgeschwindigkeit: 2338 km/h (Mach 2,2)

Einsatzradius: 1853 km +

Dienstgipfelhöhe: ungefähr 21 335 m

Gewicht: Startmasse max. 27 986 kg

Bewaffnung: eine 27-mm-Mauser-Kanone und Luft-Luft-Flugkörper: vier Sky Flash/AMRAAM (halbversenkt in Rumpfunterseite mitgeführt) sowie vier AIM-9L/M oder ASRAAM

Abmessungen: Spannweite 13,91 m (voll ausgefahren), 8,60 m (nach hinten geschwenkt); Länge 18,68 m; Höhe 5,95 m

Rechte Seite: *Ein unbewaffneter Tornado F.3 der No. 229 OCU startet mit vollem Nachbrennerschub. Ohne hinderliche Kampflasten ist der F.3 ein beeindruckender Kunstflugdarsteller.*

Seit dem Ende der 1980er-Jahre ist der Tornado F.3 Großbritanniens wichtigster Abfangjäger. Primär entwickelt, um sowjetische Bomber bereits im Anflug schon weit vor der britischen Ostküste abzufangen, kann er seine „Geburt" in den Jahren des Kalten Krieges und daraus resultierende Beschränkungen nicht verbergen. Zwar halten zahlreiche kampfwert- und leistungssteigernde Maßnahmen den Tornado fit für die Einsatzszenarien des 21. Jahrhunderts. Dennoch ist das Ende seiner „Lebenserwartung" bereits absehbar.

Die Planung des Tornado, zuerst als Mehrzweckkampfflugzeug (MRCA) konzipiert und dann als Tornado IDS (Jagdbomber) entwickelt, reicht zurück bis 1968. Schon damals forderte Großbritannien einen speziellen, auf seine Insellage zugeschnittenen Langstrecken-Abfangjäger. Er sollte weit östlich und nördlich der Britischen Inseln patrouillieren und die gefürchteten sowjetischen Langstreckenbomber schon im Anflug mit einer wahren Flugkörperbatterie jenseits der Sichtweite vernichten können. Der Forderungskatalog für einen solchen Abfangjäger

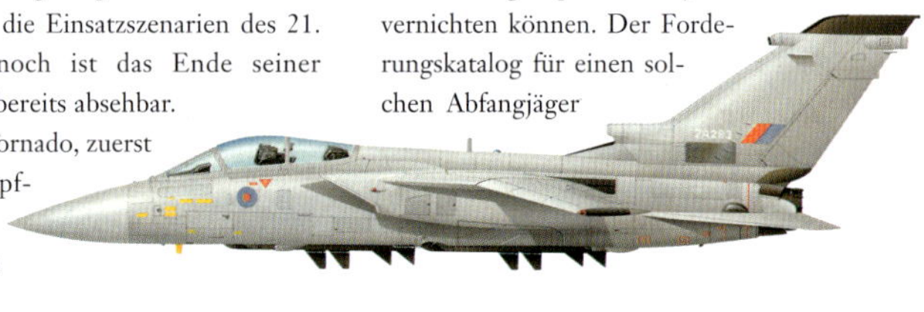

Rechts: *Der ursprüngliche Tornado F.2 war nur mangelhaft ausgestattet. Nicht voll einsatzbereit, diente er für Tests und als Schulflugzeug.*

IM COCKPIT DES TORNADO

Oben: Exportiert wurde der Tornado ADV nur nach Saudi-Arabien. Italien rüstete zwei Staffeln mit gemieteten F.3 aus.

Ian Black, aktiver F.3 und ehemaliger Lightning-Pilot, berichtete im Magazin JETS über seine Erfahrungen: „Die vor dem Start abzuarbeitende Checkliste ist umfangreicher als bei der Lightning, weil der F.3 viel komplexer ist. Wenn die Flügel voll nach vorne geschwenkt und die Klappen ausgefahren sind, beschleunigt der Pilot die beiden Mantelstromtriebwerke RB199. Bei gehaltenen Bremsen wird der Nachbrenner eingeschaltet, und der Tornado senkt die Nase. Bremsen los, das Flugzeug beschleunigt schnell (ohne Außenlasten) oder nimmt langsam Fahrt auf (mit voller Kampflast). Nach dem Abheben wird das Fahrwerk eingefahren, während der Nachbrenner noch bis 555 km/h arbeitet; die sicherste Geschwindigkeit, falls ein Triebwerk ausfallen sollte. Wenn das HUD 470 km/h anzeigt, wird die Nase hochgenommen und ein – mit 650 km/h oder Mach 0,73 – gemächlicher Steigflug eingeleitet.

Im Gegensatz zur Lightning ist der F.3 am leistungsfähigsten in 4570 m Höhe oder tiefer. Unterwegs zum Einsatzgebiet erhält die Besatzung gewöhnlich Anweisungen von einem AWACS. Dank der enormen Unterflügeltanks braucht sie sich um den Treibstoffverbrauch nicht zu sorgen. Anders als bei der Lightning ist die Bewaffnung des F.3 sehr vielseitig. Nach der Kurierung einiger Kinderkrankheiten arbeitet das Foxhunter-Radar sehr gut und liefert – kombiniert mit JTIDS – ständig aktualisierte Lagebeurteilungen. Während der Pilot das Flugzeug fliegt, ist der ‚Back-seater' (WSO) für Einsatzplanung und Navigation verantwortlich. Ein bewährtes Konzept, weil ein einzelner Pilot den Belastungen nicht gewachsen wäre. Als Abfangjäger behauptet sich der F.3 gegen nicht allzu wendige Gegner in mittleren und niedrigen Höhen. Zur wirksamen Bekämpfung wendiger Jäger oder sehr hoch fliegender Objekte ist er allerdings nicht geeignet. Er ist leicht zu handhaben. Dank FBW und SPILS (System zur Verhinderung von unkontrollierbaren Flugzeugständen) ist dieses schwere Flugzeug überraschend wendig. Als Pilot ist es sehr beruhigend, wenn man sich auf ein Flugzeug verlassen kann. Sogar im Langsamflug bleibt der Tornado sanftmütig. Flugzeuge wie Lightning und Phantom neigten dazu, im Luftkampf auszubrechen, wenn sie in geringen Geschwindigkeitsbereichen und bei großen Anstellwinkeln zu aggressiv geflogen wurden. Ein weiteres großes Plus im Vergleich mit der Lightning sind die guten Landeeigenschaft des F.3. Sogar in der Platzrunde leicht zu handhaben, ist Landen mit dem HUD ein Kinderspiel. Auf dem Sichtgerät auf der Frontscheibe wird dein Flugwegvektor dargestellt, und du musst ihn nur auf der Landebahn platzieren und das Flugzeug ausrichten. Perfekte Landung garantiert – immer!"

Unten: Der Tornado F.3 ist ein echter Doppelsitzer: Verantwortlich für Einsatzplanung, Navigation, Radar, Waffeneinsatz und Abwehrsysteme ist der WSO.

Anonym äußerte sich ein anderer Pilot: „Theoretisch ist die Höchstgeschwindigkeit im Geradeausflug auf 1475 km/h begrenzt." Dies ist jedoch nicht der höchstzulässige Wert: „Vor einigen Jahren – ich kannte noch nichts anderes – flog ich laut Fahrtmesser 1575 km/h in Meereshöhe, und mein Jet beschleunigte immer noch. Wir überholten eine F/A-18 mit rund 180 km/h, obwohl sie ihr Bestes gab. Toll! In großer Höhe habe ich sogar Mach 2 erreicht, aber der Treibstoffanzeiger meldete ‚flieg nach Hause'."

Links: *Der Tornado F.3, ursprünglich als Jagdbomber für Tiefflugeinsätze konstruiert, ist eines der schnellsten Kampfflugzeuge der Welt.*

wurde 1971 erstellt, lange vor dem Erstflug des IDS-Prototyps im August 1974.

Gern hätte die RAF die F-14 beschafft. Aber für Flugzeug und Feuerleitsystem AWG-9 fehlte das Geld – und ohne AWG-9 hätte auch die Tomcat nicht viel genützt. Die F-15 Eagle wurde getestet, und während ihre aerodynamischen Fähigkeiten beeindruckten, bemängelten die Briten ihre einsitzige Ausführung sowie die schwache Allwetter- und EloKa-Fähigkeit. Die RAF brauchte einen Doppelsitzer mit Waffensystemoffizier und präsentierte im März 1976 ihr „Wunschkind" als Tornado ADV (Air Defense Variant) – von den 385 bestellten Tornados sollten nun 165 ADVs sein. Im Rahmen einer damals laufenden Reorganisation seiner Luftverteidigung konzentrierte sich London stärker auf Luftbetankung und luftgestützte Frühwarn- und Leitsysteme (AWACS) und verzichtete auf die Flugabwehrrakete „Bloodhound".

Wie die IDS, so wurde auch die ADV von drei Partnerländern konstruiert. Die deutsche MBB war für den Mittelrumpf, Aeritalia für die Flügel, und die Briten waren für Vorder- und Heckrumpf sowie für die Endmontage verantwortlich. Am 27. Oktober 1979 startete der erste ADV-Prototyp in Warton zum Jungfernflug. Ihm folgten 18 Tornado F.2, die ab November 1984 von No. 229 OCU, der Umschulungs- und Einsatzausbildungseinheit der RAF, übernommen wurden.

Wegen Entwicklungsproblemen beim Foxhunter-Radar und daraus resultierenden Lieferschwierigkeiten trugen die ersten F.2 statt des Radars Bleiballast im Bug. Da konnte es nicht ausbleiben, dass schon bald Witze über ein neues „Blue Circle"-Radar kursierten. Damit spielte man erstens auf die Vorliebe an, bei der Namensgebung für Avioniksysteme Farben zu verwenden (wie „Blue Vixen") und wies zweitens auf die wohl bekannte britische Zementfabrik gleichen Namens hin. Wegen vieler anderer Probleme wurden keine weiteren F.2 gebaut (Ausmusterung im August 1986).

Den Tornado ADV entwarf man praktisch um das Marconi Mehrfunktionsradar AI Mk 24 Foxhunter herum. Hauptbewaffnung ist ein Quartett von Luft-Luft-Flugkörpern Sky Flash mit halbaktivem Radarsuchkopf, eine weiterentwickelte Version der AIM-7E Sparrow mit verbessertem Suchkopf und Zünder. Damit vier Sky Flash halbversenkt im Unterrumpf untergebracht werden konnten, wurde der Rumpf um 1,36 m gestreckt. Außerdem schuf die Rumpfstreckung Platz für einen Zusatztank (750 Liter) und zusätzliche Avionik. Starter schwenken die Sky Flash in den Luftstrom. Sie stammen aus der Werkstatt von Frazer Nash, ehemals Hersteller von Bomber-Waffendrehständen.

Unten: *Für Tief- und Langsamflug werden die Flügel voll ausgeschwenkt. Bei diesem Tornado sind auch die Vorflügel ausgefahren.*

Oben: *Zwei auf dem Heckrumpf des Tornado ADV angeordnete Bremsklappen ermöglichen kurze Landerollstrecken.*

Unten: *Mit dem E-3D Sentry steht der Tornado F.3 in der ersten Linie der britischen Luftverteidigung.*

An den beiden inneren Unterflügellastträgern können insgesamt vier Sidewinder und zwei Zusatztanks (2250 Liter) mitgeführt werden. Wegen ihrer enormen Größe und weil ihre Form an ein Luftschiff erinnert, werden diese Tanks gelegentlich „Hindenburger" genannt. An den Innenflügellastträgern lassen sich auch Düppel- und Täuschkörperwerfer vom Typ Phimat oder BOL mitführen. In jüngerer Zeit wurden – wie beim IDS – auch im äußeren Unterflügelbereich Lastträger montiert, an denen beispielsweise Radartäuschsender geschleppt werden können. Die 27-mm-Mauser-Kanone an backbord wurde ausgebaut, um Raum für zusätzliche Avionik und eine komplett einziehbare Luftbetankungssonde zu schaffen. Obwohl seine Flugsteuerung konventionell-mechanisch arbeitet, besitzt der ADV ein dreifach ausgelegtes elektronisches Fluglagestabilisierungssystem, das ihm höhere Drehgeschwindigkeit verleiht und die Betätigung des Steuerknüppels (Steuerdruck) erleichtert. Die Flügel schwenken – wie beim IDS – bis zu 67 Grad aus, wobei sich die Unterflügelträger automatisch so drehen, dass sie und ihre Lasten stets parallel zum Luftstrom stehen. Hauptserienversion war der Tornado F.3, der seit seiner Anfang 1987 anlaufenden Indienststellung nach und nach die Lightning und Phantom ablöste. Angetrieben wird der F.3 von zwei Mantelstromtriebwerken Rolls-Royce RB199-34R Mk 104 (Nachbrennerschubleistung 73,5). Die Radaranlage wurde im Laufe der Dienstzeit mehrfach modernisiert.

Nach dem irakischen Überfall auf Kuwait verlegte man F.3 in größter Eile nach Dhahran (Sau-

di-Arabien) – kriegsmäßig ausgestattete Maschinen mit Düppel-/Täuschkörperwerfern unter dem Rumpf und Radar schluckenden Materialien an den Nasen von Trag- und Höhenleitwerk. Ihre Hauptaufgabe war die Verteidigung des saudischen Luftraums; Zusammenstöße mit irakischen Kampfflugzeugen gab es keine.

Seit Mitte der 1990er-Jahre ist eine F.3-Kampfgruppe auf Mount Pleasant Airport (Falklandinseln) stationiert. Zur Erinnerung an die Gladiator, die Verteidiger Maltas 1940, tragen sie die Kennungen „F", „H", „C" und „D", die für *Faith* (Glaube), *Hope* (Hoffnung), *Charity* (Liebe), *Desparation* (Verzweiflung) stehen. Tornado flogen im Rahmen der Operationen *Deny Flight* über Bosnien, *Southern Watch* und *Telic* nach dem ersten beziehungsweise zweiten Golfkrieg über dem Irak. Bei keiner dieser Operationen ist ein F.3 in Kampfhandlungen verwickelt worden.

Die Beachtung der Flächenregel bei der Gestaltung des gestreckten Rumpfes ermöglichte dem F.3 größere Beschleunigung und höhere Tieffluggeschwindigkeit. Wohl kaum ein anderes Flugzeug kann aus dem Tiefflug schneller beschleunigen. Diese Tatsache erklärt sich daraus, dass der F.3 auf einem Jagdbomberentwurf beruht, der für hohe Tieffluggeschwindigkeit, nicht für lange Flugdauer oder Wendigkeit konzipiert wurde. In großen Höhen mangelt es dem F.3 deshalb an Geschwindigkeit und Beschleunigung.

Als der ADV entwickelt wurde, hätten die Sowjets ihre Bomber noch nicht durch Langstrecken-Begleitjäger schützen können. Bei der Indienststellung des ADV sah das Bedrohungsszenario aber schon anders aus. Inzwischen waren Su-27 und MiG-31 eingeführt, und die ADV-Besatzungen mussten mit Kämpfen Jäger gegen Jäger rechnen. Gute Taktiken, die Vorteile einer zweiköpfigen Besatzung sowie die Einführung von AWACS und JTID (gemeinsames taktisches Informationsverteilungssystem) konnten einige Mängel des F.3 ausgleichen.

Ein Exportschlager ist der Tornado ADV nicht geworden. Nur im Rahmen des riesigen britisch-saudischen Beschaffungsabkommens Al-Yamamah im Jahr 1985 bestellten die Saudis 24 ADV. Die Verzögerungen im Eurofighter-Programm und das Alter der F-104S Starfighter führte dazu, dass Italien Anfang 1995 von der RAF 24 F.3 mietete. Bei der RAF zwangen die Verzögerungen im Eurofighter-Programm zu stetigen Modernisierungsprogrammen mit verbessertem Radar, auf dem Gebiet der elektronischen Kampfführung, der JTIDS-Datenbrücke und – erst kürzlich – ASRAAM (Nachfolgemuster für die AIM-9).

Im Jahr 2003 wurde schließlich offenbar, dass die britischen F.3 den Radarbekämpfungsflugkörper ALARM einsetzen und „Wild Weasel"-Funktionen übernehmen können, was ihre Nutzungsdauer vielleicht verlängern wird. Möglicherweise wird der F.3 auch für den MBDA Storm Shadow eingerichtet. Im Irakkrieg 2003 haben Tornado GR.4 diesen Marschflugkörper bereits erfolgreich eingesetzt.

***Oben:** Ein Tornado F.3 der No. 56 Squadron „Firebirds" verlässt den HAS (gehärteter Flugzeugschutzbau).*

***Unten:** Mit weit nach hinten geschwenkten Flügeln rollt ein Tornado F.3 der No. 29 Squadron zu seinem Abstellplatz.*

Suchoi Su-27 und Su-30 Flanker

Die „Flanker“ gilt als Juwel des sowjetisch-russischen Flugzeugbaus. Bei ihr verbindet Suchoi Geschwindigkeit, Manövrierfähigkeit und starke Bewaffnung. Su-27 und Su-30 sind echte Export- und Verkaufsschlager.

SUCHOI SU-27S „FLANKER-B“

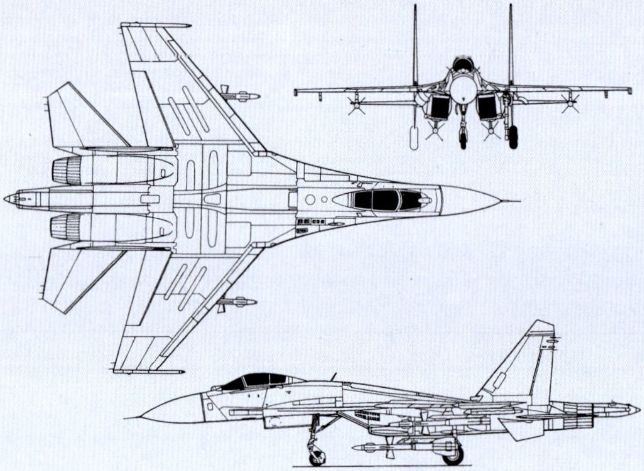

Besatzung: 1

Triebwerk: zwei Mantelstromtriebwerke NPO Saturn (Ljulka) AL-31F mit 122,6 kN Nachbrennerschubleistung

Höchstgeschwindigkeit: 2500 km/h

Einsatzradius: 1380 km

Dienstgipfelhöhe: 18 000 m

Gewicht: Startmasse 30 000 kg

Bewaffnung: eine 30-mm-Kanone GSh-30-1 in Flügelwurzel steuerbord; max. Kampflast 6000 kg

Abmessungen: Spannweite 14,70 m; Länge 21,94 m; Höhe 5,93 m

***Rechte Seite:** Kein Kunstflugteam fliegt größere und schubstärkere Flugzeuge als „Russkije Witjasi“ („Russische Ritter“) vom Fliegerhorst Kubinka bei Moskau.*

***Rechts:** Mit ihrer auffälligen, sich über die linke Rumpfseite hinunterziehenden Bemalung, war diese Su-27 „Flanker-A“ – benannt nach ihrem Standort in Westrussland – als „Lipezk Shark“ (Hai von Lipezk) berühmt.*

Lange galt die Su-27 als „sowjetischer Superjäger“. Man sagte ihr nach, sie wäre jedem NATO-Kampfflugzeug gewachsen. Kaum in Dienst gestellt, verschwand zwar die sowjetische Bedrohung, aber ihre hoch entwickelten Waffensysteme überlebten und werden in immer neuen Versionen exportiert; größtenteils nach Asien und Südostasien. Eine Entwicklung, die westliche Militärs sorgenvoll betrachten.

1969 hatten die grundlegenden Arbeiten für einen neuen Jäger in Pawel O. Suchois Konstruktionsbüro begonnen. Damals war die militärische Führung der UdSSR überzeugt, ein Flugzeugmodell könnte unmöglich alle Aufgaben eines modernen Luftkrieges erfüllen. Gefordert wurden folglich ein leichter Jäger und ein schweres Mehrzweckkampfflugzeug. Es waren die gleichen Ideen, die in den USA zur F-16 und F-15 führten. Allerdings forderte Moskau andere Leistungskennwerte, besonders was die Rolle des Piloten im Kampfeinsatz betraf, und als die beiden Projekte 1971 ausgeschrieben wurden, reichten MiG, Jakowlew und Suchoi Entwürfe ein. Das Suchoi-Konstruktionsbüro (OKB) präsentierte zwei Ausführungen mit Zwillings-

Oben: Im Westen erschien die Su-27 erstmalig im Juni 1989 auf dem Pariser Aéro Salon. In Dienst gestellt wurde sie erst mehr als ein Jahr später.

leitwerk. Eine erinnerte an einen Auftriebskörper mit großen, nach vorne gezogenen Flügelwurzeln und einer auffallend hängenden Nase. Einen Entwurf wie diesen hatte man in der UdSSR noch nicht gesehen. Dennoch wurde Suchoi beauftragt, seine Konstruktion als T10 zu erproben und zu bauen. MiG-OKB sollte den leichten Jäger realisieren, aus dem später die MiG-29 hervorging.

In zahlreichen Windkanaltests und in immer wieder neuen Versionen erprobt, zeigte die T10 so viele Schwächen, dass das Projekt 1975 eingefroren wurde. Im selben Jahr starb Pawel Suchoi, und Chefkonstrukteur Michail Simonow übernahm das Projekt. Er beschloss eine umfassende Neugestaltung, und am 20. Mai 1977 konnte der Prototyp T10-1, angetrieben von zwei Ljulka AL-21F-3 (je 110 kN Schubleistung) zum Erstflug starten. Auf dem Umweg über eine Pawel Suchoi gewidmete sowjetische Fernsehdokumentation gelangten Mitte der 1980er-Jahre erste, vermutlich beim Erstflug der T10-1 entstandene Bilder (in schlechter Qualität) in westliche Hände: zu einem Zeitpunkt also, als die mittlerweile stark veränderte Su-27 längst in Dienst gestellt war.

Obwohl die T10-1 vor dem MiG-29-Prototyp flog, musste Suchoi-OKB noch eine Menge Kinderkrankheiten kurieren, bis der geplante Jäger truppenreif war. Unter anderem wurde das Bugrad nach hinten verlagert. Aber erst als sich mit dem zweiten Prototyp ein tödlicher Unfall ereignete, wurde ein schwer wiegender Flügelkonstruktionsfehler erkannt. Dies und ein Wechsel zum kleineren Triebwerkmodell AF-31F bewirkten, dass die T10 die vorgegebenen Forderungen nicht erfüllte. Erneut wurde der Entwurf neu gestaltet, das Gewicht reduziert, die Kampflastzuladungskapazität erhöht und die Langsamflugleistungen ver-

IM COCKPIT DER SU-27 FLANKER

Oben: Die „Test Pilots", ein Team von zwei Su-27P, waren in den 1990er-Jahren gern gesehene Gäste auf Flugveranstaltungen.

Ein sehr ungewöhnlicher Luftkampf ereignete sich am 26. Februar 1999. Eine äthiopische Su-27SK flog Begleitschutz für einen Schwarm MiG-21, als die weibliche Pilotin der Suchoi, Captain Aster Tolossa, auf ihrem Radarbildschirm einen sich schnell nähernden Kontakt bemerkte. Sie fing den Unbekannten ab und erkannte eine eritreanische MiG-29UB. Nach einigen Flugmanövern zog die offensichtlich unbewaffnete Fulcrum hoch und hinter die Flanker. Es gelang Tolossa, mit dem MiG-Piloten Sprechverkehr aufzunehmen. Überrascht stellte sie fest, dass es sich um ihren ehemaligen Lehrer von der Flugschule in Russland handelte! Sie warnte ihn, dass sie sein Flugzeug vernichten und ihn abschießen müsste, wenn er ihrem Befehl nicht gehorchen und in Debre Zeit landen würde. Der Russe lehnte jedoch ab, und Tolossa feuerte einen Flugkörper, vermutlich eine R-73, auf die MiG ab. Die Fulcrum konnte allerdings ausweichen, ebenso einem zweiten Flugkörper. Dann verfolgte die schnellere Suchoi die MiG, stellte sie und schoss sie mit der Kanone ab. Bei ihrer Rückkehr wurde Tolossa wie ein Held gefeiert.

bessert: Ergebnis war die T10-S (Erstflug 20. April 1981), der eigentliche Urahn der Su-27 (NATO-Code „Flanker"). Sie erhielt neue Trapezflügel mit rechtwinklig geschnittenen Enden zur Aufnahme von Flugkörperstartschienen. Elektronisch (FBW-System) betätigte Landeklappenquerruder und Vorflügel verbesserten die Flugsteuerung. Zehn Rumpf- und Unterflügellastträger waren für Zusatztanks und Kampflasten ausgelegt. Zur Ausstattung mit Luft-Luft-Flugkörpern gehörten R-27 (AA-10 Alamo), R-73 (AA-11 Archer) und R-77 (AA-12 Adder). Im Vorderrumpf rechts war eine 30-mm-Kanone GSh-301 fest lafettiert. Dank hängender Nase und tropfenförmiger Kabinenhaube hatte der Pilot exzellente Sicht. Wie bei der MiG-29 verschließen Klappen die Lufteinläufe, solange sich die Maschine am Boden befindet, und verhindern das Einsaugen von Fremdkörpern. Bei geschlossenen Klappen wird die zur Verbrennung erforderliche Luft durch seitlich an den Lufteinlaufkanälen angeordnete Gitter eingesaugt. Die aerodynamische Wirkung der riesigen Seitenflossen wurde durch Kielflossen unter den Höhenleitwerkwurzeln unterstützt. Die Su-27 war riesig, noch viel größer als die F-15, die ihrerseits größer und schwerer war als ein mittlerer Weltkrieg-Zwei-Bomber, wie beispielsweise die B-25.

Die Serienfertigung begann 1982, zwei Jahre später die Indienststellung. Es dauerte dann auch nicht lange, bis NATO-Jäger und -Aufklärer Flanker über der Ostsee abfingen. Beide Seiten waren bei solchen Zusammentreffen nicht zimperlich, sodass eine norwegische P-3 „leicht" mit einer voll bewaffneten Su-27 kollidierte. Im Westen erschien die Flanker erstmals beim Pariser Aéro Salon 1989, wo sie bei den täglichen Flugvorführungen ihre außergewöhnlichen Flugeigenschaften demonstrierte. Besonders fasziniert waren die Zuschauer von „Pugatschews Kobra". Benannt nach Suchois Testpilot, wirbelte die schwere Maschine wie ein welkes Blatt durch die Luft. Ob das für den „heißen" Luftkampf geeignet ist, sei dahingestellt. Aber vielleicht verliert bei diesem Manöver ein Doppelradar den Kontakt, sodass der Gegner überschießt und die Flanker in die kampfentscheidende Heckposition gelangt.

Auf die einsitzige Standardausführung S-27 (T10S Flanker-B) folgte die zweisitzige, S-27UB (Flanker-C). Ausgestattet mit Radar N001 und bewaffnet, ist diese Trainerausführung uneingeschränkt kampffähig. Aus ihr ging die ebenfalls als Zweisitzer ausgelegte, als Superlangstrecken-Abfangjäger mit Erdkampfpotenzial konzipierte Su-30 hervor. Verglichen mit der Su-27UB war ihre Reichweite verdoppelt.

Um nach dem Zusammenbruch der UdSSR auf dem Kampfflugzeugmarkt überleben zu können, entwickelte Suchoi zahlreiche Exportversionen. Eine der interessantesten: die Su-37. Dank Canards und den Schubvektordüsen ihrer AL-37FU-Triebwerke zeigte auch sie eine ungewöhnliche Wendigkeit. Anfang der 1990er-Jahre entschloss sich Suchoi, die Su-30 zu einem mehrrollenfähigen Muster weiterzuentwickeln, was zur zweisitzigen Su-30MK mit AL-31F-Triebwerken führte.

Die Fliegergruppe des einzigen in Russland verbliebenen konventionellen Flugzeugträgers *Admiral Kusnetzow* bilden Su-27K. Für den Trägereinsatz konzipiert, erhielt sie einen Fanghaken und ein verstärktes Fahrwerk. Flügel- und Höhenleitwerk sind beiklappbar. Vorrichtungen für Kata-

***Unten:** China ist der größte „Flanker"-Betreiber außerhalb Russlands. Abgebildet sieht man hier eine der rund 200 lizenzgefertigten J-11 (Su-27SK).*

***Oben:** Die Su-30MK war der Prototyp der Exportversion. Aus ihr und der Su-37 entwickelte Suchoi-OKB die Su-30MKI für Indien.*

***Oben:** Ein großes HUD beherrscht das hellblaue Cockpit der Su-27. Der Schleudersitz hat seine Effektivität schon bei einigen öffentlichen Veranstaltungen beweisen können.*

pultstarts werden nicht benötigt, weil die Su-27K beim Start mit eigener Kraft von der Bugschanze des Trägers in die Luft „springen". Im Gegensatz zur MiG-29 überließen die Sowjets den Warschauer-Pakt-Staaten keine Su-27. Viele gelangten erst nach dem Auseinanderbrechen der UdSSR 1990 – 1992 Su-27 in den Besitz der neuen, unabhängigen Republiken Ukraine, Weißrussland und Kasachstan; bei den Exportbemühungen konzentriert man sich auf den asiatischen Markt. China und Indien sind die besten Kunden. Auch Indonesien, Malaysia und Vietnam betreiben Versionen der Su-27 und Su-30. Offiziell unbestätigt blieben Gerüchte, dass die so genannte „Aggressor" beziehungsweise „Red Hat"-Staffel der USAF auf „geheimen Basen in der Wüste von Nevada" Su-27 und -30 in simulierten Luftkämpfen erprobten.

In „heiße" Luftkämpfe waren Su-27 selten verwickelt. Bei den Auseinandersetzungen zwischen Äthiopien und Eritrea dienen ehemalige russische Piloten und Techniker auf beiden Seiten. Seit Ende 1998 besitzt Äthiopien mindestens acht Su-27K. Bei Luftkämpfen im Februar/März 1999 und im Mai 2000 vernichteten äthiopische Su-27 sechs eritreanische MiG-29. Auch ein ziviler Learjet, der sich 1999 in die Krisenregion verirrte, wurde von einer äthiopischen „Flanker" abgeschossen. 2002 beschaffte Äthiopien sechs weitere Su-27K, Eritrea übernahm ein Jahr später vier ehemals ukrainische Su-27, und obwohl die Chinesen seit langem an einheimischen Jägerprojekten arbeiten, haben sie seit 1992 38 Su-27SK, 40 Su-27UB/UBK, 76 Su-30MKK und 24 Su-30MK2 sowie rund 200 lizenzgefertigte J-11 (Su-27SK) in Dienst gestellt. Während es sich bei den chinesischen Su-27SK noch um Einsitzer mit eingeschränkten Luft-Boden-Fähigkeiten handelte, sind die zweisitzigen Su-30MKK Mehrzweckkampfflugzeuge mit umfangreichem Waffenarsenal wie Luft-Boden-Flugkörper X-59M und X-29T, Radarbekämpfungsflugkörper X-31P, Laserlenkbomben. Im Cockpit der Su-30MKK sind große Farbdisplays eingebaut. Das Radar N001VE erlaubt den Einsatz des Luft-Luft-Flugkörpers R-77. Die Su-30MK2 dienen der chinesischen Marine.

Indien beschaffte sich 1997 acht und 1998 zehn Su-30K mit minimaler russischer Ausrüstung, denen ab 2002 insgesamt 32 Su-30MKI folgten. Dank einem Ausrüstungsmix russischer und westlicher Geräte ist die Su-30MKI das modernste Mitglied der Flanker-Familie. So kann etwa ihr Radar N011-M (Bars 30) dank elektronischer Strahlschwenkung und optischem Zielsucher gleichzeitig 15 Ziele verfolgen und vier auf Ent-

***Rechts:** Die Serienfertigung der Su-32 mit Entenschnabel und nebeneinander liegenden Sitzen geht nur schleppend voran. Sie soll die Su-24 „Fencer" und einige Tu-22M „Backfire" der russischen Luftwaffe ersetzen.*

fernungen von bis zu 150 km bekämpfen. Im Gegensatz zu den chinesischen Flanker verfügen die indischen Versionen über ein umfassendes Erdkampfpotenzial und könnten sogar Atombomben mitführen. Indien plant, die Su-30MKI ab 2006 in Lizenz zu fertigen, einen ganz anderen Weg beschritt Suchoi zur Entwicklung des Jagdbombers Su-34 (ursprünglich Su-27IB, dann Su-32FN). Er erhielt nebeneinander liegende Sitze, eine schnabelförmige Nase mit eingebautem V004-Radar mit phasengesteuerter Antenne. Im lang gestreckten Leitwerksträger ist ein rückwärts gerichtetes Radar installiert. Mit ihrer „Sea Snake"-Avionik kann die Su-27IB ein U-Boot-Periskop schon auf 250 km orten. Ins gepanzerte Cockpit (mit zusammenklappbarer Bordküche, Bett, Toilette) gelangten die Piloten durch den Bugradschacht. In Reichweite und Kampfmittelzuladung der F-15E Strike Eagle überlegen, wird die Su-34 vermutlich die Su-24 „Fencer" ablösen, aber nicht für den Export freigegeben werden.

Auch beim trägertauglichen Schulflugzeug Su-27KUB sind wie bei der Su-34 die Sitze nebeneinander angeordnet bei normaler rundlicher Nase. Eine Angriffsversion für landgestützte russische Marineflieger wird angeboten. Mitte der 1990er-Jahre standen noch etwa 450 Flanker in russischen Diensten. Aus finanziellen Gründen konnte erst eine Einheit auf Su-30 umrüsten. Die Serienfertigung neuer Su-30 für den „Eigenbedarf" und die Modernisierungsmaßnahmen der Su-27 laufen schleppend. Gegenwärtig fehlen Suchoi sowohl für zukünftige Weiterentwicklungen wie für neue Flugzeuge (etwa die geheimnisumwitterte Su-37 Berkut mit nach vorne gepfeilten Flügeln) die Mittel.

Oben: *Auf Russlands einzigem Flugzeugträger ist eine Staffel Su-33 stationiert. Beiklappbare Flügel und Höhenleitwerk sowie Canards sind die Merkmale dieser Version.*

Links: *Von den ursprünglich ungefähr 700 Su-27 der sowjetischen Luftstreitkräfte sind im Rahmen der russischen Luftwaffe weniger als 350 einsatzbereit.*

Dassault Rafale

Schneller als Eurofighter und F/A-22 hat sie es in die Staffeln geschafft und Kampfeinsätze in Afghanistan geflogen. Radargetarnt konstruiert, besitzt die Rafale optimale Flugeigenschaften und ist für modernste Waffen eingerichtet.

***Rechte Seite:** Das Einzelstück Rafale A (Erstflug 1986) diente als Testflugzeug für das ursprüngliche ACX-Projekt.*

***Unten:** Die erste navalisierte Rafale-Version war der Prototyp Rafale M (Marine). Erstflug Dezember 1991.*

Als rein französisches Projekt ist die Rafale eine Seltenheit unter den heutigen großen Kampfflugzeugprojekten. Anders als bei Eurofighter und Gripen werden Zelle, Triebwerke und ein Großteil der Avionik im eigenen Land gefertigt. Obwohl nicht unbehelligt von politischen Einmischungen und Budgetkürzungen, hat die Rafale den multinationalen Eurofighter terminlich längst ausgestochen. Denn obwohl später gestartet, wurden die ersten Rafale schon in Dienst gestellt.

In den Jahren 1980/81 stellte man in Frankreich Überlegungen für ein Nachfolgemuster (ACX = Avion de Combat Expérimental) der Mirage 2000 an. Zur selben Zeit erarbeiteten die Bundesrepublik Deutschland und Großbritannien Vorschläge für ein Gemeinschaftsprojekt, das über den Eurofighter zur Typhoon führte. Wie Italien und Spanien, trat auch Frankreich dem Eurofighter-Projekt bei, forderte aber den Löwenanteil an Arbeit und Entwicklung sowie die Federführung des Projektes. Rückblickend scheint Paris die Eurofighter-Entwicklung bewusst behindert und gleichzeitig das ACX mit allen Mitteln vorangetrieben zu haben. Als das Gemeinschaftsprojekt 1985 sogar zum Stillstand kam, wurde es Frankreichs

DASSAULT RAFALE C

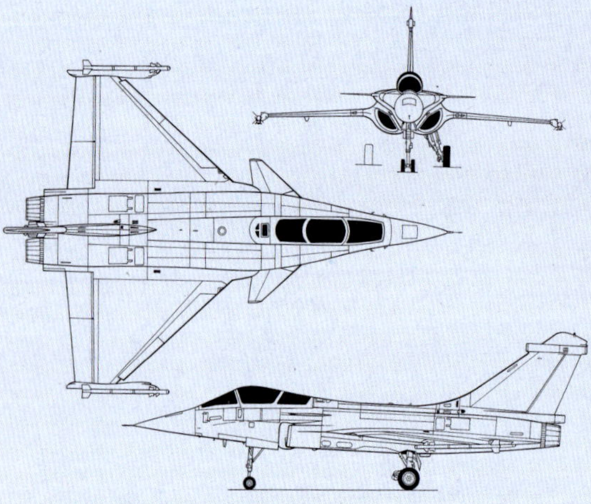

Besatzung: 1

Triebwerk: zwei Mantelstromtriebwerke SNECMA M88-2 mit je 86,98 kN Nachbrennerschubleistung

Höchstgeschwindigkeit: 2125 km/h

Einsatzradius: 1055 km

Dienstgipfelhöhe: 15 240 m

Gewicht: Startmasse 24 500 kg

Bewaffnung: eine 30-mm-Kanone GIAT DEFA 791B; 14 Aufhängepunkte für Außenlasten bis 8000 kg

Abmessungen: Spannweite (über Flugkörper-Startschienen) 10,90 m; Länge 15,30 m; Höhe 5,34 m

Partnern doch zu bunt, und sie beschlossen, ohne Frankreich mit dem Eurofighter fortzufahren.

Schon im April 1983 erhielt Dassault die Genehmigung zum Bau zweier Vorführflugzeuge (später auf eines reduziert). Gleichzeitig bekam Triebwerkbauer SNECMA grünes Licht zur Entwicklung des Mantelstromtriebwerks M88. Hatte das ACX ursprünglich nur die Mirage 2000 ablösen sollen, so wurden diese Pläne nun auch auf den Jaguar-Bomber sowie auf die Crusader und Super Etendard der Marineflieger ausgedehnt.

Unten: *Fünf Rafale-Prototypen (von unten nach oben): Rafale M Nr. 2, Rafale B, Rafale M Nr. 1, Rafale C, Rafale A.*

Gemäß Dassaults Tradition, Flugzeugen Namen aus der Wetterkunde zu verleihen (Ouragan = Orkan; Mirage = Fata Morgana), wurde das ACX im April 1985 „Rafale“ (Sturmbö) getauft. Der Prototyp Rafale A war ein Deltaflügler; allerdings mit eckigen Flügelenden zur Aufnahme der Flugkörperstartschienen. Wie bei einigen Versionen der Mirage III und Mirage 5, so erhielt auch die Rafale Entenflügel. Die Vorderrumpfseiten waren in Richtung auf die Triebwerklufteinläufe nach innen gebogen, was die Stirnfläche wesentlich verkleinerte.

Mit Guy Mitaux-Maurouard am Steuer startete die Rafale A am 4. Juli 1986 zum Erstflug. Da das M88-Triebwerk noch nicht verfügbar war, flog die Rafale A – als eine Art Übergangslösung – bis zum 460. Testflug mit F404-Triebwerken von General Electric. Erst danach wurde ein F404 gegen ein Vorserientriebwerk SNECMA M88-2 ausgetauscht. Damit begann auch die zweite Flugerprobungsphase zur Erweiterung der Grenzwerte mit Geschwindigkeiten von bis zu Mach 1,4 und Flughöhen von 12 192 m. Als die Rafale A im Januar 1994 ausgemustert wurde, stand das Konzept der endgültigen Rafale (oder ACT = Avion de Combat Tactique) fest. In 865 Flügen erprobte sie Grundkonstruktion, FBW-Steuerung und wichtige, vor allem aus Verbundwerkstoff gefertigte Komponenten.

Ungewöhnlich war, dass die Rafale A mit 11,20 m Spannweite und 15,80 m Länge größer war als die folgenden Vorserien- und Serienmaschinen. Äußerlich fast unverändert, zeigten die Folgemaschinen einen neu gestalteten Übergang Rumpfrücken/Seitenflosse, rundere Flügelwurzelverkleidungen und eine gold getönte Kabinenhaube. Alle diese Ände-

Rechts: *Bevor sie an Bord eines Trägers gingen, wurden die Rafale M auf landgestützten Katapult- und Fangsystemen in New Jersey und Maryland getestet.*

IM COCKPIT DER DASSAULT RAFALE

Wie die anderen agilen „Superfighter" der 1990er-Jahre, so konnte auch die Rafale bisher nur bei internationalen Flugveranstaltungen ihre Luftkampftauglichkeit demonstrieren. 2003 in Paris wurde die Rafale B von Eric Gérard vorgeführt; ein Freund guter Zigarren und seit 1991 Testpilot bei Dassault Aviation. Neben anderen Spitzenleistungen war er als Erster mit einer Rafale auf der *Charles de Gaulle* gelandet. In einem Interview für die Flugschau-Organisation beschrieb er einige Vorzüge der Rafale als Vorführflugzeug: „Meistens finden die Demonstrationen in einem sehr eng begrenzten Luftraum statt", erklärte er. „Dank der Schubleistung der M88-Triebwerke kann ich nach jeder Kurve problemlos Geschwindigkeit und Energie gewinnen. Die Reaktion des M88 ist exzellent. Es belastet die Triebwerke ungemein, wenn man mehrmals in Folge vom Leerlauf auf vollen Nachbrenner beschleunigt und wieder zurück. Das M88 geht in nur fünf Sekunden von Leerlauf auf Nachbrenner; wirklich außergewöhnlich. In weniger als sieben Sekunden muss die Rafale B ihre ganze Kraft und Wendigkeit zeigen. Nicht vergessen werden darf die verblüffende Kraft ihrer Bremsen. Sie erst machen es möglich, nach einer glänzenden Vorführung die Rollgeschwindigkeit in weniger als zehn Sekunden so zu verlangsamen, dass die Rafale genau vor den Zuschauern zum Stehen kommt – während die Konkurrenz immer noch den altmodischen und lästigen Bremsschirm benutzt." Am Ende fasste Eric Gérard zusammen: „Meine Präsentation wird für die Rafale klassisch, aber dennoch sehr dynamisch sein." Er hatte sein Programm im südfranzösischen Istres sechsmal geübt, bevor er in Le Bourget landete.

***Oben:** Mit ihren erstaunlichen Kunstflugvorführungen hat die Rafale (hier eine C) weltweit Zuschauer und potenzielle Kunden begeistert.*

rungen dienen zur Reduzierung des Radarrückstreuquerschnitts. Als zusätzliche „Radartarnung" dient ein Radar schluckender Anstrich. Mehr als die Hälfte des Rumpfes besteht aus Verbundwerkstoffen und modernsten Materialien. Obwohl die „Tarnkappen"-Eigenschaften der Rafale längst nicht so ausgeprägt waren wie bei der F-22 Raptor, pries Dassault sein Produkt als Rafale Discret („Discret" verwies auf die „Stealth"-Eigenschaften).

Die Rafale C (Erstflug 19. Mai 1991) war der Prototyp des Einsitzers für die *Armée de l'Air*. Ihr folgte die doppelsitzige Rafale B im April 1993. Ursprünglich als Fortgeschrittenentrainer geplant, wurde die Rafale B zur wichtigsten Einsatzversion der *Armée de l'Air* mit einem Auftragsbestand von 139 Doppel- und 95 Einsitzern. Französische Erfahrungen mit einsitzigen Kampfflugzeugen wie dem Jaguar und Doppelsitzern wie der Mirage 2000N haben gezeigt, wie wertvoll es ist, wenn die Belastungen eines Kampfeinsatzes auf die Schultern zweier Männer verteilt werden können.

Mit dem Fall der Berliner Mauer schwand Europas Bedrohung aus dem Osten. 1992, die Rafale war ihrem Rivalen Eurofighter weit voraus, nutzte

***Oben:** Das Vorserienflugzeug, die zweisitzige Rafale B, bewaffnet mit Marschflugkörpern Apache.*

die französische Regierung die politisch-militärische Entspannung zur Kostensenkung und stornierte einen zweiten einsitzigen Prototyp. Die Folge war, dass Dassaults Vorsprung auf seine Konkurrenten dahinzuschmelzen begann.

Kürzungen des Wehretats reduzierten die Beschaffungen der Aéronavale (Marineflieger) auf 60 Flugzeuge. Obwohl das Rafale-Projekt schon weit fortgeschritten war, wurde es ziemlich überraschend noch um die zweisitzige Rafale N erweitert und im Dezember 2002 entschieden, den Beschaffungsauftrag in 25 Ein- und 35 Doppelsitzer aufzuteilen. Die N wird etwas weniger Treibstoff mitführen können als die M und keine Kanone erhalten. Ihre Indienststellung ist nach 2007 zu erwarten. Um seine Führungsrolle auch maritim zu unterstreichen, ließ Paris den nukleargetriebenen Flugzeugträger „Charles de Gaulle" bauen. Im Mai 2001 in Dienst gestellt, wird seine Fliegergruppe Schritt für Schritt auf Rafale M umrüsten. Auch die *Armée de l'Air* hat entschieden, der zweisitzigen Rafale B größere Priorität einzuräumen. Der Beschaffungsauftrag über 234 Flugzeuge umfasst nun 139 „B" und 95 „C". Die einsitzige hat eine interne Treibstoffkapazität von 5750 Litern. Fünf Außenstationen sind für Abwurftanks mit je 1250 Liter ausgelegt, während an der Rumpfmittellinie zusätzlich noch ein abwerfbarer 2000-Liter-Tank mitgeführt werden kann. Darüber hinaus offeriert Dassault auch dem Rumpf angepasste, formgleiche Zusatztanks, die die Treibstoffkapazität um weitere 2300 Liter steigern.

Das Instrumentenbrett ist sogar nach modernen Standards ungewöhnlich. Es wird von einem in Kopfhöhe, also unterhalb des HUD, angebrachten Display beherrscht und ist flankiert von zwei berührungsempfindlichen Mehrfunktionsfarbmonitoren. Das so genannte Crew-Interface umfasst HOTAS (gleichzeitige Schub- und Knüppelsteuerung), multifunktionelle Tastaturen und hochmoderne DVI (sprachgestützte Bediensysteme mit direkter Spracheingabe) mit einem Vokabular von bis zu 300 Wörtern. Kombiniert mit einem noch in der Entwicklung befindlichen Helmvisier, werden zukünftige Rafale-Piloten ihre Gegner mittels DVI und agilen Matra Mica (infrarot- bzw. radargelenkte Flugkörper mittlerer und kurzer Reichweite) sogar „über die Schulter" bekämpfen können. Dank leistungsstarkem Suchkopf wird die Mica ihr Ziel auch in engen Kurven nicht verlieren und bald auch mit großer Reichweite verfügbar sein.

Die einsitzigen Rafale sind mit der neuen einrohrigen Kanone GIAT M 791 im Kaliber 30 mm bewaffnet. Um die Wartung zu vereinfachen, ist die Kanone als leicht und schnell montierbarer Rüstsatz konstruiert. Sie wird nur dann eingebaut, wenn Kampfeinsätze zu erwarten sind oder im Rahmen der Ausbildung Scharfschießen geplant ist. Überlebenswichtiger ist das hochmoderne EloKa-System Spectra von MBDA/Thales, das Hilfestellung beim Aufspüren gegnerischer Flugzeuge und

***Unten:** Obwohl unbewaffnet, ohne Avionik- und Waffensysteme, war die Rafale A etwas größer als die späteren Serienmaschinen.*

***Rechts:** HUD und große Farbmonitore beherrschen das Cockpit der Rafale. Herkömmliche elektromechanische Instrumente sucht man vergebens.*

Luftabwehrstellungen leistet. Die von Spectra, Radar und IRST gelieferten Informationen werden in das auf Kopfhöhe angebrachte, auf unendlich projizierte Farbdisplay eingespeist und zum aktuellen Luftlagebild aufbereitet.

Da die französische Marine stark auf eine Modernisierung ihrer Trägerstreitkräfte drängte, liefen die ersten Rafale ihr zu. Man sagt, bei den Luftwaffen- und Marinefliegerversionen seien Zelle und Systeme zu rund 80 Prozent baugleich, während die Rafale M für Trägereinsätze einen hydraulisch betriebenen Fanghaken und ein verstärktes Fahrwerk erhielt. Einzigartig ist das Bugradfahrwerk der Rafale M mit einer Startschleuder. Sobald das Ende der Katapultschiene erreicht ist, bewirkt diese „jump strut", dass das Bugradfahrwerk in den optimalen Startwinkel hochgefedert wird. Das Flugdeck konnte deshalb kürzer gestaltet und auf eine Startrampe verzichtet werden.

Die Rafale M wurde im Mai 2001 bei der neu aufgestellten *Flotille 12* (12F) in Dienst gestellt. Im Dezember gingen die ersten sieben Maschinen zur Eingewöhnung und Trägerausbildung an Bord der *Charles de Gaulle*. Im Oktober 2002 wurde die vorläufige Einsatzbereitschaft der 12F erklärt. In naher Zukunft werden die Rafale M mit modernisierter Software uneingeschränkte Erdkampfeinsätze fliegen und die Super Etendard bis 2010 ablösen. Gegenwärtig ist sie nur mit Kanone sowie den Luft-Luft-Flugkörpern Magic 2 und Mica bestückt. Eine ihrer ersten Luft-Boden-Waffen wird der Marschflugkörper SCALP-EG sein, eine französische Version der Storm Shadow. Darauf folgen könnten die ASMP-A (überschallschnelle Abstandswaffe mittlerer Reichweite mit Kernsprengkopf) und der Seezielflugkörper AM.39 Exocet.

An die *Armée de l'Air* wurden bisher nur fünf Rafale B und C ausgeliefert. Da die modernste Software noch nicht verfügbar ist, wird sie mit der Aufstellung einer kompletten Staffel wohl noch bis etwa 2006 warten müssen. Weil mehr als die Hälfte der Zelle aus Verbundwerkstoffen besteht, ist mit einer langen Nutzungsdauer zu rechnen und zu erwarten, dass die Rafale bis 2040 in Frankreich Dienst tun wird.

Oben: *Die ersten Rafale wurden bei Flotille 12 (F12) in Dienst gestellt. Sie gehört zur Fliegergruppe des nukleargetriebenen Flugzeugträgers Charles de Gaulle.*

Unten: *Für den Marschflugköper Apache sind die zweisitzigen Rafale der Armée de l'Air die idealen Waffenplattformen.*

Saab JAS 39 Gripen

Saabs JAS 39 Gripen (Greif) ist das fortschrittlichste Kampfflugzeug der schwedischen Luftwaffe. Ihr Exportpotenzial scheint beträchtlich; besonders in Ländern, die die jüngsten Versionen der F-16 nicht beschaffen können oder wollen.

***Rechte Seite:** Die Maschine im Vordergrund trägt Luft-Boden-Flugkörper Maverick und Rbs 15, die andere AIM-120 AMRAAM.*

Die Entwicklung zukunftweisender Kampfflugzeuge hat in Schweden Tradition. Mit der Gripen schuf Saab ein Flugzeug der 4. Generation, das kaum einen Gegner fürchten muss. Sie wird der schwedischen Luftwaffe *(Flygvapnet)* viele Jahre dienen und auch außerhalb Skandinaviens eingeführt werden.

In den 1970er-Jahren schrieb die schwedische Luftwaffe ein Kampfflugzeug aus, das verschiedene Versionen der Viggen ablösen sollte. Auf ihren etwas vagen Forderungskatalog reagierte Saab mit mehreren Optionen: im Rahmen des Projektes A20 mit dem Entwurf einer „Super Viggen", die in mehreren Versionen für verschiedene Rollen gebaut werden sollte. Ein anderer Entwurf – Projekt B3LA – behandelte einen leichten Jagdbomber/Trainer, der als Angriffsflugzeug A 38 und Trainer Sk 38 spezifiziert wurde.

Bis 1978 konnte Saab das Projekt B3LA zügig vorantreiben, dann stornierte die Regierung das Vorhaben. Deshalb entwickelte Saab eigenständig einen kleineren, leichteren, fortschrittlichen Jäger der 4. Generation. Die Regierung akzeptierte Saabs Konzept 1980 als System 39, verlangte allerdings, dass der neue Jäger auch die Viggen JA 37 ersetzen könnte. Bisher hatte Saab alle

***Rechts:** Schwedens Gripen sind schmucklos und führen keine auffälligen Kennzeichen. Einige tragen Zahlen oder Buchstaben an Vorderrumpf und Seitenflosse.*

SAAB JAS 39C GRIPEN

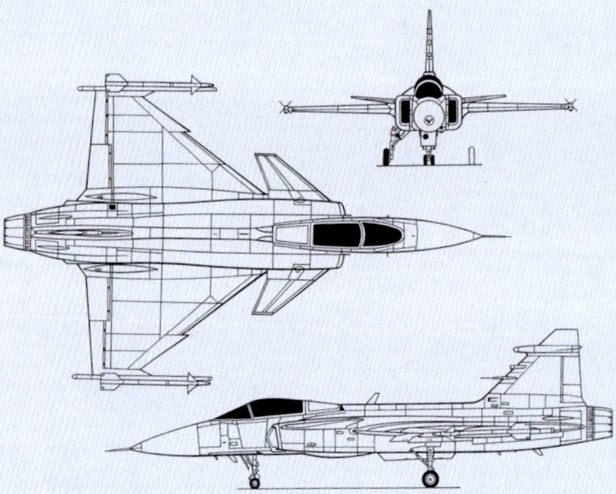

Besatzung: 1

Triebwerk: ein Mantelstromtriebwerk Volvo RM12 mit 80,5 kN Nachbrennerschubleistung

Höchstgeschwindigkeit: 2126 km/h

Einsatzradius: 800 km

Dienstgipfelhöhe: unbekannt

Gewicht: max. Startmasse ca. 14 000 kg

Bewaffnung: eine 27-mm-Mauser-Kanone; Kampflast umfasst Luft-Luft-Flugkörper AIM-9L (Rb 74) und AIM-120 (Rb 99)

Abmessungen: Spannweite 8,40 m; Länge 14,10 m; Höhe 4,50 m

IM COCKPIT DER GRIPEN

Von Südafrika bis Südamerika hat die Gripen Menschen durch präzise Kunstflugfiguren begeistert. So auch bei der alle zwei Jahre stattfindenden Farnborough Air Show. Robert Hewson, Verfasser der täglich erscheinenden Show News, beschrieb die Flugvorführungen des Jahres 2002 so: „Die Farnborough-Besucher werden als Erste das neue Kunstflugprogramm der Gripen für '02 erleben. Im Cockpit Saab-Testpilot Fredrik Müchler. Seit 1997 – als die schwedische Luftwaffe die Gripen in Dienst stellte – hat er auf diesem Typ etwa 600 Flugstunden absolviert. Fredrik zeigte sein Können erstmals 1998, aber die diesjährige Vorführung wird alles Bisherige in den Schatten stellen. ‚Es ist ein dicht gedrängtes, präzises Programm', sagt er, ‚und ich werde durch klar umrissene, mehrmalige Figuren die außergewöhnlichen Flugeigenschaften des Flugzeuges demonstrieren. Ein Pilot freut sich, wenn er sagen kann, dass Flugbewegungen wiederholbar und dennoch stets kontrolliert sind. Aber die Gripen ist auch sehr lebhaft und flink.' Dies ist das erste Jahr, dass die Gripen-Vorführmaschine mit der modernsten Version des FCS (Flugsteuer- und -regelsystem) fliegt. Seit 2001 sind alle Luftwaffenmaschinen serienmäßig mit diesem R12.5 ausgestattet. Das R12.5 ermöglicht ein besseres Kurvenverhalten, einen niedrigen G-Wert, großen Anstellwinkel und eine reduzierte Minimalgeschwindigkeit (von 230 km/h auf 180 km/h). Es hat etwas gedauert, bis wir ein Vorführprogramm mit dem R12.5 qualifiziert hatten. Wir mussten die ‚Smokewinders' in das System integrieren. ‚Eine Aufgabe, die wir bei der Luftwaffe eigentlich nie geübt haben', bemerkte Fredrik. Fredrik musste sein Farnborough-Programm auf die neuen Kunstflugparameter einstellen. Die Mindestflughöhe ist jetzt 200 Meter, und Fredrik erläuterte: ‚Mental sind wir alle noch auf 100 Meter eingestellt. Eine gute Höhe. Man hat die richtige Beziehung zum Erdboden und gute Sicht rundum. Etwas höher zu steigen macht die Sache nicht einfacher; die neue Anweisung für Steilflugkurven erschwert die Sache nur noch. Aber damit müssen wir leben – also gehen wir und erledigen unseren Job.' Die Vorführung beginnt mit einem donnernden Start, nachdem die Gripen in eine Steilkurve nach rechts gerissen wird und sich – gemäß den Anweisungen – von der Menge entfernt. Sie zeigt einen Abschwung, kehrt zurück, um mit 7 g senkrecht hochzusteigen, vollführt eine 130-Grad-Rolle und kehrt im Gleitspiralflug zur Ausgangsposition zurück. Nun vollführt Fredrik eine langsame, horizontale Rolle und kehrt nach einem rechts/links Jo-Jo erneut zurück. Der schnelle Richtungswechsel des Jo-Jo-Manövers führt die Gripen mit einem Hochgeschwindigkeitsvorbeiflug von ungefähr Mach 0,75 an den Zuschauern vorüber. Am Schluss des Vorbeifluges vollführt Fredrik eine gerissene Rolle und zieht dann mit 9 g in eine 360-Grad-Linkskurve, kehrt zurück und steigt – Flügel waagerecht – in einem Looping auf 1000 Meter. Fredrik kippt mit einer 90-Grad-Kurve aus dem Looping, dreht nach links und zieht in einer Fassrolle nach rechts. Es endet mit einer Linkskurve zurück auf 90 Grad, bevor er mit einer hochgezogenen Derry-Kehrtkurve wegdreht – aber in entgegengesetzter Richtung zum Loop. Fredrik zieht hoch – eng, nur bis auf eine Höhe von 700 Metern –, bevor er andrückt, mit 60 Grad links kurvt und ungefähr 45 Grad vor der Besuchertribüne erneut einen Derry fliegt, um dann ganz langsam mit Mindestgeschwindigkeit und einem Anstellwinkel von nur 26 Grad vorbeizufliegen. Danach startet der Nachbrenner, die Gripen kurvt 360 Grad nach rechts und kehrt ständig beschleunigend entlang der Vorführlinie zurück. Fredrik zieht senkrecht auf 600 Meter hoch, rollt in einen Abschwung, fliegt erneut eine Fassrolle nach rechts, knallt das Fahrwerk heraus und steht nach einer atemberaubenden Ausrollstrecke von 400 Metern. Gut gemacht!"

Die erste zweisitzige FAS 39B absolvierte ihren Jungfernflug im März 1996. Die Piloten wurden (wie auch heute noch) im Simulator und in einsitzigen Gripen geschult.

strahlgetriebenen Kampfflugzeuge stets in mehreren Versionen für spezielle Rollen gebaut. Auch hinter dem System 39 stand die Idee, *Jakt* (Abfangjagd), *Attack* (Erdzielbekämpfung) und *Spaning* (Aufklärung) in einem Modell zusammenzufassen. Aus diesen Aufgabenstellungen leitet sich die Bezeichnung JAS 39 ab. Saabs Konzept stand in Konkurrenz mit ausländischen Mustern wie der General Dynamics F-16, Northrop F-20 oder McDonnell Douglas F/A-18, deren Beschaffung beziehungsweise Lizenzfertigung ernsthaft erwogen wurde. Saab spielte sogar mit dem Gedanken, dem Eurofighter-Konsortium beizutreten. Diese Überlegung verwarf man jedoch, als offensichtlich wurde, dass der Eurofighter für die Terminvorstellungen der *Flygvapnet* viel zu spät verfügbar wäre. Nach langwierigen Verhandlungen wurde Saab doch mit der Entwicklung eines einstrahligen, als Deltaflügler mit Kopfleitwerk ausgelegten Jägers beauftragt. Obwohl sie äußerlich stark an die Viggen erinnert, hat es bei der Entwicklung der Gripen doch viele Irrungen und Wirrungen sowie heftige politische Debatten über das Für und Wider eines solch kostspieligen Projektes gegeben.

Um das JAS-Systems zu realisieren, schlossen sich die führenden Repräsentanten der schwedischen Rüstungsindustrie zur IG JAS zusammen. Ziel dieser unter anderem von Saab-Scania, Volvo und Ericsson gebildeten Industriegruppe waren – in enger Zusammenarbeit mit dem staatlichen Beschaffungsamt für Wehrmaterial – Koordination und Fertigung der benötigten Systeme und Baugruppen.

Fortschritte im Triebwerkbau, Verbundwerkstoffe und miniaturisierte Elektronik ermöglichten den Ingenieuren der JAS 39 den Bau eines überlegenen Kampfflugzeuges, das 60 Prozent kleiner war als seine Vorgänger. Bei der Gestaltung der Zelle orientierte man sich stark am ausgewählten Mantelstromtriebwerk: das Volvo RM12, eine weiterentwickelte, lizenzgefertigte Version des General Electric F404, das auch in der F/A-18 verwendet wurde. Sein kleiner Durchmesser ermöglichte einen schlankeren Rumpf. Weitere Gewichtseinsparungen brachte das – verglichen mit konventionell-mechanischen Systemen – viel leichtere elektronisch betätigte Flugsteuer- und -regelsystem. Auf Schubumkehr wurde verzichtet, da man Canards und Klappen als Luftbremsen benutzte sowie die sehr effektiven, erst nach dem Aufsetzen der Bugräder „zupackenden" Carbonbremsen. Die Ausrollstrecke der Gripen beträgt nur rund 500 m.

Ein Auftrag zum Bau von Prototypen und einem Los von 30 Serienmaschinen erfolgte im Juni 1982.

***Oben:** Schweden muss einen großen Luftraum verteidigen. Dazu gehören aber auch dünn besiedelte Landschaften, wo gefechtsnah trainiert werden kann.*

***Unten:** Die erste Gripen hatte ein kurzes Leben. Nur zwei Monate nach ihrem Erstflug ging sie bei der Landung zu Bruch.*

Oben: F7 in Såtenäs (Südschweden) rüstete 1996 als erstes schwedisches Geschwader auf Gripen um.

Erst am 9. Dezember 1988 konnte der erste von fünf Prototypen JAS 39A unter der Führung von Stig Holmström zum Jungfernflug starten. Dieser Maschine war ein nur kurzes Leben beschieden. Als sie nach dem sechsten Flug am 9. Februar 1989 in Linköping aufsetzte, versagte die Steuerung, sie brach aus, überschlug sich und ging zu Bruch. Wenig Glück hatte auch die erste seriengefertigte Gripen. Bei einer Flugvorführung stürzte auch sie wegen Steuerungsproblemen ab. Die Piloten beider Maschinen konnten sich retten. Trotz dieser Unfälle bewährte sich die Gripen später als außerordentlich sicheres Flugzeug. In mehr als sechs Jahren Truppendienst ist nur eine Maschine in einen See gestürzt (der Pilot rettete sich mit dem Schleudersitz), während eine zweite wegen einer Panne beim Tanken abgeschrieben werden musste.

Von Anfang an war geplant, das Gripen-Programm in mehreren Phasen zu entwickeln. Bei den ersten 108 JAS 39A handelte es sich um die einsitzige Grundausführung. Spätere Einsitzer werden als JAS 39C geliefert, die ein Cockpit mit großformatigeren Farbdisplays, eine ausfahrbare Betankungssonde, IFF-Abfragegeräte auf NATO-Standards und ein Bordsystem zur Sauerstofferzeugung erhalten sollen. Die Cockpitdisplays sind mit Nachtsichtbrillen kompatibel und lassen sich per Knopfdruck von Schwedisch auf Englisch und von metrischen auf britische Angaben umstellen. Drei große Mehrfunktionsbildschirme (MFD) sowie ein Weitwinkel-HUD beherrschen das Cockpit der JAS 39A. Für spätere JAS 39A und nachfolgende Versionen sind noch größere Bildschirme geplant, womit die Gripen das größte „Glas"-Cockpit aller heutigen Jägermodelle erhielte.

Die MFDs bestehen aus drei Baugruppen. Auf einem Flugdatendisplay werden alle wesentlichen Flugüberwachungsinstrumente, Kampfführungs- und Waffenstatusdaten sowie Warnhinweise dargestellt. Ein zweites Display zeigt unter anderem die allgemeine Luftlage mit der Position des eigenen und die anderer Flugzeuge, Flugkörper- und Sensorreichweiten. Das dritte Display, ein Multisensor-Anzeigegerät, präsentiert alle Informationen des Ericsson-Impulsdopplerradars. Um dafür Platz zu schaffen, mussten alle elektromechanischen Cockpitinstrumente entfernt werden.

Was sich dem flüchtigen Beobachter nicht sofort offenbart, ist die Integration der Gripen in Schwedens hoch entwickeltem Verteidigungs- und Datenlinksystem. Vom Boden, von einem Frühwarnflugzeug oder von anderen Flugzeugen seines Verbandes erhält der Gripen-Pilot umfassende Angaben überspielt. Selbst wenn er sein Radar ausschaltet, hat er jederzeit einen aktuellen Überblick über die Luftlage, die Positionen von Freund und Feind sowie über die Waffenreichweiten, und er kennt sogar die Treibstoffreserven seines Rottenfliegers. Ohne Beachtung der Stealth-Technologie entworfen, hat die Gripen doch wegen ihrer geringen Abmessungen und der passiven Möglichkeiten des Datenlinksystems gute Chancen, unbemerkt an den Gegner herangeführt zu werden.

Unten: Das erste Baulos seriengefertigter Gripen erhielt schwarze Nasen, bunte Hoheitszeichen und Flugzeugnummern. Schon bald wurden diese auffälligen Farben gedämpft.

Bewaffnet mit dem Panzerabwehrflugkörper AGM-65 (Rb 75) Maverick, dem Seezielflugkörper Rbs 15F und dem Streuwaffensystem DWS39, konnte die Gripen zuerst ihre Rolle als Jagdbomber übernehmen. Raketenbehälter und Bomben werden nur selten mitgeführt. Zur Bekämpfung von Luftzielen standen anfangs nur AIM-9L (Rb 74) Sidewinder bereit. Nach ihrer Indienststellung wurde die Gripen aber auch für AIM-120B (Rb 99) AMRAAM eingerichtet.

Offiziell werden die Gripen seit Juni 1996 in die Flygvapnet integriert. Erstes Gripen-Geschwader war F7 in Såtenäs. Ungewöhnlich für moderne Jägermodelle ist, dass die Gripen-Piloten ihre uneingeschränkte Einsatzbereitschaft ohne doppelsitzige Besatzungstrainerversion erreichen. Alle Piloten und Fluglehrer der ersten Gripen-Generation waren erfahrene Draken- oder Viggen-Flieger. Für ihre Umschulung wurde in Såtenäs eigens das Trainingszentrum Gripencentrum gebaut, das unter anderem zwei Simulatoren mit großem Dom und vier Multi-Mission-Simulatoren beherbergt. Die Ausbildung ist so effektiv, dass ein erfahrener Pilot innerhalb eines halben Jahres umgeschult werden kann. Fortgeschrittene, die erste Erfahrungen mit dem Trainer Sk 60 sammelten, benötigen bis zur Einsatzbereitschaft ungefähr ein Jahr.

Es wurde aber auch eine zweisitzige JAS 39B entwickelt. Unter den von *Flygvapnet* georderten 204 Gripen befinden sich 28 Maschinen mit Doppelsteuerung. Die Flugleistungen der JAS 39B sind mit der „A" identisch. Allerdings fehlt die Bordkanone. Von der „B" völlig verschieden werden die Doppelsitzer des zweiten Bauloses sein, die JAS 39D. Um den optimalen Verbund und das Zusammenwirken von Aufklärung-Führung-Wirkung zu erreichen, wird der Waffensystemoffizier in der „D" ein völlig unabhängiges Cockpit erhalten; notfalls mit Zugriff auf die Steuer- und Einsatzsensoren. Er oder sie – noch gibt es bei der *Flygvapnet* keine weiblichen Kampfflugzeugbesatzungen – kann dann wie ein unabhängiger Einsatzleiter eine Formation schwedischer oder verbündeter Kampfflugzeuge führen.

Das zweite Besatzungsmitglied der „D" wird sogar Drohnen und Kampfdrohnen führen und leiten können.

***Links:** Doppelsitzige Gripen werden wichtige Führungsaufgaben – eine Art luftgestützter Jägerleitoffizier – übernehmen. Abgebildet ist eine der ersten JAS 39B. Sie kann die gleichen Kampflasten wie das einsitzige A-Modell mitführen.*

Zu den weiteren potenziellen Kampfaufträgen gehören unter anderem die Bekämpfung/Niederhaltung der gegnerischen bodengebundenen Luftverteidigung sowie die Elektronische Kampfführung, und theoretisch kann jede Gripen als Jäger, Jagdbomber und Aufklärer operieren. Praktisch werden für diese Aufgaben vermutlich jedoch spezielle Verbände gebildet werden müssen, weil die Masse der Piloten unmöglich für alle diese Rollen ausgebildet und effektiv verwendet werden kann. Die Belastung wäre zu groß.

Trotz einiger Fehlstarts könnte sich die Gripen noch zu einem erfolgreichen Exportmodell entwickeln. Statt „nur" Verkäufe zu arrangieren, bietet Saab den Gripen-Kunden fast unbegrenzte industrielle Kooperation. Einen ersten Exporterfolg erzielte Saab 1998, als Südafrika 28 Gripen bestellte, deren Auslieferung im Jahr 2007 beginnen soll. Sie werden einheimische Luft-Luft-Flugkörper (Kukri, Derby) und einziehbare Luftbetankungssonden erhalten. Ungarn und Tschechien haben je 14 Gripen gemietet.

Zukünftige Modernisierungsmaßnahmen scheinen sich vorerst auf die Anpassung an neue Triebwerke, rumpfkonforme Zusatztanks sowie auf ein Helmvisier zu konzentrieren.

***Unten:** Gewöhnlich tragen Gripen einen grauen Tarnanstrich. Eine so bunte Erscheinung wie diesen ersten Prototyp hat es später nie mehr gegeben.*

Eurofighter Typhoon

Gebaut in Europa, hat der Eurofighter auf seinem Weg zahlreiche Hürden nehmen müssen. Nun steht er auf den Exportmärkten seinen gefährlichsten Konkurrenten – meist älteren, kampferprobten US-Jägern – gegenüber.

EUROFIGHTER TYPHOON

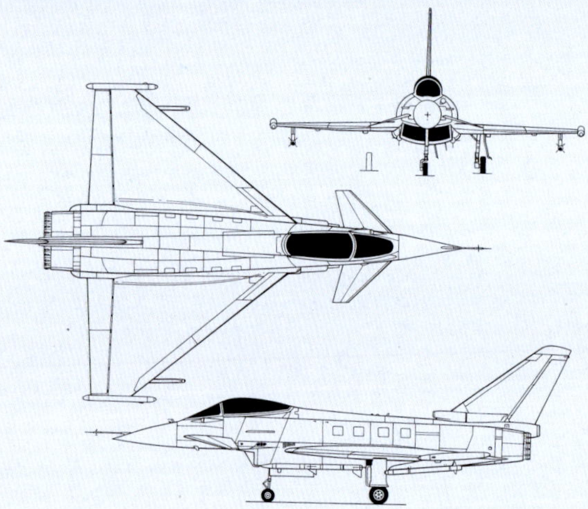

Besatzung: 1

Triebwerk: zwei Mantelstromtriebwerke Eurojet EJ200; Schubleistung 80 kN, mit Nachbrenner 90 kN

Höchstgeschwindigkeit: 2125 km/h oder Mach 2,0 +

Einsatzradius: 556 km

Dienstgipfelhöhe: 16 775 m

Bewaffnung: eine 27-mm-Mauser-Kanone; Kampfmittelzuladung an 13 Aufhängungspunkten max. 7500 kg

Abmessungen: Spannweite 10,95 m; Länge (über alles) 15,96 m; Höhe 5,28 m

***Rechte Seite:** Mit der Typhoon wird die RAF ihren ersten wirklich agilen Luftkampfjäger erhalten. Der Eurofighter fliegt in einer eigenen Liga.*

Es dauerte länger als 15 Jahre, bis der erste seriengefertigte Eurofighter nach Bewältigung politischer und finanzieller Schwierigkeiten im Oktober 2004 an den Start rollen konnte. Jetzt endlich erhalten vier Luftstreitkräfte einen Jäger mit beispielloser Manövrierfähigkeit und einer bis weit über die Sichtweite hinausreichenden Kampffähigkeit. In absehbarer Zukunft braucht der Eurofighter, dessen Geschichte Anfang der 1980er-Jahre begann, keinen Gegner zu fürchten. Die Bundesrepublik Deutschland und Großbritannien suchten damals ein Nachfolgemuster für ihre F-4 als Jäger, Jagdbomber und Aufklärer. Hinzu kam, dass die Briten langfristig auch ihre Jaguar und Harrier ersetzen mussten. Besonders die deutschen Anforderungen hatten schon damals große Ähnlichkeit mit dem späteren Eurofighter. Dessen Erstflug war für das nächste, die Indienststellung für das übernächste Jahrzehnt vorgesehen.

Unterstützt durch ihre Regierungen traten nun die am Panavia Tornado beteiligten Unternehmen – British Aerospace (BAe; heute BAE Systems), Messerschmitt-Bölkow-Blohm (MBB; später Dasa,

***Rechts:** Diese frühe Zeichnung des EF2000 zeigt eine größere Ähnlichkeit mit dem Technologie-Erprobungsträger EAP als die seriengefertigten Eurofighter.*

heute EADS), Aeritalia (heute Alenia) – auf den Plan und finanzierten mit eigenen Mitteln das als Jäger optimierte agile Kampfflugzeug ACA *(Agile Combat Aircraft)*. Später schloss sich die spanische CASA an, auch Frankreich kam an Bord und brachte Dassaults Erfahrungen mit überschallschnellen Deltaflüglern in die Enwicklung ein.

Geplant war, das ACA zu Beginn der 1990er-Jahre in Dienst zu stellen und im Lauf des folgenden Jahrzehnts stetig zu modernisieren: eine unrealistische Planung – weniger aus technischen als aus politischen Gründen. Als Quertreiber und Bremser zeigten sich die Franzosen. Sie forderten ein erdkampftaugliches Flugzeug mit sekundären Luftkampffähigkeiten, während ihre Partner Priorität auf die Luftverteidigung legten. Mitte 1985 war allen Beteiligten klar, dass die Interessen der fünf unmöglich vereint werden konnten. Frank-

IM COCKPIT DES EUROFIGHTER 2000 TYPHOON

Oben: *Der erste britische Eurofighter über dem British-Aerospace-Werk (später BAE Systems) in Warton.*

Bei Air Shows hat der Eurofighter seine Manövrierfähigkeit mit einem beeindruckenden Flugprogramm bewiesen. Die Eurofighter-Abteilung für Öffentlichkeitsarbeit schreibt: „Mit dem Vorführprogramm 2003 hat der Eurofighter seine überragende Manövrierfähigkeit demonstriert, und zwar stets in einem sehr engen Luftraum. Dabei sind die Piloten bestrebt, ihre Manöver unmittelbar vor den Zuschauern zu zeigen. Eine unübertroffene Präsentation! Es beginnt mit dem Start bei maximaler Schubleistung (weniger als 300 m Startstrecke!). Dann zieht der Pilot senkrecht hoch in einen Loop und demonstriert die imponierende Überschusskraft seines Flugzeuges. Am Ende des Loop fliegt der Pilot eine Rolle mit großem Anstellwinkel (Alpha Roll), kurvt nach rechts, und eine erneute Alpha Roll bringt ihn zurück zu den Zuschauern. Ein Beweis, wie exzellent der Eurofighter beim Manövrieren alle drei Raumachsen meistert.

Weiter geht es im Programm mit einer senkrecht geflogenen, halben Kubanischen Acht, gefolgt von einer gerissenen und einer engen Kurve, aus der die Maschine in Front der Zuschauer zum Loop hochzieht. Am Ende des Loop fliegt der Pilot eine gerissene Kurve und eine horizontale Acht. Er wendet vor den Zuschauern und fliegt eine ‚defensive' Fassrolle, wobei die Geschwindigkeit abrupt herausgenommen wird. Auch dieses Manöver beweist die spektakuläre Wendefähigkeit des Eurofighters um die drei Achsen und wie blitzschnell er von Kampfgeschwindigkeit auf Langsamflug abgebremst werden kann. Er scheint in der Luft zu stehen. Die Nase mehr als 30 Grad gehoben, fliegt er sehr langsam, um plötzlich in eine enge Kurve zu beschleunigen.

Rechts: *Eurofighter werden in Deutschland, Großbritannien, Italien und Spanien endmontiert.*

Am Ende des Spiralsteigfluges zieht der Pilot in einen senkrechten Abschwung (Split S), gefolgt von gerissener Kurve und Loop. Am Ende des Loop zieht der Pilot die Maschine in einen steilen Steigflug, vollführt zwei Alpha-Rollen und beendet die Vorführung unmittelbar vor der Landung mit einem ‚Split S'. Auch dies ist ein Beweis dafür, wie exzellent der Eurofighter in engem Luftraum manövriert und abgebremst werden kann."

reich forderte die Projektleitung, die meisten Schlüsselpositionen innerhalb der Organisation und 50 Prozent der Fertigungsanteile. Auch die Prototypen sollten in Frankreich gebaut und erprobt werden. Die Franzosen wollten nämlich ihren eigenen Entwurf (ACX, später Rafale) ins Geschäft bringen, und nach ihrem Ausstieg entschlossen sich die verbliebenen vier Länder, das Gemeinschaftsprojekt als European Fighter Aircraft (EFA; deutsche Bezeichnung Jäger 90) fortzuführen. Von den 765 anzufertigenden Maschinen waren je 250 für RAF und Luftwaffe, 165 für *Aeronautica Militare Italiana* (AMI) und 100 für Spaniens *Ejercito del Aire* bestimmt. Der erste Prototyp sollte 1991 starten, die Auslieferungen 1998 beginnen, und anfangs ging alles sehr zügig voran. Schon 1986 flog bei BAe ein EAP (Experimental Aircraft Prototype) genannter Technologie-Erprobungsträger. Äußerlich dem späteren Eurofighter ähnlich, war der EAP größtenteils aus schweren Aluminiumlegierungen und vielen gebrauchten Tornado-Baugruppen gefertigt. 1991 ausgemustert, lieferte das EAP viele nützliche Erkenntnisse für die allgemeine Konstruktion, das Flugsteuer- und -regelsystem des Jäger 90. Aber dann kamen gänzlich unerwartete Faktoren ins Spiel. Nach dem Fall der Berliner Mauer sah sich die deutsche Regierung gezwungen, Milliarden für die Folgen der Wiedervereinigung und in den Aufbau der ehemaligen DDR zu investieren. Mit Blick auf die nicht mehr gegebene Bedrohung aus dem Osten spielten die Deutschen sogar mit dem Gedanken, aus dem Gemeinschaftsprojekt auszusteigen und die bisher erworbenen technologischen Erkenntnisse für ein leichteres – und deshalb preiswerteres – europäisches Flugzeug zu nutzen. Schon im Rahmen der frühesten Vereinbarungen hatten die Deutschen darauf gedrängt, aus Gründen der Planungssicherheit Strafen für solche Länder festzulegen, die das Gemeinschaftsprojekt verändern (reduzierte Bestellmengen) oder gar verlassen wollten. Auch Rom schmiedete ähnliche Pläne. Von Deutschen und Italienern gedrängt, vereinbarten die Verteidigungsminister Ende 1992 eine „Reorientierung“ des Vier-Nationen-Programms, wodurch Deutschland seinen Kostenanteil um 30 Prozent senken konnte. Zudem verzichteten die Deutschen auf die hochmoderne DASS-Ausstattung und beschafften sich die EloKa-Geräte wie das US-Radar APG-65 „von der Stange“.

Die Fertigung des EF2000 wurde unter den Partnerländern aufgeteilt. Die Briten bauten

Links: *Im Gegensatz zur Rafale erhielt der EF2000 einen in der Mitte platzierten, weit oben angelenkten Steuerknüppel.*

Unten: *Betankungsversuche durch eine VC 10 der RAF. Abgebildet ist einer der britischen Eurofighter-Prototypen.*

Links: *Norwegen gilt als potenzieller Kunde. Dieser deutsche Prototyp wurde von einem norwegischen Piloten flugerprobt und getestet.*

Links: *Als Prototyp DA1 startete der erste Eurofighter im März 1994 in Deutschland. Zehn Jahre später begann die Luftwaffe mit Pilotenausbildung und Truppeneinführung.*

Cockpit, Nase, Leitwerk und Teile des Heckrumpfs; Italien die übrigen Heckrumpfteile und den linken Flügel sowie das Feuerleitsystem; Spanien erhielt den rechten Flügel und die Kommunikationssysteme. Deutschland trug die Verantwortung für Flugsteuersystem, Radar und Identifikationssysteme. Moderne, rechnergestützte Konstruktions- und Fertigungsprozesse ermöglichen die präzise Herstellung aller Flugwerkkomponenten, obwohl sie

Unten: Der erste britische Eurofighter trug einen schwarzen Tarnanstrich. Im Jahr 2000 wurde das Trudelverhalten getestet.

Oben: *Dieser Prototyp trägt sechs Übungsflugkörper. Seriengefertigte Eurofighter können eine breite Flugkörperpalette – meist von europäischer Herkunft – mitführen.*

in verschiedenen Fabriken gebaut werden. Das erste Flugzeug – ein deutsches – startete am 27. März 1994 in Manching zum lange erwarteten Jungfernflug. Dies war gleichzeitig auch der Start zur rundum erfolgreichen Flugerprobung. Es folgten sechs weitere Prototypen; davon drei Doppelsitzer.

Der Typhoon ist ein Deltaflügler mit Entenrudern, in der Längsneigung instabil und kann nur mithilfe eines hoch entwickelten Flugsteuerungscomputers geflogen werden, der die Steuerimpulse des Piloten interpretiert. Die primäre Flugsteuerung erfolgt durch die beweglichen Entenruder, die zur Steuerung der Längsneigung gleichläufig und zur Unterstützung von Rollbewegungen unabhängig voneinander bewegt werden können. Die strukturelle Oberfläche besteht zu 70 Prozent a us Kohlefaserverbundwerkstoffen, zu 12 Prozent aus Glashartkunststoff und nur zu 15 Prozent aus Metall: hauptsächlich Aluminium- und Titanlegierungen. Das Cockpit ist geräumig, ergonomisch gut durchdacht und bietet exzellente Rundumsicht. Auf dem Paneel dominieren drei Multifunktionsbildschirme. Nach Bedarf zeigen sie die taktische Situation, Systeminformationen und Checklisten, Karten und Sensorbilder (Radar, Infrarot). Direkt im Blickfeld des Piloten befindet sich das Weitwinkel-HUD, das Primärinstrument für die Fluglagendarstellung. In vielen Phasen erübrigt sich damit ein Blick auf die Cockpitinstrumente. Das Cockpit ist „ganz wunderbar", sagt Testpilot Chris Worning. „Man erhält seine Informationen, wenn man sie braucht. Nicht zu viel und nicht zu wenig." Am revolutionärsten ist allerdings das von BAe entwickelte Bediensystem mit direkter Spracheingabe. Mit ihm kann der Pilot Daten eingeben oder nach dem Treibstoffstatus fragen (und in gesprochener Sprache eine Antwort erhalten), die Funkfrequenz ändern, eine bestimmte Waffe oder eine Navigationsanzeige auswählen. Ein helmintegriertes Symbolsystem zeigt ihm wichtige Flugdaten und Waffenzielinformationen sowie FLIR-Bilder sogar dann, wenn er den Kopf hin und her bewegt. Dank Helmvisier kann er auch Ziele bis zu 180 Grad abseits seiner Flugrichtung noch anpeilen.

Das Mehrzweck-Pulsdopplerradar ECR-90, eine Weiterentwicklung des bewährten Blue Vixen der Sea Harrier, wurde inzwischen in Captor umbenannt. Es erfasst höher und tiefer fliegende Ziele. Seit Mai 1990 arbeiten BAE Systems, EADS, Galileo Avionica und Indra an seiner Entwicklung und Produktion. Inzwischen auch für AMRAAM optimiert, ist das Captor ein ständig sendendes und empfangendes Dauerstrich-Radar und arbeit auch als Zielbeleuchter für den halbaktiven Radarzielanflug von Luft-Luft-Flugkörpern. Unterstützt wird das Radar durch ein IRST (IR-gestütztes

Zielsuch- und -verfolgungssystem). Integrierte Abwehrhilfen umfassen Flugkörper-, Laser- und Radarwarnsysteme, an den Flügelspitzen installierte EloKa-Behälter, Düppel-/Fackelwerfer und geschleppte Radartäuschsender.

1994 wurde der Jäger 90 (EFA) in Eurofighter 2000 und 1998 in Eurofighter Typhoon umbenannt. Kaum hatte die Flugerprobung begonnen, kam es in Deutschland angesichts der hohen Kosten zu heißen Diskussionen über Sinn und Zweck des Eurofighters. Als Deutschland keine Gelder mehr bereitstellte, stockte das weitere Testprogramm. In den folgenden Verhandlungen reduzierten alle vier Partnerländer ihren Bedarf. Nun wurden nur noch insgesamt 620 Maschinen benötigt: Deutschland 180, Großbritannien 232, Italien 121, Spanien 87.

Die erhofften großen Exporterfolge blieben bisher aus. Ein schon unterschriftsreifer Vertrag mit Griechenland über 60 Typhoon (plus 30 Optionen) wurde auf Eis gelegt, weil Athen es sich in letzter Minute anders überlegte. Der Ministerpräsident erklärte Ende März 2001, man werde den Kauf auf die Zeit nach den Olympischen Spielen in Athen 2004 verschieben. So blieben die Österreicher. Sie bestellten 18 Eurofighter, deren Auslieferung 2007 beginnen soll und mit denen Österreich seine veralteten Saab Draken ablösen will. Noch gilt Singapur als potenzieller Kunde, und auch die Norweger haben Interesse bekundet.

Am 21. November 2002, nach über 2000 Flugstunden, ging der spanische zweisitzige Prototyp DA6 durch Unfall verloren. Nach dem Bericht der Untersuchungskommission „erlitten beide Triebwerke einen Strömungsabriss. Die Besatzung [...] konnte die Triebwerke nicht neu starten." Beide Testpiloten retteten sich mit dem Schleudersitz.

Bewaffnet ist der Eurofighter mit einer eingebauten 27-mm-Mauser-Kanone. An zwölf von 13 Außenlaststationen können Luft-Boden- und Luft-Luft-Flugkörper mitgeführt werden wie die Meteor AAM, deren Integration erfolgreich war. Für die Maschine der Tranche 3 (2012 – 2016) sind vorgesehen AIM-120A/B AMRAAM, AIM-9L/I/I-1 Sidewinder, ASRAAM, Iris-T und Paveway II (GBU 10/16), und am 30. Juni 2003 unterzeichneten die Verteidigungsminister der Partnerländer in Manching die Vereinbarung zur internationalen Typenzulassung. Damit konnte endlich die Lieferung der Serienmaschinen beginnen. Der Stückpreis beläuft sich auf rund 80 Mio. Euro. Dazu kommen vier Mrd. Euro Entwicklungskosten, von denen ein Großteil bereits bezahlt ist. Die Gesamtkosten für Deutschland von der Planung bis zur Auslieferung des letzten Flugzeuges bezifferte der deutsche Verteidigungsminister auf 18 Mrd. Euro. Mit ihren 180 Maschinen will die Bundesluftwaffe ihre MiG-29 und F-4 Phantom sowie mittelfristig auch 100 Tornado ersetzen. Die erste Eurofighter-Einsatzstaffel soll bis 2006 bereitstehen. Ständig modernisiert, könnte der Eurofighter bis zum Jahr 2050 im Einsatz bleiben.

***Oben:** An der linken Flügelspitze trägt diese Typhoon ein Radarwarngerät, an der rechten den DASS-Behälter für EloGM (elektronische Gegenmaßnahmen).*

***Unten:** DA5, der zweite deutsche Prototyp, startete am 24. Februar 1997 zum Jungfernflug. Seine Aufgaben: Avionik- und Waffensystemintegration sowie Radartests.*

Lockheed Martin F/A-22 Raptor

In Gestalt der F/A-22 erhält die USAF ihren ersten Jäger mit Stealth-Eigenschaften, Schubvektorsteuerung und „Supercruise"-Fähigkeiten. Trotz verschiedener Etat- und Produktionskürzungen begann die Indienststellung Ende des Jahres 2004.

LOCKHEED MARTIN F/A-22A RAPTOR

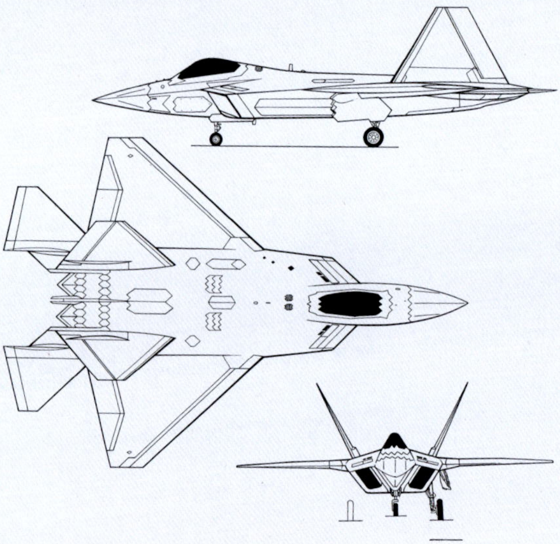

Besatzung: 1

Triebwerk: zwei Mantelstromtriebwerke Pratt & Whitney F119-PW-100 mit je 155 kN Nachbrennerschubleistung

Höchstgeschwindigkeit: Mach 1,68; mit Nachbrennereinsatz Mach 2,0

Einsatzradius: geheim; gemäß ATF-Spezifikation ca. 1300 km

Dienstgipfelhöhe: 18 000 m +

Gewicht: max. Startmasse ca. 27 000 kg

Bewaffnung: 20-mm-Kanone M61A2 Vulcan; in vier internen Waffenschächten können sechs AIM-120C AMRAAM, zwei AIM-9M/X Sidewinder sowie an Unterflügelstationen eine breite Palette weiterer Waffen mitgeführt werden

Abmessungen: Spannweite 13,56 m; Länge 18,92 m; Höhe 5,08 m

Rechte Seite: *Die YF-22 trugen denselben grauen Tarnanstrich wie die F-16. Abgebildet ist hier der erste Prototyp, N22YF.*

Fast alle führenden US-Flugzeugbauer beschäftigten sich in den 1970er-Jahren mit dem letztendlich fehlgeschlagenen ATF (Advanced Tactical Fighter = Langstreckenjäger). Folglich waren sie in einer guten Ausgangsposition, als die USAF sie 1981 aufforderte, Entwürfe für einen neuen Jäger einzureichen. Zwei Jahre später wurden die Forderungen konkretisiert, hohe Geschwindigkeit und große Reichweite betont. Ein Novum der Ausschreibung war aber, dass erstmals offiziell „Stealth"-Fähigkeiten verlangt wurden.

Statt konkurrierende Prototypen wie sonst üblich im Flug zu testen, entschied sich die USAF für einen Dem/Val-Wettbewerb und nahm in dieser Vorführungs- und Überprüfungsphase zuerst die von Boeing, General Dynamcis, Grumman, Northrop und Lockheed eingereichten Entwürfe gründlich unter die Lupe. Danach wurden Lockheed und Northrop im Oktober 1986 als Generalunternehmer ausgewählt und mit dem Bau von je zwei Versuchsmustern – YF-22 bzw. YF-23 – beauftragt. Um die gewaltigen Investitio-

Rechts: *Der F-22A Raptor voraus gingen zwei YF-22. Äußerlich kaum sichtbar, gab es dennoch zahlreiche Unterschiede.*

Rechts: Die YF-22 unterlag strengster Geheimhaltung, bis der erste Prototyp fertig gestellt war. Vor der Presse und geladenen Gästen wurde das erste Flugzeug 1990 enthüllt.

nen bestreiten zu können, bildeten fünf Unternehmen Teams: Lockheed (YF-22) mit Boeing und General Dynamics, Northrop (YF-23) mit McDonnell Douglas. Zur Triebwerkauswahl musste jeweils einer der Prototypen mit General Electric YF120 beziehungsweise Pratt & Whitney YF119 ausgestattet werden. Angetrieben von zwei YF120, startete Dave Furguson am 29. September 1990 mit der ersten YF-22 zum Jungfernflug vom Lockheed-Werk Palmdale nach Edwards AFB. Einen Monat später startete die zweite YF-22. In der Vorderansicht zeigte die YF-22 (inoffiziell Lightning II genannt) aus Gründen der Radartarnung

IM COCKPIT DER LOCKHEED MARTIN F/A-22 RAPTOR

Oben: Die F-22 ist der erste Jäger, der von Anfang an für Schubvektorsteuerung konstruiert wurde. Die Düsen des F119 lassen sich um 40 Grad schwenken.

Testpilot Jon Beesley schreibt im Code One über die F/A-22: „Sie wird den Luftkrieg nicht nur im Überschallbereich, sondern auch in den unteren Geschwindigkeitsregionen verändern. Basierend auf den mit Testprogrammen im hohen Anstellwinkel- (AOA) und Poststallbereich gewonnenen Erkenntnissen eröffnen sich Möglichkeiten, von denen Jagdflieger früher nur träumen konnten. Bei vielen Flugzeugmodellen beginnt der AOA-Flug (Strömungsabriss) bei etwa 30 Grad. Anders bei der F-22. Mit ihr erflogen wir routinemäßig AOAs von positiven 60 Grad und negativen 40 Grad. Vor der Raptor erreichten nur Versuchs- und Spezialflugzeuge (wie die strahlgesteuerten X-31 und VISTA-F-16) 60 Grad bzw. noch größere AOAs. Zu Beginn der Flugerprobung waren wir uns voll bewusst, dass die Stabilität um die Längsachse bei den meisten Jagdflugzeugen zwischen 25 und 30 Grad AOA stark abfällt. Bei den ersten Testflügen brach die F-22 bei etwa 30 Grad aus, und zwar sehr viel stärker, als uns recht sein konnte. Das bewies, dass ihre Stabilität schwächer als vorausberechnet war. Diese Instabilität war zwar nicht so schwer wiegend, dass die Tests abgebrochen werden mussten; dennoch veranlassten wir, dass die Software entsprechend modifiziert und die Strahlsteuerung integriert wurde. Dank den Wundern der Software und vielen klugen Menschen zeigt das Flugzeug inzwischen auch bei hohen AOAs keinerlei veränderte Steuerungseigenschaften. Die Magie des Flugregelsystems, verbunden mit der Zauberkunst der Strahlsteuerung, erlaubt nun die sichere Handhabung der Raptor noch bei höchsten AOAs. Wir haben Steigungswinkel von mehr als 40 Grad/sec und abrupte Steigflüge in rund 10 600 m Höhe demonstriert. Diese ‚Kobra'-ähnlichen Manöver wirken in geringen Höhen weitaus beeindruckender, weil wir dort höhere Schubleistungen nutzen können."

Rechts: „Raptor 01" war die erste seriengefertigte F-22A. Dieses Foto entstand im Verlauf des Testprogramms auf Edwards AFB 1997/98.

einen ungewöhnlichen dreieckigen Rumpfquerschnitt, große Seiten- und kleinere Höhenflossen. Die rechteckigen Schubdüsen mit beweglichen Strahlklappen zur Schubvektorsteuerung verliehen der YF-22 außergewöhnliche Wendigkeit.

Nothrop/McDonnell Douglas schlugen einen anderen Entwicklungsweg ein. Ihre YF-23 war schneller, leichter, und der Schwerpunkt lag auf der Tarnkappenfähigkeit. Die Schubvektorsteuerung fehlte zwar, dennoch wurden YF-22 und -23 den Kernanforderungen gerecht.

Entscheidend für die Auftragsvergabe war das Vertrauen der USAF in die Herstellerfirmen. Da Lockheeds F-117 damals im Golfkrieg erste Lorbeeren sammelte, die YF-22 aerodynamisch leistungsfähiger schien, bereits Flugkörper abgefeuert hatte und ein Cockpitentwurf existierte, wurde sie (mit YF119) im April 1991 zum Sieger erklärt. Danach ging alles fast reibungslos. Schwierigkeiten hinsichtlich Gewicht und Radarrückstreuquerschnitt wurden kurzfristig gelöst. Wegen einschneidender Budgetkürzungen verzögerte sich der für 1995 geplante Erstflug der serienreifen F-22 schließlich doch noch bis 1997.

Das Stealth-Design beruht auf den Grundlagen und Erfahrungen der F-117A. Auch die F-22 hat eine einfache, monolithische Form; Oberfläche und Kanten sind gruppenweise angeordnet. Die Flügel- und Heckkanten verlaufen parallel zueinander, ebenso die schräg gestellten Heckflossen und die abgeschrägten Rumpfseiten. Montagestöße und Klappen entsprechen der Pfeilung der Flügelvorderkanten. Auch Fahrwerk- und Waffenschächte erhielten ausgerichtete Kanten, während kleine Öffnungen dreieckig und rhombenförmig gestaltet wurden. Radar schluckende Materialien werden nur auf Kanten, Hohlräume und Oberflächenunebenheiten aufgesprüht. Alle Antennen sind in Oberfläche und Vorflügel integriert und abgeschirmt. Durch den geschwungenen Lufteinlauf ist die Stirnfläche der Triebwerke gegen Radarstrahlen abgeschirmt.

Zur Radartarnung trägt die F-22 ihre Waffen normalerweise intern. Seitlich an jedem Lufteinlauf befindet sich ein Waffenschacht für je eine Sidewinder. Im unteren Mittelrumpf bieten zwei Schächte Platz für je drei AIM-120C AMRAAM. Die M61A2-Kanone ist über der rechten Flügelwurzel eingebaut und ihre Mündung – um die Stealth-Qualitäten nicht zu verschlechtern – durch eine Klappe (öffnet nur zum Schuss) verdeckt.

Einer der wichtigsten Pluspunkte der F-22 ist „Supercruise", die Fähigkeit, ohne Nachbrenner Überschall-Marschgeschwindigkeit zu fliegen. Dieser wird nur bei Start und Kampf genutzt. Wie Testpilot Paul Metz in Lockheed Martins Firmenzeitschrift Code One erläuterte, bietet Supercruise sowohl offensive als auch defensive Vorteile: „Die Fähigkeit, sich einem Gegner mit hoher Geschwindigkeit zu nähern, fassen Jagdflieger als ‚first look, first shot, first kill' (‚zuerst gesehen, zuerst geschossen, zuerst getroffen') zusammen. Wer seinen Gegner zuerst entdeckt, wird wahrscheinlich auch

Oben: *Die zweite F-22A, hier zu Beginn der Flugerprobung gestartet in dem Lockheed-Werk Marietta (Georgia). Die Raptor garantiert „Luftüberlegenheit" über jedem Kriegsschauplatz.*

Links: *Ihre Stealth-Fähigkeit verdankt die Raptor ihrer sorgfältigen, „radargetarnten" Gestaltung. Die Zahl der Inspektionsklappen wurde auf ein Minimum begrenzt und jede Oberflächenunebenheit vermieden.*

als Erster feuern und überleben. Die wirksame Reichweite einer AIM-120 AMRAAM vergrößert sich beispielsweise um 50 Prozent, wenn ihr Trägerflugzeug seine Geschwindigkeit von Mach 0,9 auf 1,5 steigert. Wenn eine F-22 also mit Mach 1,5 fliegt, ist ein von ihr abgefeuerter Flugkörper viel schneller und kann Ziele erreichen, die 50 Prozent weiter entfernt sind. Geschwindigkeiten um Mach 1,5 sind für die F-22 kein Problem. Auch taktisch würden solche Kampfentfernungen keine Schwierigkeiten bereiten. Das APG-77-Radar der F-22 hätte den Gegner längst entdeckt, bevor sie selbst erfasst würde. Gerät man selbst einmal in Bedrängnis, so verbessert Supercruise die Stealth-Fähigkeiten, was dazu führt, dass der Gegner erst zu einem verhältnismäßig späten Zeitpunkt schießen kann. Auch gegen bodengebundene Flugabwehr hilft hohe Geschwindigkeit. Sie verkürzt die Reaktionszeit des Gegners und die wirksame Schussweite von Flugabwehrraketen und -artillerie."

An vier Unterflügelstationen können Kampflasten (Waffen, Zusatztanks) von je 2268 kg mitgeführt werden, was den Radarrückstrahlquerschnitt wesentlich vergrößern und damit die Ortungswahrscheinlichkeit erhöhen würde. Im Konfliktfall würden externe Lasten deshalb wohl erst nach den ersten Luftschlägen mitgeführt werden, wenn überschaubar wird, dass die gegnerische radargestützte Flugabwehr größtenteils ausgeschaltet ist.

Im September 2002 verkündete die USAF die Umbenennung der F-22 in F/A-22. Das zusätzliche „A" steht für „Attack" und soll die Mehrrol-

__Oben:__ Paul Metz, Chef-Testpilot der F-22, vor einem Testflug mit der ersten Raptor.

__Rechts:__ Stealth wird großgeschrieben! Seitenflossen und Rumpfseiten haben den gleichen Winkel und bieten dem Feindradar weniger Spitzen. Wendet die __Raptor__, so simuliert die plötzlich erhöhte Reflexion auf dem gegnerischen Radarschirm einen „Defekt".

lenfähigkeit des ursprünglich als Luftüberlegenheitsjäger konzipierten Raptor unterstreichen. Ende 2003 wurde bekannt, dass die USAF im Rahmen des Programms Global Strike Task Force gemeinsame Missionen mit F/A-22 und F-117A plant, wobei feindliche Kommando- und Führungsstrukturen vernichtet und die Luftherrschaft errungen werden soll.

Erwähnenswert ist, dass am 2. September 2004 aus 10 000 Metern Höhe der erste Abwurf einer gelenkten JDAM-Bombe glückte.

Ursprünglich waren (einschließlich doppelsitzigen F-22B) bis zu 750 F-22 geplant. Kürzungen des Wehretats führten schon 1996 zu Streichungen; von Doppelsitzern spricht längst niemand mehr. In den folgenden Jahren wurden die Fertigungszahlen ständig reduziert: zuerst von 750 auf 648, dann auf 442 und 339 und schließlich auf höchstens 270 F/A-22. Äußerungen des Generalstabschefs der USAF im Herbst 2004 lassen weitere Kürzungen befürchten.

Manche Experten gehen sogar von nur noch 180 Maschinen aus. Kürzungen der Bestellmenge treiben natürlich die Gesamtkosten und damit auch den Stückpreis in astronomische Höhen. Mitte 2004 munkelte man sogar von einem Preis von weit über 150 Mio. Dollar pro Fighter!

Formelle Truppenversuche mit F/A-22 starteten im April 2004, und seit Anfang 2005 hat die USAF begonnen, die *1st Fighter Wing* in Langley AFB – als ersten Einsatzverband – auf die F/A-22 umzurüsten.

Oben: *Seit dem Jungfernflug der ersten YF-22 bis zur Indienststellung der F/A-22 und zur Einsatzbereitschaft der ersten Raptor-Staffel werden gut 15 Jahre vergehen.*

Links: *Radar schluckende Materialien und Beschichtungen reduzieren die Sicht- und Infrarot-Signatur der F-22A. Nach ihrer Indienststellung werden die Maschinen einige kleine Abzeichen ihrer Staffeln tragen.*

Lockheed Martin F-35 JSF

Die F-35, Siegerin im JSF-Wettbewerb für einen gemeinsamen Jagdbomber aller Teilstreitkräfte, garantiert den USA dank großem Wachstumspotenzial bis weit ins 21. Jahrhundert eine erdrückende Luftüberlegenheit.

Rechte Seite: *Die X-35B war eine umgebaute X-35A und demonstrierte im Juli 2001 ihre Fähigkeit für Kurzstart, Überschallgeschwindigkeit und Senkrechtlandung.*

Das JSF-Projekt ist das umfangreichste militärische Beschaffungsprogramm aller Zeiten und wird bei den US-Luftstreitkräften Harrier und Hornet, F-16 und A-10 ersetzen. Mehr als 2500 Exemplare wollen allein die USA und Großbritannien beschaffen. Auf dem Exportmarkt hofft Lockheed Martin, rund 1000 Maschinen absetzen zu können. Aber alle diese Zahlen sind „fließend“, denn seit Herbst 2004 hört man aus dem Pentagon, dass dank der überlegenen Technik der F-35 und der veränderten Bedrohungslage auch weitaus weniger Flugzeuge die nötige Schlagkraft sicherstellen könnten.

Anfang der 1990er-Jahre erinnerte das Arsenal der US-Luftstreitkräfte – bildlich gesprochen und etwas übertrieben – an einen Schrottplatz: Die USAF suchte Nachfolger für ihre F-15 und F-16, das USMC brauchte Ersatz für seine Harrier, während die *US Navy* soeben die A-12 Avenger wegen Kostenüberschreitungen storniert hatte.

Der Kalte Krieg war beendet, die Streitkräfte mussten neuen Aufgaben angepasst werden. Viele, vor wenigen Jahren noch hoch gelobte – und meist sehr kostspielige – Programme standen plötzlich vor dem Aus. Es musste gespart und dennoch mit Blick auf die veränderte Bedrohungslage gerüstet werden. So definierte das Pentagon das Konzept JAST *(Joint Advanced Strike Technology)* für ein bei allen Teilstreitkräften verwendbares Kampfflug-

X-35C JOINT STRIKE FIGHTER DEMONSTRATOR

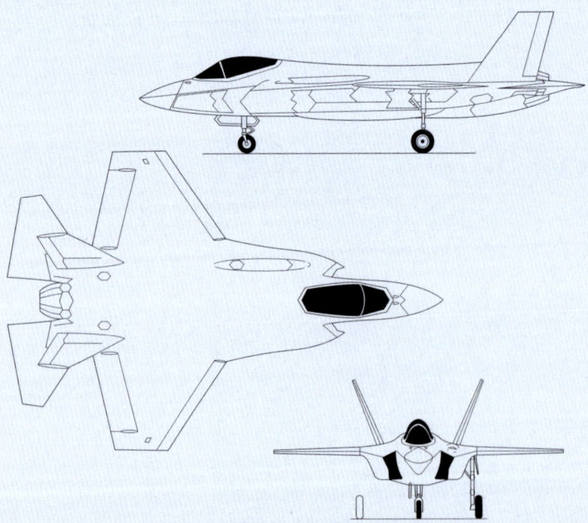

Besatzung: 1

Triebwerk: ein Mantelstromtriebwerk Pratt & Whitney F135 mit ca. 179 kN Nachbrennerschubleistung

Höchstgeschwindigkeit: etwa Mach 1,6

Einsatzradius (Zielvorgabe): 1110 km

Dienstgipfelhöhe (Zielvorgabe): 15 240 m +

Gewicht: max. Startmasse 29 000–30 000 kg

Bewaffnung (nicht endgültig qualifiziert): In zwei internen Waffenschächten können je zwei Bomben (bis zu 1135 kg) und zwei AIM-120 AMRAAM mitgeführt werden, sowie an insgesamt sechs Unterflügelstationen und an Startschienen an den Flügelenden eine umfangreiche Kampflast.

Abmessungen: Spannweite 13,11 m; Länge 15,67 m; Höhe 4,72 m

STOVL
X-35B

Oben: X-35C. Eines ihrer besonderen Merkmale ist ihr spezielles Fahrwerk. Es wurde verstärkt, um den Belastungen durch Katapultstart und Fanghaken gewachsen zu sein.

zeug der nächsten Generation. JAST war ein Programm zur Grundlagenforschung für eine (noch nicht näher definierte) Kampfflugzeug-„Familie" von weitgehend identischen (80 Prozent Baugleichheit) Versionen, die sowohl für Landeinsätze geeignet als auch flugzeugträgertauglich und STOVL-fähig (d. h. fähig zu Kurz- bzw. Senkrechtstart/-landung) sein sollten. Man hoffte, durch die „Zwangsehe" der Teilstreitkräfte bei Planung, Konstruktion, Erprobung und in der Serienfertigung erhebliche Mittel einzusparen.

Es war nicht leicht, die Interessen der Teilstreitkräfte unter einen Hut zu bringen. Bei der USAF legte man allergrößten Wert auf Geschwindigkeit, hoch entwickelte Avionik und Stealth, während die *Navy* einen zweistrahligen Doppelsitzer und das USMC Senkrecht-/Kurzstartfähigkeit forderte. Die Marine konnte schließlich überzeugt werden, dass ein einzelnes Triebwerk der neuesten Generation leistungsstärker und zuverlässiger als alle bisher bekannten Antriebe sein und ein moderner Einsitzer allen Anforderungen genügen würde. Wegen des schrumpfenden Wehretats wurde vom zukünftigen Hersteller die unbedingte Einhaltung des vorkalkulierten Kostenrahmens gefordert.

1994 sah das JAST-Büro einen Bedarf von insgesamt rund 3000 Kampfflugzeugen, gab 30 Mio. Dollar frei und forderte die US-Flugzeugindustrie auf, Studien einzureichen. Ins Rennen um dieses Riesengeschäft gingen Boeing, Lockheed Martin, Northrop Grumman und McDonnell Douglas. Bald gingen die beiden Letzteren eine Partnerschaft ein. Ihr ungewöhnlicher USMC-Entwurf – mit separaten Triebwerken für Start und Landung – fand allerdings absolut kein Verständnis.

Zwei Jahre später wurden zwei Entwürfe ausgewählt, die als Grundlage für die Weiterentwicklung bis zur Serienreife dienen sollten. Northrop Grumman/McDonnell Douglas schieden aus (unabhängig davon hatte Boeing ohnehin Ende 1997 McDonnell Douglas „geschluckt"). So verblieben nur noch Boeing und Lockheed Martin im Rennen. Während Lockheed Martin die Prototypen X-35A (USAF), X-35B (USMC) und X-35C (Flugzeugträgerversion) baute, entwickelte und baute Boeing die X-32A, B und C.

Bei den STOVL-fähigen X-35B und X-32B wählten die Konkurrenten verschiedene Wege. Boeing setzte auf seitliche Schwenkdüsen à la Harrier. Nahe dem Schwerpunkt angeordnet, waren sie um 90 Grad schwenkbar und wurden im Geradeausflug verdeckt. Bei der Senkrechtlandung wurde die rechteckige Hauptdüse blockiert. Lockheed Martin hatte sich stattdessen für eine Schwenkdüse und einen zweistufigen, hinter dem Cockpit angeordneten Hubfan entschieden.

Die X-32 war sehr ungewöhnlich. Ursprünglich noch mit Höhenleitwerk geplant, erschien sie letztlich mit hoch angesetztem Deltatragwerk von geringer negativer V-Stellung. Das Fahrwerk war herkömmlicher Art. Auffällig war der nach vorn angestellte Lufteinlauf unterhalb der Nase. Er war geradezu gigantisch, weil er das für eine Nachbrennerleistung von 118 kN ausgelegte Pratt & Whitney JSF119-614 versorgen musste. Die X-32A absolvierte ihren Erstflug am 18. September 2000.

Sehr viel konventioneller – fast wie eine maßstabsgerecht verkleinerte F-22 – wirkte Lockheed Martins X-35. Ihre links/rechts am Rumpf angeordneten Lufteinläufe hatten eine ungewöhnliche Form und waren nicht mit den üblichen Grenzschicht-Spaltklappen ausgestattet, sondern mit „aerodynamischen Stoßdämpfern". Das Höhenleit-

Rechts: Diese Frontalansicht zeigt einige Stealth-Merkmale der X-35, wie z. B. die aufeinander abgestimmte Ausrichtung von Seitenflossen und Lufteinlaufkanälen. Letzteren vorgesetzt sind aerodynamische Dämpfer.

IM COCKPIT DER LOCKHEED MARTIN F-35 JSF

Lockheed Martin beendete die Flugerprobung mit der so genannten „Mission X" im Juli 2001 und veröffentlichte anschließend folgende Presseinformation:

„Die Lockheed Martin X-35B Joint Strike Fighter bestand am 30. Juli die anspruchsvollste Flugerprobung der Luftfahrtgeschichte: Mit der X-35B glückte, was bisher noch kein Flugzeug schaffte: Kurzstart, Überschallgeschwindigkeit im Horizontalflug und Senkrechtlandung in ein und demselben Flug.

Die Testpiloten Major Art Tomassetti *(US Marine Corps)* und Simon Hargreaves (BAE Systems) vollbrachten eine beispiellose Meisterleistung, wie sie in dieser Form auch von den seriengefertigten JSF des *US Marine Corps*, der *Royal Navy* und der *Royal Air Force* erfüllt werden wird. Major Tomassetti absolvierte „Mission X", wie das Flugprogramm vom JSF-Team genannt wird, am 20. Juli. Simon Hargreaves folgte am 26. Juli.

Damit war die dritte und letzte Phase eines Entwicklungsprogramms beendet, mit dem die Standards für die Flugerprobung festgelegt wurden. Lockheed Martins JSF-Team gab ein Versprechen und hielt es: „Wir werden ein Versuchsflugzeug übergeben, wie es praktisch unverändert in Serie gehen kann", sagte Tom Burbage, bei Lockheed Martin stellvertretender Vizepräsident und Generaldirektor des JSF-Programms. „Das bedeutet, die Lösung weniger kostspieliger Entwicklungsprobleme und ein nahtloserer Übergang in die nächste Projektphase für Entwicklung und Serienreifmachung."

***Oben:** Die X-35C absolvierte ihren Erstflug in Kalifornien. Geprüft und bewertet wurde sie allerdings größtenteils im Naval Air Test Centre, dem Testzentrum der US Navy in Patuxent River (Maryland).*

werk ragte weit über die Schubdüse nach hinten. Bei der STOVL-Betriebsart schwenkte die Schubdüse nach unten und erinnerte an die Jak-141 „Freestyle". Das Triebwerk JSF119-611 war eine Weiterentwicklung des P&W F119. Im vertikalen Betrieb leistete die Schubdüse bis zu 165 kN, der Hubfan 80 kN und die beiden seitlichen Schwenkdüsen je 9 kN. Wegen ihrer STOVL-Einrichtungen war die X-35B etwa 1800 kg schwerer als die A und C. Am 24. Oktober 2000 startete die X-35A zum Erstflug, die C folgte am 16. Dezember.

Die X-Flugzeuge der konkurrierenden Hersteller wurden erfolgreich kampferprobt und schnitten bei Stealth-Tests ähnlich gut ab. Sowohl X-32 als auch X-35 verfügten über interne Waffenschächte. Alle Öffnungen waren sorgfältig radar- und infrarotgetarnt.

Viele Bauteile der X-35 stammen von anderen Flugzeugmodellen, so z. B. das Hauptfahrwerk von der Grumman A-6 Intruder. Für Trägerlandungen wurde zwar ein Fahrwerk für die X-35C neu konstruiert, dieses war jedoch für die Versionen -A und -B zu schwer. Das Bugrad wurde von der F-15E Eagle, das Kühlsystem von den F/A-18E/F übernommen. Das Kerntriebwerk Pratt & Whitney F119 sowie das Hilfstriebwerk kamen von der F/A-22, die triebwerkgetriebenen Hydraulikpumpen von der Rivalin YF-23. Der Geräteträgerantrieb stammte vom B-2-Bomber, der Schleudersitz von der AV-8B, die beiden großen multifunktionalen Cockpitbildschirmgeräte von der C-130J Hercules und viele Unter- und Regelsysteme von der F-16.

***Links:** Das F-35C verfügt über farbfähige Bildschirmgeräte und einen kleinen, seitlich angeordneten Bedienungshebel. Links neben dem Schubleistungshebel befindet sich der Hebel zur Schwenkung der Schubdüse.*

Nachdem ihre konventionellen Flugeigenschaften in Edwards AFB erprobt worden waren, kehrte die X-35A nach Palmdale zurück und wurde auf Hubfan und seitliche Schwenkdüsen umgerüstet. Im – gefesselten – Schwebeflug wurde die X-35B erstmals im Februar 2001 getestet. Es folgten „freie" Schwebeflüge und am 9. Juli der erste Übergang vom Horizontalflug in den STOVL-Betrieb.

Im Verlauf der Flugerprobung absolvierte die X-35B 27 Senkrechtlandungen, 14 Kurzstarts und 18 Senkrechtstarts. Sie wurde von vier amerikanischen und britischen Piloten geflogen, durchbrach fünfmal die Schallmauer und wurde fünfmal luftbetankt.

„Die höchste Auszeichnung für die jahrelange harte Arbeit dieses Teams ist eine Erfolgsgeschichte wie diese. Wir haben Geschichte geschrieben, und es war eine Ehre, an diesem Ereignis teilzunehmen", sagte Major Art Tomassetti (USMC), nachdem er als erster Pilot bei einem Flug Kurzstart, Überschallflug und Senkrechtlandung durchgeführt hatte.

Sein Einsatz umfasste einen automatischen Kurzstart mit rund 150 km/h, Übergang vom STOVL-Antrieb auf konventionelles System und Steigflug auf 7620 m und Beschleunigung auf Mach 1,05. Nachdem er das Flugverhalten der Maschinen in verschiedenen Bereichen ausgiebig getestet hatte, kehrte er zur STOVL-Betriebsart zurück, verlangsamte die Geschwindigkeit zum Schwebeflug 46 m über Grund und landete senkrecht. Die erste Senkrechtlandung aus dem Horizontalflug heraus gelang Simon Hargreaves (BAE Systems) am 16. Juli 2001. Damit waren alle militärischen Anforderungen erfüllt. Nur zehn Tage danach (20./26. Juli) konnten Major Tomassetti und S. Hargreaves im Rahmen des „Mission X" genannten Testprogramms erneut erfolgreich Kurzstart, Überschallflug und Senkrechtlandung demonstrieren. Den Schlusspunkt setzte schließlich Tom Morgenfeld (Lockheed Martins Chef-Testpilot für die X-35B) am 26. Juli mit einem Überschallflug bei Mach 1,2 in 9150 m Höhe.

Am 26. Oktober 2001 verkündete das US-Verteidigungsministerium den Sieger des JSF-Wettbewerbs. In einer Pressekonferenz, die aus dem Pentagon per Video-Liveschaltung in die Boeing- und Lockheed-Martin-Werke übertragen wurde, erklärte James Roche, *Secretary of the Air Force*: „Beide Entwicklungsprogramme waren sehr gut. Auf der Grundlage von Stärken, Schwächen und den zu erwartenden Risiken sind wir ... zu dem Schluss gelangt, dass das Team um Lockheed Martin den besten Gegenwert bietet und Sieger des JSF-Programms ist." Gleichzeitig wurde bekannt gegeben, dass das Serienflugzeug künftig F-35 heißen soll.

Der geschätzte Vertragswert liegt bei der enormen Summe von 200 Mrd. Dollar, wovon Pratt & Whitney als wichtigster Subunternehmer 4,8 Mrd. Dollar erhalten soll. Obwohl einige Lobbyisten sich für Boeing als eine Art „zweiter Lieferant" stark machten und quasi durch die Hintertür doch noch ein Stück vom großen Kuchen zukommen lassen wollten, besteht das Pentagon darauf, dass das Projekt komplett in einer Hand, nämlich im Verantwortungsbereich von Lockheed Martin bleibt.

Unmittelbar nach der Siegesfeier lief bei Lockheed Martin die Entwicklungsphase an. Geplant sind 22 Prototypen (14 zur Flug-, acht zur Bodenerprobung), von denen die erste F-35A im August 2006 an den Start rollen soll. Ende 2007 soll die erste F-35B folgen. Ob die Auslieferung seriengefertigter F-35 wie vor noch nicht allzu langer Zeit geplant ab 2008 beginnen kann, erschien Ende 2004 noch völlig ungewiss.

Die seriengefertigten F-35 werden sich von den X-35 wesentlich unterscheiden, auch was die Leistungsdaten betrifft. Als relative Kosten werden für die F-35A der USAF rund 40 Mio. und für

Unten: *X-35B fertig zum Senkrechtstart. Die Klappen für Hubfan und Hilfsluft-einlauf sind geöffnet. Dieses STOVL-System ist revolutionärer und zuverlässiger als die von Boeing geplanten seitlichen Schwenkdüsen.*

Links: *Als erste JSF-Version flog Lockheed Martins konventionell operierende X-35A. Sie bewies das außerordentlich gute Flugverhalten der Konstruktion.*

die F-35B und -C jeweils 50 Mio. Dollar erwartet. Ob sich diese Ansätze im weiteren Entwicklungsprozess halten lassen, erscheint sehr fraglich.

Das Exportpotenzial der heutigen F-35 ist von Anfang an als sehr gut eingestuft worden. Unter anderem auch deshalb, weil sie als das ideale Nachfolgemuster für F-16, F/A-18 und Harrier gilt. Beginnend mit Großbritannien, wurden auch andere Länder eingeladen, sich an den Entwicklungskosten zu beteiligen und – entsprechend ihrer finanziellen Beteiligung – abgestufte Rechte (Partner-Level) bei der Einflussnahme auf das Konzept zu erwerben. Nach USAF, *US Navy* und USMC rangiert Großbritannien mit Partner-Level I an erster Stelle, gefolgt von Italien und den Niederlanden (Level II) und der Türkei, Australien, Norwegen, Dänemark und Kanada mit Level III. Seit Anfang 2003 werden keine weiteren Partnerländer aufgenommen. Neue Interessenten können sich vorerst nur vormerken lassen.

Die Briten haben sich mit ihrer Beteiligung an den Entwicklungskosten von fast 2,1 Mrd. Dollar als einzige „Ausländer" den Partner-Level I und damit auch ein Mitspracherecht erkauft. Im britischen Sprachgebrauch erscheint die F-35 als FJCA *(Future Joint Combat Aircraft)* und soll in einer ähnlich Version wie die F-35B sowohl träger- und landgestützt von der *Royal Navy* (Bedarf 60 Stück) und der *Royal Air Force* (Bedarf 90 Stück) in Dienst gestellt werden.

In welchen Stückzahlen die F-35 demnächst eingeführt werden wird, erschien Ende 2004 plötzlich wieder völlig ungewiss. War man im Frühjahr 2004 noch von 1763 Maschinen für die USAF und insgesamt 680 für *US Navy* und USMC ausgegangen, so sprach man im Pentagon plötzlich erneut von einem reduzierten Bedarf. Abhängig gemacht wurde dieser Bedarf nun auch von der neuen Einsatzdoktrin der *US Army*. Sie hat vielleicht zur Folge, dass auch die USAF bis zu vier Staffeln mit dem Senkrechtstarter F-35B ausrüsten wird, um die Bodentruppen im Konfliktfall optimal unterstützen zu können. Hintergrund sind in Afghanistan und im Irak gemachte Erfahrungen und das Bestreben, F-35B zur Luftnahunterstützung zu verwenden und beispielsweise auch mit satellitengestützten Lenkbomben auszurüsten.

Zahlreiche, im Verlauf des Entwicklungsprogramms erkannte technische Mängel sind behoben oder werden in naher Zukunft ausgemerzt sein. Eine uneingeschränkte Einsatzbereitschaft der F-35 ist allerdings nicht vor 2010 (USMC), 2011 (USAF) und 2012 *(US Navy)* zu erwarten.

Unten: *Die X-35-Prototypen wurden über USAF-typische Luftbetankungsausleger betankt, während für die F-35 der US Navy, des USMC sowie für die späteren britischen Versionen eine einziehbare Betankungssonde vorgesehen ist.*

Register

Fett gedruckte Seitenzahlen verweisen auf Haupteinträge, *kursiv* gesetzte auf Bildunterschriften.

Abbildungsnachweis

Alle Fotos Aerospace/Art-Tech außer: **Hugh W. Cowin:** 73, 76o, 77u; **Eurofighter:** 301, 304o; **Philip Jarrett:** 72o, 75u, 76, 77o; **Lockheed Martin:** 7, 312o&u, 313, 314 o&u, 315o&u , 316, 317o&u; **TRH:** 31 (TRH/R. Winslade), 39o (TRH/E. Nevill), 43, 45o, 46u, 59u, 66o, 67, 68o, 69 (TRH/R. Winslade), 69u, 71u (TRH/E. Partridge), 74, 75o&m, 83o&u, 99o, 100u, 101o (TRH/RAF Museum), 114o, 117o, 119o, 139 (TRH/QAPI), 140o, 140u (TRH/IWM), 142o, 142u, 147o (TRH/NASM), 147u, 154o&u (TRH/*US National Archives*), 159u, 162o (TRH/E. Nevill), 188o, 193 (TRH/E. Nevill), 196u (TRH/E. Nevill), 200 (TRH/ USAF), 206u (TRH/E. Nevill), 207o (TRH/*US Navy*), 211 (TRH/E. Nevill), 225u (RAF/TRH), 226o, 230o, 232o (TRH/DOD), 235, 237o (TRH/*British Aerospace*), 238u (TRH/SAAB Scania), 239u (TRH/SAAB), 248o (TRH/USAF), 248u, 249 (TRH/Tim Senior), 250o (TRH/Tim Senior), 250u (TRH/USAF), 251o (TRH/ USAF), 265 (TRH/Hughes Aircraft), 266u (TRH/DOD USAF), 269o (TRH/*US Navy*), 274o (TRH/BAe), 278o (TRH/BAe), 281o (TRH/E. Nevill), 282o (TRH/E. Nevill), 284u (TRH/Dave Willis), 285u (TRH/E. Nevill), 286o (TRH/E. Nevill); ***US Dept. of Defense:*** 8o, 11o; **Jim Winchester:** 51o&u, 236o (Foto R. Hewson)

Quellennachweis

Der Einsatzbericht „IM COCKPIT DER ALBATROS" auf Seite 26 dieser Ausgabe stützt sich passagenweise auf das Werk Manfred Frhr. von Richthofen: *Der rote Kampfflieger*, Germa-Press Verlag 1990, Hamburg, S. 158ff. Der Abdruck dieser Zitate erfolgt mit freundlicher Genehmigung des Germa-Press Verlags.

Danksagung

Der ganz besondere Dank des Autors gilt Tony Holmes und der Firma Osprey Publishing für die Erlaubnis, aus ihren Werken *Aircraft of the Aces* und *Combat Aircraft* zu zitieren. Herzlichen Dank auch an Mick Oakey und Nick Stroud von der Zeitschrift *Aeroplane*, Rob Hewson, Austin J. Brown, Robert F. Dorr und Jon Lake.